普通高等教育土建类专业信息化系列教材

钢 结 构

主 编　余　沛　张煊铭
副主编　刘　健　邬明亮　杨子泉　高素芹　王媛媛

西安电子科技大学出版社

内 容 简 介

本书全面系统地介绍了钢结构常用的设计原理,并对钢结构的应用进行了分析和探索。本书的主要内容包括绪论、钢结构的材料、钢结构的连接、轴心受力构件、受弯构件、拉弯构件和压弯构件、单层厂房钢结构、大跨房屋钢结构和钢结构的制造及防护,共 9 章。本书按我国现行的《钢结构设计标准》(GB 50017—2017)和《钢结构工程施工质量验收标准》(GB 50205—2020)等标准编写,力求满足钢结构设计技术和应用管理的要求,力争反映出更系统化的设计理论和应用场景。

本书内容丰富、系统,结合工程实际,反映了编者多年的科研和教学成果,不仅可作为土木工程类专业、智能建造专业及其他相关专业的教材,也可作为从事钢结构相关工作的工程技术人员的参考书和培训教材。

图书在版编目(CIP)数据

钢结构 / 余沛,张煊铭主编. -- 西安 :西安电子科技大学出版社,
2024.12. -- ISBN 978-7-5606-7393-6

Ⅰ. TU391

中国国家版本馆 CIP 数据核字第 20249ZN368 号

策　　划　李鹏飞
责任编辑　李鹏飞
出版发行　西安电子科技大学出版社(西安市太白南路 2 号)
电　　话　(029)88202421　88201467　邮　　编　710071
网　　址　www. xduph. com　　　　电子邮箱　xdupfxb001@163.com
经　　销　新华书店
印刷单位　陕西日报印务有限公司
版　　次　2024 年 12 月第 1 版　2024 年 12 月第 1 次印刷
开　　本　787 毫米×1092 毫米　1/16　印张　20
字　　数　478 千字
定　　价　52.00 元
ISBN 978-7-5606-7393-6
XDUP 7694001-1

前言
PREFACE

随着经济的快速发展，我国的综合国力不断提高。1996 年我国钢材的产量达到了 1 亿吨，位居世界钢产量的首位，其后钢材的产量更是持续上扬，这为我国钢结构的快速、持续发展创造了条件；同时，我国大力推广绿色建筑，提倡可持续发展，这些为我国钢结构的发展提供了强有力的政策支持。

本书以内容新颖、概念准确、突出应用为编写原则，针对高等院校土木工程、智能建造等专业工程应用型和技术管理型人才的培养而编写，致力于培养满足市场需求的专业技术过硬、业务能力强、创新能力和综合素质高的钢结构专业人才。

本书是由信阳学院和商丘工学院的教师合作编写的，书中全面系统地介绍了钢结构常用的设计原理，重点对钢结构的应用进行了分析和探索。本书根据《高等学校土木工程本科指导性专业规范》的要求，在专业课程体系构架的基础上，依据现行的规范和标准进行编写，以期满足钢结构设计技术和应用管理的要求，反映出更系统化的设计理论和应用场景。本书分为钢结构基本原理和常见的钢结构设计两部分。钢结构基本原理部分包括钢结构的特点、应用发展，钢结构的材料，钢结构的连接及钢结构基本构件（轴心受力构件、受弯构件、拉弯构件和压弯构件）的工作原理和设计方法；常见的钢结构设计部分包括单层厂房钢结构、大跨房屋钢结构、钢结构的制造及防护等。本书采用工程实例设计的教学方式，各章设置了多种典型设计例题，有利于读者理解和掌握教学内容。附录中给出了钢结构计算中常用的参数，可供读者学习和设计时查用。

本书力求突出以下特色：

（1）定位于培养工程应用型和技术管理型人才。

（2）突出"四新"及常用设计方法，同时兼顾设计的全面性和系统性。

（3）遵守国家现行规范，反映新技术、新工艺。

（4）重要计算内容配有例题、习题。

（5）体系完整，内容精练，附图直观。

余沛（信阳学院）、张煊铭（商丘工学院）担任本书主编，刘健（新疆农业大学）、邬明亮（信阳学院）、杨子泉（信阳学院）、高素芹（信阳学院）、王媛媛（商丘工学院）担任副主编。全书的编写分工如下：王媛媛编写第 1 章，杨子泉编写第 2 章，邬明亮编写第 3、4 章，高素芹编写第 5 章，张煊铭编写第 6 章和附录部分，刘健编写第 7 章，余沛编写第 8、9 章。

编者在编写过程中参考了书后所列参考文献中的部分内容，在此向其作者致以衷心的感谢。

由于编写时间仓促，加之编者水平有限，书中难免有不妥之处，恳请读者批评指正。

编　者
2024 年 7 月

目　录
CONTENTS

第 1 章

绪　　论

▶▶【本章要点】

（1）钢结构的特点和钢结构的发展；

（2）钢结构的设计方法。

▶▶【学习目标】

（1）了解钢结构的特点和钢结构的发展；

（2）熟练掌握钢结构的极限状态设计方法，特别是概率极限状态设计法的基本概念和原理，以及用分项系数的设计表达式进行计算的方法。

1.1　钢结构的特点

钢结构是土木工程的主要结构形式之一，它在建筑工程、地下工程、桥梁工程、铁道工程，以及塔桅、海洋平台、港口建筑、矿山建筑、水工结构、筒仓及容器管道中得到了广泛应用和迅速发展。

钢结构与其他材料组成的结构，如钢筋混凝土结构、砌体结构、木结构等相比，具有以下明显的特点：

（1）强度高，结构质量轻。

钢与混凝土、木材相比，虽然质量较轻，但其强度要高得多。结构的轻质性可由质量密度 ρ 与强度 f 的比值 β 来衡量，β 值越小，结构相对越轻。钢材的 β 大约为 $(1.7\sim3.7)\times10^{-4}/m$，钢筋混凝土的约为 $18\times10^{-4}/m$，木材的为 $5.4\times10^{-4}/m$。钢结构的 β 比混凝土和木材的小，在承载力相同的条件下，钢结构构件截面小，质量较轻，便于运输和安装。

钢屋盖结构的质量轻，可用于抵抗地震。但质轻的屋盖结构对可变荷载的变动比较敏感，荷载超额的不利影响比较大。设计沿海地区的房屋结构时，如果对飓风作用下的风吸力估计不足，则屋面系统有被掀起的危险。

由于强度高，因此一般所需要的构件截面小而壁薄，构件可以做得细而长，在受压时容易失稳破坏，即失去整体稳定或局部稳定，导致结构破坏。所以，钢结构的强度有时难以充分发挥。

（2）材质均匀，塑性、韧性好。

钢结构的材料采用单一的钢材，钢材的弹性模量稳定，材质接近于匀质并且各向同性，其力学性能比较符合理想弹性-塑性体的力学假定，因而结构分析计算结果与实际情况相符，工作可靠性高。

钢材的塑性好，在承受静力荷载时材料的吸收变形能力强。钢结构在一般条件下不会因偶然超载而突然断裂，只增大变形，故易采取措施进行补救。同时，塑性好还能够使局部高峰应力重分布，使应力趋于均匀平缓。

钢材的韧性好，钢结构对动力荷载的适应性强。钢材的韧性反映了承受动力荷载时材料吸收能量的多少，韧性好说明材料具有良好的动力工作性能。

（3）钢结构抗震性能好。

钢结构自重轻，结构体系较柔，又具有较高的强度和较好的塑性、韧性，受到的地震作用小，且具有良好的能量耗散能力。因此在国内外的历次地震中，钢结构损坏最轻，是抗震设防地区特别是强震区最合适的结构。

（4）钢结构工业化程度高，施工周期短。

尽管制造钢结构需要复杂的机械设备和严格的工艺要求，但与其他建筑结构相比，钢结构工业化程度最高，具有良好的装配性，具备可成批大件生产和成品精度高等特点。采用工厂制造、工地安装的施工方法，可缩短施工周期，进而为降低造价、提高效益创造了条件。

因此，钢结构作为装配式建筑的主要结构体系之一，具有生产工业化程度高、节点连接技术成熟可靠等优点，已经成为装配式建筑推广应用中优先选用的结构形式。

另外，采用螺栓连接的钢结构，在已有的建筑改建、结构加固及可拆卸结构中，也凸显出其显著优势。

（5）钢结构的密闭性好。

钢材本身组织致密，且具有良好的焊接性能，当采用焊接连接的钢板结构时，容易做到水密气密不渗漏，是制造船舶、气柜、油罐、压力容器、高压管道甚至载人太空结构等的良好材料。但是，由于钢结构整体的刚度大，因此如果焊接结构设计不当，在低温和复杂应力下，微裂纹就有可能扩展导致结构破坏，这是焊接钢结构的缺陷。

（6）钢结构耐热，但不耐火。

当温度不高于250℃时，钢结构的弹性模量、强度、变形等主要力学性能指标变化不大，具有一定的耐热性能。但钢材的强度会随着温度的升高而迅速降低，当温度在300℃以上时，强度逐渐下降，在600℃时，强度几乎为零，模量几乎为零，即钢结构的抗火性能较差。因此，为了防止和减小建筑钢结构的火灾危害，必须对钢结构进行科学的抗火设计，采取安全可靠、经济合理的防火保护措施，必要时应进行防火保护设计。比如，建筑钢结构应按《建筑钢结构防火技术规范》（GB 51249—2017）进行抗火性能验算。

（7）钢结构耐腐蚀性差。

钢材在潮湿环境中，特别是处于有腐蚀性介质的环境中容易锈蚀，因此在使用期间应注意防护，尤其对薄壁构件更应该引起重视。

钢结构的设计应遵循安全可靠、经济合理的原则，按照《钢结构设计标准》（GB 50017—

2017)（以下简称《标准》）的要求进行防腐蚀设计。应综合考虑环境中介质的腐蚀性、环境条件、施工和维修条件等因素，因地制宜，选择防腐蚀方案或其组合方案，如喷涂防腐蚀涂料，使用各种工艺形成的锌、铝等金属保护层，采用阴极保护措施以及耐候钢等。

耐候钢具有较好的抗锈蚀性能，使得钢结构在腐蚀环境中有了更大的使用空间。

钢结构在使用期间必须定期维护，因此钢结构的维护费用较钢筋混凝土结构的高。

（8）钢结构具有低温冷脆倾向。

钢结构还有一种特殊的破坏情况，即在特定条件下可能会出现低应力状态脆性断裂。材质低劣、构造不合理和低温等因素都会导致这种断裂，因此设计、制造中应特别注意。

由于钢结构具有强度高、质量轻、抗震性能好等诸多优点，因此钢结构更适于作高层建筑、重型厂房的承重骨架和受动力荷载影响的结构。在通常情况下，钢结构不耐火、耐腐蚀性差等缺点不足以对钢结构的使用产生明显的负面影响。合理利用钢结构的优势，规避其负面效应，是学习钢结构基本原理的重要意义之一。

1.2　钢结构的发展

钢结构的发展始终伴随着科学的进步和技术的创新，主要体现在：采用新的高性能材料，结构体系趋于多样化，结构的极限状态有了更细致、全面的规定，钢结构制造工业的技术水平提高，等等。

1. 钢结构材料改进

从所用材料看，早期的金属结构主要采用铸铁、锻铁，后来以普通碳素钢和低合金结构钢为承重结构材料，近年来也发展了铝合金及高性能钢材。1988 年发布的《钢结构设计规范》中，强度最高的 15 MnV 相当于 Q390 钢；2003 年版的《钢结构设计规范》则增加了 Q420 钢；2018 年 7 月 1 日实施的《标准》中，新增了 Q460 钢和 Q345GJ 钢，其质量分别符合现行国家标准《低合金高强度结构钢》（GB/T 1591—2018）和《建筑结构用钢板》（GB/T 19879—2015）的规定，与此同时，还增加了 Q235NH、Q355NH 和 Q415NH 牌号的耐候结构钢，其质量符合现行国家标准《耐候结构钢》（GB/T 4171—2008）的规定。高性能钢材除了强度高之外，其塑性和韧性等也呈现出优良的性能。另外，型钢的类型也在不断发展，尤其是冷弯型钢，截面形状的种类繁多。

2. 结构形式趋于多样化

钢结构在我国古代就有着卓越的应用。早在秦始皇时代（公元前二百多年），就有了用铁建造的桥墩，以后又在深山峡谷上建造了铁链悬桥、铁塔等。例如，公元 65 年左右的汉明帝时代就建成了世界上最早的铁链悬桥——兰津桥；著名的中国红军长征经过的四川省泸定大渡河上的泸定桥，建成于 1706 年，该桥比美洲 1801 年建造的跨长 23 m 的铁索桥早了近百年，比号称世界最早的英格兰 30 m 跨铸铁拱桥早了 74 年。

中国古代的钢铁结构除铁链桥外，还有许多纪念性的建筑。例如，建于 967 年的广州光孝寺东铁塔，1061 年在湖北荆州玉泉寺建成的 13 层铁塔，还有山东济宁寺铁塔和江苏镇江的甘露寺铁塔等，都是很古老的建筑。近代我国的钢结构主要有 1927 年建成的沈阳黄姑屯机车厂钢结构厂房、1931 年建成的广州中山纪念堂钢结构屋顶、1937 年建成的杭州钱塘江大桥等。

新中国成立后，钢结构的应用日益扩大。例如，在桥梁建设中，有 1957 年建成的武汉长江大桥、1968 年建成的南京长江大桥等。近 20 多年来，我国过江及跨海大桥的建设更是突飞猛进：杭州湾跨海大桥，全长 36 km；芜湖长江大桥，跨江主桥长 2193 m，全长 10 624.4 m；重庆朝天门大桥，采用钢桁架拱的结构形式，主跨达 552 m，比世界上著名的悉尼大桥的主跨还要长 49 m。

20 世纪 50 年代后，我国钢结构的设计、制造、安装水平都有了很大提高，建成了大量钢结构工程，且有些在规模上和技术上已达到世界先进水平：采用大跨度网架结构的首都体育馆、上海体育馆、深圳体育馆，采用大跨度三角拱形结构的西安秦始皇陵兵马俑陈列馆，采用悬索结构的北京工人体育馆、浙江体育馆，采用高耸结构的广州广播电视塔、上海广播电视塔、南京跨江线路塔、北京气象桅杆等，采用板壳结构、有效容积达 54 000 m³ 的湿式储气柜等。

自 1978 年我国改革开放以来，随着钢结构设计理论、制造、安装等方面技术的迅猛发展，各地建成了大量的高层钢结构建筑、轻钢结构、高耸结构、市政设施等，如北京的国贸中心、京城大厦、京广中心大厦，上海的金茂大厦，深圳的地王大厦，哈尔滨的黑龙江广播电视塔，以及南浦大桥、杨浦大桥及港珠澳大桥等。举办 2008 年北京奥运会、2010 年上海世界博览会、2012 年天津全国大学生运动会时建设的众多标志性钢结构建筑，则更绚丽多彩。

3. 结构的极限状态有了更细致、全面的规定

随着我国近年来对《标准》、《冷弯薄壁型钢结构技术规范》(GB 50018－2016)、《高层民用建筑钢结构技术规程》(JGJ 99－2015)、《门式钢架轻型房屋钢结构技术规范》(GB 51022－2015)以及《空间网格结构技术规程》(JGJ 7－2010)等一系列重要规范的相继修订，钢结构的设计、制造、安装及工程应用均达到了新的高度，这标志着我国钢结构领域步入了一个崭新的发展阶段。

随着制造工业技术水平的显著提升，钢结构的形式日益多样化，其结构的极限状态也随之得到了更为细致和全面的规定。这些规定涵盖了承载能力极限状态（即结构在极限荷载作用下的安全性能）、结构的正常使用极限状态（如变形、振动、裂缝控制等方面），确保结构在长期使用过程中能够满足既定的功能要求和安全性标准。此外，针对钢结构在复杂环境条件下的耐久性能极限状态，相关规范也提出了更为严格的要求，旨在通过合理的防护措施和结构设计，延长结构的使用寿命，提高结构的整体性能和可靠性。

4. 制造工业的技术水平提高

我国近年来钢结构制造工业的机械化水平已有了较大提升，尤其是建筑信息模型(BIM)技术不仅解决了项目信息共享的问题，提升了钢结构项目的智能化管理，而且在钢结构制造厂管理中也得到了应用。但在现场质量控制、安装技术以及技术人员水平等方面，BIM 技术还需进一步提高。

1.3 钢结构的设计方法

1.3.1 概述

钢结构设计方法的理论基础是结构的可靠性分析，具体实践中，采用以概率论为基础的极限状态设计方法，用以应力形式表达的分项系数设计表达式进行强度设计计算，用设计值与承载力的比值进行稳定承载力设计。为满足建筑方案的要求并从根本上保证结构安全，设计内容除构件设计外还应包括整个结构体系的设计。

钢结构的强度破坏和大多数失稳破坏都具有延性破坏的性质，所以钢结构构件设计的目标可靠指标 β 按照《建筑结构可靠性设计统一标准》(GB 50068—2018)(以下简称《统一标准》)规定最低为 3.2。

钢结构的安全等级和设计使用年限应符合《统一标准》和《工程结构可靠性设计统一标准》(GB 50153—2008)的规定。一般工业与民用建筑钢结构的安全等级应取为二级，其他特殊建筑钢结构的安全等级应根据具体情况另行确定。钢结构中各类结构构件的安全等级，宜与整个结构的安全等级相同。对其中部分钢结构构件的安全等级可进行调整，但不得低于三级。

1.3.2 概率极限状态设计法

当整个结构或结构的一部分因超过某一特定状态而不能满足设计规定的某一功能要求时，此特定状态就称为该功能的极限状态，即由可靠转变为失效的临界状态称为结构的极限状态。除疲劳设计应采用容许应力法外，和其他建筑结构一样，钢结构应按承载能力极限状态和正常使用极限状态进行设计。

1. 承载能力极限状态

对应于结构或结构构件达到最大承载能力或出现不适于继续承载的变形时，称为承载能力极限状态。结构或结构构件由于塑性变形而使其几何形状发生显著改变，虽未达到最大承载能力，但已彻底不能使用，也属于达到极限状态；另外，如结构或结构构件的变形导致内力发生显著变化，致使结构或结构构件超过最大承载功能，同样认为达到了承载能力极限状态。因此，当结构或结构构件出现下列状态之一时，则认为超过了承载能力极限状态：

(1) 结构构件或连接的强度破坏(包括疲劳破坏)、脆性断裂。

(2) 因过度变形而不适于继续承载。

(3) 结构或结构构件丧失稳定或屈曲。

(4) 整个结构或结构构件的一部分作为刚体失去平衡，如倾覆等。

(5) 结构转变为机动体系。

2. 正常使用极限状态

结构或结构构件达到正常使用或耐久性能的某项规定限值时的状态，称为正常使用极限状态。当结构或结构构件出现下列状态之一时，则认为超过了正常使用极限状态：

（1）影响结构、结构构件、非结构构件正常使用或外观的变形。

（2）影响正常使用的振动。

（3）影响正常使用或耐久性能的局部损坏（包括组合结构中混凝土的裂缝）。

（4）影响正常使用的其他特定状态。

1.3.3 设计表达式

进行结构设计的目的就是要保证实际结构的可靠指标 β 值等于或大于规定的限值。但是直接计算 β 值比较麻烦，同时其中有些与设计有关的统计参数也不容易求得，因此为使计算简便，《统一标准》规定的设计方法是将对 β 值的控制等效地转化为以分项系数表达的设计表达式。建筑钢结构设计采用承载能力和正常使用两种极限状态下的分项系数表达式，考虑到施加在结构上的可变荷载往往不止一种，这些荷载不可能同时达到各自的最大值，因此，还要根据组合荷载效应的概率分布来确定荷载的组合系数 ψ_{ci} 和 ψ。

1. 承载能力极限状态表达式

根据结构的功能要求，进行承载能力极限状态设计时，应考虑作用效应的基本组合，必要时还应考虑作用效应的偶然组合（如火灾、爆炸、撞击、地震等偶然事件的组合）。

1）基本组合

按荷载效应基本组合进行强度和稳定性设计时，应采用下列两个极限状态设计表达式中最不利值来计算。

可变荷载效应控制的组合：

$$\gamma_0 \left(\gamma_G \sigma_{Gk} + \gamma_{Q1} \sigma_{Q1k} + \sum_{i=2}^{n} \gamma_{Qi} \psi_{ci} \sigma_{Qik} \right) \leqslant f \tag{1-1}$$

永久荷载效应控制的组合：

$$\gamma_0 \left(\gamma_G \sigma_{Gk} + \sum_{i=1}^{n} \gamma_{Qi} \psi_{ci} \sigma_{Qik} \right) \leqslant f \tag{1-2}$$

对于一般排架、框架结构，式（1-1）可采用下列简化的设计表达式：

$$\gamma_0 \left(\gamma_G \sigma_{Gk} + \psi \sum_{i=1}^{n} \gamma_{Qi} \sigma_{Qik} \right) \leqslant f \tag{1-3}$$

永久荷载效应控制的组合仍按式（1-2）进行计算。

上述各式中：

γ_0 为结构重要性系数，根据结构破坏后果的严重性按照规范的有关规定采用。

γ_G 为永久荷载分项系数。一般情况下，对于式（1-1），其值取 1.2，对于式（1-2），其值则取 1.35；当永久荷载效应对结构构件承载能力有利时，其值不应大于 1.0。

γ_{Q1}、γ_{Qi} 为第一个和第 i 个可变荷载的分项系数。当可变荷载效应对结构构件承载能力不利时，其值取 1.4（当工业建筑楼面可变荷载标准值大于 4.0 kN/m² 时，其值应取 1.3）；有利时，其值取 0。

σ_{Gk} 为永久荷载标准值在结构构件截面或连接中产生的应力。

σ_{Q1k} 为起控制作用的第一个可变荷载标准值在结构构件截面或连接中产生的应力。

σ_{Qik} 为其他第 i 个可变荷载标准值在结构构件截面或连接中产生的应力。

ψ_{ci} 为第 i 个可变荷载的组合值系数，其值不应大于 1.0，按《建筑结构荷载规范》(GB 50009—2012)(以下简称《荷载规范》)的规定采用。

ψ 为简化式中采用的荷载组合值系数，一般情况下其值可取 0.9；当只有一个可变荷载时，其值取 1.0。

f 为钢材或连接的强度设计值，$f=f_y/\gamma_R$，见本书附录 1 中附表 1-1。

2）偶然组合

对于荷载的偶然组合，极限状态设计表达式宜按下列原则确定：偶然作用的代表值不乘以分项系数；与偶然作用同时出现的可变荷载，应根据观测资料和工程经验采用适当的代表值，具体应按有关专门规范计算。

2. 正常使用极限状态表达式

对于正常使用的极限状态，钢结构的设计主要是控制变形。对于拉杆和压杆，变形是指长细比；对于受弯的梁和桁架，变形是指挠度。这些容许变形值在相关标准里都有规定。当验算变形是否超过规定限值时，不必考虑荷载分项系数，只需采用荷载的标准值，其设计表达式为

$$v = v_{Gk} + v_{Q1k} + \sum_{i=2}^{n} \psi_{ci} v_{Qik} \leqslant [v] \tag{1-4}$$

式中：v_{Gk} 为永久荷载的标准值在结构或结构构件中产生的变形值；v_{Q1k} 为起控制作用的第一个可变荷载标准值在结构或结构构件中产生的变形值；v_{Qik} 为其他第 i 个可变荷载标准值在结构或结构构件中产生的变形值；$[v]$ 为结构或结构构件的变形容许值，按《标准》的规定采用。

对于钢与混凝土组合梁，因混凝土在长期荷载下具有蠕变的影响，因此还应考虑荷载效应的准永久荷载组合。

本 章 小 结

通过本章的学习，读者应能够了解钢结构的特点和钢结构的应用与发展，掌握钢结构的极限状态设计方法，增强对钢结构学习的主动性，为钢结构构件及常用钢结构的结构设计奠定基础。

（1）钢结构与其他材料组成的结构相比具有显著的特点：强度高，结构质量轻；材质均匀，塑性、韧性好；抗震性能好；工业化程度高，施工周期短；密闭性好；耐热但不耐火；耐腐蚀性差；具有低温冷脆倾向。

（2）钢结构应用于房屋建筑的主要结构体系有：单层钢结构，多高层钢结构，大跨度钢结构以及新颖、复杂的结构体系钢结构。

（3）钢结构的发展主要体现在：钢结构材料及结构形式的改进；设计规范、规程的修订；制造工业、安装技术水平的不断提高。

（4）钢结构采用以概率论为基础的极限状态设计方法，用以应力形式表达的分项系数设计表达式进行强度设计计算，用设计值与承载力的比值进行稳定承载力设计。为满足建筑方案的要求并从根本上保证结构安全，设计内容除构件设计外还应包括整个结构体系的

设计。

习　题

1-1　钢结构的特点是什么？

1-2　目前我国钢结构主要应用在哪些方面？

1-3　比较钢结构的计算方法与其他结构计算方法的相同点与不同点。

1-4　理解并解释下列各词语：结构极限状态、结构可靠度（可靠概率）P_r、失效概率 P_f、可靠指标 β、荷载标准值、强度标准值、荷载设计值、强度设计值。

本章扩展知识见二维码。

绪论

第 2 章

钢结构的材料

【本章要点】

（1）建筑结构用钢材对性能的基本要求；

（2）衡量钢材各项主要性能的指标；

（3）影响钢材性能的因素；

（4）《标准》推荐的钢结构用钢材牌号及标准；

（5）钢结构用钢材合理选用的基本要素和具体规定。

【学习目标】

（1）熟悉建筑结构用钢材的基本性能；

（2）熟悉建筑结构用钢材的质量要求和基本检查、实验方法；

（3）掌握建筑结构用钢材的选用和设计指标取值。

2.1 建筑结构用钢材对性能的基本要求

优良的钢结构是由结构材料、分析设计、加工制造、运输安装、维护使用等多个环节共同决定的。在荷载作用下，钢结构性能主要受所用钢材性能的影响，而钢材的种类繁多，性能差别较大，为了在钢结构工程中做到合理选材以保证工程质量，降低工程成本，确保结构安全，要求设计与工程技术人员应对相关钢材性能和标准有一定的了解。通过总结经验和科学分析，技术人员应认识到用作钢结构的钢材必须具有较高的强度、足够的变形能力和良好的加工性能。此外，根据结构的特殊工作条件，必要时钢材还应具有适应低温、侵蚀和重复荷载作用等的性能。符合钢结构性能要求的钢材一般只有碳素钢和很小的一部分低合金高强度钢。

本章将学习有关钢结构的材料——钢材的性能、牌号、选用、设计指标及参数等内容。在 2.1 节介绍钢结构用钢材对性能的基本要求；2.2 节讲述用来评价钢结构用钢材的强度、刚度、塑性、韧性等性能的常规金属材料性能试验知识及主要性能指标；2.3 节讲述钢材的破坏形式，主要目的在于强调结构构件破坏的本质；2.4 节介绍钢材生产和使用过程中各种因素对其性能的影响。现行《标准》推荐的钢结构用钢材的牌号和板材、型材的各种规格等将在 2.5 节予以介绍。

2.2 钢材的主要性能

钢材的主要性能包括力学性能和工艺性能。前者是指钢材承受荷载和作用的能力,主要包括强度、塑性、韧性;后者是指钢材经受冷加工、热加工和焊接时的性能表现,主要包括冷弯性能、可焊性。

2.2.1 强度和塑性

1. 钢材在静力单轴拉伸时的工作性能

钢材的强度和塑性一般通过室温静力单轴拉伸试验进行测定,即采用规定试样(规定形状和尺寸),在规定条件下(规定温度、加载速率等)在试验机上用拉力一次拉伸试样,一直拉至断裂,测定相关力学性能,具体试验内容和要求可依据《金属材料 拉伸试验 第 1 部分:室温试验方法》(GB/T 228.1—2021)的规定进行,试验结果一般用应力-延伸率(R-e)[1]曲线,或应力-应变(σ-ε)曲线表示。图 2-1 为具有明显屈服平台钢材(如低碳素结构钢)的应力-应变曲线。从图 2-1 中所示曲线可以看出,其工作特性可以分为以下四个阶段。

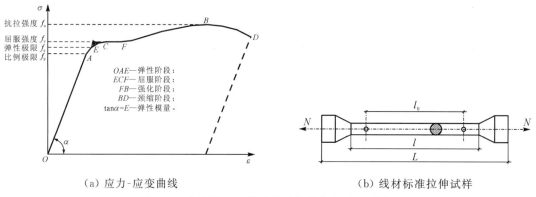

(a) 应力-应变曲线 (b) 线材标准拉伸试样

图 2-1 钢材的室温静力单轴拉伸应力-应变曲线

1) 弹性阶段(OAE 段)

在曲线 OAE 段,其中 OA 段是一条斜直线,A 点对应的应力称为比例极限 f_p。在应力略高于比例极限 f_p(A 点)的地方还存在一个弹性极限 f_e(E 点)。由于 f_e 和 f_p 极其接近,因此通常略去弹性极限的点,这样应力不超过 f_p 时钢材处于弹性阶段,即荷载增加时变形也增加,荷载降到零(完全卸载)时变形也降到零(回到原点),应力-应变(σ-ε)曲线呈直线关系,符合胡克定律,其斜率 $E = \mathrm{d}\sigma/\mathrm{d}\varepsilon$ 就是钢材的弹性模量。弹性模量 E 即为钢材的刚度指标。对钢结构用钢材,一般统一取 $E = 2.06 \times 10^5 \ \mathrm{N/mm^2}$,该值在钢结构分析和构件设计(如挠度验算)中经常使用。

2) 屈服阶段(ECF 段)

E 点以后,σ-ε 曲线呈锯齿形波动循环,甚至出现荷载不增加而变形仍在继续发展的现象,在 σ-ε 曲线上形成水平段,即屈服平台,这个阶段称为屈服阶段,也称为塑性流动阶段。此时钢材的内部组织纯铁体晶粒产生滑移,试件除弹性变形外,还出现了塑性变形(即卸载后试件不能完全恢复原来的长度）。注：卸载后能消失的变形称为弹性变形，而不能消失的这一部分变形称为残余变形（或塑性变形）。

屈服阶段的实际 $\sigma\text{-}\varepsilon$ 曲线，在开始时上下波动较大，波动最高点和最低点分别称为上屈服点和下屈服点。大量试验证明，上屈服点受试验条件如加载速度、试件几何尺寸及形状、初偏心等影响较大，而下屈服点则对此不太敏感，各种试验条件下得到的下屈服点比较一致，并且在塑性流动发展到一定程度后，$\sigma\text{-}\varepsilon$ 曲线形成稳定的水平线，应力值稳定于下屈服点。从工程设计的安全性考虑，取下屈服点较为合理，但需要说明的是，现行国家标准《碳素结构钢》（GB/T 700—2006）和《低合金高强度结构钢》（GB/T 1591—2018）均以上屈服点作为屈服强度，因此实际设计时应区分上、下屈服强度。屈服点或屈服强度用符号 f_y 表示。屈服阶段从开始（图 2-1 中的 E 点）到曲线再度上升（图 2-1 中的 F 点）的塑性变形范围较大，平台开始时的应变约为 $0.1\%\sim0.2\%$，结束时可达 $2\%\sim3\%$，相应的应变幅度称为流幅。流幅越大，说明钢材的塑性越好。屈服点和流幅是钢材的很重要的两个力学性能指标，前者是表示钢材强度的指标，而后者则是表示钢材塑性变形的指标。

3）强化阶段（FB 段）

屈服平台结束之后，钢材内部晶粒重新排列，因此又恢复了继续承担荷载的能力，并能抵抗更大的荷载，$\sigma\text{-}\varepsilon$ 曲线开始缓慢上升，但此时钢材的弹性并没有完全恢复，塑性特性非常明显，这个阶段称为强化阶段。对应于 B 点的荷载 N_u 是试件所能承受的最大荷载，称为极限荷载，B 点相应的应力称为抗拉强度或极限强度，用符号 f_u 表示。当应力增大到抗拉强度 f_u 时，$\sigma\text{-}\varepsilon$ 曲线达到最高点，这时应变已经很大，大约为 15%。

4）颈缩阶段（BD 段）

当应力到达极限强度 f_u 后，试件发生不均匀变形，在试件材料质量较差处，截面出现横向收缩，截面面积开始显著缩小，而塑性变形迅速增大，这种现象叫作颈缩现象。此时，荷载不断降低，变形却延续发展，直至到 D 点试件被拉断破坏。颈缩现象的出现和颈缩的程度以及与 D 点上相应的塑性变形是反映钢材塑性性能的重要指标。

应力-应变曲线反映了钢材的强度和塑性两方面的主要力学性能。强度是指材料受力时抵抗破坏的能力，表征钢材强度性能的指标有弹性模量 E、比例极限 f_p、屈服点 f_y 和抗拉强度 f_u 等。钢材的塑性为当应力超过屈服点后，材料能产生显著的残余变形（塑性变形）而不立即断裂的性质，表征塑性性能的指标为断后伸长率 A 和断面收缩率 Z。各项指标具体说明如下所示。

（1）**比例极限** f_p。比例极限 f_p 是 $\sigma\text{-}\varepsilon$ 曲线保持直线关系的最大应力值，它受残余应力的影响很大。在材性试件中，一般残余应力很小，f_p 与 f_y 较为接近，而在实际结构构件中，钢材内部经常存在数值较大的自相平衡的残余应力。拉伸时，外加应力与残余应力相叠加，或者压缩时外加应力与残余应力相叠加，使得部分截面提前屈服，弹性阶段缩短，比例极限减小。比例极限 f_p 在钢结构稳定设计计算中占有重要的位置，它是弹性失稳和非弹性失稳的界限。

（2）**屈服强度** f_y。屈服强度（或屈服点）是衡量结构的承载能力和确定强度设计值的重要指标。其意义在于如下几点：

① 应力达到 f_y 时对应的应变值很小，并且与 f_p 对应的应变值较为接近，在实际静力强度分析时，可以认为 f_y 是弹性极限。同时，应力达到 f_y 以后，在较大的塑性变形范围内

应力不再增加，表示结构暂时失去了继续承担增加荷载的能力。而对于绝大多数结构，塑性流动结束时产生的变形已经很大，早已失去了使用价值，且极易察觉，可及时处理而不致引起严重的后果。因此，以 f_y 作为弹性计算时强度的指标，即钢材强度的标准值，并以此确定钢材的强度(抗拉、抗压和抗弯)设计值 f(附表 1-1)。

②　由于钢材在应力小于 f_y 时接近于理想弹性体，而应力达到 f_y 后在很大变形范围内接近于理想塑性体，因此在实际应用上常将其应力-应变关系处理为理想弹塑性模型，如图 2-2 所示。以 f_y 为界，当 $\sigma < f_y$ 时，应力-应变关系为一条斜直线，弹性模量为常数；当 $\sigma = f_y$ 时，应力-应变关系为一条水平直线，弹性模量为零。此假设为建立钢结构强度计算理论提供了便利条件，并且使计算简单方便。

③　在 f_y 下材料有足够的塑性变形能力来调整构件应力的不均匀分布，可保证构件截面上的应力最终都达到 f_y。因此，一般在静力强度计算时，不必考虑应力集中和残余应力的影响。

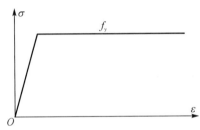

图 2-2　理想弹塑性模型的应力-应变曲线

高强度钢由于没有明显的屈服点，因此通常以卸载后残余应变为 0.2% 时所对应的应力作为屈服点，记为 $f_{0.2}$。钢结构设计中对以上二者不加区别，统称为屈服强度，以 f_y 表示。

(3) **抗拉强度** f_u。对应于拉伸曲线的最高点，抗拉强度是钢材破坏前能够承担的最大应力，因而被视为建筑钢材的另一个重要力学性能指标。它反映了建筑钢材强度储备的大小，虽然达到这个应力时，钢材已由于产生很大的塑性变形而失去使用性能，但是抗拉强度 f_u 高则可增加结构的安全保障，另外，在分析极限承载力时，一般也采用 f_u 作为计算指标。在塑性设计中，允许钢材发展较大塑性以充分发挥效能，这种强度储备尤为重要。强度储备的大小常用 f_y/f_u 表示，称其为屈强比。屈强比可以看作是衡量钢材强度储备的一个系数，屈强比愈低钢材的安全储备愈大。因此，《标准》规定用于塑性设计的钢材屈强比必须满足 $f_y/f_u \leqslant 0.85$，《建筑抗震设计规范》(GB 50011—2010)也有类似的规定。

(4) **断后伸长率** δ。对应于拉伸应力-应变曲线最末端(拉断点)的相对塑性变形，等于试样(图 2-1)断后标距的残余伸长 $(L_u - L_0)$ 和原始标距 (L_0) 之比的百分率。钢材的伸长率是衡量钢材塑性性能的指标。钢材的塑性是在外力作用下产生永久变形时抵抗断裂的能力。因此承重结构用的钢材，不论在静力荷载或动力荷载作用下，以及在加工制作过程中，除了应具有较高的强度外，还应具有足够的伸长率。A 值可按式(2-1)计算

$$\delta = \frac{L_u - L_0}{L_0} \times 100\% \tag{2-1}$$

式中，δ 为断后伸长率；L_0 为室温下施力前试样标距；L_u 为在室温下将断后的两部分试样紧密的对接在一起，保证两部分的轴线位于同一轴线上，测量试样断裂后的标距。

显然，式(2-1)中 $L_u - L_0$ 实质上是试样拉断后的残余变形，它与 L_0 之比即为极限塑

性应变。建筑钢材的塑性变形能力很强，对于板厚（或直径）不大于 40 mm 时，碳素结构钢中 Q235 的断后伸长率不小于 26％，低合金高强度钢中的 Q345 的断后伸长率不小于 20％，可见塑性应变几乎为弹性应变的 100 倍以上。因此钢结构几乎不可能产生纯塑性破坏，因为当结构出现如此大的塑性变形时，早已失去使用价值或已采取补救措施。

（5）**断面收缩率 ψ**。试样断裂后，横截面积的最大缩减量（$S_0 - S_u$）与原始横截面面积（S_0）的比值称为断面收缩率，按式（2-2）计算

$$\psi = \frac{S_0 - S_u}{S_0} \times 100\% \qquad\qquad (2-2)$$

式中，ψ 为断面收缩率；S_0 为平行长度的原始横截面积；S_u 为断后最小横截面积。

断面收缩率也是衡量钢材塑性变形能力的一个指标。由于断后伸长率 δ 是由钢材沿长度的均匀变形和颈缩区的集中变形的总和所确定的，因此它不能代表钢材的最大塑性变形能力。而断面收缩率才是衡量钢材塑性的一个比较真实和稳定的指标，但因测量困难，产生误差较大，所以钢材塑性指标仍然采用断后伸长率而不采用断面收缩率作为保证要求。

另外，拉伸应力-应变曲线还反映了钢材的弹性模量 E 和硬化开始时应变强化模量 E_{st} 等指标。在线弹性阶段 σ-ε 关系曲线的斜率就是钢材的弹性模量 E，它是结构弹性设计的主要指标，而强化模量 E_{st} 则为强化阶段初期 σ-ε 关系曲线（图 2-1 中的 FB 段）的斜率。

2. 钢材受压和受剪时的工作性能

钢材的受压和受剪性能同样可以通过相关试验测定。钢材的一次压缩 σ-ε 曲线与拉伸曲线绝大部分是相同的，只是在强化阶段后期，由于压缩造成试件受力面积增大，按原截面计算的名义应力迅速增大，因而 σ-ε 曲线一直是上升的，直到最后在 45°斜截面上才发生剪切破坏。钢材的剪切应力-应变曲线与拉伸曲线相似，屈服点 τ_y、抗剪强度 τ_u 和剪切模量 G 均较受拉时低。

由于拉伸试验中受压、受剪的受力状态都具有代表性，因此钢材的强度指标（抗拉、抗压和抗弯）一般均通过拉伸试验确定，而抗剪强度一般通过应力换算加以确定（具体参见 2.2.6 节）。

2.2.2　冲击韧性

工程结构设计中，经常会遇到由汽车、火车、波浪、厂房吊车等产生的冲击作用荷载。与抵抗冲击作用有关的钢材性能指标是韧性。韧性是钢材在产生塑性变形和断裂过程中吸收能量的能力，断裂时吸收能量越多，钢材韧性就越好。钢材在一次拉伸静力荷载作用下拉断时所吸收的能量，如果用单位体积内所吸收的能量来表示，其值正好等于拉伸 σ-ε 曲线与横坐标轴之间的面积。塑性好或强度高的钢材，其 σ-ε 曲线下方的面积较大，所以韧性值也较大。可见韧性与钢材的塑性有关而又不同于塑性，是钢材强度与塑性的综合表现。

然而，对于钢材的韧性，实际工作中并未采用上述的方法进行评定。原因是：实际结构的脆性断裂往往发生在动力荷载条件下和低温下，而结构中的缺陷（例如缺口和裂纹）常常是脆性断裂的发源地，因而实用上是使用冲击韧性来衡量钢材抗脆断的能力。冲击韧性（或冲击吸收能量）采用夏比摆锤冲击试验方法测定，用 K_V 或 K_U 表示（字母 V 和 U 表示缺口的几何形状），单位为 J，它是判断钢材在冲击荷载作用下是否出现脆性破坏的主要指标之一。

在夏比冲击试验中，标准尺寸试样长度为 55 mm，横截面为 10 mm×10 mm 的方形截面，在试样长度中间有规定几何形状的缺口（V 形或 U 形缺口），缺口背向打击面放置在摆

锤式冲击试验机上进行试验(如图2-3所示),在摆锤打击下,直至试样断裂,具体试验方法参见《金属材料 夏比摆锤冲击试验方法》(GB/T 229—2020)。按规定方法测定的冲击吸收能量即冲击韧性指标。

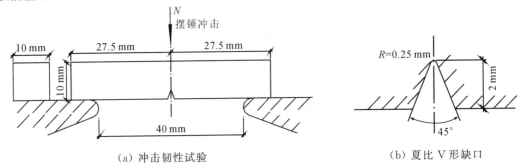

（a）冲击韧性试验　　　　　　　　　（b）夏比 V 形缺口

图 2-3　冲击韧性试验示意图

冲击韧性受试验温度影响很显著,温度愈低,冲击韧性愈低,当温度低于某一临界值时,冲击韧性急剧较低。另外,对于轧制的钢材,冲击韧性也具有方向性,一般来说纵向(沿轧制方向)性能好,横向(垂直于轧制方向)性能较低。因此,设计处于不同环境温度的重要结构时,尤其是受动力荷载作用的结构时,要根据相应的环境温度对应提出具体方向(纵向或横向)的常温(20℃)冲击韧性,0℃冲击韧性或负温(−20℃、−40℃或−60℃)冲击韧性的保证要求。

2.2.3　冷弯性能

冷弯性能是指钢材在冷加工(即在常温下加工)产生塑性变形时,对发生裂纹的抵抗能力。钢材的冷弯性能常用冷弯试验来检验。

冷弯试验应在配备规定弯曲装置的试验机或压力机上完成,根据试样厚度,按照规定的弯心直径 d 通过连续施加力使其弯曲(如图2-4所示)。当弯曲至180°时,不使用放大仪器观察,试样弯曲外表面无可见裂纹应评定为"冷弯试验合格";否则,不合格。具体试验方法参见《金属材料 弯曲试验方法》(GB/T 232—2010)。

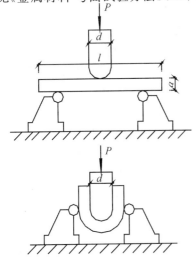

试样弯曲至180°时,外表面无可见裂纹,则视为合格

图 2-4　冷弯试验示意图

冷弯试验不仅能检验钢材的弯曲塑性变形能力，还能暴露出钢材的内部冶金缺陷（晶粒组织、结晶情况和非金属夹杂物分布等缺陷），因此它是判断钢材塑性变形能力和冶金质量的一个综合指标。承重结构中对钢材冷热加工工艺性能需要有较高要求时，应具有冷弯试验合格保证。

2.2.4　可焊性

钢材的可焊性是指采用一般焊接工艺即可完成合格焊缝的性能。钢材可焊性的优劣实际上是指钢材在采用一定的焊接方法、焊接材料、焊接工艺参数及一定的结构形式等条件下，获得合格焊缝的难易程度。可焊性分为施工上的可焊性和使用性能上的可焊性。施工上的可焊性是指对产生裂纹的敏感性，焊缝和近缝区均不产生裂纹表示性能良好；使用性能上的可焊性是指焊接构件在焊接后的力学性能是否低于母材，焊接接头和焊缝的冲击韧性及近缝区塑性不低于母材性能或具有与母材相同的力学性能表示性能优良。

钢材的可焊性与钢材的化学成分含量有关，其中含碳量是影响可焊性的一个重要参数。对于普通碳素结构钢，当含碳量在 0.27% 以下，以及形成其固定杂质的含锰量在 0.7% 以下，含硅量在 0.4% 以下，硫和磷含量各在 0.05% 以下时，可认为该钢材可焊性良好。对于焊接结构，为了使其具有良好的可焊性，通常要求含碳量应不超过 0.2%，Q235B 的碳含量一般符合这一要求；Q235A 的碳含量略高，一般要求不大于 0.22%，且在保证力学性能的情况下，A 级钢的碳、锰、硅含量不作为交货条件，故焊接结构不宜采用 Q235A 钢。而对于低合金钢，提高钢材强度的合金元素大多也对可焊性有不利影响，碳当量是衡量普通低合金钢中各元素对焊后母材的碳化效应的综合性能，按各元素的重量百分比采用式(2-3)计算，用于指导预热要求和焊接工艺。式(2-3)是国际焊接学会(IIW)提出的，为我国国家标准《钢结构焊接规范》(GB 50661—2011)所采用。所以在焊接结构中，无论碳素钢还是合金钢，焊接性能均可采用碳当量进行评定：

$$CEV(\%) = C + \frac{Mn}{6} + \frac{Cr + Mo + V}{5} + \frac{Cu + Ni}{15}(\%) \tag{2-3}$$

当钢材的碳当量 $CEV \leqslant 0.38\%$ 时，在正常工艺操作下，钢材的可焊性较好，Q235 钢就属于这一类；当 $CEV > 0.38\%$ 但不超过 0.45% 时，钢材有一定的淬硬倾向，焊接难度为一般等级，Q345 钢就属于此类，需要采取适当的预热措施并注意控制施焊工艺；当 $CEV > 0.45\%$ 时，钢材会有明显的淬硬现象，需采用较高的预热温度和严格控制施焊工艺措施来获得合格的焊缝。

钢材的可焊性可通过试验来鉴定。目前，国内外采用的可焊性试验方法很多。我国、日本和俄罗斯既采用施工上的可焊性试验方法，也采用使用性能上的可焊性试验方法。而美国则对钢材焊后的冲击韧性进行了大量的研究工作。英国的可焊性试验，近年来偏重对裂纹的研究。每一种可焊性试验方法都有其特定约束程度和冷却速度，它们与实际施焊的条件相比有一定距离。因此可焊性试验结果的评定，仅有相对比较的参考意义，而不能绝对代表实际中的情况。

2.2.5　钢材的其他性能

钢材的其他性能主要包括耐久性、耐火性以及 z 向性能等。

1. 耐久性

耐久性是指钢结构能长期经受各种外荷载作用且其材料能长期保证各项力学性能不劣化的性能。与耐久性有关的因素有以下几个方面：钢材的耐腐蚀性、时效现象和疲劳现象。钢材的耐腐蚀能力较差，据统计全世界每年约有年产量 30%～40% 的钢铁因腐蚀而失效。因此，防腐蚀对节约金属有着重大的意义。钢材如果暴露在自然环境中不加防护，则将和周围一些物质成分发生作用，形成腐蚀物。腐蚀作用一般分为两类：一类是金属和非金属元素的直接结合，称为干腐蚀；另一类是在潮湿环境中，钢材同周围非金属物质（如空气和水）结合形成腐蚀物，称为湿腐蚀。钢材在大气中腐蚀可能是干腐蚀，也可能是湿腐蚀或两者兼之。腐蚀严重的结构或构件可能造成有效受力截面削弱过大而使结构破坏。防止钢材腐蚀的主要措施是喷涂防锈油漆或涂料（如热浸镀锌、热喷锌（铝）复合涂层、环氧富锌底漆和面漆等）。近年来也研制出一些耐大气腐蚀的钢材，称为耐候钢，它是通过在冶炼时加入铜、磷、镍等合金元素来提高抗大气腐蚀的能力，其性能要求参见国家标准《耐候结构钢》（GB/T 4171—2008）。此外，对水下或地下钢结构应采取阴极保护措施。钢结构中随着时间的增长，钢材的力学性能会有所改变，使钢材强度提高而塑性韧性降低，有可能造成脆性破坏，这种现象称为时效现象。在高温环境下，由于钢结构长期经受高应力作用时会产生徐变现象，因此造成长期强度降低。钢结构受重复或交变荷载作用时，当经历一定次数的应力循环后，即使钢材应力低于屈服点也有可能发生破坏的现象，称之为钢材的疲劳破坏，它与脆性破坏类似，危害性较大。

2. 耐火性

耐火性一般是指钢构件或结构，在一定时间内满足标准耐火试验中规定的稳定性、完整性、隔热性和其他预期功能的能力。钢结构的耐火性较差，钢材受热时，当温度超过 200℃ 后，材质变化较大，不仅强度总趋势逐步降低，而且还有蓝脆和徐变现象。当温度超过 600℃ 后，钢材进入塑性状态且不能承载。因此，设计规定钢材表面温度超过 150℃ 后即需要加以隔热防护。在火灾中，未加防护的钢结构一般只能维持 20 min 左右。因此，对有防火要求的钢结构，应按照相应规定采取保温隔热措施（如在钢结构外面包混凝土或其他防火材料，或者在构件表面喷涂防火涂料等）。设计中还可以选用建筑用耐火钢，这种钢材是通过一定的技术手段增加钢材的特殊化学成分（如钼 Mo），使钢材的结构及金相组织发生变化，从而改善钢材内在的耐火性。

需要注意的是，虽然国内有些钢铁公司已经生产耐火钢和耐候耐火钢，但目前还没有这方面的国家标准。

3. z 向性能

对于厚度不小于 40 mm 的钢板，当沿厚度方向受拉时（包括外加拉力和因焊接收缩受阻而产生的约束拉应力），由于其内部的非金属夹杂物被压成薄片，在较厚的钢板中会出现分层（夹层）现象，从而使钢材沿厚度方向（z 向）的受拉性能大大降低。为避免在焊接或 z 向受力时厚度方向出现层状撕裂，规定通过厚度方向性能级别和厚度方向拉伸试验的断面收缩率来保证，称之为 z 向性能要求。厚度方向性能级别是对钢板的抗层状撕裂的能力提供的一种量度，分为 Z15、Z25 和 Z35 三个等级，表示厚度方向断面收缩率（三个试样的最小平均值）分别不小于 15%、25% 和 35%，其性能要求参见国家标准《厚度方向性能钢板》

（GB/T 5313—2023）。《低合金高强度结构钢》（GB/T 1591—2018）和《建筑结构用钢板》（GB/T 19879—2023）中都规定了可以提供具有厚度方向性能的钢材，且目前在高层和超高层钢结构建筑结构中有着较广泛的应用。

2.2.6　钢材在复杂应力作用下的工作性能

钢材在单向均匀应力作用下，当应力达到屈服点 f_y 时，钢材屈服而进入塑性状态。但实际上钢结构构件在很多情况下往往处于双向或三向应力场（平面应力和立体应力状况）中工作，称之为复杂应力状态。了解复杂应力作用下钢材的 σ-ε 关系及其破坏条件也是学习钢结构的基本内容之一。

在弹性范围内，钢材的 σ-ε 关系服从广义胡克定律。在一般情况下，复杂应力状态包括三个正应力分量 σ_x、σ_y、σ_z 和三个剪应力分量 τ_{xy}、τ_{yz}、τ_{zx}，如图 2-5(a) 所示。相应地，存在三个正应变分量 ε_x、ε_y、ε_z 和三个剪应变分量 γ_{xy}、γ_{yz}、γ_{zx}。用广义胡克定律表述的复杂应力状态下 σ-ε 关系如下：

$$\left.\begin{array}{l}\varepsilon_x=\dfrac{1}{E}\left[\sigma_x-\mu(\sigma_y+\sigma_z)\right],\ \gamma_{xy}=\dfrac{1}{G}\tau_{xy}\\[2mm]\varepsilon_y=\dfrac{1}{E}\left[\sigma_y-\mu(\sigma_z+\sigma_x)\right],\ \gamma_{yz}=\dfrac{1}{G}\tau_{yz}\\[2mm]\varepsilon_z=\dfrac{1}{E}\left[\sigma_z-\mu(\sigma_x+\sigma_y)\right],\ \gamma_{zx}=\dfrac{1}{G}\tau_{zx}\end{array}\right\}\tag{2-4}$$

式中，μ 为钢材横向变形系数（泊松比），在弹性范围内一般取 $\mu=0.3$；G 为剪切模量，它与弹性模量 E 的关系为 $G=\dfrac{0.5E}{1+\mu}=0.385\,E$。

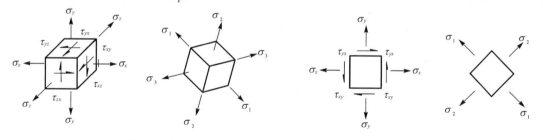

（a）立体应力状态　　　　　　　　　　　　　　（b）平面应力状态

图 2-5　钢材单元体上的复杂应力状态

上述应力应变场可以采用相应的主应力 σ_1、σ_2、σ_3 和主应变 ε_1、ε_2、ε_3 来表示。主应力和主应变之间的关系为

$$\left.\begin{array}{l}\varepsilon_1=\dfrac{1}{E}\left[\sigma_1-\mu(\sigma_2+\sigma_3)\right]\\[2mm]\varepsilon_2=\dfrac{1}{E}\left[\sigma_2-\mu(\sigma_3+\sigma_1)\right]\\[2mm]\varepsilon_3=\dfrac{1}{E}\left[\sigma_3-\mu(\sigma_1+\sigma_2)\right]\end{array}\right\}\tag{2-5}$$

从钢结构设计及应用出发，设计者最关心的是复杂应力作用下的钢材破坏条件，即在什么情况下受复杂应力作用的钢材才算破坏。如前所述，建筑钢材在静力强度分析中可以

假设为理想弹塑性材料，其静力强度指标是屈服点，因此单向应力作用下弹性阶段结束，或者钢材开始屈服时，即认为钢材达到了破坏条件。

确定复杂应力状态下钢材的破坏条件，实质上就是如何确定屈服条件的问题。大量试验结果表明，建筑钢材的屈服条件最适宜于用能量强度理论来表述。对结构钢而言，采用能量(第四)强度理论，即材料由弹性状态转为塑性状态时的综合强度指标，要用变形时单位体积中由于边长比例变化的能量来衡量。

能量强度理论屈服条件用应力分量可表达为

$$\sigma_{zs} = \sqrt{\sigma_x^2 + \sigma_y^2 + \sigma_z^2 - (\sigma_x\sigma_y + \sigma_y\sigma_z + \sigma_z\sigma_x) + 3(\tau_{xy}^2 + \tau_{yz}^2 + \tau_{zx}^2)} = f_y \tag{2-6}$$

或者

$$\sigma_{zs} = \sqrt{\frac{1}{2}\left[(\sigma_x - \sigma_y)^2 + (\sigma_y - \sigma_z)^2 + (\sigma_z - \sigma_x)^2\right] + 3(\tau_{xy}^2 + \tau_{yz}^2 + \tau_{zx}^2)} = f_y \tag{2-7}$$

若采用主应力分量，可表示为

$$\sigma_{zs} = \sqrt{\sigma_1^2 + \sigma_2^2 + \sigma_3^2 - (\sigma_1\sigma_2 + \sigma_2\sigma_3 + \sigma_3\sigma_1)} = f_y \tag{2-8}$$

或者

$$\sigma_{zs} = \sqrt{\frac{1}{2}\left[(\sigma_1 - \sigma_2)^2 + (\sigma_2 - \sigma_3)^2 + (\sigma_3 - \sigma_1)^2\right]} = f_y \tag{2-9}$$

可见，在三向应力(立体应力)作用下，钢材由弹性状态转变为塑性状态(屈服)的条件，可以用折算应力 σ_{zs} 和钢材在单向应力时的屈服点 f_y 相比较来判断。若 $\sigma_{zs} < f_y$，则钢材处于弹性阶段；若 $\sigma_{zs} \geq f_y$，则钢材处于塑性阶段。

由式(2-9)可见，当三个方向的主应力符号相同且差值较小时，即使各个方向主应力可能较大，但折算应力 σ_{zs} 却较小。当 $\sigma_{zs} = f_y$ 时，单方向的最大主应力可能已经远远超过 f_y。可见，当三向主应力均为拉应力时，钢材塑性变形得不到发挥，材料极易发生脆性拉断而破坏。因此，在钢结构设计和安装施工时应使结构构件尽量保持简单应力状态，避免其在复杂应力状态下工作，以充分发挥钢材的工作效能。

在实际结构中，三向应力中往往有一个方向的应力很小甚至可以忽略不计或等于零，即为平面应力状态，如图 2-5(b)所示。此时，$\sigma_3 = 0$，或者 $\sigma_z = \tau_{xz} = \tau_{yz} = 0$，式(2-6)和式(2-8)可分别写为

$$\sigma_{zs} = \sqrt{\sigma_x^2 + \sigma_y^2 - \sigma_x\sigma_y + 3\tau_{xy}^2} = f_y \tag{2-10}$$

$$\sigma_{zs} = \sqrt{\sigma_1^2 + \sigma_2^2 - \sigma_1\sigma_2} = f_y \tag{2-11}$$

在一般钢梁强度计算时，常常碰到梁腹板仅受正应力 σ 和剪应力 τ 共同作用的情况，此时屈服条件为

$$\sigma_{zs} = \sqrt{\sigma^2 + 3\tau^2} = f_y \tag{2-12}$$

因此，在多向应力作用下，钢材强度验算指标须采用折算应力 σ_{zs}。

当平面应力状态下受纯剪切作用时，$\sigma = 0$，屈服条件变为

$$\sigma_{zs} = \sqrt{3\tau^2} = \sqrt{3}\,\tau = f_y \tag{2-13}$$

因此，剪切屈服强度为

$$\tau = \frac{f_y}{\sqrt{3}} = 0.58 f_y \tag{2-14}$$

式(2-14)就是《标准》确定钢材抗剪强度设计值的依据。

2.3　各种因素对钢材主要性能的影响

建筑钢材(如《标准》推荐采用的碳素结构钢中的 Q235 钢及低合金高强度钢中的 Q345、Q390、Q420、Q460 钢等)在一般情况下都具有良好的综合力学性能,既有较高的强度,又有很好的塑性、韧性、冷弯性能和可焊性等,是理想的承重结构材料。但在一定条件下,它们的性能也有可能变差,从而导致结构发生脆性断裂破坏。

影响钢材主要性能的因素主要有化学成分、钢材的成材过程、硬化、温度、应力集中和残余应力等。

2.3.1　化学成分的影响

钢是含碳量小于 2% 的铁碳合金,含碳量大于 2% 时则为铸铁,俗称生铁。碳素结构钢的基本元素是铁(Fe),约占 99%,此外还有碳(C)、硅(Si)、锰(Mn)等元素,以及在冶炼中不易除尽的硫(S)、磷(P)、氧(O)、氮(N)等有害元素。在低合金结构钢中,除上述元素外还掺入了通常总量不超过 3% 的合金元素,如铜(Cu)、钒(V)、钛(Ti)、铌(Nb)、铬(Cr)等,以改善其性能。碳和其他元素虽然所占比重不大,但对钢材性能却有着重要的影响。

1. 碳

在碳素结构钢中,碳是除铁以外最主要的元素,它直接影响着钢材的强度、塑性、韧性和可焊性等。随着含碳量的提高,钢材的屈服点和抗拉强度也逐渐提高,但塑性和韧性,特别是负温冲击韧性却会下降。同时,钢材的可焊性、耐腐蚀性能、疲劳强度和冷弯性能也都有明显的劣化,并增加了低温脆断的可能性。依据碳量的低高区分,可以把碳素钢粗略分为低碳钢、中碳钢和高碳钢。虽然碳是使钢材具有足够强度的最主要元素,但在钢结构中,并不采用含碳量很高的钢材,以便保持其他优良性能,所以建筑结构用钢基本上都是低碳钢,一般结构用钢的含碳量不超过 0.22%,而在焊接结构中的钢材含碳量应控制在 0.2% 以下。

2. 硅

硅在钢材中是一种有益元素,具有很强的脱氧性,一般作为脱氧剂加入钢中,以制成质量较高的镇静钢。硅具有使铁液在冷却时形成无数结晶中心的作用,因此会使纯铁体的微观晶粒变得细小而均匀。适量的硅可以使钢材强度大为提高,而对塑性、冲击韧性、冷弯性能及可焊性也无明显不良影响,但含量过高时则会降低钢材的抗锈性和可焊性。碳素结构钢中硅的含量一般不超过 0.35%,低合金高强度结构钢中硅的含量一般不超过 0.5%~0.6%。

3. 锰

锰是一种有益元素,它属于弱脱氧剂,也是十分有效的合金元素。适量的锰可以有效地提高钢材强度,消除硫、氧对钢材的热脆影响,既能改善钢材的热加工性能,也能改善钢材的冷脆倾向,同时又不会显著降低钢材的塑性和冲击韧性。锰在碳素结构钢中的含量约为 0.3%~0.8%,在低合金高强度结构钢中的含量一般为 1.0%~1.7%。但因锰可使钢材的可焊性降低，所以应限制其含量。

4. 钒、铌和钛

钒、铌和钛也是有益元素，是添加的合金成分，它们能使钢材的晶粒细化，提高钢材的强度和抗锈蚀能力，同时又能保持良好的塑性和韧性，但有时有硬化的作用。例如，Q390（15 MnV）可用于船舶、桥梁等荷载较大的焊接结构以及高压容器中。一般在建筑钢材中，钒的含量为 $0.02\% \sim 0.20\%$；铌的含量为 $0.06\% \sim 0.15\%$；钛的含量为 $0.02\% \sim 0.20\%$。

5. 铜

铜在碳素结构钢中属于杂质成分，它既可以显著改善钢材的抗锈蚀能力，也可以提高钢材的强度，但对钢材的可焊性却有不利的影响。

6. 硫

硫是有害杂质元素，它能生成易于熔化的硫与铁的化合物-硫化铁，散布在纯铁体晶粒间层中，当热加工及焊接使温度高达 $800 \sim 1000℃$ 时，硫化铁即熔化从而使钢材变脆并产生裂纹，这种现象称为钢材的热脆。此外，硫还能降低钢材的塑性、冲击韧性、疲劳强度、可焊性和抗锈蚀能力等。因此，应严格控制钢材中的硫含量，且质量等级愈高，其含量控制愈严格。碳素结构钢中硫的含量一般不超过 $0.035\% \sim 0.050\%$，低合金高强度结构钢中硫的含量不超过 $0.020\% \sim 0.035\%$。对于高层建筑钢结构用抗层间撕裂钢板（z向钢），硫含量更是严格要求控制在 0.01% 以下。

7. 磷

磷也是一种有害元素。磷和纯铁体会结成不稳定的固熔体，有增大纯铁体晶粒的害处。虽然磷的存在会使钢材的强度和抗锈蚀能力提高，但却会严重降低钢材的塑性、冲击韧性、冷弯性能和可焊性，特别是在低温时能使钢材变脆（冷脆），不利于钢材冷加工。因此，磷的含量也应严格控制，同样质量等级愈高，其含量控制愈严格。碳素结构钢中磷的含量一般不超过 $0.035\% \sim 0.045\%$。低合金高强度结构钢中磷的含量不超过 $0.025\% \sim 0.035\%$。

但是，磷在钢材中的强化作用也是十分显著的，有时也利用它的这一强化作用来提高钢材的强度。磷使钢材的塑性、冲击韧性和可焊性等方面降低得不足，可采用减少钢材中的含碳量的措施来弥补。例如，在一些国家，采用特殊的冶炼工艺，生产高磷钢，其中磷的含量最高可达 $0.08\% \sim 0.12\%$，其含碳量则小于 0.09%，从而使磷的有益作用充分发挥，且在一定程度上消除或减弱了它的有害作用。

8. 氧和氮

氧和氮都属于有害杂质元素，在金属熔化后，它们容易从铁液中逸出，故含量较少。

氧和氮使钢材变得极脆。其中，氧会使钢材发生热脆，其作用比硫更剧烈，钢材含氧量一般应控制在 0.05% 以内；氮和磷的作用类似，会使钢材发生冷脆，一般钢材的含氮量不应超过 0.008%。

2.3.2 成材过程的影响

钢材的化学成分与含量是在冶炼和浇铸这一冶金过程中形成的，钢材的金相组织也是在此过程中形成的，因此，不可避免地会产生各种冶金缺陷。结构用钢须经过冶炼、浇铸、轧制和矫正等工序才能成材(如图 2-6 所示),多道工序对钢材的材性都有一定的影响。

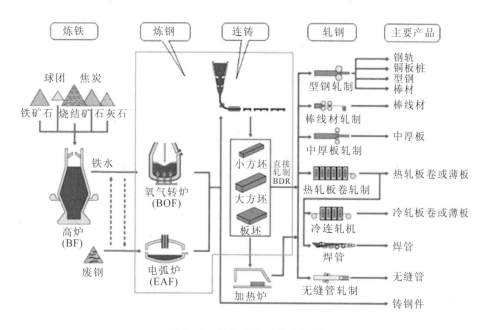

图 2-6　钢铁成材过程示意图

1. 冶炼

现阶段,冶炼方法在我国主要有两种:氧气顶吹转炉炼钢法和电炉炼钢法。氧气顶吹转炉炼钢法具有投资少、建厂快、生产效率高、原料适应性强等优点,目前已成为炼钢工业的主流方法。电炉冶炼的钢材一般不在建筑结构中使用,因此,在建筑钢结构中主要使用氧气顶吹转炉钢。

冶炼过程主要是控制钢材的化学成分与含量,使其符合相关标准规定的要求,确定钢材的钢号及保证相应的力学性能。

2. 浇铸

把熔炼好的钢液浇铸成钢锭或钢坯有两种方法:一种是浇入铸模做成钢锭,经初轧机制成钢坯,这属于传统的浇筑方法;另一种是浇入连续浇铸机做成钢坯,即直接利用钢液生产半成品,属于近年来迅速发展的新技术。

传统铸锭过程中因脱氧程度不同,最终会成为沸腾钢、半沸腾钢、镇静钢与特殊镇静钢。在浇铸过程中,向钢液内投入锰作为脱氧剂,由于锰的脱氧能力较差,不能充分脱氧,因此钢液中还含有较多的氧化铁,浇铸时氧化铁和碳相互作用,形成一氧化碳气体和氧、氮一块从钢液中逸出,形成钢液剧烈沸腾的现象,称为沸腾钢。沸腾钢在浇铸过程中,一氧化碳等气体逸出并带走钢液中热量,使其在钢锭模中很快冷却,许多气体来不及逸出便被包在钢锭中,因此会使钢材的构造和晶粒粗细不均匀,含氧量高,硫、磷的偏析大,且氮是以固溶氮的形式存在的。所以沸腾钢的塑性、冲击韧性和可焊性均较差,且容易发生时效和变脆,轧成的钢板和型钢中常有夹层和偏析现象。但沸腾钢生产周期短,耗用脱氧剂少,轧钢时切头很小,成品率高。

镇静钢与特殊镇静钢是因为在浇筑过程中加入了强脱氧剂(如硅、铝和钛等),钢液可充分脱氧且晶粒细化，同时，硅或铝等在还原氧化铁的过程中放出大量热量，使钢液冷却缓慢，气体杂质便有充分的时间逸出，所以偏析等冶金缺陷其不严重，但传统的浇筑方法因存在缩孔而成材率较低。

连铸工艺是一种有效的浇铸方法，可以产出没有缩孔的镇静钢，大幅提高金属收得率，而且还可以改善产品质量，使其内部组织均匀、致密、偏析少、性能稳定、表面质量良好。近年来，采用连铸已能生产出表面无缺陷的铸坯，并直接热送轧成钢材。

目前按转炉和连铸方法生产的钢材均为镇静钢，在国内钢材生产总量中占绝对多数，而沸腾钢的产量少，市场价格偏高，所以设计时应尽量选用镇静钢。

钢在冶炼及浇铸过程中会不可避免地产生冶金缺陷。常见的冶金缺陷有偏析、非金属夹杂、气孔和裂纹及分层等。这些缺陷都将影响钢的力学性能。

1）偏析

钢材中化学元素分布不均匀，称为偏析。偏析严重影响钢材的机械力学性能，特别是硫、磷等有害杂质的偏析，将使偏析区内钢材强度、塑性、韧性和可焊性变差。沸腾钢中杂质元素较多，所以偏析现象较为严重。

2）非金属夹杂

钢材中含有硫化物和氧化物等非金属杂质，它们对钢材性能的影响极为不利。硫化物可使钢材在 $800 \sim 1200 ℃$ 时变脆；氧化物特别是粗大的氧化物可严重降低钢材的机械力学性能和工艺性能。

3）气孔和裂纹

钢材在浇铸后的冷凝过程中，当冷却过快时，内部气体来不及完全排出钢材就已经凝固，便会形成气孔。由于冷脆、热脆及不均匀收缩等原因，可能会使成品钢材中存在微观或宏观的裂纹。气孔和裂纹的存在使钢材的匀质性遭到破坏，一旦有外力作用，在气孔及裂纹附近会产生应力极度不均匀的分布现象，这必然会伴随着出现三向复杂应力状态，因此成为脆性破坏的根源，同时也使钢材的冲击韧性、冷弯性能以及疲劳强度大大降低。

4）分层

钢材在轧制时，由于其内部的非金属夹杂物被压成薄片，在其厚度方向形成多个层次，但各层之间仍互相连接，并不脱离，这种现象称为分层。分层使钢材在厚度方向几乎失去抗拉承载的能力，所以应注意避免钢材在厚度方向承受拉力作用。同时，分层也会严重降低钢材的冷弯性能，在分层的夹缝里，还容易侵入潮气从而引起钢材锈蚀，尤其在应力作用下，钢材锈蚀还会加快，甚至形成裂纹，因此大大降低钢材的韧性、疲劳强度和抗脆断能力。但分层对垂直于钢材厚度方向的抗压强度影响不大。

3. 轧制

轧制是在 $1200 \sim 1300 ℃$ 高温和压力作用下将钢坯或钢锭热轧成钢板和型钢。轧制过程既能使钢材晶粒更加细小而致密，也能使钢锭中的小气泡、裂纹、疏松等缺陷焊合起来，它不仅改变了钢材的形状及尺寸，而且也改善了钢材的内部组织，因此显著提高了钢材的各种机械力学性能。

试验证明，钢材的力学性能与轧制方向有关，沿轧制方向比垂直轧制方向的强度高。因此，轧制后的钢材在一定程度上不再是各向同性体，进行钢板拉力试验时，试件应在垂直轧制方向上切取。

试验还证明，轧制的钢材愈小（愈薄），其强度也愈高，塑性和冲击韧性也愈好。原因是型材越小越薄，轧制时辊压的次数也越多，钢材晶粒越细密，宏观缺陷越少，强度等性能也就越好。《标准》考虑了钢材的这一特性将钢材按照厚度分组，分别取不同的强度设计值，可参见附表 1-1。

经过轧制的钢材，由于其内部的非金属夹杂物被压成薄片，在较厚的钢板中会出现分层（夹层）现象，分层会使钢材沿厚度受拉的性能大大降低。因此，对于厚钢板（$t > 40$ mm）还需进行 z 方向的材性试验，设计时应注意尽量避免垂直于板面受拉（包括约束应力），以避免在焊接或 z 向受力时钢材出现层状撕裂。

4. 热处理

钢材经冶炼、浇铸和轧制工艺后已经成形，且化学成分已经固定，因为为获得较高强度同时又具有良好的塑性和韧性，一般会通过对固态产品的温度进行处理——热处理，即通过温度调整改变钢的晶体结构（晶粒尺寸）从而改善其性能。主要的热处理工艺有：正火、淬火、回火、退火等。

1）正火

正火是将钢材加热到 850~900℃，保温适当时间后，在静止的空气中缓慢冷却的热处理工艺。

2）淬火

淬火是将金属加热到某一适当温度并保持一段时间，随即浸入淬冷介质中快速冷却的处理工艺。常用的淬冷介质有盐水、水、矿物油、空气等。淬火时的快速冷却会使材料产生严重的内应力（称为残余应力），所以一般会配合回火进行处理。

3）回火

将经过淬火的钢材重新加热到 650℃，保温一段时间后在空气等介质中冷却称为回火。其作用在于减小或消除淬火材料中的残余应力，虽然材料的硬度和强度无明显降低，但延性和韧性会有所提高。

淬火加回火又称为调质处理，强度很高的钢材（包括高强螺栓的材料）都要经过调质处理。

4）退火

将钢材加热到一定温度保持足够时间，然后以适宜速度冷却（放置于加热炉或者其他容器里缓慢冷却）称为退火。其主要作用在于增加钢材的塑性和韧性，但强度和硬度均会降低。

2.3.3　影响钢材性能的其他因素

在钢结构的制造和使用过程中，钢材的性能和各种力学指标还可能受到其他因素的影响，主要包括：硬化、环境温度、应力集中、残余应力和荷载类型等。

1. 硬化

钢材的硬化有两种基本情况：时效硬化和冷作硬化。

1）时效硬化

轧制形成的钢材随着时间的增长，强度逐渐提高，塑性、韧性降低，脆性增加，这种现象称为时效硬化（或时效现象），俗称老化。这是由于纯铁体的结晶粒内常留有一些数量极少的碳和氮的固熔物质，它们在结晶粒中的存在是不稳定的，随着时间的增加，这些固熔物质会逐渐从结晶粒中析出，并形成自由的碳化物和氮化物微粒，散布在纯铁体晶粒的滑移面上，起着阻碍滑移的强化作用，从而约束纯铁体发展塑性变形，使钢材的强度（屈服点和抗拉强度）提高，塑性降低，特别是冲击韧性大大降低，钢材变脆。

时效硬化的过程一般很长，在自然条件下时效硬化可从几天延续到几十年。但如果在材料塑性变形后加热（200~300℃），便可使时效硬化迅速发展，一般仅需几小时就可以完成，这种方法称为人工时效。杂质多、晶粒粗而不均匀的钢材对时效最敏感。为了测定时效后钢材的冲击韧性，常采用人工快速时效的方法：先使钢材产生 10% 左右的塑性变形；再加热至 250℃ 左右并保温 1 h，在空气中冷却后做成试件；然后测定其应变时效后的冲击韧性。预应力钢结构中采用的冷拉低碳钢丝和冷拔低碳钢丝就是人工时效的应用范例。

2）冷作硬化

钢材在冷加工（常温加工）过程中引起强度提高，同时塑性、韧性降低的现象称为冷作硬化（或应变硬化）。这是由于冷加工时，当钢材在弹性工作阶段时，荷载的间断性重复作用基本上不会影响钢材的静力工作性能（疲劳问题除外）；但在塑性阶段及其以后，除弹性变形外还有残余变形（塑性变形）的产生，此时卸去荷载则弹性变形消除而塑性变形仍保留，第二次加荷载时钢材表现出来的性质将与第一次加荷时的不同。如果第一次加载使钢材进入强化阶段，那么第二次加载时的比例极限将提高到第一次加载所达到的最大应力值。此后的 $\sigma\text{-}\varepsilon$ 关系曲线便沿一次拉伸曲线发展，可用强度得到了提高。但由于第一次加载已经消耗掉了部分塑性变形，因此钢材的塑性、韧性下降。这种受第一次加载所产生的塑性变形影响而造成的钢材比例极限提高的现象称为硬化。

钢材的冷加工过程通常有两种基本情况。一是作用于钢材上的应力超过屈服点而小于极限强度，此时只产生永久变形而不破坏钢材的连续性（如压、折、冷拉、冷弯、冷轧、矫正等）；二是作用于钢材上的应力超过了极限强度，从而使钢材产生断裂，部分材料脱离主体（如机械剪切、刨、钻、冲孔、铰孔等）。这两种情况都必然产生很大的塑性变形，会使钢材内部发生冷作硬化现象。

冷作硬化会改变钢材的力学性能，即强度（比例极限、屈服点和抗拉强度等）提高，但塑性和冲击韧性降低，出现脆性破坏的可能性也会增大，这对钢结构是不利的。简言之，冷作硬化提高了钢材的强度，但却使钢材变脆，牺牲了塑性，对于承受动力荷载的重要构件，不应使用经过冷作硬化的钢材。对于重型吊车梁和铁路桥梁等需考虑疲劳影响的构件，在有冷作硬化的部分还需要进行处理以消除冷作硬化的影响。例如，为了消除因剪切钢板边缘和冲孔等引起的局部冷作硬化的不利影响，前者可将钢板边缘刨去 3~5 mm，后者可先冲成小孔再用铰刀扩大 3~5 mm，去掉冷作硬化部分。

将经过冷作硬化的钢材放置一段时间之后，还会进一步出现时效硬化的现象，称为应变时效硬化。应变时效硬化是冷作硬化和时效硬化复合作用的结果。

2. 环境温度

随着环境温度的变化，钢材的各项性能指标也将发生显著变化。

1）正温范围

在常温范围内，当温度升高时，钢材的强度和弹性模量基本不变，塑性的变化也不大；当温度超过 85℃ 且在 200℃ 以下的范围时，随着温度继续升高，钢材各项性能指标的变化总趋势是抗拉强度、屈服点及弹性模量均减小，塑性、韧性上升。当温度在 250℃左右时，钢材的抗拉强度会提高到高于常温下的值，而塑性和冲击韧性下降，脆性增加，此现象称为蓝脆现象，此时钢材表面氧化膜呈现蓝色。为防止钢材出现热裂纹，应避免在蓝脆温度范围内进行热加工。当温度超过 300℃以后，钢材的屈服点和极限强度会显著下降，而塑性变形能力迅速上升。温度达到 600℃时，钢材进入热塑状态，强度几乎等于零，失去承载能力。上述正温范围内钢材屈服点 f_y 随温度升高时的变化情形可参见表 2-1。表 2-1 中 f_{y20} 为常温（20℃）下钢材的屈服点。

表 2-1 正温范围（20～600℃）钢材屈服点随温度升高时的变化

温度/℃	20	100	200	300	400	500	600
$(f_y/f_{y20})/\%$	100	95	82	65	40	10	0

2）负温范围

在低于常温的负温范围内，钢材性能变化的总趋势是：随温度的降低，钢材的强度略有提高，而塑性和冲击韧性显著下降，脆性增加。特别是当温度下降到某一数值时，钢材的冲击韧性突然急剧下降，试件断口发生脆性破坏，这种现象称为低温冷脆现象。

国外试验资料给出的夏比冲击韧性值与试验温度的关系如图 2-7 所示。当温度高于 T_2 时，曲线比较平缓，冲击韧性值受温度影响不大，钢材产生塑性破坏；当温度低于 T_1 时，曲线再次趋于平缓，冲击韧性值很小，钢材产生脆性破坏；在 $T_1<T<T_2$ 范围内，随着温度下降，冲击韧性值也急剧下降，钢材由塑性破坏转变为脆性破坏，此温度区间称为冷脆转变温度区。该区间内的曲线反弯点（最陡点）所对应的温度 T_0 称为冷脆转变温度或冷脆临界温度。

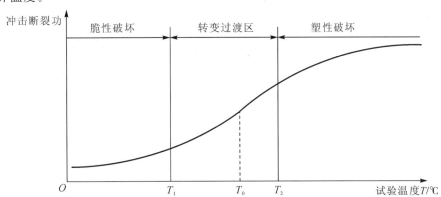

图 2-7 夏比冲击韧性与温度的关系

由于冲击韧性随着试验温度的变化而连续下降，冷脆转变温度 T_0 实际上是一段温度区间而不是某一定值，但在实用上，仍取某一定值。对于一般钢结构材料（如碳素结构钢 Q235），常取指定的冲击韧性（夏比 V 形缺口，纵向，$K_V=27$ J）时的相应温度作为冷脆转变温度 T_0。

钢材冲击韧性的优劣，也可以用冷脆转变温度 T_0 的高低来衡量，T_0 越低说明钢材的冲击韧性越好。因此，在设计时，还应注意避免结构在低于钢材冷脆转变温度的环境条件下工作。

3. 应力集中

钢材的工作性能和力学性能指标都是以轴心受力构件中应力沿截面均匀分布的情形为基础的。当构件截面的完整性遭到破坏，出现几何不连续现象时（如裂纹、孔洞、槽口、凹角、内部缺陷以及截面尺寸突然变化等），此时轴心受力构件中的应力分布变得极不均匀。在缺陷或截面变化处附近，应力线曲折、密集，且出现局部高峰应力，而在另外一些区域应力则降低，称为应力集中现象，如图 2-8 所示。

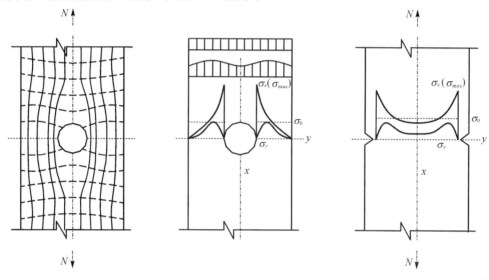

（a）带孔洞钢板的应力线分布　　（b）不同截面上的应力　　（c）板边带刻槽时的应力集中

图 2-8　钢材上的应力集中现象

孔洞或缺口边缘处的最大应力 σ_{max} 与净截面的平均应力 σ_0 之比称为应力集中系数，可用 K 表示为

$$K = \frac{\sigma_{max}}{\sigma_0} \tag{2-15}$$

图 2-8(a) 所示的钢板上开有一个圆形孔，由于圆孔处应力集中，应力曲线弯折，导致应力方向与钢板受力方向不再保持一致，从而产生了横向应力 σ_y，因此当钢板较厚时，还会产生沿厚度方向的应力 σ_z。图 2-8(b) 显示了图 2-8(a) 中钢板不同截面上的应力分布，由图 2-8(b) 可见，沿圆孔中心的危险截面上同时存在着双向同号应力 σ_x 和 σ_y，且分布很不均匀；离圆孔稍远的地方，虽然只有应力 σ_x，但分布仍然不均匀；只有远离圆孔的区域，应力 σ_x 才达到均匀分布。在图 2-8(c) 中，钢板边带有很小的刻槽，此时刻槽附近也产生了明显的应力集中，沿刻槽中心的危险截面上也同时存在着双向同号应力 σ_x 和 σ_y，且分布很不均匀。

上述构件由于存在应力集中，应力分布极度不均匀，导致出现双向或三向同号应力场，这是因为非均匀分布的纵向应力将引起非均匀的横向自由变形，然而构件作为一个整体将促使其内各点均匀变形，因此高应力处的较大横向变形将受到低应力处的约束，同时还会带动低应力处共同变形，从此形成自相平衡的横向力系。也就是说，靠近高峰应力的区域总是存在着同号平面或立体应力场，因此促使钢材变脆；在其他一些区域则存在异号的平面或立体应力场，这些区域有可能提前出现塑性变形。

　　由拉力引起的缺口处的三向拉应力场使钢材处于极端不利的受力状态，材料在主拉应力方向的塑性变形受到很大约束而不易发挥，因此造成钢材的强度提高，但塑性、韧性明显下降，脆性增加。图 2-9 所示为几种不同缺口形状的材料试件的 σ-ε 关系曲线，可见，构件截面形状变化越剧烈，应力集中现象就越严重，钢材的强度虽然提高，但却无明显的屈服点，且伸长率减小，钢材的塑性也大大降低，因此钢材也就越脆。

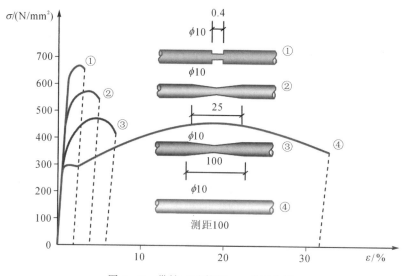

图 2-9　带缺口试件的 σ-ε 关系曲线

　　应力集中是引起钢结构构件脆性破坏的主要原因之一。设计时应尽量避免截面突变，且截面变化处应做成圆滑过渡型，必要时可采取表面加工措施。此外，构件制作、运输和安装过程中，也应尽可能地避免刻痕、划伤等缺陷。对承受动力荷载的结构，应力集中对疲劳强度影响很大，故应采取一些措施避免产生应力集中。例如，磨平对接焊缝的余高，对角焊缝焊趾进行打磨处理等。

4. 残余应力

　　残余应力为钢材在冶炼、轧制、焊接、冷加工等过程中，由于不均匀冷却，组织构造的变化在钢材内部产生的不均匀应力。一般在冷却较慢处产生拉应力，冷却较早处产生压应力。残余应力是在构件内部自相平衡的应力，与外力无关。一般来说，截面尺寸越大，残余应力就越大。

　　残余应力虽然是自相平衡的，对结构的静力强度影响不大，但对钢构件在外力作用下的变形、稳定性、抗疲劳等方面的性能都可能产生不利影响，因此残余应力的存在容易使钢材发生脆性破坏。

5. 荷载类型

1）快速加载的影响

　　前面讨论的钢材的 σ-ε 关系曲线是按照规定的标准速度缓慢加载得到的，当加载速度增加，使应变速度超过 3 cm/min 时，σ-ε 关系曲线将产生显著变化。一般的变化规律是：随加载速度的增加，钢材的弹性模量、屈服点和极限强度均相应提高，但塑性、韧性下降，脆性增加。清华大学进行的快速加载试验结果表明：与缓慢加载相比，当应变速度达到 3～15 cm/min 时，Q235 钢材屈服点提高约 30%；Q345 钢材屈服点提高约 12%。

在弹性范围内快速加载，然后保持荷载不变，而应变则持续增长，待到一定时间后，附加变形才能稳定不变，这时钢材的变形和应力应变之比才是标准试验条件下的实际弹性变形和弹性模量，这种现象称为弹性后效。同理，快速卸载也能产生弹性后效：荷载快速卸载到零时，应变并不回到零点，而是过一段时间后弹性变形才完全消失。因此，快速加载→保持荷载不变→快速卸载→过一段时间后，这样一个弹性范围内的应力循环，在 σ-ε 关系直角坐标系内形成一个弹性变形滞回圈。

加载速度对钢材性能的影响，实质上反映了动载与静载的关系，两者的主要区别就是施荷的快慢。在动载快速作用下，材料的变形速度赶不上加载速度，从而在来不及反应的情况下强度得到提高，脆性增加，塑性降低。

2）重复荷载的影响

当钢材承受连续反复荷载作用时，结构的抗力和性能都会发生重要变化，会出现应力虽然还低于极限强度，甚至还低于屈服点时，结构就会发生破坏，这种现象称为疲劳破坏。钢材在疲劳破坏之前，并没有明显的变形，是一种突然发生的断裂，断口平直，所以疲劳破坏属于反复荷载作用下的脆性破坏。

实际上，钢材的疲劳破坏是经过长时间的累积发展过程才出现的，破坏过程可分为三个阶段：裂纹的形成、裂纹缓慢扩展与最后迅速断裂而破坏。由于钢材内部总会有内在的微小缺陷，这些缺陷本身就起着裂纹的作用，因此在反复荷载的作用下，微观裂纹逐渐发展成宏观裂纹，构件截面削弱，从而在裂纹根部出现应力集中现象，使材料处于三向拉伸应力状态，塑性变形受到限制，当反复荷载达到一定的循环次数时，材料就会突然断裂破坏。

对于荷载变化不大或不承受频繁反复荷载作用的钢结构，以及虽然承受重复荷载但全部为受压的构件部位，设计时不必考虑疲劳的影响。但对长期承受连续反复荷载的结构，设计时就要考虑钢材的疲劳问题。

2.4   钢结构用钢材的牌号及钢材的选用

2.4.1   结构钢材的类别及牌号表示法

用于钢结构的钢材按化学成分、拉伸特性和加工方法可分为：碳素结构钢、低合金高强度结构钢、优质碳素结构钢等。必要时，还可采用特殊性能的钢材，如处于腐蚀性介质中的结构可采用耐候钢；重要的焊接结构为防止钢材层间撕裂可采用厚度方向性能钢板或高层建筑结构用钢板等。下面主要介绍碳素结构钢和低合金高强度结构钢的牌号和性能要求。

1. 碳素结构钢

我国现行国家标准《碳素结构钢》（GB/T 700—2006），根据钢材厚度（直径）$\leqslant 16$ mm 时的屈服强度值，将碳素结构钢分为 Q195、Q215、Q235 和 Q275 等四种。其中，Q 是屈服强度中"屈"字汉语拼音的首字母，后接的阿拉伯数字表示屈服强度的大小，单位为 N/mm²，阿拉伯数字越大，含碳量越高，钢材强度和硬度越高，塑性越低。由于碳素结构钢冶炼成本低，并且具有各种良好的加工性能，所以使用比较广泛，其中的 Q235 在使用、加工和焊接方面的性能都比较好，是《标准》推荐采用的钢材品种之一。

碳素结构钢分为 A、B、C、D 四个质量等级，由 A 到 D 质量等级逐渐提高。供货时应提供力学性能(机械性能)质量保证书，其内容包括屈服点(f_y)、抗拉极限强度(f_u)和伸长率(δ_5 或 δ_{10})；还要提供化学成分质保书，其内容包括碳(C)、锰(Mn)、硅(Si)、硫(S)和磷(P)等含量。不同质量等级对冲击韧性(夏比 V 形缺口试件)和冷弯试验的要求也不同。

A 级钢只保证屈服点、抗拉极限强度和伸长率，不作冲击韧性试验要求，对冷弯试验只在需方有要求时才进行。在保证力学性能符合相关规定的情况下，A 级钢的碳、锰、硅含量可以不作为交货条件，但应在质量证明书中注明其含量。

B、C、D 级钢除应保证屈服点、抗拉极限强度和伸长率外，要求同时提供冷弯试验合格证书。此外，B 级钢要求作常温(20℃)冲击韧性试验；C 级钢要求作 0℃ 冲击韧性试验；D 级钢要求作 −20℃ 冲击韧性试验。冲击韧性试验采用夏比 V 形缺口试件，对上述 B、C、D 级钢在其各自不同温度要求下，均要求冲击韧性指标 $A_{kv} \geqslant 27$ J。不同质量等级对化学成分的要求也有区别。

钢材的牌号由代表屈服强度的字母 Q、屈服强度值、质量等级符号(A、B、C、D)和脱氧方法符号(F、Z、TZ)四部分按顺序组成。对 Q235 来说，A、B 级钢的脱氧方法可以是 F 或 Z；C 级钢只能是 Z；D 级钢只能是 TZ。有时用 Z 和 TZ 表示牌号时也可以省略。以 Q235 钢表示法举例如下：

Q235AF——屈服强度为 235 N/mm^2，A 级沸腾钢；

Q235A——屈服强度为 235 N/mm^2，A 级镇静钢；

Q235C——屈服强度为 235 N/mm^2，C 级镇静钢；

Q235D——屈服强度为 235 N/mm^2，D 级特殊镇静钢。

2. 低合金高强度结构钢

低合金高强度结构钢是在钢的冶炼过程中适量添加几种合金元素(合金元素总量不超过 5%)，使钢的强度明显提高。我国现行国家标准《低合金高强度结构钢》(GB/T 1591—2018)根据钢材厚度(直径)≤16 mm 时的上屈服强度值，将低合金高强度结构钢分为 Q355(注：《低合金高强度结构钢》(GB/T 1591—2018)标准取消 Q345 钢级，以 Q355 钢级替代 Q345 钢级，相关要求详见具体规定)、Q390、Q420、Q460 四种。Q345、Q390、Q420、Q460 是《标准》推荐采用的钢材。

低合金高强度结构钢供货时应提供力学性能质量保证书，其内容包括屈服强度(f_y)、抗拉极限强度(f_u)、伸长率(δ_5 或 δ_{10})和冷弯试验；还要提供化学成分质保书，其内容包括：碳(C)、锰(Mn)、硅(Si)、硫(S)、磷(P)、钒(V)、铌(Nb)和钛(Ti)等含量。

与碳素结构钢牌号表示不同，低合金高强度结构钢由代表屈服强度"屈"字的汉语拼音首字母 Q、规定的最小上屈服强度数值、交货状态代号、质量等级符号(B、C、D、E、F)四个部分组成。其中，交货状态为热轧时，交货状态代号 AR 或 WAR 可省略；交货状态为正火或正火轧制状态时，交货状态代号均用 N 表示。Q+规定的最小上屈服强度数值+交货状态代号，简称为"钢级"。以 Q355 牌号举例如下：

示例：Q355ND

Q——钢的屈服强度的"屈"字汉语拼音的首字母；

355——规定的最小上屈服强度数值，单位为兆帕(MPa)；

N——交货状态为正火或正火轧制；

D——质量等级为 D 级。

不同质量等级对冲击韧性的要求不同，B 级钢要求作常温（20℃）冲击韧性试验；C 级钢要求作 0℃ 冲击韧性试验；D 级钢要求作 −20℃ 冲击韧性试验；E 级钢要求保证 −40℃ 时的冲击韧性；F 级钢要求保证 −60℃ 时的冲击韧性。冲击韧性试验采用夏比 V 形缺口试件，上述 B、C、D、E、F 级钢在其各自不同温度要求下，均要求冲击韧性指标不小于某特定值。另外，不同质量等级对碳、硫、磷、铝含量的要求也有区别。

由于低合金高强度结构钢具有较高的屈服强度和抗拉强度，也有良好的塑性性能和冲击韧性（尤其是低温冲击韧性），并具有较强的耐腐蚀、耐低温性能，因此采用低合金钢可以节约钢材，减轻结构重量，延长结构使用寿命。

2008 年，北京奥运会主场馆"鸟巢"结构即采用了低合金高强度结构钢中的 Q460 钢材，这种钢材屈服强度大，每平方毫米截面上就能承受 46 kg 的压力；低温冲击韧性好，在 −40℃ 的低温下仍能保持较好的韧性；焊接性能好，易与母材焊接；厚度大，钢板厚达 110 mm，比国际标准还多 10 mm；抗 z 向撕裂性能强，而一般钢材只能防横向或竖向撕裂，这种钢还能防 z 向撕裂。由于"鸟巢"结构设计奇特新颖，钢结构的最大跨度达到了 343 m。如果使用普通钢材，厚度至少要达到 220 mm，这样"鸟巢"钢结构的总重量将超过 8 万吨，不仅不便运输，而且还不易焊接。因此，从工程实际需求出发，Q460 是最好的选择。这种低合金高强度钢，比通常的建筑钢材强度超出了一倍，但以前只用在机械方面（如大型挖掘机等），很少在建筑钢结构中使用。Q460 钢材生产难度较大，在卢森堡、韩国、日本等国生产较多，国内主要由舞阳钢铁公司加工生产，"鸟巢"所采用的 110 mm 特宽厚钢材就是由舞钢研制生产的。

Q420 钢、Q460 钢厚板已在大型钢结构工程中批量应用，成为关键受力部位的主选钢材。虽然《标准》新增 Q460 钢作为钢结构推荐用钢材，但条文说明指出："调研和试验结果表明，其整体质量水平还有待提高，在工程应用中应加强监测"。

3. 高层建筑用钢板—GJ 系列钢材

《标准》中还增列了近年来已成功使用《建筑结构用钢板》（GB/T 19879—2023）中的 GJ 系列钢材 Q345GJ 钢。其与原《低合金高强度结构钢》（GB/T 1591—2018）中的 Q345 钢的力学性能指标相近，二者在各厚度组别的强度设计值十分接近。因此，一般情况下采用 Q345 钢比较经济，但 Q345GJ 钢中微合金元素含量得到了控制，塑性性能较好，屈服强度变化范围小，有冷加工成形要求（如方矩管）或抗震要求的构件宜优先采用。需要说明的是，符合现行国家标准《建筑结构用钢板》（GB/T 19879—2023）的 GJ 系列钢材各项指标均优于普通钢材的同级别产品。如果采用 GJ 钢代替普通钢材，对于设计而言可靠度更高。

2.4.2　钢材的选用

1. 选用原则

钢结构设计中的首要环节就是选用钢材，其一般原则为：既能使结构安全可靠并满足使用要求，又要最大可能地节约钢材，降低造价。不同使用条件，应当有不同的质量要求。在设计钢结构时，应该根据结构的特点，选用适宜的钢材。钢材选择是否合适，不仅是一个经济问题，而且还关系到结构的安全和使用寿命。选择钢材时应考虑以下因素：

1) 结构重要性

由于使用条件、结构所处部位等因素的不同，结构可以分为重要、一般和次要三类，应根据不同情况，有区别地选用钢材的牌号。例如，大跨度结构、重级工作制吊车梁、高层或超高层民用建筑等就属于重要结构，应考虑选用优质钢材；普通厂房的屋架和柱等属于一般结构；梯子、栏杆、平台等则是次要结构，可以选用一些质量稍差的钢材。

2) 荷载情况

按所承受荷载的性质，结构可分为承受静力荷载和承受动力荷载两种。在承受动力荷载的结构或构件中，又有经常满载和不经常满载的区别。因此，根据荷载不同性质，就应选用不同的牌号。例如，对重级工作制吊车梁，要选用冲击韧性和疲劳性能好的钢材，如Q345C 或 Q235C；而对于一般承受静力荷载的结构或构件，如普通焊接屋架及柱等（在常温条件下），可选 Q235BF。

3) 连接方法

钢结构的连接方法有焊接和非焊接（紧固件连接）两种。连接方法不同，对钢材质量要求也不同。例如，对于焊接的钢材，由于在焊接过程中不可避免地会产生焊接应力、焊接变形和其他焊接缺陷，在受力性质改变以及温度变化的情况下，容易导致构件产生裂纹，甚至发生脆性断裂，所以焊接钢结构对钢材的化学成分、力学性能和可焊性都有严格的要求（如钢材中的碳、硫、磷的含量要低，塑性和韧性指标要高，可焊性要好等）。但对非焊接结构（如用高强螺栓连接的结构），这些要求就可以放宽。

4) 结构所处的温度和环境

结构所处的环境和工作条件（如室内、室外、温度变化、腐蚀作用情况等）对钢材的影响很大。钢材有低温脆断的特性，低温下钢材的塑性、冲击韧性都显著降低，当温度下降到冷脆温度时，钢材随时都有可能突然发生脆性断裂。因此，对经常在低温下工作的焊接结构，应选用具有良好抗低温脆断性能的镇静钢。

5) 钢材厚度

薄钢材辊轧次数多，轧制的压缩比大，而较厚的钢材压缩比小，因此厚度大的钢材不仅强度低，而且塑性、韧性和焊接连接性能也较差。因此，厚钢板的焊接连接，应选用质量较好的钢材。

2. 选择钢材的实用方法

《标准》规定：承重结构所用的钢材应具有屈服强度、抗拉强度、断后伸长率和硫、磷含量的合格保证，对焊接结构还应具有碳当量的合格保证。焊接承重结构以及重要的非焊接承重结构采用的钢材应具有冷弯试验的合格保证；对直接承受动力荷载或需验算疲劳的构件所用钢材还应具有冲击韧性的合格保证。

设计选用钢材时，可以分别从强度等级、冲击韧性和冷弯性能等技术要求方面选择，并考虑经济性，结合现行国家标准及产品规格，以及当时当地具体情况合理选择。

1) 钢材强度等级的选用

钢材强度等级的选择主要有以下几种方法：① 变形控制的钢结构主体结构材料应选较低强度等级钢材，因为所有钢材的弹性模量均相同，而低等级材料的单价低、加工方便、塑性更好；② 强度控制的钢结构主体结构材料应选较高强度等级钢材，因为高等级钢材强度高，可以节约钢材、造价和资源；③ 对由长细比控制或应力水平较低的辅助性构件（如支撑等），材料可选较低等级钢材；④ 对焊接结构不能采用 Q235A，因为其含碳量不能保证；⑤ 当焊接量大、施工条件较差，或施工单位经验不足时，不宜选用超过 Q345 的高强度钢材；⑥ 对于管材（如方（矩）管），Q235 钢较为常见，而 Q345 及以上供货较为困难。

2）钢材质量等级的选用

（1）A 级钢仅可用于结构工作温度高于 0℃ 的不需要验算疲劳的结构，且 Q235A 钢不宜用于焊接结构。

（2）需验算疲劳的焊接结构用钢材应符合下列规定：

当工作温度高于 0℃ 时，其质量等级不应低于 B 级；

当工作温度不高于 0℃ 但高于 −20℃ 时，Q235、Q345 钢不应低于 C 级，Q390、Q420 及 Q460 钢不应低于 D 级；

当工作温度不高于 −20℃ 时，Q235 和 Q345 钢不应低于 D 级，Q390、Q420、Q460 钢应选用 E 级。

（3）需验算疲劳的非焊接结构，其钢材质量等级要求可较上述焊接结构降低一级但不应低于 B 级。吊车起重量不小于 50 t 的中级工作制吊车梁，其质量等级要求应与需要验算疲劳的构件相同。

3）钢材规格的选用

总的来说，我国当前板材的规格比较齐全，但型材和管材的规格和型号与欧美等西方国家相比还有一定的差距。随着生产的发展，国家标准及产品规格会不断修改，市场供货情况也会因时因地有所变化，因此选购钢材时还应根据现行国家标准及产品规格，以及当时当地具体情况合理选择。

本 章 小 结

钢材的性能及特性是影响钢结构建筑质量优劣的关键因素。通过本章学习，我们可以了解建筑结构用钢材常用的品种和型号；熟悉有关钢材的各项性能、质量要求和基本检查、实验方法；理解各种内在和外在因素对钢材性能的影响；掌握钢材的选用和设计指标取值的规定。

（1）承重结构所用的钢材性能有下列具体要求：应具有屈服强度、抗拉强度、断后伸长率和硫、磷含量的合格保证，对焊接结构还应具有碳当量的合格保证。焊接承重结构以及重要的非焊接承重结构采用的钢材应具有冷弯试验的合格保证；对直接承受动力荷载或需验算疲劳的构件所用钢材还应具有冲击韧性的合格保证。

《标准》推荐的普通碳素结构钢 Q235 钢和低合金高强度结构钢 Q345、Q390、Q420、Q460 和 Q345GJ 钢是符合上述要求的。

（2）建筑结构用钢材的主要性能包括机械性能（或称力学性能）和可焊性能等。机械性能可通过某些试验（拉伸、冷弯、冲击）确定；可焊性一般通过碳当量进行评定。拉伸试验可测定钢材的强度指标：比例极限、屈服点和抗拉强度；以及塑性指标：断后伸长率。冷弯试验用以检验钢材冷弯性能，冷弯性能是鉴定钢材在弯曲状态下塑性应变能力和钢材质量的综合指标。冲击韧性表示材料在冲击载荷作用下抵抗变形和断裂的能力，由冲击试验测定。

材料的冲击韧性值随温度的降低而减小，且在某一温度范围内发生急剧降低，这种现象称为冷脆。在焊接结构中，建筑钢的焊接性能主要取决于碳当量。

（3）对于塑（延）性好的钢材，虽然具有较好的塑性和韧性性能，但仍然存在两种性质完全不同的破坏形式，即塑（延）性破坏和脆性破坏。

（4）建筑钢材（如《标准》推荐采用的碳素结构钢中的 Q235 钢及低合金高强度钢中的 Q345、Q390、Q420、Q460 钢等）在一般情况下都具有良好的综合力学性能，既有较高的强度，又有很好的塑性、韧性、冷弯性能和可焊性等，是理想的承重结构材料。但在一定条件下，它们的性能仍有可能变差，从而导致结构发生脆性断裂破坏。

影响钢材主要性能的因素主要有化学成分、钢材的成材过程、硬化、温度、应力集中和残余应力等。

（5）按化学成分进行分类，建筑结构用钢主要有碳素结构钢和低合金高强度钢。碳素结构钢和低合金高强度结构钢的牌号和性能要求各有不同，在设计文件中一定要注明完整的钢材牌号。

（6）结构钢材的选用应遵循技术可靠、经济合理的原则，综合考虑结构的重要性、荷载特征、结构形式、应力状态、连接方法、工作环境、钢材厚度和价格等因素，选用合适的钢材牌号和材性。

（7）钢材的规格有很多，在建筑钢结构中一般采用轧制型钢或钢板。钢板一般根据板厚进行分类，是钢结构中用量较大的一类材料。近年来，型钢的规格和产量日益增多，正成为制作一般钢构件的首选材料。型钢的表达有具体的符号，其截面的几何特性一般通过型钢表可查得。

习　　题

2-1　钢材有哪几项主要的力学性能指标？各项指标可用来衡量钢材哪些方面的性能？

2-2　钢材冲击韧性指标的选择要考虑哪些因素？

2-3　描述导致钢材发生脆性破坏的各种原因。

2-4　在北方严寒地区（工作温度低于 $-20℃$）一露天仓库焊接承受额定起重量 $Q=55$ t 的中级工作制吊车，现拟采用 Q235 钢，应选用哪一种质量等级？若采用 Q420 钢，还应提出哪些性能要求？

2-5　承重结构的钢材应保证哪几项力学性能和化学成分？

2-6　影响钢材发生冷脆的化学元素有哪些？使钢材发生热脆的化学元素有哪些？

本章扩展知识见二维码。

钢结构的材料

第 3 章

钢结构的连接

【本章要点】

(1) 焊缝连接方法及其特征；

(2) 直角角焊缝的构造和计算；

(3) 普通螺栓连接的构造和计算；

(4) 高强度螺栓摩擦型连接的构造和计算。

【学习目标】

(1) 了解钢结构常用的连接方法及其特点；

(2) 了解焊缝缺陷及质量检验方法；

(3) 熟悉焊接残余应力和变形；

(4) 掌握对接焊缝连接和角焊缝连接的构造和计算；

(5) 掌握普通螺栓连接和高强螺栓连接的工作性能和计算。

3.1 钢结构的连接方法

钢结构连接的方式及其质量优劣直接影响钢结构的工作性能，所以钢结构的连接必须遵循安全可靠、传力明确、构造简单、制作方便和节约钢材的原则。在传力过程中，连接应有足够的强度，被连接件间应保持正确的位置，以满足传力和使用要求。

钢结构的连接方法可分为焊缝连接、螺栓连接和铆钉连接三种，如图 3-1 所示。

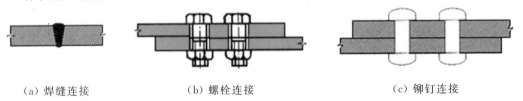

(a) 焊缝连接　　　　　　(b) 螺栓连接　　　　　　(c) 铆钉连接

图 3-1　钢结构的连接方法

3.1.1 焊缝连接

焊缝连接是目前钢结构最主要的连接方法。焊缝连接是通过加热，将焊条熔化后，在被连接的焊件之间形成液态金属，再经冷却和凝结形成焊缝，使焊件连成一体。优点是：不削弱构件截面(不必钻孔)，用料经济；构造简单，各种形式的构件都可以直接相连；制作加工方便，易于采用自动化作业。此外，焊缝连接的刚度大，连接的密封性好。缺点是：焊缝附近的钢材因焊接的高温作用而形成热影响区，热影响区由高温降到常温冷却速度快，会导致局部材质变脆；热影响区的不均匀收缩，容易使焊件产生焊接残余应力及残余变形；焊接结构对裂纹很敏感，局部裂纹一旦发生，就容易扩展到整体；焊缝质量容易受材料、焊接工艺的影响，低温冷脆问题也较为突出。

3.1.2　螺栓连接

螺栓连接分为普通螺栓连接和高强度螺栓连接两种。对于次要构件、结构构造性连接和临时连接，可以采用普通螺栓连接；对于主要受力构件，可采用高强度螺栓连接。

螺栓连接的优点是：安装方便，特别适用于工地安装连接，易于拆卸。其缺点是：需要在板件上开孔和拼装时对孔，螺栓孔使构件截面削弱，且被连接的板件需要相互搭接或另加拼接板件，因此比焊接连接的钢材用量多。

3.1.3　铆钉连接

铆钉连接的韧性和塑性都比较好，传力可靠，可用于一些重型和直接承受动力荷载的结构中。但是，由于工艺复杂、用钢量多、费钢又费工，因此现在已很少采用。

3.2　焊接方法、焊缝连接形式及质量检验

3.2.1　焊接方法

焊接方法很多，钢结构中通常采用电弧焊。电弧焊有手工电弧焊、埋弧焊(自动或半自动)以及气体保护焊等。

1. 手工电弧焊

手工电弧焊(见图 3-2)施焊时将焊条一端与焊件稍微接触形成"短路"后马上移开(俗称"打火")，焊条末端与焊件间产生电弧，焊药随焊条熔化而形成熔渣覆盖在焊缝上，同时产生气体，以防止空气中的氧、氮侵入而使焊缝变脆。焊条应和焊件钢材的强度和性能相适用。钢结构中常用的焊条型号有 E43(E4300～E4328)、E50(E5000～E5018)和 E55(E5500～E5518)，其中，字母"E"表示焊条，前两位数字表示熔敷金属的抗拉强度的最小值，单位为 N/mm²，第三、四位数字表示适用焊接位置、电流种类以及药皮类型等。对 Q235 钢焊件宜

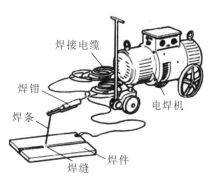

图 3-2　手工电弧焊

用 E43 型焊条，对 Q345 钢焊件宜用 E50 型焊条，对 Q390 和 Q420 钢焊件宜用 E55 型焊条。当不同钢种的钢材连接时，从连接的韧性和经济方面考虑，宜采用与较低强度的钢材

相适应的焊条。

手工电弧焊的设备简单，操作灵活方便，适用于任意空间位置的焊接，特别适于短焊缝或曲折焊缝的焊接，但生产效率低，劳动强度大，质量稍低并且变异性大，施焊时电弧光较强。

2. 埋弧焊(自动或半自动)

埋伏焊(见图 3-3)是电弧在焊剂层下燃烧的一种电弧焊方法。焊丝送进和电弧沿焊接方向移动都有专门机构控制完成的称为埋弧自动焊；焊丝送进有专门机构，而电弧沿焊接方向的移动由手工操作完成的称为埋弧半自动电弧焊。埋弧焊的焊丝不涂药皮，但施焊端为焊剂所覆盖，能对较细的焊丝采用大电流，故电弧热量集中，熔深大。

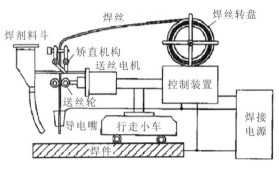

图 3-3　自动埋弧焊

自动焊和半自动焊的生产效率高，焊缝质量均匀，焊件变形小，焊缝塑性和韧性也较好，同时高的焊速也减小了热影响区的范围，但埋弧焊对焊件边缘的装配精度要求较高，一般适用于直长焊缝。

3. 气体保护焊

气体保护焊是利用二氧化碳气体或其他惰性气体作为保护介质的一种电弧熔焊方法。它主要依靠惰性气体在电弧周围形成局部的保护层，来防止有害气体的侵入并保证焊接过程的稳定性。

气体保护焊的焊缝熔化区没有熔渣，焊工能够清楚地看到焊缝成形的过程。保护气体呈喷射状有助于熔滴的过渡，适用于全位置的焊接。由于焊接时热量集中，焊件熔深大，因此形成的焊缝质量比手工电弧焊好，但风较大时保护效果不好。

3.2.2　焊缝连接形式及焊缝类型

焊缝连接形式按被连接钢材的相对位置可分为对接、搭接、T 形连接和角部连接等，如图 3-4 所示。

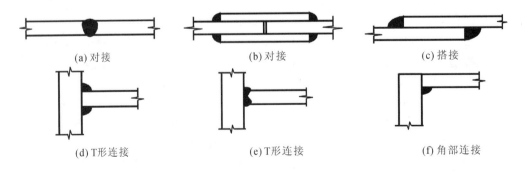

(a)对接　　　　(b)对接　　　　(c)搭接

(d)T 形连接　　(e)T 形连接　　(f)角部连接

图 3-4　焊缝连接形式

焊缝按受力特性的不同可分为对接焊缝和角焊缝两种类型。在图 3-4 中，（a）和（e）为对接焊缝；（b）、（c）、（d）、（f）为角焊缝。

焊缝按施焊位置分为俯焊（也称平焊）、横焊、立焊和仰焊（见图 3-5）。其中，俯焊最易操作，因此焊缝质量最易于保证；立焊和横焊的质量及生产效率比俯焊稍差一些；仰焊的操作条件最差，焊缝质量最难保证。因此，尽量避免采用仰焊焊缝。

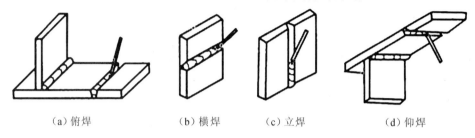

（a）俯焊　　　　　（b）横焊　　　（c）立焊　　　　　（d）仰焊

图 3-5　焊缝施焊位置

3.2.3　焊缝的缺陷及质量检验

焊缝缺陷是指焊接过程中产生于焊缝金属或附近热影响区钢材表面或内部的缺陷。焊缝缺陷种类很多，其中裂纹是焊缝连接中最危险的缺陷，产生裂纹的原因有很多，如钢材的化学成分不当；焊接工艺条件选择不合适；焊接表面油污未清除干净等。对承受动荷载的重要结构采用低氢型焊条就是为了减少氢对产生裂纹的影响。气孔是在焊接过程中由于焊条药皮受潮，熔化时产生的气体侵入焊缝内形成的。焊缝的其他缺陷有烧穿、夹渣、未焊透、未熔合、咬边、焊瘤以及焊缝尺寸不符合要求、焊缝成形不良等（见图 3-6）。缺陷的危害性当视缺陷的大小、性质及所处部位等而不同。一般来讲，裂纹、未熔合、未焊透和咬边等都是严重缺陷，存在于构件的受拉部位的危害性较存在于构件受压部位的严重。缺陷的存在会导致构件内产生应力集中而使裂纹扩大，对结构和构件产生不利的影响，成为连接破坏的隐患和根源，因此施工时应引起足够的重视。

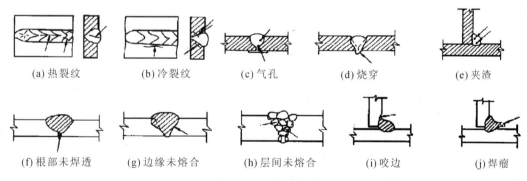

(a) 热裂纹　　(b) 冷裂纹　　(c) 气孔　　(d) 烧穿　　(e) 夹渣

(f) 根部未焊透　(g) 边缘未熔合　(h) 层间未熔合　(i) 咬边　(j) 焊瘤

图 3-6　焊缝缺陷

《钢结构工程施工质量验收标准》(GB 50205—2020)规定焊缝按其检验方法和质量要求分为一级、二级和三级。其中，三级焊缝只要求对全部焊缝作外观检查且符合三级质量标准；一级、二级焊缝除外观检查外，还要求一定数量的超声检查并符合相应级别的标准。

《标准》中规定，焊缝的质量等级应根据结构的重要性、荷载特性、焊缝形式、工作环境以及应力状态等情况，按下列原则选用：

（1）在承受动荷载且需要进行疲劳验算的构件中，凡要求与母材等强连接的焊缝应焊透，其质量等级应符合下列规定：

① 作用力垂直于焊缝长度方向的横向对接焊缝或 T 形对接与角接组合焊缝，受拉时质量等级应为一级，受压时质量等级应不低于二级。

② 作用力平行于焊缝长度方向的纵向对接焊缝的质量等级不应低于二级。

③ 重级工作制（A6～A8）和起重量 $Q \geqslant 50$ t 的中级工作制（A4、A5）吊车梁的腹板与上翼缘之间以及吊车桁架上弦杆与节点板之间的 T 形接头焊缝应焊透，焊缝形式应为对接与角接的组合焊缝，其质量等级应不低于二级。

（2）在工作环境温度等于或低于−20℃的地区，构件对接焊缝的质量等级不得低于二级。

（3）不需要疲劳验算的构件中，凡要求与母材等强的对接焊缝应焊透，其质量等级受拉时应不低于二级，受压时应不低于二级。

（4）部分焊透的对接焊缝、角焊缝或部分焊透的对接与角接组合焊缝的 T 形接头，以及搭接连接角焊缝，其质量等级应符合下列规定：

① 直接承受动荷载且需要疲劳验算的结构、吊车起重量等于或大于 50t 的中级工作制吊车梁以及梁柱、牛腿等重要节点的质量等级应不低于二级。

② 其他结构的质量等级可为三级。

3.2.4　焊缝符号及标注方法

在钢结构施工图纸上的焊缝应采用焊缝符号表示，焊缝符号及标注方法应按《建筑结构制图标准》（GB/T 50105—2010）和《焊缝符号表示法》（GB/T 324—2008）执行。焊缝符号由指引线和表示焊缝截面形状的基本符号组成，必要时还可以加上补充符号和焊缝尺寸等。指引线由带箭头的斜线和横线组成。箭头指到图形上相应的焊缝处，横线的上、下用来标注图形符号和焊缝尺寸。当指引的箭头指向焊缝所在的一面时，应将图形符号和焊缝尺寸等标注在水平横线的上面；当指引线的箭头指向焊缝所在的另一面时，应将图形符号和焊缝尺寸等标注在水平横线的下面。必要时，可在水平横线的末端加一尾部作其他辅助说明。表 3-1 中列出了一些常用的焊缝符号，可供读者设计时参考。

表 3-1　常用焊缝符号

	角焊缝				对接焊缝	塞焊缝	三边围焊缝
	单面焊缝	双面焊缝	安装焊缝	相同焊缝			
型式							
标注方法							

3.3　对接焊缝连接的构造和计算

对接焊缝又称为坡口焊缝，因为在施焊时，焊件间必须具有适合于焊条运转的空间，因此一般将焊件边缘加工成坡口，焊缝则焊在两焊件的坡口之间，或一焊件的坡口与另一焊件的表面之间。根据焊透的程度，对接焊缝可分为焊透型和不焊透型两种。焊透的对接焊缝强度高，受力性能好，因此在实际工程中均采用此种焊缝。只有当板件较厚而内力较小或不受力时，才可以采用不焊透的对接焊缝。

3.3.1　对接焊缝连接的构造

对接焊缝的坡口形式与焊件厚度有关(见图 3-7)。其中，斜坡口和根部间隙 c 共同组成一个焊条能够运转的施焊空间，使焊缝易于焊透；钝边 p 有托住熔化金属的作用。

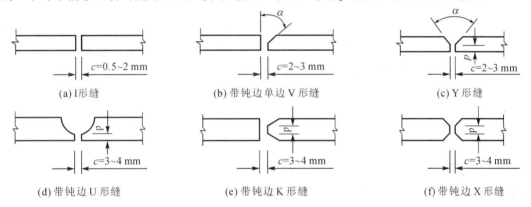

(a) I 形缝	(b) 带钝边单边 V 形缝	(c) Y 形缝
(d) 带钝边 U 形缝	(e) 带钝边 K 形缝	(f) 带钝边 X 形缝

图 3-7　对接焊缝的坡口形式

当焊件厚度较小($t \leqslant 10$ mm)时，可采用不切坡口的直边 I 形缝(见图 3-7(a))。对于一般厚度($t = 10 \sim 20$ mm)的焊件，可采用有斜坡口的带钝边单边 V 形缝或 Y 形缝(见图 3-7(b)、(c))，以形成一个足够的施焊空间，使焊缝易于焊透。对于较厚的焊件($t \geqslant 20$ mm)，应采用带钝边 U 形缝、K 形缝或 X 形缝(见图 3-7(d)~(f))。

在对接焊缝的拼接处，当钢板宽度或厚度相差 4 mm 以上时，为了减少应力集中，应分别从板的宽度方向或厚度方向将一侧或两侧做成如图 3-8 所示的斜坡，平缓过渡，斜坡的坡度不大于 1:2.5。当板厚相差不大于 4 mm 时，可不做斜坡，焊缝打磨平顺，焊缝的计算厚度取较薄板件的厚度。

一般在对接焊缝的起弧点和落弧点分别存在弧坑和未熔透等缺陷，这些缺陷统称为焊口。由于焊口处常会形成裂纹和应力集中，因此焊接时可将焊缝的起点和终点延伸至引弧板(见图 3-9)上，焊后可将引弧板多余的部分割除。当承受静力荷载的结构设置引弧板有困难时，允许不设置引弧板，此时可令焊缝计算长度等于实际长度减去 $2t$(t 为较薄板件的厚度)。

（a）宽度方向做斜坡   （b）厚度方向做斜坡

图 3-8 不同宽度或厚度的钢板连接   图 3-9 引弧板

3.3.2 对接焊缝连接的计算（焊透的对接焊缝）

对接焊缝的强度与所用钢材的牌号、焊条型号及焊缝质量的检验标准等因素有关。实验证明，焊接缺陷对受压、受剪的对接焊缝影响不大，可认为受压、受剪的对接焊缝与母材强度相等，但受拉的对接焊缝对缺陷较敏感。由于三级检验的焊缝允许存在的缺陷较多，在计算三级焊缝的抗拉连接时，强度设计值有所降低，其抗拉强度取母材强度的 85%，而一级、二级检验的焊缝的抗拉强度可认为与母材强度相等。

由于焊透的对接焊缝已经成为焊件截面的组成部分，焊缝计算截面上的应力分布和原焊件基本相同，所以对接焊缝的计算方法和构件的强度计算相同，只是采用焊缝的强度设计值。

1. 钢板对接连接受轴心力作用

在轴心力的作用下，对接焊缝承受垂直于焊缝长度方向的轴心力（拉力或压力）。如图 3-10 所示，应力在焊缝截面上均匀分布，所以焊缝强度应按式（3-1）计算：

$$\sigma = \frac{N}{l_w t} \leqslant f_t^w \quad \text{或} \quad f_c^w \tag{3-1}$$

式中，N 为轴心拉力或压力的设计值；l_w 为焊缝计算长度；采用引弧板施焊的焊缝，其计算长度取焊缝的实际长度；未采用引弧板时，取实际长度减去 $2t$（t 为较薄板件的厚度）；t 为在对接接头中为连接件的较小厚度，不考虑焊缝的余高；在 T 形接头中为腹板厚度；f_t^w、f_c^w 为对接焊缝的抗拉、抗压强度设计值。

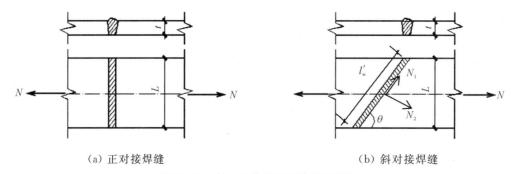

（a）正对接焊缝   （b）斜对接焊缝

图 3-10 轴心力作用下对接焊缝连接

当正对接焊缝（见图 3-10(a)）连接的强度低于焊件的强度时，为了提高连接承载力，可改用斜对接焊缝（见图 3-10(b)）。经计算证明，当 $\tan\theta \leqslant 1.5$（即 $\theta \leqslant 56.3°$）时，斜焊缝的强度不低于母材强度，可不必验算静力强度。

2. 钢板对接连接承受弯矩和剪力共同作用

钢板采用对接连接时，焊缝计算截面为矩形，根据材料力学可知，在弯矩和剪力作用下，矩形截面的正应力与剪应力图形分别为三角形和抛物线形（见图 3-11）。由于焊缝截面中的最大正应力和最大剪应力不在同一点上，因此应分别满足下列强度条件：

$$\sigma_{max}=\frac{M}{W_w}\leqslant f_t^w \tag{3-2}$$

$$\tau_{max}=\frac{VS_w}{I_w t}\leqslant f_v^w \tag{3-3}$$

式中，W_w 为焊缝计算截面模量；S_w 为焊缝计算截面在计算剪应力处以上或以下部分截面对中和轴的面积矩；I_w 为焊缝计算截面惯性矩；f_v^w 为对接焊缝的抗剪强度设计值。

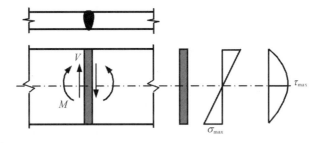

图 3-11　对接焊缝受弯矩和剪力联合作用

3. 钢梁的对接或梁柱连接受弯矩和剪力共同作用

梁的拼接或梁与柱的连接可以采用对接焊缝，梁的截面形式有 T 形、工字形等，在拼接或连接节点处受弯矩和剪力的共同作用。以图 3-12 所示的双轴对称焊接工字形截面梁拼接为例，说明对接焊缝的计算方法。

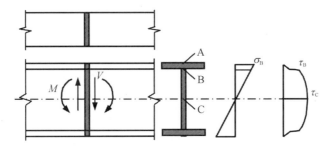

图 3-12　受弯受剪的工字形截面

焊缝计算截面为工字形截面，其正应力与剪应力的分布较为复杂（见图 3-12）。截面中 A 点的最大正应力和 C 点的最大剪应力，应按式（3-2）和式（3-3）分别计算。此外，对于同时受有较大正应力和较大剪应力的位置（如腹板与翼缘的交接处 B 点），还应按下式验算折算应力：

$$\sigma_{eq}=\sqrt{\sigma_B^2+3\tau_B^2}\leqslant 1.1f_t^w \tag{3-4}$$

式中，σ_B 为翼缘与腹板交界处 B 点的焊缝正应力；τ_B 为翼缘与腹板交界处 B 点的焊缝剪应力；1.1 为考虑最大折算应力只在焊缝局部位置出现，故将其强度设计值适当提高。

当轴力与弯矩、剪力共同作用时，应考虑轴力引起的正应力，焊缝的最大正应力即为轴力和弯矩引起的正应力之和，最大剪应力按式（3-3）验算，折算应力按式（3-4）验算。

【例 3 - 1】　梁柱对接连接——对接焊缝承受弯矩、剪力和轴力的共同作用。

如图 3 - 13 所示，一个工字形截面梁与柱翼缘采用焊透的对接焊缝连接，钢材为 Q235 钢，焊条为 E43 型，手工焊，采用三级焊缝质量等级，施焊时采用引弧板。承受静力荷载设计值 $F = 700$ kN，$N = 760$ kN，试验算该焊缝的连接强度。

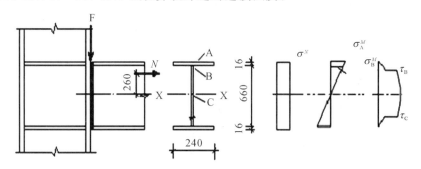

图 3 - 13　例 3 - 1 图

【分析】　通过力学分析可得该连接承受轴心拉力、弯矩和轴心剪力的共同作用。由轴向拉应力、弯曲正应力和剪应力分布图可找出三个危险点 A、B、C，故该焊缝的强度验算须从三个方面进行：① 焊缝计算截面边缘 A 点的最大正应力满足式(3 - 2)；② 形心 C 点的最大剪应力满足式(3 - 3)；③ 腹板与翼缘的交接处 B 点同时受有较大正应力和较大剪应力，应满足式(3 - 4)。

解　(1) 受力分析。
$$N = 760 \text{ kN}, M = N \cdot e = 760 \times 260 = 197.6 \text{ kN} \cdot \text{m}, V = 700 \text{ kN}$$

(2) 焊缝截面的几何特性。
$$A = 2 \times 16 \times 240 + 10 \times 660 = 14\ 280 \text{ mm}^2$$

$$I_x = \frac{1}{12}(240 \times 692^3 - 230 \times 660^3) = 1\ 117\ 137\ 760 \text{ mm}^4$$

$$W_x = \frac{I_x}{h} = \frac{1\ 117\ 137\ 760}{346} = 3\ 228\ 722 \text{ mm}^3$$

$$S_C = (240 \times 16) \times 338 + (330 \times 10) \times 165 = 1\ 842\ 420 \text{ mm}^3$$

$$S_B = (240 \times 16) \times 338 = 1\ 297\ 920 \text{ mm}^3$$

(3) 各危险点的强度验算。

① 最大拉应力(A 点)：
$$\sigma_{A,\ max} = \sigma_A^N + \sigma_A^M = \frac{N}{A_n} + \frac{M}{W_x} = \frac{760 \times 10^3}{14\ 280} + \frac{197.6 \times 10^6}{3\ 228\ 722}$$
$$= 114.2 \text{ N/mm}^2 < f_t^w = 185 \text{ N/mm}^2$$

满足。

② 最大剪应力(C 点)：
$$\tau_C = \frac{VS_C}{I_x t_w} = \frac{700 \times 10^3 \times 1\ 842\ 420}{1\ 117\ 137\ 760 \times 10} = 115.45 \text{ N/mm}^2 < f_v^w = 125 \text{ N/mm}^2$$

满足。

③ 折算应力(B 点):

$$\tau_B = \frac{VS_B}{I_x t_w} = \frac{700 \times 10^3 \times 1\ 297\ 920}{1\ 117\ 137\ 760 \times 10} = 81.33 \text{ N/mm}^2$$

$$\sigma_B = \frac{N}{A_n} + \frac{M}{W_x} \cdot \frac{h_0}{h} = \frac{760 \times 10^3}{14\ 280} + \frac{197.6 \times 10^6}{3\ 228\ 722} \times \frac{330}{346} = 111.6 \text{ N/mm}^2$$

所以

$$\sqrt{\sigma_B^2 + 3\tau_B^2} = \sqrt{111.6^2 + 3 \times 81.33^2} = 179.7 \text{ N/mm}^2 < 1.1 f_t^w$$
$$= 1.1 \times 185 = 203.5 \text{ N/mm}^2$$

满足。

3.4 角焊缝连接的构造和计算

3.4.1 角焊缝连接的构造和受力性能

1. 角焊缝的形式

角焊缝是最常用的焊缝。角焊缝两焊脚边的夹角一般为 90°(直角角焊缝)(见图 3-14(a))。夹角大于 135°或小于 60°的斜角角焊缝(见图 3-14(b)),除钢管结构外,不宜用作受力焊缝。图 3-14 中的直角边长 h_f 称为焊脚尺寸。

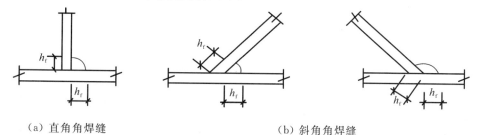

(a) 直角角焊缝 (b) 斜角角焊缝

图 3-14 角焊缝的形式

直角角焊缝截面形式又分为普通型、平坡型、凹面型。一般情况下常采用普通型(见图 3-15(a))。在直接承受动力荷载的结构中,为使传力平缓,正面角焊缝应采用如图 3-15(b)所示边长比为 1:1.5 的平坡型;侧面角焊缝可用边长比为 1:1 的凹面型(见图 3-15(c))。

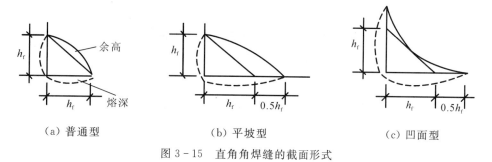

(a) 普通型 (b) 平坡型 (c) 凹面型

图 3-15 直角角焊缝的截面形式

2. 角焊缝的构造

1）角焊缝的尺寸规定

（1）角焊缝的最小计算长度应为其焊脚尺寸（h_f）的 8 倍，且不应小于 40 mm；焊缝计算长度应为扣除引弧、收弧长度后的焊缝长度。

（2）角焊缝的有效面积应为焊缝计算长度与计算厚度（h_e）的乘积，对任何方向的荷载，角焊缝上的应力应视为作用在这一有效面积上。

（3）断续角焊缝焊段的最小长度不应小于最小计算长度。

（4）角焊缝最小焊脚尺寸宜按表 3-2 取值。

（5）被焊构件中较薄板厚度不小于 25 mm 时，宜采用开局部坡口的角焊缝。

（6）采用角焊缝焊接接头，不宜将厚板焊接到较薄板上。

表 3-2 角焊缝最小焊脚尺寸

单位：mm

母材厚度 t[①]	角焊缝最小焊脚尺寸 h_f[②]
$t \leqslant 6$	3[③]
$6 < t \leqslant 12$	5
$12 < t \leqslant 20$	6
$t > 20$	8

注：① 采用不预热的非低氢焊接方法进行焊接时，t 等于焊接接头中较厚件的厚度，宜采用单道焊缝；采用预热的非低氢焊接方法或低氢焊接方法进行焊接时，t 等于焊接接头中较薄件的厚度。

② 焊缝尺寸不要求超过焊接接头中较薄件厚度的情况除外。

③ 承受动荷载的角焊缝最小焊脚尺寸为 5 mm。

2）搭接接头角焊缝的尺寸及布置规定

（1）传递轴向力的部件，其搭接接头最小搭接长度应为较薄件厚度的 5 倍，且应不小于 25 mm（见图 3-16），并应施焊纵向或横向双角焊缝。

t—t_1 和 t_2 中较小者；h_f—焊脚尺寸，按设计要求。

图 3-16 搭接接头双角焊缝的要求

（2）只采用纵向角焊缝连接型钢杆件端部时，型钢杆件的宽度应不大于 200 mm，当宽度大于 200 mm 时，应加横向角焊或中间塞焊；型钢杆件每一侧纵向角焊缝的长度应不小于型钢杆件的宽度。

（3）型钢杆件搭接接头采用围焊时，在转角处应连续施焊。杆件端部搭接角焊缝作绕焊时，绕焊长度应不小于焊脚尺寸的 2 倍，并连续施焊。

（4）搭接焊缝沿母材棱边的最大焊脚尺寸，当板厚不大于 6 mm 时，应为母材厚度；当板厚大于 6 mm 时，应为母材厚度减去 1～2 mm（见图 3-17）。

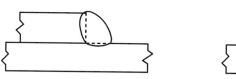
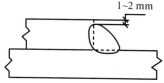

（a）母材厚度小于等于 6 mm 时　　　　（b）母材厚度大于 6 mm 时

图 3-17　搭接焊缝沿母材棱边的最大焊脚尺寸

（5）用搭接焊缝传递荷载的套管接头可只焊一条角焊缝，其管材搭接长度 L 应不小于 $5(t_1+t_2)$，且应不小于 25 mm。搭接焊缝焊脚尺寸应符合设计要求（见图 3-18）。

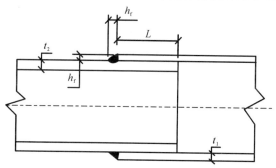

图 3-18　管材套管连接的搭接焊缝最小长度

3. 角焊缝的受力性能

角焊缝按其与作用力的关系可分为：焊缝长度方向与作用力垂直的正面角焊缝；焊缝长度方向与作用力平行的侧面角焊缝，如图 3-19 所示。

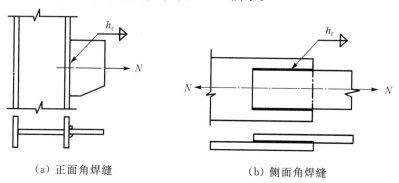

（a）正面角焊缝　　　　　　　　　　（b）侧面角焊缝

图 3-19　正面角焊缝与侧面角焊缝

大量试验结果表明，侧面角焊缝（见图 3-20(a)）主要承受剪应力。虽然侧面角焊缝的弹性模量小，强度较低，但塑性较好。在弹性阶段，其应力沿焊缝长度分布并不均匀，呈两端大而中间小的状态，且焊缝越长越不均匀。但由于侧面角焊缝的塑性较好，在两端出现塑性变形后，会产生应力重分布，可使应力分布的不均匀现象逐渐趋于缓和。

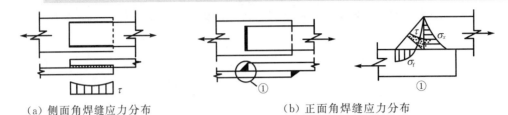

（a）侧面角焊缝应力分布 　　　　　　　　（b）正面角焊缝应力分布

图 3-20　角焊缝的应力分布

正面角焊缝（见图 3-20(b)）的受力较为复杂。在正面角焊缝截面中，各面均存在正应力和剪应力。由于传力时力线弯折并且焊根处正好是两焊件接触面的端部，相当于裂缝的尖端，所以焊根处存在着比较严重的应力集中。与侧面角焊缝相比，虽然正面角焊缝的受力以正应力为主，刚度较大，静力强度较高，但塑性变形差，疲劳强度低。

3.4.2　直角角焊缝计算的基本公式

图 3-21 所示为直角角焊缝的截面，直角边的边长为焊脚尺寸 h_f，h_e 为直角角焊缝的有效厚度。直角角焊缝以 45°方向的最小截面（即有效厚度与焊缝计算长度的乘积）称为有效截面或计算截面。试验证明，直角角焊缝的破坏常发生在有效截面处，因此对角焊缝的研究均着重于这一部位。

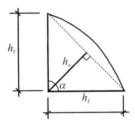

图 3-21　角焊缝的截面

下面以受斜向轴心力 N 作用的直角角焊缝为例，说明角焊缝基本公式的推导。斜向轴心力 N 可分解为互相垂直的分力 N_x 和 N_y，如图 3-22(a)所示。N_y 垂直于焊缝长度方向，在焊缝有效截面上引起垂直于焊缝的应力 σ_f，该应力又可分解为垂直于焊缝有效截面的 $\sigma_\perp$ 和平行于焊缝有效截面的 $\tau_\perp$。

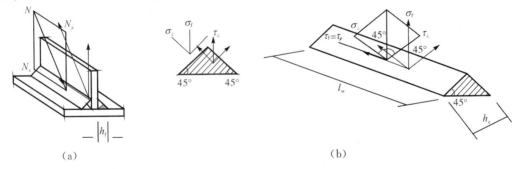

（a）　　　　　　　　　　　　　　（b）

图 3-22　角焊缝有效截面上的应力分析

由图 3-22(b)可知：

$$\sigma_\perp = \tau_\perp = \frac{\sigma_f}{\sqrt{2}}$$

$$(3-5)$$

N_x 平行于焊缝长度方向，在焊缝的有效截面上引起剪应力。

$$\tau_{/\!/} = \tau_f \tag{3-6}$$

在外力作用下，直角角焊缝的有效截面上会产生三个方向的应力，即 $\sigma_\perp$、$\tau_\perp$、$\tau_{/\!/}$。可用下式表示三个方向应力与焊缝强度间的关系：

$$\sqrt{\sigma_\perp^2 + 3(\tau_\perp^2 + \tau_{/\!/}^2)} \leqslant \sqrt{3}\, f_F^w \tag{3-7}$$

式中，$\sigma_\perp$ 为垂直于角焊缝有效截面上的正应力；$\tau_\perp$ 为有效截面上垂直于焊缝长度方向的剪应力；$\tau_{/\!/}$ 为有效截面上平行于焊缝长度方向的剪应力；f_F^w 为角焊缝的强度设计值，可以看作剪切强度，因此乘以 $\sqrt{3}$。

将式(3-5)、式(3-6)代入式(3-7)中，化简后可得到直角角焊缝强度计算的基本公式：

$$\sqrt{\left(\frac{\sigma_f}{\beta_f}\right)^2 + \tau_f^2} \leqslant f_f^w \tag{3-8}$$

式中，β_f 为正面角焊缝的强度设计值增大系数，对直接承受静力荷载或间接承受动力荷载的结构，$\beta_f = 1.22$；对直接承受动力荷载的结构，$\beta_f = 1.0$；σ_f 为按角焊缝有效截面计算，垂直于焊缝长度方向的应力；τ_f 为按角焊缝有效截面计算，沿焊缝长度方向的剪应力。

3.4.3　各种受力状态下直角角焊缝连接的计算

1. 承受轴心力作用时角焊缝连接的计算

1）承受轴心力的钢板连接

在实际工程中，钢板间连接是最常见的一种形式。当焊件承受通过连接焊缝形心的轴心力时，可认为角焊缝有效截面上的应力是均匀分布的。下面给出了在轴力作用下的几种典型计算公式。

（1）当轴心力与焊缝长度方向垂直——正面角焊缝时，式(3-8)中的 $\tau_f = 0$，所以计算公式简化为

$$\sigma_f = \frac{N}{h_e \cdot \sum l_w} \leqslant \beta_f f_f^w \tag{3-9}$$

式中，l_w 为角焊缝的计算长度。有引弧板时，$l_w = l$（l 为焊缝实际长度）；无引弧板时，$l_w = l - 2h_f$；h_e 为直角角焊缝的计算厚度。当两焊件间隙 $b \leqslant 1.5$ mm 时，$h_e = 0.7 h_f$；1.5 mm $< b \leqslant 5$ mm 时，$h_e = 0.7(h_f - b)$。

（2）当轴心力与焊缝长度方向平行——侧面角焊缝时，式3-8中的 $\sigma_f = 0$，所以计算公式可简化为：

$$\tau_f = \frac{V}{h_e \cdot \sum l_w} \leqslant f_f^w \tag{3-10}$$

（3）当轴心力与焊缝成一夹角时（见图3-23），在角焊缝有效截面上同时存在 σ_f 和 τ_f，所以按式(3-8)计算。式中，$\sigma_f = \dfrac{F \cdot \cos\alpha}{h_e \cdot \sum l_w}$，$\tau_f = \dfrac{F \cdot \sin\alpha}{h_e \cdot \sum l_w}$。

【例3-2】　柱与牛腿连接——角焊缝群承受剪力和拉力的共同作用。

如图3-23所示，钢板与柱翼缘用直角角焊缝连接。已知，焊缝承受的静态斜向力设计值 $F = 280$ kN，$\alpha = 30°$，焊脚尺寸 $h_f = 8$ mm，焊缝实际长度 $l = 155$ mm，钢材为 Q235B，手工焊，焊条为 E43 型。试验算角焊缝的强度。

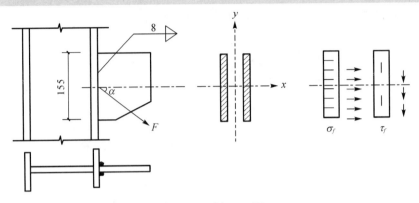

图 3 - 23   例 3 - 2 图

解   此题符合上述的第(3)种情况。

将斜向力 F 分解为垂直于焊缝的分力 N 和平行于焊缝的分力 V，得

$$N = F\cos\alpha = 280 \times \cos 30° = 242.5 \text{ kN}$$

$$V = F\sin\alpha = 280 \times \sin 30° = 140 \text{ kN}$$

则有

$$\sigma_f = \frac{N}{2 \times 0.7 h_f \times l_w} = \frac{242.5 \times 10^3}{2 \times 0.7 \times 8 \times (155 - 2 \times 8)} = 155.8 \text{ N/mm}^2$$

$$\tau_f = \frac{V}{2 \times 0.7 h_f \times l_w} = \frac{140 \times 10^3}{2 \times 0.7 \times 8 \times (155 - 2 \times 8)} = 89.9 \text{ N/mm}^2$$

角焊缝同时承受 σ_f 和 τ_f 的作用，可用式(3-8)验算：

$$\sqrt{\left(\frac{\sigma_f}{\beta_f}\right)^2 + \tau_f^2} = \sqrt{\left(\frac{155.8}{1.22}\right)^2 + 89.9^2} = 156.2 \text{ N/mm}^2 < f_f^w = 160 \text{ N/mm}^2，满足。$$

2）承受轴心力的角钢角焊缝连接

桁架结构中的杆件常采用单角钢或双角钢与钢板焊接的形式。例如，钢屋架的弦杆、腹杆与节点板的连接，钢桁架桥的结构杆件与节点板的连接都采用角焊缝。

当角钢与钢板用角焊缝连接时，一般采用两条侧面角焊缝（见图 3 - 24(a)），也可采用三面围焊（见图 3 - 24(b)），特殊情况也允许采用 L 形围焊（见图 3 - 24(c)）。

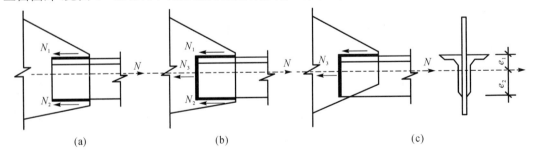

图 3 - 24   角钢与钢板用角焊缝连接受轴心力作用

（1）如图 3 - 24(b)所示，采用三面围焊时，可先假定正面角焊缝的焊脚尺寸 h_{f3}，求出正面角焊缝所分担的轴心力 N_3，当腹杆为双角钢组成的 T 形截面，且肢宽为 b 时：

$$N_3 = 2 \times 0.7 h_f b \beta_f f_f^w \tag{3-11(a)}$$

由平衡条件($\sum M = 0$)可得

$$\text{肢背}\quad N_1 = \frac{N(b-e)}{b} - \frac{N_3}{2} = K_1 N - \frac{N_3}{2} \qquad (3-11(b))$$

$$\text{肢尖}\quad N_2 = \frac{Ne}{b} - \frac{N_3}{2} = K_2 N - \frac{N_3}{2} \qquad (3-11(c))$$

式中，N_1、N_2 为角钢肢背和肢尖上的侧面角焊缝所分担的轴力；e 为角钢的形心距；K_1、K_2 为肢背、肢尖角焊缝的内力分配系数，设计时可近似取 $K_1 = \frac{2}{3}$，$K_2 = \frac{1}{3}$。

（2）如图 3-24(a)所示，仅采用两条侧面角焊缝连接时，肢背和肢尖角焊缝所受的内力为

$$\text{肢背}\quad N_1 = K_1 N \qquad (3-12(a))$$

$$\text{肢尖}\quad N_2 = K_2 N \qquad (3-12(b))$$

（3）如图 3-24(c)所示，采用 L 形焊缝时，正面角焊缝承担的力为

$$N_3 = 0.7 h_f \sum l_{w3} \beta_f f_f^w \qquad (3-13(a))$$

则肢背

$$N_1 = N - N_3 \qquad (3-13(b))$$

【例 3-3】　角钢与节点板连接——角焊缝群承受拉力的作用。

双角钢与节点板采用三面围焊连接，如图 3-25 所示。已知，角钢截面 2∟125×80×10，钢材为 Q235-B，手工焊，焊条为 E43 型，$h_f = 8$ mm，肢背和节点板搭接长度为 300 mm。试确定此连接所能承受的静力荷载设计值 N 和肢尖与节点板的搭接长度。

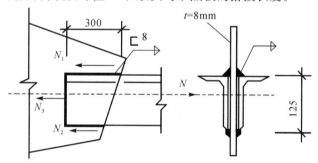

图 3-25　例 3-3 图

【分析】　本题的连接为三面围焊连接的情况，首先根据已知条件求得端焊缝和肢背焊缝所受的内力，然后得出肢尖焊缝承受的内力，即可求出所能承受的最大静力荷载设计值和肢尖与节点板的搭接长度。

肢背和肢尖焊缝为侧面角焊缝，可求出两侧面角焊缝的计算长度：

$$l_{w1} = \frac{N_1}{2 \times 0.7 h_{f1} f_f^w} \qquad (3-14(a))$$

$$l_{w2} = \frac{N_2}{2 \times 0.7 h_{f2} f_f^w} \qquad (3-14(b))$$

式中，h_{f1}、l_{w1} 为一个角钢肢背上侧面角焊缝的焊脚尺寸及计算长度；h_{f2}、l_{w2} 为一个角钢肢尖上侧面角焊缝的焊脚尺寸及计算长度。

解　不等肢角钢长肢相拼，近似取角钢肢尖、肢背焊缝的分配系数 $K_2 = 0.35$，$K_1 = 0.65$，

由附表 1-2 查得角焊缝的强度设计值为 $f_f^w - 160 \text{ N/mm}^2$。

（1）焊缝受力的计算。

正面角焊缝承担的力为

$$N_3 = 2h_e l_{w3} \beta_f f_f^w = 2 \times 0.7 \times 8 \times 125 \times 1.22 \times 160 \times 10^{-3} = 273.3 \text{ kN}$$

肢背焊缝受力

$$N_1 = 2h_e l_{w1} f_f^w = 2 \times 0.7 \times 8 \times (300 - 8) \times 160 \times 10^{-3} = 523.3 \text{ kN}$$

因

$$N_1 = K_1 N - \frac{N_3}{2} = 0.65 N - \frac{273.3}{2}$$

故

$$N = \frac{523.3 + \dfrac{273.3}{2}}{0.65} = 1015.3 \text{ kN}$$

肢尖焊缝受力

$$N_2 = K_2 N - \frac{N_3}{2} = 0.35 \times 1015.3 - \frac{273.3}{2} = 218.7 \text{ kN}$$

（2）焊缝长度的计算。

肢尖焊缝计算长度为

$$l_{w2} = \frac{N_2}{2 \times 0.7 h_f \times f_f^w} = \frac{218.7 \times 10^3}{2 \times 0.7 \times 8 \times 160} = 122 \text{ mm}$$

且满足计算长度的构造要求。

取肢尖焊缝长度 $l_2 = l_{w2} + h_f = 122 + 8 = 130 \text{ mm}$。故该连接承载力为 1015.3 kN，肢尖焊缝长度取为 130 mm。

3）用盖板的对接连接承受轴心力

两块钢板对接时，上下用双盖板与之采用角焊缝连接，这一类现象在实际工程中是经常遇到的。拼接盖板和钢板的连接可采用两面侧焊或三面围焊的方法，盖板尺寸的设计应根据拼接板承载力不小于主板承载力的原则，即拼接板的总截面积应不小于被连接钢板的截面积，材料与主板相同，且满足构造要求 $b \le l_w$，而盖板的长度则由侧面焊缝的长度确定。

【例 3-4】 双盖板拼接连接——角焊缝群承受拉力的作用。

双盖板的拼接连接（见图 3-26），钢材为 Q235A-F，采用 E43 型焊条，手工焊。已知，钢板截面为 -12×300，承受轴心力设计值 $N = 650 \text{ kN}$（静力荷载）。试设计拼接盖板的尺寸。

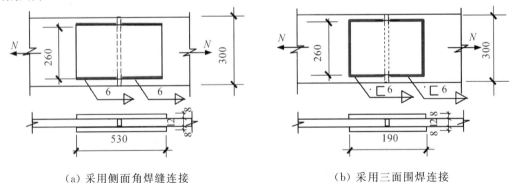

（a）采用侧面角焊缝连接   （b）采用三面围焊连接

图 3-26 例 3-4 图

解　(1) 采用侧面角焊缝连接时(见图 3 – 26(a))，取焊脚尺寸 $h_f = 6$ mm，根据强度条件选定拼接盖板的截面积，考虑到拼接板侧面施焊，拼接板每侧应缩进 20 mm，略大于 $2h_f$，取拼接板宽度为 260 mm，厚度取 8 mm，所以 $A' = 2 \times 260 \times 8 = 4160$ mm$^2 >A = 300 \times 12 = 3\,600$ mm^2。

焊缝长度，按每侧 4 条计算，则每条侧面角焊缝的计算长度为

$$l_w = \frac{N}{4 \times 0.7 h_f f_f^w} = \frac{650 \times 10^3}{4 \times 0.7 \times 6 \times 160} = 241.8 \text{ mm}$$

应满足 $8h_f \leqslant l_w$，即 48 mm $\leqslant l_w$，故

$$l = l_w + 2h_f = 241.8 + 2 \times 6 = 253.8 \text{ mm}$$

取 $l = 260$ mm $\geqslant b = 260$ mm，故拼接板长度为(考虑板间缝隙 10 mm)

$$L = 2l + 10 \text{ mm} = 2 \times 260 + 10 = 530 \text{ mm}$$

(2) 采用三面围焊时(见图 3 – 26(b))的计算。

由上述已知，$h_f = 6$ mm，拼接板宽度为 260 mm，故厚度取 8 mm。

正面角焊缝承担的力为

$$N' = 2h_e l'_w \beta_f f_f^w = 2 \times 0.7 \times 6 \times 260 \times 1.22 \times 160 \times 10^{-3} = 426.3 \text{ kN}$$

侧面角焊缝长度为(每侧 4 条)

$$l = \frac{N - N'}{4h_e f_f^w} + h_f = (650 - 426.3) \times \frac{10^3}{4 \times 0.7 \times 6 \times 160} + 6 = 89.2 \text{ mm} < 60h_f$$

取 $l = 90$ mm，故拼接板长度为(考虑板间缝隙 10 mm)$L = 2l + 10$ mm $= 190$ mm。

比较以上两种拼接方案可知，采用三面围焊的连接方案较为经济。

2. 承受弯矩作用的角焊缝连接计算

在弯矩 M 单独作用下，角焊缝有效截面上的应力呈三角形分布，其边缘纤维最大弯曲应力的计算公式为

$$\sigma_f = \frac{M}{W_w} \leqslant \beta_f \cdot f_f^w \tag{3-15}$$

式中，W_w 为角焊缝有效截面的截面模量。

3. 承受扭矩作用的角焊缝连接计算

角焊缝受扭矩 T 单独作用时(见图 3 – 27)，假定：① 被连接构件是绝对刚性的，而焊缝则是弹性的；② 被连接板件绕角焊缝有效截面形心 O 旋转，角焊缝上任一点的应力方向

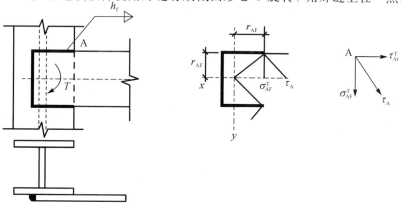

图 3 – 27　受扭矩作用的角焊缝

垂直于该点与形心 O 的连线,应力的大小与其距离 r 的大小成正比。扭矩单独作用时,角焊缝的应力计算公式为

$$\tau_A = \frac{T \cdot r_A}{J} \tag{3-16}$$

式中,J 为角焊缝有效截面的极惯性矩,$J = Ix + Iy$;r_A 为 A 点至形心 O 点的距离。

式(3-16)所给出的应力 τ_A 与焊缝长度方向呈斜角,把它分解到 x 轴上和 y 轴上的分应力为

$$\tau_{Ax}^T = \frac{T \cdot r_{Ay}}{J} \quad \text{（侧面角焊缝受力性质）} \tag{3-17(a)}$$

$$\sigma_{Ay}^T = \frac{T \cdot r_{Ax}}{J} \quad \text{（正面角焊缝受力性质）} \tag{3-17(b)}$$

【例3-5】 柱与牛腿连接——角焊缝群承受弯矩和剪力共同作用在柱翼缘上焊接一块钢板,采用两条侧面角焊缝连接(见图3-28)。已知,焊脚尺 $h_f = 8$ mm,连接受集中静力荷载 $P = 160$ kN,试验算连接焊缝的强度能否满足要求。(施焊时无引弧板)

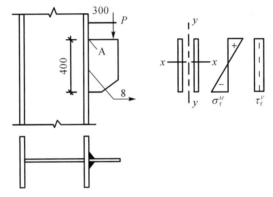

图 3-28 例 3-5 图

【分析】 钢板与柱采用角焊缝连接,承受弯矩、剪力的作用。从焊缝计算截面上的应力分布可以看出,A 点受力最大,如果该点强度满足要求,则角焊缝连接即可以安全承载。

解 查附表 1-2 可得 $f_f^w = 160$ N/mm²,将外荷载向焊缝群形心简化,得

$$V = P = 160 \text{ kN}$$

$$M = Pe = 160 \times 300 = 48\ 000 \text{ kN} \cdot \text{mm}$$

因施焊时无引弧板,所以

$$l_w = l - 2h_f = 400 - 2 \times 8 = 384 \text{ mm}$$

$$A_w = 2 \times 0.7 h_f \times l_w = 2 \times 0.7 \times 8 \times 384 = 4300.8 \text{ mm}^2$$

$$W_w = \frac{2h_e l_w^2}{6} = \frac{2 \times 0.7 \times 8 \times 384^2}{6} = 275\ 251.2 \text{ mm}^3$$

$$\tau_f^V = \frac{V}{A_w} = \frac{160\ 000}{4300.8} = 37.2 \text{ N/mm}^2$$

$$\sigma_f^M = \frac{M}{W_w} = \frac{48 \times 10^6}{275\ 251.2} = 174.4 \text{ N/mm}^2$$

所以

$$\sqrt{\left(\frac{\sigma_f}{\beta_f}\right)^2+\tau_f^2}=\sqrt{\left(\frac{174.4}{1.22}\right)^2+37.2^2}=147.25 \text{ N/mm}^2<f_f^w=160 \text{ N/mm}^2$$

故该连接强度满足要求。

【**例 3 - 6**】　柱与工字形梁连接——角焊缝群承受弯矩和剪力的共同作用。

如图 3 - 29 所示为工字形牛腿与钢柱的连接节点，静态荷载设计值 $N=365$ kN，偏心距 $e=250$ mm，焊脚尺寸 $h_f=6$ mm，钢材为 Q235B，焊条为 E43 型，手工焊，施焊时采用引弧板。试验算角焊缝的强度。

当工字形梁（或牛腿）与钢柱翼缘连接时（见图 3 - 29(a)），通常承受弯矩 M 和剪力 V 的联合作用。图 3 - 29(b)所示为焊缝有效截面的示意图，由于翼缘的竖向刚度较差，一般不考虑其承受剪力，所以假设全部剪力由腹板焊缝承受，且剪应力在腹板焊缝上是均匀分布的，则弯矩由全部焊缝承受（见图 3 - 29(c)）。

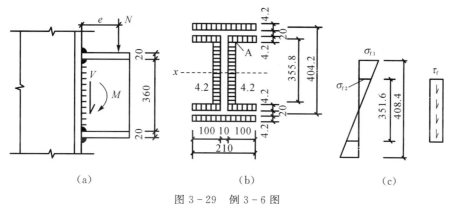

图 3 - 29　例 3 - 6 图

【**分析**】　由于翼缘焊缝只承受垂直于焊缝长度方向的弯曲应力，最大应力发生在翼缘焊缝的最外边缘纤维处，应满足角焊缝的强度条件：

$$\sigma_{f1}=\frac{M}{I_w}\cdot\frac{h}{2}\leqslant\beta_f f_f^w \qquad (3-18)$$

式中，h 为上下翼缘焊缝有效截面最外纤维之间的距离；I_w 为全部焊缝有效截面对中和轴的惯性矩。

腹板焊缝承受垂直于焊缝长度方向的弯曲正应力和平行于焊缝长度方向的剪应力。设计控制点为翼缘焊缝与腹板焊缝的交点处 A，此处的弯曲应力和剪应力分别按下式计算：

$$\sigma_{f2}=\frac{M}{I_w}\cdot\frac{h_2}{2} \qquad (3-19)$$

$$\tau_f=\frac{V}{\sum(h_{e2}l_{w2})} \qquad (3-20)$$

式中，h_2 为腹板焊缝的实际长度；$\sum(h_{e2}l_{w2})$ 为腹板焊缝有效截面积之和。

腹板焊缝在 A 点的强度验算式为

$$\sqrt{\left(\frac{\sigma_{f2}}{\beta_f}\right)^2+\tau_f^2}\leqslant f_f^w \qquad (3-21)$$

解　(1)受力分析:将竖向力 N 向焊缝群形心简化，在角焊缝形心处引起剪力和弯矩，属于承受弯矩 M 和剪力 V 的联合作用的情况，则

$$V = N = 365 \text{ kN}$$
$$M = Ne = 365 \times 0.25 = 91.25 \text{ kN} \cdot \text{m}$$

（2）参数计算：焊缝有效截面对中和轴的惯性矩为

$$I_x = 2 \times \frac{4.2 \times 351.6^3}{12} + 2 \times 210 \times 4.2 \times 202.1^2 + 4 \times 100 \times 4.2 \times 177.9^2$$

$$= 155.64 \times 10^6 \text{ mm}^4$$

（3）焊缝强度计算：由式（3-21）得翼缘焊缝的最大应力为

$$\sigma_{f1} = \frac{M}{I_x} \cdot \frac{h}{2} = \frac{91.25 \times 10^6 \times 408.4}{10^6 \times 155.64 \times 2} = 119.72 \text{ N/mm}^2 < \beta_f f_f^w = 1.22 \times 160 = 195 \text{ N/mm}^2$$

满足。

由式（3-22）得翼缘焊缝与腹板焊缝的交点处 A 由弯矩 M 引起的最大应力为

$$\sigma_{f2} = \frac{M}{I_w} \cdot \frac{h_2}{2} = \frac{91.25 \times 10^6}{155.64 \times 10^6} \cdot \frac{351.6}{2} = 103.07 \text{ N/mm}^2$$

由式（3-23）得剪力 V 在腹板焊缝中产生的平均剪应力为

$$\tau_f = \frac{V}{2 \times h_{e2} \times l_{w2}} = \frac{365 \times 10^3}{2 \times 0.7 \times 6 \times 351.6} = 123.58 \text{ N/mm}^2$$

将求得的 σ_{f2}、τ_f 代入式（3-24），验算腹板焊缝 A 点处的折算应力

$$\sqrt{\left(\frac{\sigma_{f2}}{\beta_f}\right)^2 + \tau_f^2} = \sqrt{\left(\frac{103.07}{1.22}\right)^2 + 123.58^2} = 149.7 \text{ N/mm}^2 < f_f^w = 160 \text{ N/mm}^2$$

满足强度要求。

【例3-7】 柱与牛腿连接——角焊缝群承受扭矩和剪力的共同作用。

试设计如图3-30所示牛腿与钢柱的角焊缝连接。已知，钢材为 Q235-B，焊条为 E43 型，手工电弧焊。构件上所受设计荷载值为 F=217 kN，偏心矩为 e=300 mm（至柱边缘的距离），搭接尺寸 $l_1 = 400$ mm，$l_2 = 300$ mm。

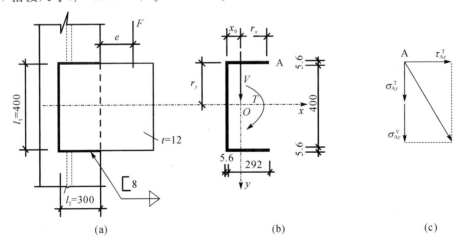

图3-30 例3-7图

【分析】 角焊缝承受扭矩 T、剪力 V 的共同作用，在扭矩的作用下 A 点受力最大（距离形心 O 的半径最大），由剪力作用产生的剪应力在焊缝有效截面上是均匀分布的，且两者叠

加，焊缝边缘 A 点受力最大，对应的应力分量 τ_{Ax}^{T}、σ_{Ay}^{T} 和 σ_{Ay}^{V}，验算危险点 A 应力为

$$\sqrt{\left(\frac{\sigma_{Ay}^{T}+\sigma_{Ay}^{V}}{\beta_{f}}\right)^{2}+(\tau_{Ax}^{T})^{2}}\leqslant f_{f}^{w} \tag{3-22}$$

解　假定三面围焊的角焊缝尺寸 $h_{f}=8$ mm。

（1）求几何特性：确定角焊缝有效截面的形心位置为

$$x_{0}=\frac{2\times(300-8)\times5.6\times(146+5.6)+(400+2\times5.6)\times5.6\times2.8}{2\times292\times5.6+411.2\times5.6}=9 \text{ cm}$$

$$I_{x}=\frac{1}{12}\times0.7\times0.8\times40^{3}+2\times0.7\times0.8\times29.76\times20.28^{2}=16\ 695 \text{ cm}^{4}$$

$$I_{y}=\frac{2}{12}\times0.7\times0.8\times29.76^{3}+2\times0.7\times0.8\times29.76\times(14.88-9)^{2}+0.7\times0.8\times40\times8.7^{2}$$

$$=2460+1152+1695.5=5308 \text{ cm}^{4}$$

角焊缝有效截面的极惯性矩为

$$J=I_{x}+I_{y}=22\ 003 \text{ cm}^{4}$$

焊缝 A 点到 x、y 轴的距离 $r_{x}=20.76$ cm，$r_{y}=20.28$ cm。

（2）将外力 F 向焊缝形心 O 点简化，得

剪力　　　　　　　　　　$V=F=217$ kN

扭矩　　　　　　　$T=F\times\dfrac{30+30-9}{100}=110.67$ kN·m

（3）焊缝强度计算：

焊缝 A 点为设计控制点，应力有

$$\tau_{Ax}^{T}=\frac{T\cdot r_{y}}{J}=\frac{110.67\times202.8\times10^{6}}{22\ 003\times10^{4}}=102 \text{ N/mm}^{2}$$

$$\sigma_{Ay}^{T}=\frac{T\cdot r_{x}}{J}=\frac{110.67\times207.6\times10^{6}}{22\ 003\times10^{4}}=104.4 \text{ N/mm}^{2}$$

$$\sigma_{Ay}^{V}=\frac{V}{\sum h_{e}l_{w}}=\frac{217\times10^{3}}{0.7\times8\times(2\times297.6+400)}=38.9 \text{ N/mm}^{2}$$

所以

$$\sqrt{\left(\frac{\sigma_{Ay}^{T}+\sigma_{Ay}^{V}}{\beta_{f}}\right)+\tau_{Ax}^{T}}=\sqrt{(\frac{104.4+38.9}{1.22})^{2}+102^{2}}=155.6 \text{ N/mm}^{2}<f_{f}^{w}=160 \text{ N/mm}^{2}$$

故焊角尺寸取 8 mm 可以满足连接传力要求。

3.5　焊接残余应力和残余变形

3.5.1　焊接残余应力的成因和分类

1. 焊接残余应力的成因

钢结构的焊接过程既是在焊件局部区域加热熔化后又冷却凝固的热过程，也是一个不均

匀加热和冷却的过程。由于温度场在焊缝附近及周围金属区域分布是不均匀的(见图 3 - 31)，这就导致焊件产生不均匀的膨胀和收缩，温度高的钢材膨胀大，但受到周围温度较低、膨胀量较小的钢材所限制，产生了热态塑性压缩。焊缝冷却时，被塑性压缩的焊缝区趋向于缩短，又会受到周围钢材限制而产生拉应力。在低碳钢和低合金钢中，这种拉应力经常会达到钢材的屈服强度。焊接应力是一种无荷载作用下的内应力，而且在焊件内部自相平衡，即焊缝及附近金属产生拉应力，而距焊缝稍远区段内则产生压应力。

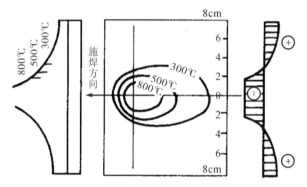

图 3 - 31　焊接升温时焊缝附近的温度场和应力场

2. 焊接残余应力的分类

焊接残余应力有纵向焊接残余应力、横向焊接残余应力和厚度方向的残余应力，这些应力都是由焊接加热和冷却过程中不均匀收缩变形引起的。

1) 纵向焊接残余应力

纵向焊接残余应力是由焊缝的纵向收缩引起的。一般情况下，焊缝区及近缝两侧的纵向应力为拉应力区，远离焊缝的两侧为压应力区。例如，用三块板焊成的工字形截面，焊接残余应力如图 3 - 32 所示。

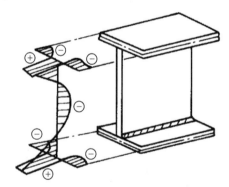

图 3 - 32　纵向焊接残余应力

2) 横向焊接残余应力

横向焊接残余应力产生的原因有两个：一是由于焊缝纵向收缩，两块钢板趋向于形成反方向的弯曲变形，但实际上焊缝将两块钢板连成整体，于是就会在焊缝中部产生横向拉应力，而在两端产生横向压应力(见图 3 - 33(a))；二是焊缝在施焊过程中，先后冷却的时间不同。例如，如图 3 - 33(b)所示，先焊的焊缝(2 点)已经凝固，且具有了一定的强度，会阻止后焊焊缝(3 点)在横向的自由膨胀,使其发生横向的塑性压缩变形。当后焊部分开始冷却时,3 点焊缝的收缩就会受到已凝固的 2 点焊缝限制而产生横向拉应力,同时也会在先焊部分的 2 点焊缝内产生横向压应力。

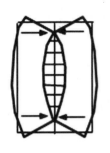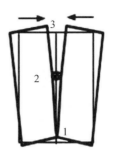

　　(a) 焊缝纵向收缩产生的横向残余应力　　　　(b) 焊缝横向收缩产生的横向残余应力

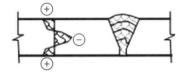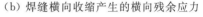

(c) 厚度方向的焊接残余应力

图 3-33　横向及厚度方向的焊接残余应力

3) 沿焊缝厚度方向的残余应力

　　当连接的钢板厚度较大时,需要进行多层施焊,就产生了沿钢板厚度方向的焊接残余应力 σ_z(见图 3-33(c))。

　　纵向、横向和沿厚度方向的焊接残余应力 σ_x、σ_y 和 σ_z 往往会形成比较严重的三向同号应力场,大大降低结构连接的塑性。

　　图 3-34 所示为焊接工字钢和热轧工字钢的残余应力分布示意。

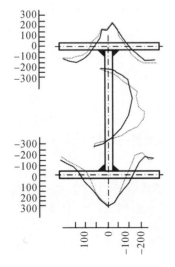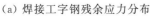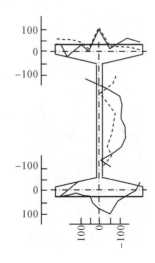

　　(a) 焊接工字钢残余应力分布　　　　(b) 热轧工字钢残余应力分布

图 3-34　实际量测得到的纵向残余应力

3.5.2　焊接残余应力和残余变形对结构工作性能的影响

1. 对结构静力强度的影响

在静力荷载作用下，由于钢材具有一定的塑性，因此焊接残余应力不会影响结构静力强度。因为当焊接残余应力加上外力引起的应力达到屈服点后，应力就不再增大，而外力却可以由弹性区域继续承担，直到全截面达到屈服。

这一点可由图3-35作简要说明。如果构件符合理想弹塑性的假定，当构件无残余应力时，由图3-35(a)可知其承载力为 $N=htf_y$；当构件纵向残余应力如图3-35(b)分布时，施加轴心拉力后，板中残余拉应力已达屈服强度 f_y，塑性区域内的应力不再增大，外力 N 仅由弹性区域承担，焊缝两侧受压区的应力由原来的受压逐渐变为受拉，最后应力也达到 f_y。由于焊接残余应力在焊件内部自相平衡，残余压应力的合力必然等于残余拉应力的合力，因此其承载力仍为 $N=htf_y$。所以有残余应力焊件的承载能力和没有残余应力的完全相同，可见残余应力不会影响结构的静力强度。

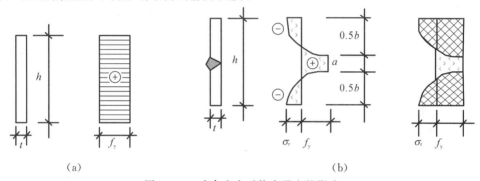

图3-35　残余应力对静力强度的影响

2. 对结构刚度的影响

焊接残余应力会降低结构的刚度。由于进入塑性状态的残余拉应力区域刚度降为零，继续增加的外力仅由弹性区域承担，因此构件的变形增大，而刚度减小。

3. 对压杆稳定性的影响

由于焊接残余应力使压杆的挠曲刚度减小，因此抵抗外力增量的弹性区惯性矩也随之减小，从而降低了其稳定承载能力。

4. 对低温冷脆的影响

焊接结构中存在着双向或三向同号拉应力场，材料塑性变形的发展受到限制，使材料变脆。特别是在低温下裂纹更容易发生和发展，加速了构件脆性破坏的倾向。

5. 对疲劳强度的影响

焊缝及其附近的主体金属焊接拉应力通常会达到钢材的屈服点，此部位是发展疲劳裂纹最为敏感的区域，因此焊接应力对结构的疲劳强度有明显的不利影响。

3.5.3　减少焊接残余应力和残余变形的措施

在焊接过程中，由于焊缝的收缩变形，构件总要产生一些局部的鼓起、歪曲、弯曲或扭曲等，包括纵向收缩、横向收缩、角变形、弯曲变形、扭曲变形和波浪变形等(见图3-36)。

这些变形应符合《钢结构工程施工质量验收标准》(GB 50205—2020)的规定，否则必须加以矫正，以保证构件的承载力和正常使用。

工程设计上常采取如下措施减少焊接残余应力和残余变形：

(1) 尽量减少焊缝的数量和尺寸。在保证安全的前提下，不得随意加大焊缝厚度。

(2) 焊缝尽可能对称布置。只要条件允许，应尽可能使焊缝对称于构件截面的中性轴，以减小焊接变形。图 3 - 36(a)、(c)所示的焊接处理措施就分别优于图 3 - 36(b)、(d)。

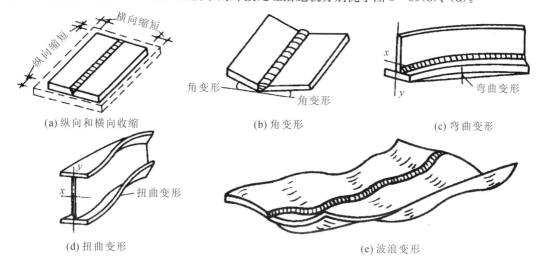

(a) 纵向和横向收缩　　(b) 角变形　　(c) 弯曲变形

(d) 扭曲变形　　(e) 波浪变形

图 3 - 36　焊接残余变形

(3) 避免焊缝过分集中或多方向焊缝相交与一点。当几块钢板交汇于一处连接时，应采取图 3 - 36(e)所示的方式。如果采用 3 - 37(f)所示的方式，高度集中的热量会引起过大的焊接变形。梁腹板加劲肋与腹板及翼缘的连接焊缝(如图 3 - 37(g)、(h)所示)，就应通过加劲肋内面切角的方式，避免其焊缝与翼缘和腹板间焊缝交叉，以保证主要焊缝(翼缘与腹板的连接焊缝)连续通过。

(4) 避免板厚方向的焊接应力。厚度方向的焊接收缩应力容易引起板材层状撕裂，如图 3 - 37(i)所示的焊接处理方式就比图 3 - 37(j)的方式要好。

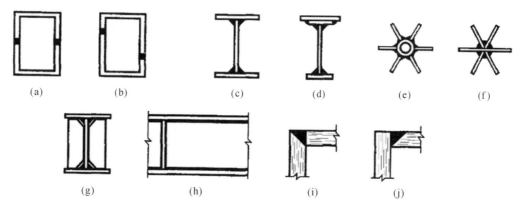

(a)　　(b)　　(c)　　(d)　　(e)　　(f)

(g)　　(h)　　(i)　　(j)

图 3 - 37　减少焊接残余应力和残余变形的设计措施

在焊接工艺上采取如下措施减少焊接残余应力和焊接残余变形：

（1）采取合理的焊接次序和方向。例如，钢板对接时采用分段焊（见图 3 - 38(a)），厚度方向分层焊（见图 3 - 38(b)），工字形截面采用对角跳焊（见图 3 - 38(c)），钢板分块拼焊（见图 3 - 38(d)）。

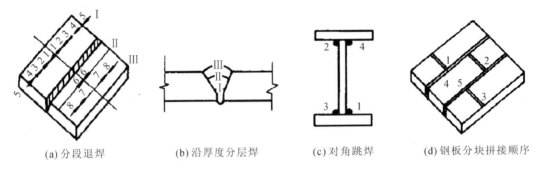

(a) 分段退焊　　　　(b) 沿厚度分层焊　　　　(c) 对角跳焊　　　(d) 钢板分块拼接顺序

图 3 - 38　合理的焊接次序

（2）施焊前给构件一个和焊接变形相反的预变形，使构件在焊接后产生的焊接变形与之相抵消（图 3 - 39(a)、(b)），从而达到减小焊接变形的目的。

（3）预热、后热。对于小尺寸焊件，施焊前预热或施焊后回火（加热至 600℃ 左右），然后缓慢冷却，可以消除焊接残余应力。

（4）用头部带小圆弧的小锤轻击焊缝，使焊缝得到延展，可减小焊接残余应力。另外，也可采用机械方法或氧—乙炔局部加热反弯（见图 3 - 39(c)）消除焊接变形。

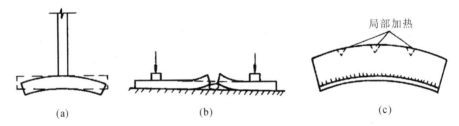

(a)　　　　　　　　　　(b)　　　　　　　　　　(c)

图 3 - 39　减少焊接残余变形的工艺措施

需要注意的是，焊接残余应力和残余变形是相伴而生的。焊接过程中构件如果受到约束，不能自由变形，则残余应力必然较大；当允许被焊构件自由变形时，则残余应力会相对减少。在设计、加工、焊后工艺处理几方面同时着手考虑，是减少焊接残余应力和残余变形的有效途径。

3.6　螺栓连接的构造

3.6.1　螺栓连接的形式及特点

1. 普通螺栓连接

按螺栓的加工精度，普通螺栓可分为 A 级、B 级和 C 级，其中 A 级和 B 级为精制螺

栓，C 级为粗制螺栓。A 级、B 级螺栓栓杆需机械加工，尺寸准确，被连接构件要求制成 I
类孔，螺栓直径与孔径相差 0.3～0.5 mm。A 级、B 级螺栓的受力性能较好，受剪工作时
变形小，但制造和安装费用较高，目前在钢结构工程中应用较少。C 级螺栓的表面粗糙，采
用 II 类孔，螺杆与螺孔之间接触不够紧密，存在较大的孔隙，螺栓直径与孔径相差 1.0～
2.0 mm，当传递剪力时，连接变形较大，工作性能差，但传递拉力的性能较好。C 级螺栓
适用于承受拉力的连接，或用于次要结构和可拆卸结构的受剪连接以及安装时的临时固
定。C 级螺栓的性能等级有 4.6 级和 4.8 级两种。螺栓性能等级的含义是（以 4.8 级为例）：
小数点前的数字"4"表示螺栓热处理后的最低抗拉强度为 400 N/mm²，小数点及小数点后
面的数字".8"表示其屈强比（屈服强度与抗拉强度之比）为 0.8。

2. 高强度螺栓连接

目前高强度螺栓在工程上的使用日益广泛。高强度螺栓的螺杆、螺帽和垫圈均采用高
强度钢材制作，常用的有 45 号钢、40 硼钢、20 锰钛硼钢。高强度螺栓性能等级有 8.8 级和
10.9 级两种，8.8 级螺栓采用的钢材有 35 号钢、45 号钢和 40 硼钢。10.9 级螺栓采用的钢
材有 20 锰钛硼钢和 35 矾硼钢。

高强度螺栓安装时通过拧紧螺帽在杆中产生较大的预拉力把被连接板夹紧，连接件之
间就会产生很大的压力，从而提高连接的整体性和刚度。按受剪时的极限状态的不同，高
强度螺栓连接可分为摩擦型连接和承压型连接两种。高强度螺栓摩擦型连接和承压型连接
的本质区别是极限状态不同。在抗剪设计时，高强度螺栓摩擦型连接依靠部件接触面间的
摩擦力来传递外力，即外剪力达到板件间最大摩擦力为连接的极限状态，其特点是孔径比
螺栓公称直径大 1.5～2.0 mm，故连接紧密，变形小，传力可靠，疲劳性能好，可用于直接
承受动力荷载的结构、构件的连接。高强度螺栓摩擦型连接在工程中应用较多，如框架梁
柱连接、门式钢架端板连接等。

在抗剪设计时，高强度螺栓承压型连接起初由摩擦传递外力，当摩擦力被克服后，板
件会产生相对滑动，便同普通螺栓连接一样，依靠螺栓杆抗剪和螺栓孔承压来传力，连接
承载力比摩擦型高，可节约钢材。但由于孔径比螺栓公称直径大 1.0～1.5 mm，在摩擦力
被克服后变形较大，因此工程中高强度螺栓连接承压型仅适用于承受静力荷载或间接承受
动力荷载的结构、构件的连接。

3.6.2 螺栓的排列

螺栓的排列应简单、统一、整齐而紧凑，构造合理，便于安装，排列方式有并列排列
（图 3-40(a)）和错列排列（图 3-40(b)）两种。并列简单整齐，连接板尺寸较小，但对构件
截面削弱较大；而错列排列对截面削弱较小，但螺栓排列不如并列紧凑，连接板尺寸较大。

不论采用哪种排列，螺栓的中距（螺栓的中心间距）、端距（顺内力方向螺栓中心至构件
边缘距离）和边距（垂直内力方向螺栓中心至构件边缘距离）都应满足下列要求：

（1）受力要求。在顺受力方向，螺栓的端距过小时，钢板有剪断的可能。对于受拉构
件，螺栓的中距不应过小，否则对钢板截面削弱太多，构件就有可能沿直线或折线发生净
截面破坏。对于受压构件，沿作用力方向螺栓中距不应过大，否则被连接的板件间容易发
生凸曲现象。因此，应从受力角度规定螺栓的最大和最小容许间距。

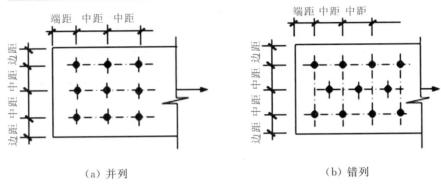

（a）并列   （b）错列

图 3-40 钢板上螺栓的排列

（2）构造要求。若螺栓中距和边距过大，则钢板不能紧密贴合，潮气易于侵入缝隙而产生腐蚀，所以构造上要规定螺栓的最大容许间距。

（3）施工要求。为便于转动螺栓扳手，就要保证一定的作业空间，所以施工上应规定螺栓的最小容许间距。

根据上述要求，螺栓或铆钉的孔距、边距和端距容许值应符合表 3-3 的规定。

表 3-3 螺栓或铆钉的孔距、边距和端距容许值

名称	位置和方向			最大容许距离 （取两者的较小值）	最小容许距离
中心间距	外排（垂直内力或顺内力方向）			$8d_0$ 或 $12t$	$3d_0$
	中间排	垂直内力方向		$16d_0$ 或 $24t$	
		顺内力方向	构件受压力	$12d_0$ 或 $18t$	
			构件受拉力	$16d_0$ 或 $24t$	
	沿对角线方向			——	
中心至构件边缘距离	顺内力方向			$4d_0$ 或 $8t$	$2d_0$
	垂直内力方向	剪切或手工气割边			$1.5d_0$
		轧制边、自动气割或锯割边	高强度螺栓		$1.5d_0$
			其他螺栓		$1.2d_0$

注：① d_0 为螺栓或铆钉孔径，对槽孔为短向尺寸，t 为外层薄板件厚度。

② 钢板边缘与刚性构件（如角钢、槽钢）相连的高强螺栓的最大间距，可按中间排数值采用。

③ 计算螺栓孔引起的截面削弱时可取 $d+4$ mm 和 d_0 的较大者。

螺栓连接除满足排列的容许距离外，根据不同情况还应满足下列构造要求：

（1）螺栓连接或拼接节点中，每一杆件一端的永久性螺栓数应不少于 2 个；对组合构件的缀条，其端部连接可采用 1 个螺栓。

（2）对直接承受动力荷载的普通螺栓受拉连接，应采用双螺帽或其他能防止螺帽松动的有效措施，如采用弹簧垫圈或将螺帽和螺杆焊死等方法。

（3）沿杆轴方向受拉的螺栓连接中的端板（法兰板），应适当加大其刚度（如加设加劲肋），以减小撬力对螺栓抗拉承载力的不利影响。

（4）当型钢构件拼接采用高强度螺栓连接时，由于构件本身抗弯刚度较大，为了保证高强度螺栓摩擦面的紧密贴合，拼接件应采用刚度较弱的钢板。

3.7　普通螺栓连接的工作性能和计算

普通螺栓连接按受力情况可分为螺栓只承受剪力（见图 3-41(a)）、螺栓只承受拉力（见图 3-41(b)）和螺栓承受拉力和剪力的共同作用（见图 3-41(c)）。

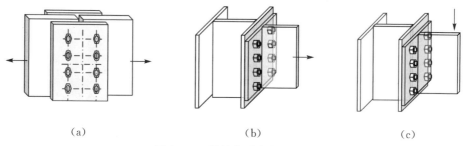

（a）　　　　　　　　（b）　　　　　　　　（c）

图 3-41　螺栓按受力情况分类

3.7.1　普通螺栓的受剪连接

1. 受剪连接的工作性能

图 3-42 所示是普通螺栓连接承受剪力作用的工作示意图，在开始受力阶段，作用力主要靠钢板之间的摩擦力来传递。由于普通螺栓紧固的预拉力很小，因此板件之间的摩擦力也很小，当外力逐渐增长到克服摩擦力后，板件发生相对滑移，使螺栓杆与孔壁接触，此时螺栓杆受剪，同时孔壁承受挤压。随着外力的不断增大，连接达到其极限承载力而发生破坏。

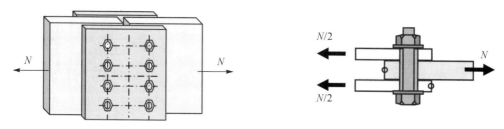

图 3-42　普通螺栓承受剪力

普通螺栓受剪连接达到极限承载力时可能出现如下几种破坏形式：

（1）当螺杆直径较小而板件较厚时，螺杆有可能先被剪断（图 3-43(a)），这种破坏形式称为螺栓杆受剪破坏。

（2）当螺杆直径较大而板件较薄时，板件有可能先被挤坏（图 3-43(b)），这种破坏形式称为孔壁承压破坏，也叫作螺栓承压破坏。

（3）当板件净截面面积因螺栓孔削弱太多时，板件有可能被拉断（图 3-43(c)）。

（4）当螺栓排列的端距太小时，端距范围内的板件有可能被螺杆冲剪破坏（图 3-43(d)）。

（5）当连接钢板太厚，螺栓杆太长时，有可能发生弯曲破坏（图3-43(e)）。

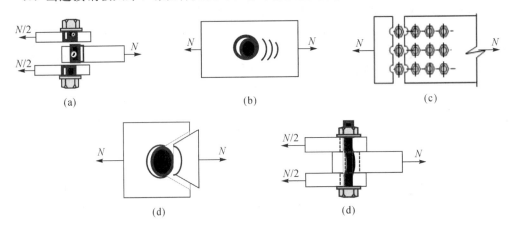

图3-43　普通螺栓受剪连接的破坏形式

在上述破坏形式中，后两种在控制端距大于等于 $2d_0$ 和使螺栓的夹紧长度不超过 $5d$ 的条件下，均不会发生；前三种破坏须通过计算来防止，其中的栓杆被剪断和孔壁承压破坏通过计算单个螺栓承载力来控制，板件被拉断则由验算构件净截面强度来控制。

2. 单个普通螺栓受剪连接的承载力设计值

1）单个螺栓抗剪承载力设计值

单个螺栓抗剪承载力设计值：

$$N_v^b = n_v \frac{\pi \cdot d^2}{4} f_v^b \tag{3-23}$$

式中，n_v 为受剪面数（见图3-44），单剪 $n_v = 1$，双剪 $n_v = 2$，四剪面 $n_v = 4$ 等；d 为螺栓杆的直径（mm）；f_v^b 为螺栓的抗剪强度设计值。

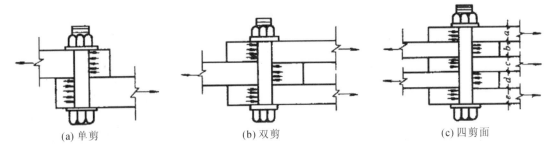

(a) 单剪　　　　　　　(b) 双剪　　　　　　　(c) 四剪面

图3-44　螺栓连接的受剪面数

2）单个螺栓承压承载力设计值

单个螺栓承压承载力设计值：

$$N_c^b = d \cdot \sum t \cdot f_c^b \tag{3-24}$$

式中，$\sum t$ 为在不同受力方向中一个受力方向承压构件总厚度的较小值，如图3-44(c)所示中 $\sum t$ 取 $a+c+e$ 和 $b+d$ 的较小值；f_c^b 为螺栓的承压强度设计值。

单个受剪螺栓连接的承载力设计值应取 N_v^b 和 N_c^b 的较小值

$$N_{min}^b = \min\{N_v^b, N_c^b\} \tag{3-25}$$

3. 普通螺栓群受剪连接计算

1）普通螺栓群承受轴心剪力作用

（1）所需螺栓数目：

当外力通过螺栓群形心时，在连接长度范围内，计算时假定所有螺栓受力相等，则计算所需螺栓数目为

$$n=\frac{N}{N_{\min}^{\mathrm{b}}} \quad （取整数） \tag{3-26}$$

式中，N 为作用于螺栓群的轴心力设计值。

需要指出的是，当连接处于弹性阶段时，螺栓群中各螺栓受力不等，则表现为两端螺栓受力大而中间螺栓受力小（见图 3-45）。当连接一侧两端的螺栓距离，即连接长度 $l_1 \leqslant 15d_0$（d_0 为螺孔直径）时，由于连接进入弹塑性工作阶段后内力发生重分布，使各螺栓受力趋于均匀，因此可以认为轴心力 N 由每个螺栓平均分担；当连接长度 $l_1 > 15d_0$ 时，各螺栓受力严重不均匀，端部的螺栓会因受力过大而首先发生破坏，随后依次向内逐排破坏。因此《钢结构设计标准》规定：当连接长度 l_1 较大时，应将螺栓的承载力设计值乘以折减系数 η（高强度螺栓连接同样如此）。

$$\eta=\begin{cases} 1.0 & l_1 \leqslant 15d_0 \\ 1.1-\dfrac{l_1}{150d_0} & 15d_0 < l_1 \leqslant 60d_0 \\ 0.7 & l_1 > 60d_0 \end{cases} \tag{3-27}$$

式中，d_0 为螺栓孔径。

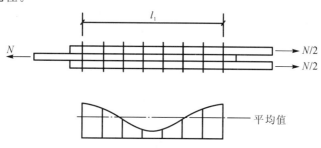

图 3-45　普通螺栓群连接受剪时内力分布

（2）板件净截面强度计算：

$$\sigma=\frac{N}{A_n} \leqslant f \tag{3-28}$$

式中，A_n 为构件净截面面积，计算方法如下：

① 并列式排列时（见图 3-46(a)）：

$$A_1=A_2=A_3=t_1(b-3d_0)$$

$$N_1=N, \quad N_2=N-\left(\frac{N}{9}\right)\times 3, \quad N_3=N-\left(\frac{N}{9}\right)\times 6$$

因 $t_1 \leqslant t_2$，所以最危险截面在 t_1 板的 1-1 断面。

② 错列式排列时（见图 3-46(b)）：

正截面为 $A_1=A_3=t_1(b-2d_0)$。

齿形截面为 $A_2=t_1(l-3d_0)$，其中 l 为（图 3-46(b)）中 2-2 截面的折线长度。危险截

面决定于 A_1 和 A_2 的较小值。

$$N_1 = N, \quad N_2 = N, \quad N_3 = N - \frac{N}{8} \times 3$$

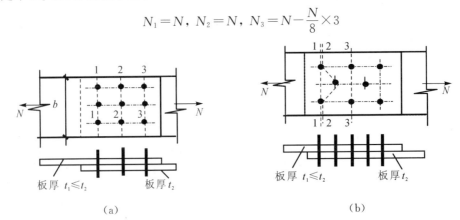

(a)   (b)

图 3-46 板件净截面

2）普通螺栓群承受偏心剪力作用

如图 3-47 所示，螺栓群受到扭矩 T 作用，每个螺栓均受剪，但承受的剪力大小或方向均有所不同。

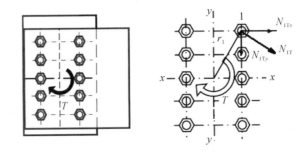

图 3-47 螺栓群承受扭矩作用

为了便于设计，分析螺栓群受扭矩作用时应采用下列计算假定：

（1）连接板件为绝对刚性，螺栓为弹性体。

（2）连接板件绕螺栓群形心旋转，各螺栓所受剪力大小与该螺栓至形心距离 r_i 成正比，剪力方向则与连线 r_i 垂直。

螺栓 1 距形心 O 最远，其所受剪力 N_1^T 最大。为便于计算，可将 N_1^T 分解为 x 轴和 y 轴上的两个分量：

$$N_{1x}^T = \frac{T \cdot y_1}{\sum x_i^2 + \sum y_i^2} \tag{3-29}$$

$$N_{1y}^T = \frac{T \cdot x_1}{\sum x_i^2 + \sum y_i^2} \tag{3-30}$$

故受力最大的螺栓 1 所承受的合力应不大于单个螺栓的抗剪承载力设计值 N_{min}^b

$$\sqrt{N_{1Tx}^2 + N_{1Ty}^2} \leqslant N_{min}^b \tag{3-31}$$

当螺栓群布置在一个狭长带（如 $y_1 > 3x_1$ 时），可取 $x_i = 0$，以简化计算，则式（3-31）为

$$N_{1Tx} \leqslant N_{min}^b \tag{3-32}$$

3.7.2　普通螺栓的受拉连接

1. 单个普通螺栓的受拉承载力设计值

螺栓连接在拉力作用下，螺栓受到沿杆轴方向的作用，构件的接触面有脱开趋势。螺栓连接受拉时的破坏形式表现为螺栓杆被拉断，其部位大多出现在被螺纹削弱的截面处，所以按螺栓的有效截面直径计算抗拉承载力设计值。

$$N_t^b = \frac{\pi \cdot d_e^2}{4} f_t^b = A_e f_t^b \qquad (3-33)$$

式中，d_e、A_e 分别为螺栓杆螺纹处的有效直径和有效面积；f_t^b 为螺栓的抗拉强度设计值（见附表 1-3）。

2. 普通螺栓群承受轴心拉力作用

当拉力通过螺栓群形心时，假定所有螺栓所受的拉力相等（见图 3-48），则

$$\frac{N}{n} \leqslant N_t^b \quad 或 \quad n \geqslant \frac{N}{N_t^b} \quad （取整） \qquad (3-34)$$

式中，N_t^b 为单个普通螺栓的抗拉承载力设计值。

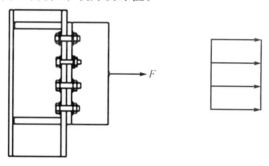

图 3-48　螺栓群受轴心拉力

3. 普通螺栓群受弯矩作用

螺栓群在弯矩作用下上部螺栓受拉，因此连接上部有分离的趋势，并使螺栓群形心下移。与螺栓群拉力相平衡的压力产生于下部的接触面上，精确确定中和轴的位置比较复杂，为便于计算，通常假定中和轴在最下排螺栓轴线上（见图 3-49）。

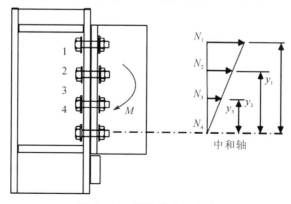

图 3-49　螺栓受弯矩作用

因此，在弯矩 M 作用下螺栓 1 所受的最大拉力为

$$N_1^M = \frac{M \cdot y_1}{m \sum y_i^2} \qquad (3-35)$$

式中，m 为螺栓群的列数。

【例 3-8】 双盖板拼接连接——普通螺栓群承受剪力的作用。

两块截面为 -14×400 的钢板，采用双盖板和 C 级普通螺栓的拼接连接，如图 3-50 所示。钢材为 Q235A-F，螺栓 M20，承受轴心力设计值 $N = 935$ kN（静力荷载），试设计此连接。

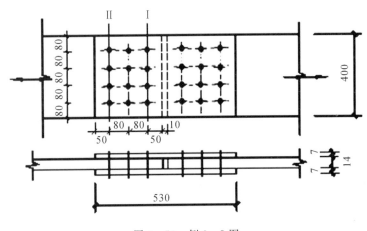

图 3-50 例 3-8 图

【分析】 此连接设计包括三个内容：

（1）确定盖板截面尺寸。由等强原则知，拼接板的总截面积应不小于被连接钢板的截面积，材料与主板相同。

（2）确定所需螺栓数目并排列。在轴心剪力作用下，单个螺栓所受的实际剪力不超过其承载力设计值，假定所有螺栓受力相等，计算连接一侧所需螺栓数目。

（3）验算板件净截面的强度。

解 （1）确定连接盖板的截面。

采用双盖板拼接，截面尺寸为 7 mm×400 mm，盖板截面积之和与被连接钢板截面面积相等，钢材采用 Q235A-F。

（2）确定所需螺栓数目和螺栓排列布置

单个螺栓抗剪承载力设计值：

$$N_v^b = n_v \cdot \frac{\pi \cdot d^2}{4} f_v^b = 2 \times \frac{\pi \cdot 20^2}{4} \times 140 = 87.92 \text{ kN}$$

单个螺栓承压承载力设计值：

$$N_c^b = d \cdot \sum t \cdot f_c^b = 20 \times 14 \times 305 = 85.4 \text{ kN}$$

所以 $N_{min}^b = 85.4$ kN，则连接一侧所需螺栓数目为

$$n \geqslant \frac{N}{N_{min}^b} = \frac{935}{85.4} = 11 \text{ 个}$$

取 $n = 12$ 个。

采用图 3-50 所示的并列布置，连接盖板尺寸为 2-7 mm×400 mm×530 mm，其螺栓

的中距、边距和端距均满足构造要求。

（3）验算板件净截面强度。

连接钢板在截面 I-I 受力最大，盖板在截面 II-II 受力最大，但因两者钢材、截面均相同，故只验算钢板。设螺栓孔径 $d_0 = 21.5$ mm。

$$A_n = (b - n_1 d_0)t = (400 - 4 \times 21.5) \times 14 = 4396 \text{ mm}^2$$

所以

$$\sigma = \frac{N}{A_n} = \frac{935 \times 10^3}{4396} = 212.7 \text{ N/mm}^2 < f = 215 \text{ N/mm}^2$$

构件强度满足。

【例 3-9】　柱与牛腿的连接——普通螺栓群承受偏心剪力的作用。

验算图 3-51 所示的普通螺栓连接。柱翼缘板厚度为 10 mm，连接板厚度为 8 mm，钢材为 Q235B，荷载设计值 $F = 150$ kN，偏心距 $e = 250$ mm，螺栓为 M22 粗制螺栓。

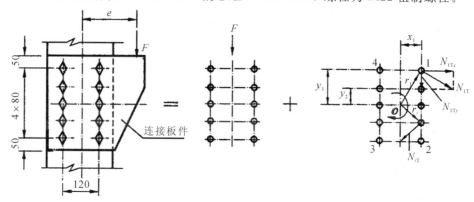

图 3-51　例 3-9 图

【分析】　由受力分析得出，螺栓群在偏心剪力作用下，可简化为螺栓群同时承受轴心剪力 F 和扭矩 $T = F \cdot e$ 的联合作用。找出最危险的螺栓，该螺栓所受剪力的合力应满足承载力的要求。

解　（1）受力分析：

将 F 简化到螺栓群形心 O，可得轴心剪力和扭矩分别为

$$V = F = 150 \text{ kN}$$

$$T = F \cdot e = 150 \times 0.25 = 37.5 \text{ kN} \cdot \text{m}$$

（2）单个螺栓的设计承载力计算：

$$N_v^b = n_v \frac{\pi d^2}{4} f_v^b = 1 \times \frac{3.14 \times 22^2}{4} \times 140 = 53.2 \text{ kN}$$

$$N_c^b = d \sum t \cdot f_c^b = 22 \times 8 \times 305 = 53.7 \text{ kN}$$

所以 $N_{min}^5 = 53.2$ kN。

（3）螺栓强度验算：

$$\sum x_i^2 + \sum y_i^2 = 10 \times 60^2 + 4 \times 160^2 + 4 \times 80^2 = 164\,000 \text{ mm}^2$$

$$N_{1Tx} = \frac{T \cdot y_1}{\sum x_i^2 + \sum y_i^2} = \frac{37.5 \times 10^6 \times 160}{0.164 \times 10^6} = 36.6 \text{ kN}$$

$$N_{1Ty} = \frac{T \cdot x_1}{\sum x_i^2 + \sum y_i^2} = \frac{37.5 \times 10^6 \times 60}{0.164 \times 10^6} = 13.7 \text{ kN}$$

$$N_{1F} = \frac{V}{n} = \frac{150}{10} = 15 \text{ kN}$$

$$N_1 = \sqrt{N_{1Tx}^2 + (N_{1Ty} + N_{1F})^2} = \sqrt{36.6^2 + (13.7 + 15)^2} = 46.5 \text{ kN} < N_{\min}^b = 53.2 \text{ kN}$$

强度满足要求。

【例 3 - 10】 柱与牛腿的连接——普通螺栓群承受偏心拉力的作用。

如图 3 - 52 所示，牛腿用 M22 的 C 级普通螺栓连接于钢柱上，承受偏心拉力设计值 $F = 150$ kN，$e = 150$ mm，试验算此连接是否安全。

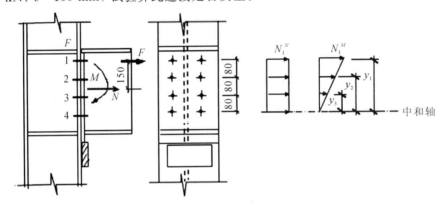

图 3 - 52　例 3 - 10 图

【分析】 牛腿用螺栓连接于柱子上，此时螺栓群相当于承受轴心拉力 N 以及弯矩 $M = N \cdot e$ 所产生的拉力之和。

在轴心拉力作用下，单个螺栓所受的拉力为 $N_1^N = \dfrac{N}{n}$。

螺栓群在弯矩 M 和轴心力 N 共同作用下，螺栓 1 受到的拉力最大，要求所受的合力 $N_{1,\max}$ 不应大于其抗拉承载力 N_t^b，即

$$N_{1,\max} = \frac{N}{n} + \frac{M \cdot y_1}{m \sum y_i^2} \leqslant N_t^b \tag{3 - 36}$$

解 （1）将外力 N 简化到螺栓群形心 O，可得轴心拉力和弯矩分别为

$$N = 150 \text{ kN}$$

$$M = N \cdot e = 150 \times 0.15 = 22.5 \text{ kN} \cdot \text{m}$$

（2）单个螺栓的设计承载力计算：

$$N_t^b = \frac{\pi d_e^2}{4} f_t^b = 303 \times 170 \times 10^{-3} = 51.51 \text{ kN}$$

（3）螺栓强度验算：

在 N 作用下：

$$N_1^N = \frac{N}{n} = \frac{150}{8} = 18.75 \text{ kN}$$

在 M 作用下，最上排螺栓受力最大。所以

$$N_{1,\max}^M = \frac{M y_1'}{m \sum y_i'^2} = \frac{22.5 \times 10^6 \times 240}{2(240^2 + 160^2 + 80^2)} = 30.13 \text{ kN}$$

螺栓 1 所受最大拉力的合力为

$$N_{1,\max}^{N,M} = N_1^N + N_{1,\max}^M = 18.75 + 30.13 = 48.88 \text{ kN} < N_t^b = 51.51 \text{ kN}$$

故螺栓连接安全。

3.7.3　普通螺栓受剪力和拉力的联合作用

承受剪力和拉力联合作用的普通螺栓应考虑两种可能的破坏形式：一是螺杆受剪及受拉破坏；二是孔壁承压破坏。

根据试验结果可知，对于兼受剪力和拉力的螺杆，将剪力和拉力分别除以各自单独作用时的承载力，这样无量纲化后的相关关系近似为一圆曲线，故螺杆的计算式为

$$\sqrt{\left(\frac{N_v}{N_v^b}\right)^2 + \left(\frac{N_t}{N_t^b}\right)^2} \leqslant 1 \tag{3-37}$$

孔壁承压的计算式为

$$N_v = \frac{V}{n} \leqslant N_c^b \tag{3-38}$$

式中，N_v、N_t 分别为受力最大的螺栓所受的剪力和拉力。

【**例 3-11**】　柱与梁连接——普通螺栓群承受拉力和剪力的共同作用。

已知，梁柱采用普通 C 级螺栓连接（如图 3-53 所示），梁端支座板下设有支托，钢材为 Q235A，螺栓直径为 $d = 20 \text{ mm}$，焊条为 E43 型，手工焊，此连接承受的静力荷载设计值为 $V = 277 \text{ kN}$，$M = 38.7 \text{ kN} \cdot \text{m}$，试验算此连接强度。

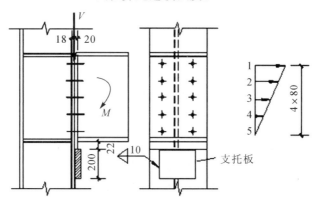

图 3-55　例 3-11 图

【**分析**】　此螺栓群受弯矩 M 和剪力 V 共同作用，这种连接可以有两种计算方法。

（1）不设置支托，按拉剪螺栓计算。

（2）对于粗制螺栓，一般不受剪（承受静力荷载的次要连接或临时安装连接除外）。此时可设置焊接在柱上的支托，因此支托焊缝承受剪力，而螺栓只承受拉力作用。

支托焊缝计算

$$\tau_f = \frac{\alpha \cdot V}{0.7 h_f \sum l_w} \leqslant f_f^w$$

式中，α 为考虑剪力对焊缝的偏心影响系数，可取 1.25～1.35。

解　查表得 $f_v^b = 140 \text{ N/mm}^2$，$f_c^b = 305 \text{ N/mm}^2$，$f_t^b = 170 \text{ N/mm}^2$。

（1）假定不设支托，螺栓群承受拉力和剪力。

① 单个普通螺栓的承载力：

抗剪
$$N_v^b = n_v \frac{\pi \cdot d^2}{4} f_v^b = 1 \times \frac{\pi \times 20^2}{4} \times 140 = 43.96 \text{ kN}$$

抗压
$$N_c^b = d \cdot \sum t \cdot f_c^b = 20 \times 18 \times 305 = 109.8 \text{ kN}$$

抗拉
$$N_t^b = \frac{\pi \cdot d_e^2}{4} f_t^b = A_e f_t^b = 244.8 \times 170 = 41.62 \text{ kN}$$

② 螺栓连接强度验算：

螺栓既受剪又受拉，受力最大的螺栓为"1"，其受力为

$$N_v = \frac{V}{n} = \frac{277}{10} = 27.7 \text{ kN}$$

$$N_1^M = \frac{M \cdot y_1}{m \sum y_i^2} = \frac{38.7 \times 320 \times 10^6}{2 \times (80^2 + 160^2 + 240^2 + 320^2)} = 32.25 \text{ kN}$$

验算"1"螺栓受力为

$$\sqrt{\left(\frac{N_v}{N_v^b}\right)^2 + \left(\frac{N_1^M}{N_t^b}\right)^2} = \sqrt{\left(\frac{27.7}{43.96}\right)^2 + \left(\frac{32.25}{41.62}\right)^2} = 0.999 < 1.0$$

$$N_v = 27.7 \text{ kN} < N_c^b = 109.8 \text{ kN}$$

满足。

（2）假定支托板承受剪力，螺栓只承受弯矩。

① 单个螺栓承载力为 $N_t^b = 41.62$ kN。

② 连接验算包括两个内容：

螺栓验算　　$N_1^M = 32.25$ kN $< N_t^b = 41.62$ kN，满足。

支托板焊缝验算，取偏心影响系数 $\alpha = 1.35$，焊角尺寸为 $h_f = 10$ mm，则

$$\tau_f = \frac{\alpha \cdot V}{h_e \sum l_w} = \frac{1.35 \times 277 \times 10^3}{2 \times 0.7 \times 10 \times (200 - 20)} = 148.4 \text{ N/mm}^2 < f_f^w = 160 \text{ N/mm}^2$$

满足。

3.8 高强度螺栓连接的工作性能和计算

3.8.1 高强度螺栓连接的工作性能

前面已经描述，高强度螺栓按其设计准则的不同可分为摩擦型连接和承压型连接两类。其中，摩擦型连接是依靠被连接件之间的摩擦力传递内力，并以剪力不超过摩擦力作为设计准则。高强度螺栓的预拉力和摩擦面间的抗滑移系数直接影响高强度螺栓连接的承载力。

1. 高强度螺栓的预拉力

1）预拉力的控制方法

高强度螺栓的预拉力是通过扭紧螺帽实现的，一般采用扭矩法、转角法和扭剪法。

扭矩法：采用可直接显示扭矩的特制扳手，根据事先测定的扭矩和螺栓拉力之间的关系施加扭矩，使之达到预定的预拉力。

转角法：分初拧和终拧两步。初拧是用普通扳手拧紧螺栓，使被连接构件相互紧密贴合；终拧是以初拧的贴紧位置为起点，根据按螺栓直径和板叠厚度所确定的终拧角度，用强有力的扳手旋转螺母，拧至预定角度值时，螺栓的拉力即达到了所需要的预拉力数值。

扭剪法：用于扭剪型高强度螺栓，该螺栓尾部设有梅花头(见图 3-54)，拧紧螺帽时，对螺母施加顺时针力矩，对螺栓十二角体施加大小相等的逆时针力矩，使螺栓断颈部分承受扭剪，靠拧断螺栓梅花头切口处的截面来控制预拉力值，相应的安装力矩即为拧紧力矩。

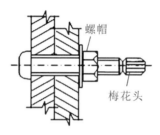

图 3-54 扭剪型高强螺栓

2) 预拉力的确定

高强度螺栓的设计预拉力 P 的计算如下：

$$P=\frac{0.9\times0.9\times0.9}{1.2}f_u \cdot A_e=0.608f_u A_e \tag{3-39}$$

式中，f_u 为螺栓材料经热处理后的最低抗拉强度，对于 8.8 级螺栓，$f_u=830$ N/mm²；对于 10.9 级 $f_u=1040$ N/mm²；A_e 为高强度螺栓的有效截面积。

式(3-39)中的系数考虑了以下几个因素：

(1) 螺栓材料抗力的变异性，引入折减系数 0.9。

(2) 为补偿预拉力损失超张拉 5%～10%，引入折减系数 0.9。

(3) 在扭紧螺栓时，扭矩使螺栓产生的剪力将降低螺栓的抗拉承载力，引入折减系数 1/1.2。

(4) 钢材由于以抗拉强度为准，为安全起见，引入附加安全系数 0.9。

各种规格高强度螺栓预拉力的取值见表 3-4。

表 3-4 高强度螺栓的预拉力设计值

螺栓的承载性能等级	预拉力设计值 P/kN					
	M16	M20	M22	M24	M27	M30
8.8 级	80	125	150	175	230	280
10.9 级	100	155	190	225	290	355

2. 高强度螺栓连接的摩擦面抗滑移系数 μ

被连接板件之间的摩擦力大小不仅和螺栓的预拉力有关，还与被连接板件材料及其接触面的表面处理方式有关。高强度螺栓应严格按照施工规程操作，不得在潮湿、淋雨状态下拼装，不得在摩擦面上涂红丹、油漆等，应保证摩擦面干燥、清洁。

《标准》规定高强度螺栓连接的摩擦面抗滑移系数 μ 值见表 3-5。

表 3-5　钢材摩擦面的抗滑移系数

连接处构件接触面的处理方法	抗滑移系数/μ		
	Q235 钢	Q345 钢或 Q390 钢	Q420 钢或 Q460 钢
喷硬质石英砂或铸钢棱角砂	0.45	0.45	0.45
抛丸（喷砂）	0.40	0.40	0.40
钢丝刷清除浮锈或未经处理的干净轧制面	0.30	0.35	—

注：① 钢丝刷除锈方向应与受力方向垂直。

　　② 当连接构件采用不同钢材牌号时，μ 按相应较低强度者取值。

　　③ 采用其他方法处理时，其处理工艺及抗滑移系数值均须经试验确定。

3.8.2　高强螺栓连接的计算

单个高强度螺栓摩擦型连接的抗剪承载力设计值：

$$N_v^b = 0.9kn_f\mu P \tag{3-40}$$

式中，N_v^b 为一个高强度螺栓的受剪承载力设计值；0.9 为抗力分项系数 γ_R 的倒数，即 $1/\gamma_R = 1/1.111 = 0.9$；$k$ 为孔型系数，标准孔取 1.0；大圆孔取 0.85；内力与槽孔长向垂直时取 0.7；内力与槽孔长向平行时取 0.6；n_f 为传力摩擦面数目；μ 为摩擦面的抗滑移系数，按钢材摩擦面与涂层摩擦面不同，根据表 3-5 取值；P 为一个高强度螺栓的预拉力设计值，按表 3-4 取值。

在轴心力作用下，高强度螺栓摩擦型连接所需的螺栓数目计算方法与普通螺栓相同，仍采用式（3-26），只是公式中的 N_{min}^b 采用高强度螺栓摩擦型连接的抗剪承载力设计值 N_v^b，即式（3-40）。

普通螺栓连接被连接钢板最危险截面在第一排螺栓孔处。高强度螺栓采用摩擦型连接时，一部分剪力已由孔前接触面传递（见图 3-55）。一般孔前传力占该排螺栓传力的 50%。因此，截面 1-1 净截面传力为

$$N' = N - 0.5\frac{N}{n} \times n_1 = N\left(1 - \frac{0.5n_1}{n}\right) \tag{3-41}$$

式中，n 为连接一侧的螺栓总数；n_1 为计算截面上的螺栓数。

净截面强度

$$\sigma_n = \frac{N'}{A_n} \leqslant f \tag{3-42}$$

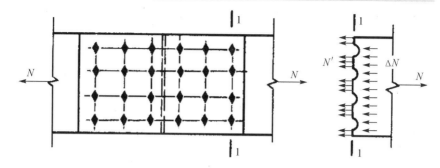

图 3-55　高强度螺栓摩擦型连接孔前传力

【例 3-12】　双盖板连接——高强螺栓摩擦型连接承受剪力的作用。

试设计如图 3-56 所示的双盖板拼接连接。已知，钢材为 Q345，采用 8.8 级高强度摩擦型螺栓连接，螺栓为 M22，构件接触面采用喷砂处理，此连接承受的轴心力设计值为 $N=1550$ kN。

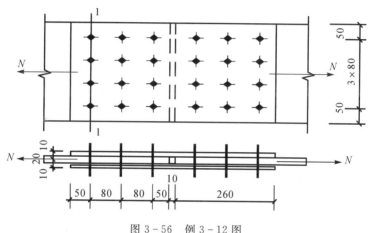

图 3-56　例 3-12 图

【分析】　在轴心力 N 的作用下，整个连接受轴心拉力作用，高强度螺栓承受剪力。

（1）确定所需螺栓数目，并按构造要求排列。

（2）确定盖板尺寸，方法同例 3-8。

（3）验算板件净截面强度。

解　查表 3-4 和表 3-5 可知，8.8 级 M22 螺栓的预拉力 $P=150$ kN，构件接触面抗滑移系数 $\mu=0.50$；由附表 1-1 可知，Q345 钢板强度设计值 $f=295$ N/mm²。

（1）确定所需螺栓数目和螺栓排列布置。

单个螺栓抗剪承载力设计值为

$$N_v^b=0.9n_f\mu P=0.9\times2\times0.5\times150=135\ \text{kN}$$

则连接一侧所需螺栓数目为 $n\geqslant\dfrac{N}{N_v^b}=\dfrac{1550}{135}=11.5$ 个，取 $n=12$ 个。

（2）确定连接盖板的截面尺寸。

采用双盖板拼接，钢材采用 Q345，截面尺寸为 10 mm×340 mm，保证盖板截面积之和与被连接钢板截面面积相等。

如图 3-56 所示，螺栓并列布置，连接盖板尺寸为 2-10×340×530，其螺栓的中距、边距和端距均满足构造要求。

（3）验算板件净截面强度，这部分内容属于构件的强度计算。

钢板 1-1 截面强度验算为

$$N' = N - 0.5 \frac{N}{n} n_1 = 1550 - 0.5 \times \frac{1550}{12} \times 4 = 1291.7 \text{ kN}$$

1-1 截面净截面面积

$$A_n = t(b - n_1 d_0) = 2.0 \times (34 - 4 \times 2.4) = 48.8 \text{ cm}^2$$

则 $\sigma_n = \dfrac{N'}{A_n} = \dfrac{1291.7}{48.8} \times 10 = 264.7 \text{ N/mm}^2 < f = 295 \text{ N/mm}^2$，连接满足要求。

本 章 小 结

本章主要内容包括对接焊缝、角焊缝、普通螺栓、高强度螺栓连接的构造和计算。读者在学习本章内容时，应结合所学的力学知识，熟练掌握各种常用连接在外力作用下的受力分析方法，理解各连接应满足的构造要求。

（1）焊接连接是钢结构常用的连接方法，焊条型号有 E43、E50 和 E55 系列，钢结构的焊条应与主体金属强度相适应，当不同钢种的钢材进行连接时，应采用与较低强度的钢材相适应的焊条。

（2）对接焊缝可用于对接连接、T 形连接和角接连接中。对接焊缝受力时，其计算截面上的应力状态与母材相同。对接焊缝在外力作用下的计算方法与构件强度的计算相同。

（3）角焊缝构造主要包括焊脚尺寸、焊缝长度及焊缝搭接，理解角焊缝构造要求的含义是角焊缝计算的重要基础。

（4）角焊缝计算时，关键是应力性质的判定。对于角焊缝在各种力作用下引起应力的性质，应该通过产生应力的方向与焊缝长度方向的相对位置关系判断。

（5）螺栓连接计算包括轴心力或扭矩作用下的受剪计算、轴心拉力或弯矩作用下的受拉计算，以及几种力共同作用下的拉剪计算。在剪力作用下，普通螺栓连接和高强度螺栓摩擦型连接的极限状态不同，所以一个螺栓的抗剪承载力设计值公式不同。承受剪力作用时，对高强度螺栓摩擦型连接而言，计算最危险截面螺孔处的板件净截面强度时，须考虑一部分剪力已由孔前接触面传递。

（6）普通螺栓群在弯矩作用下，其受拉区最外排螺栓受到最大拉力，与螺栓群拉力相平衡的压力产生于下部的接触面上，取中和轴在弯矩指向一侧第一排螺栓处。高强度螺栓群在弯矩作用下，由于被连接构件的接触面一直保持紧密贴合，因此取中和轴在螺栓群的形心轴处。

（7）判断受弯、受扭是角焊缝（螺栓）计算的一个难点。当直接作用的力矩或由偏心力引起的力矩所作用的平面与焊缝群（螺栓群）所在平面垂直时，焊缝（螺栓）受弯；当直接作用的力矩或由偏心力引起的力矩所作用的平面与焊缝群（螺栓群）所在平面平行时，焊缝（螺栓）受扭。

（8）高强度螺栓连接计算分摩擦型连接和承压型连接两种。就螺栓本身来说无摩擦型和承压型之分，只是采用的设计极限状态不同，承压型用于承受静力荷载和间接承受动力荷载结构中的连接。

<h1 style="text-align:center">习　题</h1>

3-1　钢结构连接的方法有哪些？分别有哪些特点？

3-2　什么是正面角焊缝和侧面角焊缝？它们有何特点？

3-3　角焊缝有哪些构造要求？

3-4　如图 3-57 所示的角焊缝在荷载 P 的作用下，最危险的点是哪一个？

3-5　普通螺栓受剪连接时有哪几种破坏形式？如何防止这几种破坏形式？

3-6　高强度螺栓连接分哪两种类型？它们的承载能力极限状态有何不同？

3-7　在弯矩作用下，普通螺栓连接和高强度螺栓摩擦型连接在计算上有何不同？

3-8　如图 3-58 所示，T 形牛腿与柱采用对接焊缝连接，承受的荷载设计值 $N=150$ kN，材料为 Q345 钢，手工焊，焊条为 E50 型，焊缝质量等级为三级，试验算此连接的强度是否满足要求。

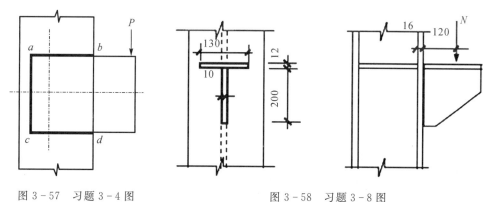

图 3-57　习题 3-4 图　　　　　　　　图 3-58　习题 3-8 图

3-9　角钢与节点板采用三围角焊缝连接，如图 3-59 所示，钢材为 Q235，焊条为 E43 型，采用手工焊，承受的静力荷载设计值 $N=850$ kN，试设计所需焊缝的焊脚尺寸和焊缝长度。

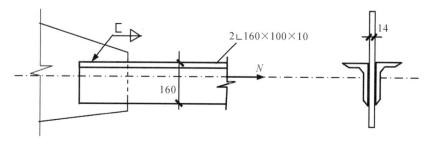

图 3-59　习题 3-9 图

3-10　如图 3-60 所示，盖板与被连接钢板间采用三面围焊连接，焊脚尺寸 $h_f=8$ mm，承受轴心拉力设计值 $N=1000$ kN。钢材为 Q235-B，焊条为 E43 型，试设计盖板的尺寸。

3-11　如图 3-61 所示，钢板与柱翼缘用直角角焊缝连接，钢材为 Q235，手工焊，焊条为 E43 型，承受斜向力设计值 $F=390$ kN（静载），$h_f=8$ mm。试校核此焊缝的构造要求，并验算此焊缝是否安全。

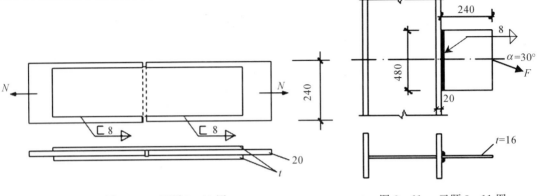

图 3-60　习题 3-10 图　　　　　　　　图 3-61　习题 3-11 图

3-12　如图 3-62 所示，角钢两边用角焊缝与柱相连，钢材为 Q345B，焊条为 E50型，手工焊，承受静力荷载设计值 $F=300$ kN，试确定焊脚尺寸（转角处绕焊 $2h_f$，可不计焊口的影响）。

3-13　试设计图 3-63 中的粗制螺栓连接，钢材为 Q235B，荷载设计值 $F=100$ kN，$e_1=300$ mm。

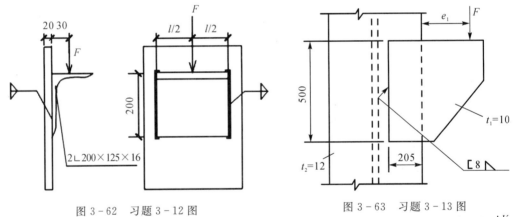

图 3-62　习题 3-12 图　　　　　　　　图 3-63　习题 3-13 图

3-14　C 级普通螺栓连接如图 3-64 所示，构件钢材为 Q235，螺栓直径 $d=20$ mm，孔径 $d_0=21.5$ mm，承受静力荷载设计值 $V=240$ kN。试按下列条件验算此连接是否安全。

① 假定支托承受剪力；② 假定支托不受力。

3-15　如图 3-65 所示，钢板采用双盖板连接，构件钢材为 Q345，螺栓为 10.9 级高强度螺栓摩擦型，接触面喷砂处理，螺栓直径 $d=20$ mm，孔径 $d_0=22$ mm，试计算此连接所能承受的最大轴心力设计值 F。

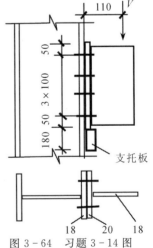

图 3-64　习题 3-14 图

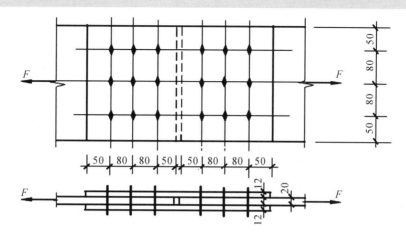

图 3-65　习题 3-15 图

3-16　牛腿用连接角钢 2∟100×20 及 M22 高强度螺栓(10.9 级)摩擦型与柱相连，螺栓布置如图 3-66 所示，钢材为 Q235，接触面采用喷砂处理，承受的偏心荷载设计值 $F=150$ kN，支托板仅起临时安装作用，分别验算角钢两肢上的螺栓强度是否满足要求。

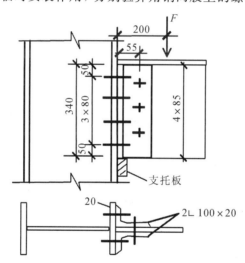

图 3-66　习题 3-16 图

本章扩展知识见二维码。

钢结构的连接

第4章

轴心受力构件

【本章要点】

(1) 实腹式与格构式轴心受力构件的截面形式与构造特点；

(2) 轴心受力构件的强度和刚度计算和设计要求；

(3) 轴心受压构件的整体稳定与局部稳定基本概念，整体稳定性与局部稳定性的主要影响因素；

(4) 轴心受压构件整体稳定性的计算方法；

(5) 轴心受压构件局部稳定性的计算方法。

【学习目标】

(1) 掌握轴心受力构件的强度和刚度计算与设计方法；

(2) 理解轴心受压构件失稳机理，理解整体失稳、局部失稳的主要影响因素；

(3) 掌握实腹式轴心受压构件的设计方法；

(4) 掌握格构式轴心受压构件的设计方法。

4.1 概　述

构件各处截面的形心连接成一条轴心线，当构件仅承受通过轴心线的轴向力时，称为轴心受力构件。当轴向力为拉力时，称为轴心受拉构件；当轴向力为压力时，称为轴心受压构件。在屋架、托架等各种平面和空间桁架、网架、网壳、塔架结构中，其组成杆件若采用铰接节点且仅承受节点力时，一般即认为是轴心受力构件。此外，各种支撑系统也常是由轴心受力构件组成的。支撑屋盖、楼盖或工作平台的竖向受压构件通常称为柱，包括轴心受压柱。柱通常由柱头、柱身和柱脚三部分组成，如图 4-1 所示。柱头支承上部结构并将其荷载传给柱身，柱脚则是把荷载由柱身传给基础。本章主要介绍柱身的受力性能、设计原理和设计方法。

轴心受力构件按其截面组成形式，可分为实腹式构件(见图 4-1(a))和格构式构件(见图 4-1(b)、(c))两类。实腹式构件具有整体连通的截面，构造简单，制作方便，常见的有三种截面形式。第一种是热轧型钢截面(见图 4-2(a))，如圆钢、圆管、方管、角钢、工字钢、T 型钢、H 型钢和槽钢等；第二种是冷弯薄壁型钢截面(见图 4-2(b))，如卷边和不卷边的角钢、槽钢或方管；第三种是型钢或钢板连接而成的组合截面(见图 4-2(c))。格构式构件一般由两个或多个分肢用缀材相连组成，采用较多的是两分肢格构式构件。在格构式构件的截面中，通过分肢腹板的主轴叫作实轴，通过缀材平面的主轴叫作虚轴。分肢通常采用轧制槽钢或工字钢，承受荷载较大时可采用焊接工字形或槽形组合截面（见图 4 - 2 (d)）。缀材分缀条和缀板两种，一般设置在分肢翼缘两侧平面内，其作用是将各分肢连成整体，使其共同受力，并承受绕虚轴弯曲时产生的剪力。缀条常采用单角钢，与分肢翼缘连接组成桁架体系，使其承受横向剪力时有较大的刚度。缀板常采用钢板，必要时也可采用型钢，与分肢翼缘连接组成钢架体系。格构式构件可调节分肢间距，以实现两主轴方向的等稳定性。格构式构件刚度较大，抗扭性能较好，用料较省，但相比于实腹式构件受力整体性和抗剪性能较差。在普通桁架中，轴心受力构件常采用两个等边或不等边角钢组成的 T 形截面或十字形截面，也可采用圆管、方管、工字钢、H 型钢和 T 型钢等截面。轻型桁架的杆件可以采用单角钢、圆钢或冷弯薄壁型钢等截面。受力较大的轴心受力构件（如轴心受压柱），通常采用实腹式或双轴对称格构式截面，实腹式构件一般是组合截面，有时也采用轧制 H 型钢或圆管截面。轴心受力构件截面选型的原则是：① 用料经济；② 形状简单，便于制作；③ 便于与其他构件连接。

　　进行轴心受力构件设计时，必须满足强度和刚度要求；轴心受压构件还应满足整体稳定和局部稳定要求。

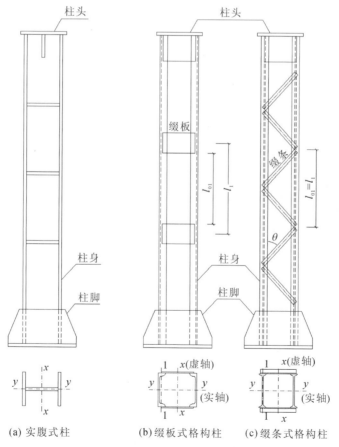

(a) 实腹式柱　　(b) 缀板式格构柱　　(c) 缀条式格构柱

图 4 - 1　柱的形式

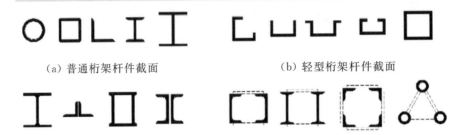

（a）普通桁架杆件截面　　　　　　　（b）轻型桁架杆件截面

（c）实腹式构件截面　　　　　　　　（d）格构式构件截面

图 4-2　轴心受力构件的截面形式

4.2　轴心受力构件的强度和刚度

4.2.1　强度计算

在轴心拉力 N 的作用下，无孔洞等削弱的轴心受拉构件截面上产生均匀拉伸应力，当构件的平均应力达到钢材的屈服强度 f_y 时，由于构件产生较大的塑性变形，将使构件达到不适于继续承载的变形的极限状态，因此，轴心受拉构件毛截面屈服进行强度计算时需要考虑

$$\sigma = \frac{N}{A} \leqslant f \tag{4-1}$$

式中，N 为构件的轴心力设计值；f 为钢材抗拉强度设计值或抗压强度设计值；A 为构件的毛截面面积。

对有孔洞等削弱的轴心受拉构件（见图 4-3），在孔洞处截面上的应力分布是不均匀的，孔周边产生应力集中现象。在弹性阶段，孔壁边缘的最大应力 σ_{max} 远大于构件毛截面的平均应力 σ_0。若轴心力继续增加，则当孔壁边缘的最大应力达到材料的屈服强度以后，应力不再继续增加，截面发展塑性变形，应力渐趋均匀。应力集中对于构件的静力强度没有影响。当轴心力增加到使构件净截面平均应力达到钢材抗拉强度 f_u 时，孔洞附近容易首先出现裂缝，构件达到最大承载能力极限状态。因此，轴心受拉构件同时需要考虑净截面断裂进行强度计算：

$$\sigma = \frac{N}{A_n} \leqslant 0.7 f_u \tag{4-2}$$

式中，A_n 为构件的净截面面积，0.7 为考虑钢材抗拉强度的抗力分项系数而取的系数。

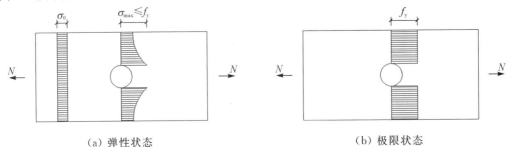

（a）弹性状态　　　　　　　　　　　　（b）极限状态

图 4-3　孔洞削弱截面处的应力分布

对于轴心受压构件，即便有孔洞削弱截面，只要有螺栓填充孔洞，可不必验算净截面强度，截面强度按式(4-1)计算。但含有虚孔的构件还需在孔心所在截面按式(4-2)计算。

对于高强度螺栓摩擦型连接的构件，可以认为连接传力所依靠的摩擦力均匀分布于螺孔四周，故在孔前接触面已传递一半的力(见图4-4)。因此，最外侧螺栓处危险截面的净截面强度应按下式计算：

$$\sigma=\left(1-0.5\,\frac{n_1}{n}\right)\frac{N}{A_n}\leqslant0.7f_u \tag{4-3}$$

式中，n 为在节点或拼接处构件一端连接的高强度螺栓数目；n_1 为所计算截面上(最外列螺栓处)的高强度螺栓数目；0.5 为孔前传力系数。此外，还应按式(4-1)验算毛截面强度。

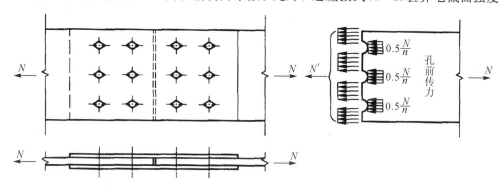

图 4-4　轴心力作用下摩擦型高强度螺栓连接

桁架(或塔架)的单角钢腹杆，当以一个肢连接于节点板计算构件中部截面强度时考虑受力偏心，拉力 N 应乘以放大系数 1.15。当构件组成板件在节点或拼接处截面并非全部直接传力时，应考虑截面上正应力分布不均匀，对危险截面的面积乘以有效截面系数 η。不同构件截面形式和连接方式的 η 值如表4-1所示。

表 4-1　轴心受力构件节点或拼接处危险截面有效截面系数

构件截面形式	连接形式	η	图例
角	单边连接	0.85	
工字、H	翼缘连接	0.90	
	腹板连接	0.70	

焊接构件和轧制型钢构件均会产生残余应力，但残余应力在构件内是自相平衡的内应

力,在轴力作用下,除了使构件部分截面较早地进入塑性状态外,并不影响构件的极限承载力。所以,在验算轴心受力构件强度时,不必考虑残余应力的影响。

4.2.2 刚度计算

当轴心受力构件刚度不足且在处于非竖直位置时,在自重作用下容易产生过大的挠曲;在动力荷载作用下容易产生较大振动;在运输和安装过程中容易产生弯曲或过大变形。这些都导致轴心受力构件无法满足正常使用极限状态的要求。因此,设计时应确保轴心受力构件具有一定的刚度。轴心受力构件的刚度通常用长细比 λ(计算长度 l_0 与构件截面回转半径 i 的比值)来衡量,因此,对轴心受力构件的刚度要求是保证其最大长细比 λ_{max} 不超过构件的容许长细比 $[\lambda]$,即

$$\lambda_{max} = \left(\frac{l_0}{i} \right)_{max} \leqslant [\lambda] \tag{4-4}$$

式中,l_0 为构件的计算长度。拉杆的计算长度取节点之间的距离;压杆的计算长度取节点间距离 l 与计算长度系数 μ 的乘积,单根构件的计算长度系数取决于其两端支承情况(见表4-4),桁架和框架构件的计算长度系数与其两端相连构件的刚度有关。i 为截面的回转半径,控制长细比时按毛截面计算。

当截面主轴在倾斜方向时(如单角钢截面和双角钢十字形截面),其主轴常标为 x_0 轴和 y_0 轴,应计算 $\lambda_{x_0} = l_{0x}/i_{x_0}$ 和 $\lambda_{y_0} = l_{0y}/i_{y_0}$,取其中的较大值;或只计算其中的最大长细比 $\lambda_{max} = l_0/i_{min}$。

构件的容许长细比 $[\lambda]$ 是按构件的受力性质、构件类别和荷载性质确定的。对于受压构件,如果因为刚度不足,一旦发生弯曲变形后,因变形而增加的附加弯矩影响远比受拉构件的严重,长细比过大,会使稳定承载力降低太多,因此其容许长细比 $[\lambda]$ 的限制更严。直接承受动力荷载的受拉构件也比承受静力荷载或间接承受动力荷载的受拉构件不利,其容许长细比 $[\lambda]$ 的限制也较严。受压构件的容许长细比 $[\lambda]$ 按表4-2采用,受拉构件的容许长细比 $[\lambda]$ 按表4-3采用。

表4-2 受压构件的容许长细比

构 件 名 称	容许长细比
轴心受压柱、桁架和天窗架中的压杆	150
柱的缀条、吊车梁或吊车桁架以下的柱间支撑	150
支撑	200
用以减小受压构件计算长度的杆件	200

注:① 当杆件内力设计值不大于承载能力的50%时,容许长细比值可取200。

② 计算单角钢受压构件的长细比时,应采用角钢的最小回转半径,但计算在交叉点相互连接的交叉杆件平面外的长细比时,可采用与角钢肢边平行轴的回转半径。

③ 跨度等于或大于60 m的桁架,其受压弦杆、端压杆和直接承受动力荷载的受压腹杆的长细比不宜大于120。

④ 验算容许长细比时，可不考虑扭转效应。

表 4 - 3　受拉构件的容许长细比

构件名称	承受静力荷载或间接承受动力荷载的结构			直接承受动力荷载的结构
	一般建筑结构	对腹杆提供平面外支点的弦杆	有重级工作制起重机的厂房	
桁架的构件	350	250	250	250
吊车梁或吊车桁架以下柱间支撑	300	—	200	
除张紧的圆钢外的其他拉杆、支撑、系杆等	400	—	350	—

注：① 除对腹杆提供平面外支点的弦杆外，承受静力荷载的结构受拉构件，可仅计算竖向平面内的长细比。

② 在直接或间接承受动力荷载的结构中，单角钢受拉构件长细比的计算方法与表 4 - 2 的注②相同。

③ 中级、重级工作制吊车桁架下弦杆的长细比不宜超过 200。

④ 在设有夹钳或刚性料耙等硬钩起重机的厂房中，支撑的长细比不宜超过 300。

⑤ 受拉构件在永久荷载与风荷载组合作用下受压时，其长细比不宜超过 250。

⑥ 跨度等于或大于 60 m 的桁架，其受拉弦杆和腹杆的长细比，承受静力荷载或间接承受动力荷载时不宜超过 300，直接承受动力荷载时不宜超过 250。

⑦ 柱间支撑按拉杆设计时，竖向荷载作用下柱子的轴力应按无支撑时考虑。

设计轴心受拉构件时，应对所选截面进行强度和刚度计算。设计轴心受压构件时，除使截面满足强度和刚度要求外还应满足构件整体稳定和局部稳定要求。在工程实际中，只有长细比很小及截面受孔洞削弱的轴心受压构件，才会首先发生强度破坏，且一般情况下，由整体稳定控制其承载力。轴心受压构件丧失整体稳定常常是突发性的，容易造成严重后果，应予以特别重视。

4.3　轴心受压构件的整体稳定

4.3.1　轴心受压构件整体失稳概述

无缺陷的轴心受压构件(称为理想或完善的轴心受压构件)，当轴心压力 N 较小时，构件只产生轴向压缩变形，保持直线平衡状态。此时如有微小干扰力会使构件产生微小弯曲、扭转或弯曲和扭转耦合的变形，但当干扰力撤除后，构件将恢复到原来的直线平衡状态，此时的平衡是稳定的。当轴心压力 N 较大时，一旦施加微小干扰，构件发生弯曲变形、扭转变形或者弯曲和扭转耦合的变形，且这种变形迅速增大而使构件丧失承载能力，这种现象称为构件的失稳或屈曲。当轴心压力 N 达到一定值时，如果施加干扰，构件发生微弯、微扭或微小的弯扭变形，但当干扰力撤除后，构件仍不能恢复到原来的直线平衡状态，这种从直线平衡状态过渡到微弯曲、微扭转或微小弯扭变形平衡状态的现象称为平衡状态的分岔，此时构件的平衡处在从稳定平衡过渡到不稳定平衡的临界状态，称为随遇平衡或中性平衡。中性平衡时的轴心压力称为临界力 N_{cr}，相应的截面平均应力称为临界应力 σ_{cr}。理想轴心受压构件发生失稳时，构件的变形发生了性质上的变化，即构件不仅发生了轴向压缩变形，还发生了横向的弯曲变形或者绕轴心线的扭转变形或者弯扭耦合变形，这些变形在作用方向上与轴心压力是正交的，可以视作失稳变形，且这种变形的变化带有突然性。结构丧失稳定时，变形的性质发生突然变化，平衡状态发生改变，称为第一类稳定问题或分岔点失稳。

对于工程上常用的双轴对称截面轴心受压构件，失稳时构件发生弯曲，呈现弯曲失稳或弯曲屈曲(见图 4-5(a))。对某些抗扭刚度较差的轴心受压构件(如十字形截面)，失稳时构件发生绕轴心线的扭转，呈现扭转失稳或扭转屈曲(见图 4-5(b))。截面为单轴对称(如 T 形截面)的轴心受压构件绕对称轴失稳时，由于截面形心与截面剪切中心(即构件弯曲时截面剪应力合力作用点通过的位置)不重合，在发生弯曲变形的同时截面剪力未通过截面剪心，产生的扭矩使构件必然发生扭转变形，称为弯扭失稳或弯扭屈曲(见图 4-5(c))。截面没有对称轴的轴心受压构件，其失稳形态也属弯扭失稳。

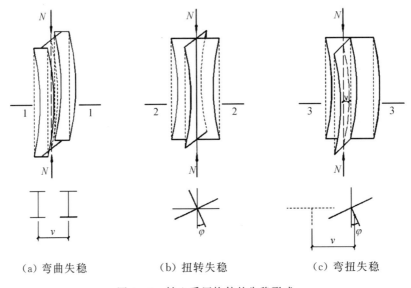

　　　(a) 弯曲失稳　　　　　　(b) 扭转失稳　　　　　　(c) 弯扭失稳

图 4-5　轴心受压构件的失稳形式

4.3.2　理想轴心受压构件的整体稳定计算

1. 弹性弯曲失稳

不存在初始弯曲、荷载初始偏心以及残余应力等初始缺陷的轴心受压构件称为理想轴心受压构件。对于一个两端铰接的理想等截面构件(如图 4-6 所示)，当轴心压力 N 达到临界值时，处于微弯的临界平衡状态。在弹性情况下，由内外力矩平衡条件，可建立平衡微分方程：

$$EI \frac{d^2 y}{dx^2} + Ny = 0 \qquad (4-5)$$

式中，E 为钢材弹性模量，I 为截面惯性矩。令 $N/(EI) = k^2$，则微分方程通解为

$$y = A\sin kx + B\cos kx \qquad (4-6)$$

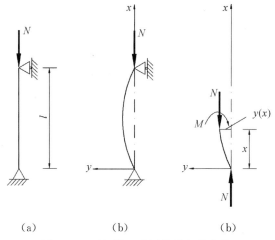

（a）　　　　　（b）　　　　　（b）

图 4-6　理想轴心受压构件弯曲失稳

由两端铰接的边界条件，当 $x=0$ 和 $x=l$ 时，均有 $y=0$，可得 $B=0$ 以及 $A\sin kl=0$。对于 $A\sin kl=0$ 有以下三种情况：

（1）$A=0$，此时构件挠度 y 始终为 0，即处在直线平衡状态，与构件微弯的平衡状态假设不符合。

（2）$k=0$，即 $N=0$，与构件承受临界压力的假设不符合。

（3）$\sin kl=0$，即 $kl=n\pi$，当 $n=1$ 时有最小的 k，此时构件处于正弦半波的弯曲形态，得到临界荷载为

$$N_{cr}=\frac{\pi^2 EI}{l^2} \qquad (4-7)$$

式（4-7）是由欧拉（L. Euler）于 1744 年建立的，称为欧拉公式，N_{cr} 也称欧拉荷载，常记为 N_E。

当两端约束情况并非铰接时，可用计算长度 $l_0=\mu l$ 替代式（4-7）中的几何长度 l，各种端部约束条件的计算长度系数 μ 值如表 4-4 所示。表 4-4 中分别列出了理论值和建议值，后者是考虑到实际约束与理想约束有所差异而作出的修正。计算长度 l_0 的几何意义是表明构件弯曲失稳时变形曲线反弯点间的距离。

表 4-4　轴心受压构件的计算长度系数

两端支承情况	两端铰接	上端自由 下端固定	上端铰接 下端固定	两端固定	上端可移动但不转动 下端固定	上端可移动但不转动 下端铰接
计算长度 $l_0=\mu l$ μ 为理论值	1.0	2.0	0.7	0.5	1.0	2.0
μ 的设计建议值	1	2	0.8	0.65	1.2	2

相应欧拉临界应力为

$$\sigma_{cr}=\frac{N_{cr}}{A}=\frac{\pi^2 E}{\lambda^2} \qquad (4-8)$$

式中，$\lambda=l_0/i$ 为构件的长细比，$i=\sqrt{I/A}$ 为截面的回转半径，按毛截面计算。

从欧拉公式可以看出，轴心受压构件弯曲失稳临界力随抗弯刚度的增加和构件长度的

减小而增大，而与材料的抗压强度无关，因此对于长细比较大的轴心受压构件，其临界应力较低，即使采用高强度钢材也不能提高其稳定承载力。

2. 非弹性弯曲失稳

在欧拉公式的推导中，假定材料始终处于弹性状态，其变形模量为弹性模量 E 不变。而事实上，当截面应力超过钢材的比例极限 f_p 后，钢材变形模量应采用切线模量 $E_t = d\sigma/d\varepsilon$（由钢材应力-应变曲线决定），不再是常量。

1889 年，恩格塞尔（Engesser）用切线模量 E_t 代替欧拉公式中的弹性模量 E，将欧拉公式推广应用于非弹性范围，即

$$N_t = \frac{\pi^2 E_t I}{l_0^2} = \frac{\pi^2 E_t A}{\lambda^2} \tag{4-9}$$

相应的切线模量临界应力为

$$\sigma_{cr,t} = \frac{\pi^2 E_t}{\lambda^2} \tag{4-10}$$

恩格塞尔（1895 年）和卡门（Karman，1910 年）考虑到轴心受压构件在弹塑性状态由直线形态变化到微弯形态时，构件凸面因弯曲卸载，应力水平低于 f_p，仍应采用弹性模量 E；构件凹面因弯曲加载，应力水平高于 f_p，应采用切线模量 E_t，从而提出了考虑截面两种模量 E 和 E_t 的双模量理论，也叫作折算模量理论。临界荷载与欧拉公式推导类似：

$$N_r = \frac{\pi^2 E_r I}{l^2} = \pi^2 \frac{I}{l^2} \frac{EI_1 + E_t I_2}{I} = \pi^2 \frac{EI_1 + E_t I_2}{l^2} \tag{4-11}$$

式中，I_1 和 I_2 分别为截面凸边（弹性区域）和凹边（非弹性区域）对中和轴的惯性矩，E_r 为折算模量。

后来发现，双模量理论计算结果比试验值偏高，而切线模量理论计算结果却与试验值更为接近，香莱（Shanley），于 1947 年用模型解释了这个现象，指出切线模量临界应力是轴心受压构件弹塑性屈曲应力的下限，双模量临界应力是其上限，切线模量临界应力更接近实际的弹塑性屈曲应力。因此，切线模量理论更有实用价值。

3. 弹性扭转失稳

双轴对称的十字形截面轴心受压构件，在轴力 N 的作用下，除可能发生绕两个对称轴 x 轴和 y 轴的弯曲失稳外，还可能绕构件形心轴 z 轴发生扭转失稳。在介绍理想轴心受压构件扭转失稳的计算之前，先简要介绍构件扭转的相关知识。钢结构工程中实腹式构件的组成板件的宽厚比（或高厚比）常大于 10，属于薄壁构件。当非圆形截面构件扭转时，原先为平面的截面不再保持平面而发生翘曲。构件在扭转时其截面可以自由翘曲的，这种扭转称为自由扭转；若截面翘曲受到约束的扭转则称为约束扭转。在自由扭转时，自由扭转的扭矩 M_t 和扭转率 φ'（单位构件长度的扭转角）的关系为

$$M_t = GI_t \varphi' \tag{4-12}$$

式中，GI_t 为扭转刚度，G 为材料剪变模量，I_t 为截面抗扭惯性矩。

对于由几个狭长矩形截面组成的开口薄壁截面，其抗扭惯性矩为

$$I_t = \frac{k}{3}\sum_{i=1}^{n} b_i t_i^3 \tag{4-13}$$

式中，b_i、t_i 为第 i 块板件的宽度和厚度；k 为考虑各组成截面实际是受连续的影响而引入的增大系数，对双轴对称工字形截面取 1.30，对单轴对称工字形截面取 1.25，对 T 形截面取 1.20，对角钢取 1.0。

约束扭矩（翘曲扭矩）M_w 采用下式计算：

$$M_w = EI_w \varphi''' \tag{4-14}$$

式中，EI_w 为构件的翘曲刚度，I_w 为截面的翘曲常数（扇性惯性矩）。

单轴对称工字形截面按下式计算：

$$I_w = \frac{I_1 I_2}{I_y} h^2 \tag{4-15}$$

式中，I_1 和 I_2 分别为较大翼缘和较小翼缘对工字形截面对称轴 y 轴的惯性矩；I_y 为整个截面对 y 轴的惯性矩；h 为上、下翼缘板件形心间距。

由式（4-15）可知，双轴对称工字形截面 $I_w = I_y h^2/4$，T 形截面 $I_w = 0$。此外，对于十字形截面和角形截面也可取 $I_w = 0$。

对于构件两端为简支并且端部可以自由翘曲，但不能绕 z 轴转动的情况（称为夹支边界条件），由构件微扭时的平衡状态建立内、外扭矩的平衡微分方程：

$$-EI_w \varphi''' + GI_t \varphi' - N i_0^2 \varphi' = 0 \tag{4-16}$$

解方程，引入边界条件可得临界荷载 N_{zcr} 为

$$N_{zcr} = \frac{\pi^2 EI_w/(l_w^2 + GI_t)}{i_0^2} \tag{4-17}$$

式中，l_w 为构件对应扭转失稳的计算长度；i_0 为截面对剪切中心的极回转半径，$i_0^2 = i_x^2 + i_y^2$。

为使扭转失稳临界力与弯曲失稳临界力有相同的表达式，可令 $N_{zcr} = \pi^2 EA/\lambda_z^2$，即可得到扭转失稳换算长细比 λ_z，即

$$\lambda_z = \sqrt{\frac{A i_0^2}{\left[\dfrac{I_w}{l_w^2} + GI_t (\pi^2 E)\right]}} = \sqrt{\frac{A i_0^2}{\dfrac{I_w}{l_w^2} + \dfrac{I_t}{25.7}}} \tag{4-18}$$

对于双轴对称十字形截面，因 $I_w = 0$，由式（4-18）计算可得

$$\lambda_z = \frac{5.07b}{t} \tag{4-19}$$

式中，b 和 t 分别为悬伸板件的宽度和厚度。为避免双轴对称十字形截面构件发生扭转失稳，要求 λ_x 和 λ_y 均不得小于 $5.07b/t$。

4. 弹性弯扭失稳

图 4-5(c) 所示为单轴对称 T 形截面轴心受压构件，在轴向力 N 的作用下，绕对称轴（y 轴）失稳时为弯扭失稳。假定构件端部为简支，且端部截面可以自由翘曲，但不能绕 z 轴转动。根据构件在临界状态发生微小弯曲和扭转变形形态建立弯矩平衡和扭矩平衡两个平衡微分方程：

$$\left.\begin{array}{l} -EI_y u'' - N(u + e_0 \varphi) = 0 \\ -EI_\omega \varphi''' + GI_t \varphi' - N(i_0^2 \varphi' + e_0 u') = 0 \end{array}\right\} \tag{4-20}$$

式中，u 为截面形心沿 x 轴的位移；y_s 为截面形心至剪切中心的距离；i_0 为截面对剪切中心的极回转半径，$i_0^2 = y_s^2 + i_x^2 + i_y^2$。

引入边界条件并求解方程，可得构件发生弯扭失稳时的临界力 N_{yzcr} 为

$$(N_{Ey} - N_{yzcr})(N_{zcr} - N_{yzcr}) - N_{yzcr}^2 \left(\frac{y_s}{i_0} \right)^2 = 0 \tag{4-21}$$

式中，N_{Ey} 为构件绕 y 轴弯曲失稳的欧拉荷载，$N_{Ey} = \pi^2 EA / \lambda_y^2$，$\lambda_y$ 为构件绕截面对称轴 y 轴的弯曲失稳长细比；N_{zcr} 为构件扭转失稳临界力。

为使弯扭失稳临界力与弯曲失稳临界力有相同的表达式，可令 $N_{yzcr} = \pi^2 EA / \lambda_{yz}^2$，即可得到弯扭失稳换算长细比 λ_{yz}：

$$\lambda_{yz} = \frac{1}{\sqrt{2}} \left[(\lambda_y^2 + \lambda_z^2) + \sqrt{(\lambda_y^2 + \lambda_z^2)^2 - 4 \left(\frac{1 - y_s^2}{i_0^2} \right) \lambda_y^2 \lambda_z^2} \right]^{1/2} \tag{4-22}$$

4.3.3 实际轴心受压构件的整体稳定承载力计算方法

实际中轴心受压构件的各种缺陷总是同时存在的，但因初弯曲和初偏心的影响类似，且各种不利缺陷同时出现最大值的概率较小，常取初弯曲作为几何缺陷代表。因此在理论分析中，只需考虑残余应力和初始弯曲这两个最主要的缺陷影响。

图 4-7 所示为两端铰接、有残余应力和初始弯曲的轴心受压构件及其荷载-挠度曲线图（称为柱子曲线）。在加载初始阶段，应力水平不高，处在弹性受力阶段（Oa_1 段），荷载 N 和最大总挠度 Y_m 的关系曲线与只有初弯曲、不考虑残余应力时的弹性关系曲线完全相同。随着轴心压力 N 增加，构件中最大压应力达到钢材屈服强度 f_y 时，截面开始进入弹塑性状态。开始屈服时（a_1 点）轴力作用产生的平均应力 $\sigma_{a1} = N_p / A$ 低于只有残余应力而无初弯曲时的有效比例极限 $f_p = f_y - \sigma_{rc}$。截面进入弹塑性状态时，抗弯刚度降低，挠度随 N 的增加而加速增大，直到极限点 c_1。此后柱子抵抗能力小于外力作用，要维持平衡只能卸载，如曲线 $c_1 d_1$ 下降段。N-Y_m 曲线的极值点 c_1 表示由稳定平衡过渡到不稳定平衡，对应的轴力 N_u 是临界荷载，为构件的极限承载力，相应的平均应力 $\sigma_u = \sigma_{cr} = N_u / A$，称为临界应力。

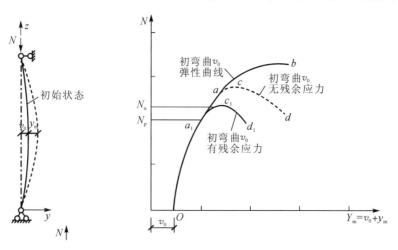

图 4-7   实际轴心受压构件的荷载-挠度曲线

　　轴心受压构件的整体稳定计算应以极限承载力理论为依据。《标准》在制订轴心受压构件的整体稳定计算方法时，根据不同截面形状和尺寸、不同加工条件和相应的残余应力分布及大小、不同的弯曲失稳方向，以有 $l/1000$ 初始弯曲幅度的正弦半波作为初始几何缺陷的代表形态，采用数值积分法，对多种实腹式轴心受压构件的弯曲失稳计算绘制了近 200 条柱子曲线，得到了各种代表构件的 N_u 值。令 $\lambda_n^{re}=\lambda/(\pi\sqrt{E/f_y})$，为构件的正则化长细比，等于构件长细比与欧拉临界力 $\sigma_E=f_y$ 时的长细比之比，适用于各种屈服强度 f_y 的钢材；$\varphi=N_u/(Af_y)$，为轴心受压构件的整体稳定系数。由于轴心受压构件的极限承载力并不只取决于长细比，各代表构件的极限承载能力有很大差异，所有计算构件的 (λ_n^{re},φ) 数据点分布相当离散，无法用一条曲线来代表。经过数理统计分析，将这些数据点归纳为四条窄带，取每组的平均值（50% 的分位值）曲线作为该组代表曲线，给出 a、b、c、d 四条柱子曲线，如图 4-8 所示。各种典型轴心受压构件截面分类方法见《标准》。高层建筑钢结构的钢柱常采用板件厚度大的热轧或焊接 H 形、箱形截面，其残余应力较常规截面的大，厚板的残余应力不但沿板件宽度方向变化，而且沿厚度方向的变化也较大；且板的外表面往往是残余压应力，这些都会对稳定承载力带来较大的不利影响，因此对于厚板的截面分类单独做出了规定。

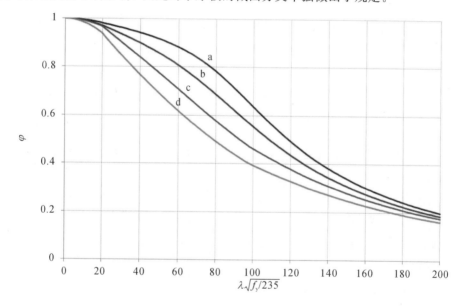

图 4-8 《标准》制定的柱子曲线

　　设计时先确定构件截面的所属类别，《标准》用表格的形式给出了四类截面的 φ 值（见附录 4），可根据长细比和钢材屈服强度查表得到，也可按下面拟合公式直接计算：

当 $\lambda_n^{re}=\dfrac{\lambda}{\pi}\sqrt{\dfrac{f_y}{E}}\leqslant 0.215$ 时：

$$\varphi=1-\alpha_1(\lambda_n^{re})^2 \tag{4-23}$$

当 $\lambda_n^{re}>0.215$ 时：

$$\varphi=\frac{1}{2(\lambda_n^{re})^2}\left\{[\alpha_2+\alpha_3\lambda_n^{re}+(\lambda_n^{re})^2]-\sqrt{[\alpha_2+\alpha_3\lambda_n^{re}+(\lambda_n^{re})^2]^2-4(\lambda_n^{re})^2}\right\} \tag{4-24}$$

式中，α_1、α_2、α_3 为系数，按表 4-5 采用。

表 4 – 5　系数 α_1、α_2、α_3

截面类别		α_1	α_2	α_3
a 类		0.41	0.986	0.152
b 类		0.65	0.965	0.300
c 类	$\lambda_n^{re} \leqslant 1.05$	0.73	0.906	0.595
	$\lambda_n^{re} > 1.05$		1.216	0.302
d 类	$\lambda_n^{re} \leqslant 1.05$	1.35	0.868	0.915
	$\lambda_n^{re} > 1.05$		1.375	0.432

轴心受压构件的整体稳定性计算应使构件承受的轴心压力设计值 N 不大于构件的极限承载力 N_u。对钢材强度引入抗力分项系数 γ_R，$N_u = \varphi A f$，可得

$$\frac{N}{\varphi A f} \leqslant 1.0 \tag{4-25}$$

构件的长细比应按下列规定确定。

1. 截面形心与剪心重合的构件

（1）当计算弯曲失稳时，长细比按下式计算：

$$\lambda_x = \frac{l_{0x}}{i_x} \tag{4-26}$$

$$\lambda_y = \frac{l_{0y}}{i_y} \tag{4-27}$$

式中，l_{0x}、l_{0y} 分别为构件对截面主轴 x 和 y 的计算长度；i_x、i_y 分别为构件截面对主轴 x 和 y 的回转半径。

（2）当计算扭转失稳时，长细比按式（4-18）计算，其中扭转失稳的计算长度 l_ω，两端铰支且端截面可自由翘曲的，取几何长度 l；两端嵌固且端部截面的翘曲完全受到约束的，取 $0.5l$。双轴对称十字形截面板件宽厚比不超过 $15\sqrt{235/f_y}$ 的，可不计算扭转失稳。

2. 截面为单轴对称的构件

（1）计算 T 形和槽形等单轴对称截面轴心受压构件绕对称主轴（y 轴）的弯扭屈曲时，长细比应按式（4-22）计算确定。当槽形截面用于格构式构件的分肢，计算分肢绕自身对称轴（y 轴）的稳定性时，不必考虑扭转效应，直接用 λ_y 查出 φ_y 值。

（2）等边单角钢轴心受压构件当绕两主轴弯曲的计算长度相等时，计算和试验表明，其绕强轴（对称轴）的弯扭失稳承载力总是高于绕弱轴的弯曲失稳承载力，所以此类构件无须计算弯扭失稳情况。

（3）桁架（或塔架）的单角钢腹杆，当以一肢连接于节点板时（如图 4-15(a) 所示），传力有偏心，构件实际为压弯构件。当弦杆也为单角钢，并位于节点板的同侧时（如图 4-15(b) 所示），偏心较小，可按一般单角钢轴心受压构件计算。但其设计强度 f 必须乘以折减系数 η，对于等边角钢，$\eta = 0.6 + 0.0015\lambda$；对于短边相连的不等边角钢，$\eta = 0.5 + 0.0025\lambda$；对于长边相连的不等边角钢，$\eta = 0.7$；$\eta$ 取值不超过 1.0。对于中间无联系的单角钢压杆，长细

比按最小回转半径计算，且不小于 20。对于塔架中单边连接单角钢交叉斜杆中的压杆，当两杆截面相同并在交叉点均不中断，计算其平面外稳定性时，应结合整体稳定系数（查附录 4）并按下式换算细长比确定：

$$\lambda_0 = \alpha_e \mu_u \lambda_e \geqslant \frac{l_1}{l} \lambda_x \qquad (4-28(a))$$

当 $20 \leqslant \lambda_u \leqslant 80$ 时：

$$\lambda_e = 80 + 0.65 \lambda_u \qquad (4-28(b))$$

当 $80 \leqslant \lambda_u \leqslant 160$ 时：

$$\lambda_e = 52 + \lambda_u \qquad (4-28(c))$$

当 $\lambda_u > 160$ 时：

$$\lambda_e = 20 + 1.2 \lambda_u \qquad (4-28(d))$$

$$\lambda_u = \frac{l}{i_u} \cdot \sqrt{\frac{f_y}{235}} \qquad (4-29(a))$$

$$\mu_u = \frac{l_0}{l} \qquad (4-29(b))$$

式中，i_u 为角钢绕平行轴的回转半径（如图 4-9(a) 所示），l_1 为交叉点至节点间的较大距离，l 为杆件节点间距离，λ_x 为对应图 4-9(a) 中 u-u 轴计算的杆件弯曲长细比，系数 α_e 按表 4-6 取值。

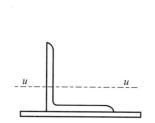

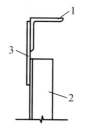

（a）单角钢与节点板单面连接　　　　（b）腹板与弦杆同侧连接

图 4-9　杆件弯曲长细比

表 4-6　系数 α_e 的取值

主杆截面	另杆受拉	另杆受压	另杆不受力
单角钢	0.75	0.90	0.75
双轴对称截面	0.90	0.75	0.90

（4）双角钢组合 T 形截面构件绕对称轴的换算长细比 λ_{yz} 可按下列简化公式确定：

① 等边双角钢（见图 4-10(a)）：

当 $\lambda_y \geqslant \lambda_z$ 时：

$$\lambda_{yz} = \lambda_y \left[1 + 0.16 \left(\frac{\lambda_z}{\lambda_y} \right)^2 \right] \qquad (4-30(a))$$

当 $\lambda_y < \lambda_z$ 时：

$$\lambda_{yz} = \lambda_z \left[1 + 0.16 \left(\frac{\lambda_y}{\lambda_z} \right)^2 \right] \qquad (4-30(b))$$

$$\lambda_z = 3.9 \frac{b}{t} \tag{4-31}$$

② 长肢相并的不等边双角钢(见图 4-10(b)):

当 $\lambda_y \geqslant \lambda_z$ 时:

$$\lambda_{yz} = \lambda_y \left[1 + 0.25 \left(\frac{\lambda_z}{\lambda_y}\right)^2\right] \tag{4-32(a)}$$

当 $\lambda_y < \lambda_z$ 时:

$$\lambda_{yz} = \lambda_z \left[1 + 0.25 \left(\frac{\lambda_y}{\lambda_z}\right)^2\right] \tag{4-32(b)}$$

$$\lambda_z = 5.1 \frac{b_2}{t} \tag{4-33}$$

③ 短肢相并的不等边双角钢(见 4-10(c)):

当 $\lambda_y \geqslant \lambda_z$ 时:

$$\lambda_{yz} = \lambda_y \left[1 + 0.06 \left(\frac{\lambda_z}{\lambda_y}\right)^2\right] \tag{4-34(a)}$$

当 $\lambda_y < \lambda_z$ 时:

$$\lambda_{yz} = \lambda_z \left[1 + 0.06 \left(\frac{\lambda_y}{\lambda_z}\right)^2\right] \tag{4-34(b)}$$

$$\lambda_z = 3.7 \frac{b_1}{t} \tag{4-35}$$

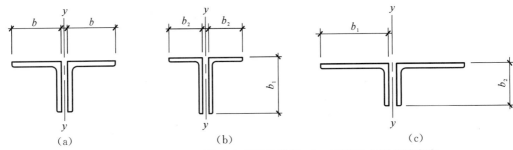

b—等边角钢肢宽度;b_1—不等边角钢长肢宽度;b_2—不等边角钢短肢宽度。

图 4-10　双角钢组合 T 形截面

3. 截面无对称轴且剪心和形心不重合的构件

应采用下式换算长细比,但此类构件原则上不宜用作轴心受压构件:

$$\lambda_{xyz} = \pi \sqrt{\frac{EA}{N_{xyz}}} \tag{4-36}$$

$$(N_x - N_{xyz})(N_y - N_{xyz})(N_z - N_{xyz}) - N_{xyz}^2(N_x - N_{xyz})\left(\frac{y_s}{i_0}\right)^2 - N_{xyz}^2(N_y - N_{xyz})\left(\frac{x_s}{i_0}\right)^2 = 0 \tag{4-37}$$

式中,x_s、y_s 为截面剪心的坐标;i_0 为截面对剪心的极回转半径,$i_0^2 = i_x^2 + i_y^2 + x_s^2 + y_s^2$;$N_x$、$N_y$、$N_z$ 分别为绕 x 轴和 y 轴的弯曲失稳临界力以及扭转失稳临界力:$N_x = \dfrac{\pi^2 EA}{\lambda_x^2}$,$N_y = \dfrac{\pi^2 EA}{\lambda_y^2}$,$N_z = \dfrac{1}{i_0^2}\left(\dfrac{\pi^2 EI_w}{l_w^2} + GI_t\right)$。

4. 不等边角钢轴心受压构件

换算长细比可按下列简化公式确定(见图 4 - 11):

当 $\lambda_x \geqslant \lambda_z$ 时:

$$\lambda_{xyz} = \lambda_x \left[1 + 0.25 \left(\frac{\lambda_z}{\lambda_x} \right)^2 \right] \tag{4-38(a)}$$

当 $\lambda_x < \lambda_z$ 时:

$$\lambda_{xyz} = \lambda_z \left[1 + 0.25 \left(\frac{\lambda_x}{\lambda_z} \right)^2 \right] \tag{4-38(b)}$$

$$\lambda_z = 4.21 \frac{b_1}{t} \tag{4-39}$$

式中,x 轴为角钢的主轴,b_1 为角钢长肢宽度。

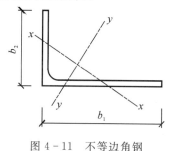

图 4 - 11　不等边角钢

4.4　轴心受压构件的局部稳定

4.4.1　均匀受压薄板的屈曲

实腹式轴心受压构件一般由若干矩形平板件组成,在轴心压力的作用下,这些板件承受的都是均匀压力。从整体稳定设计的角度考虑,这些板件应设计得较宽、较薄,有较大的宽厚比,以获得较大的截面回转半径,从而提高整体稳定承载力。但是如果这些板件的宽厚比过大,在均匀压力的作用下,个别板件有可能在达到构件整体稳定承载力之前先偏离平面平衡状态而发生波形鼓曲,丧失了稳定性。由于只是个别板件在局部区域丧失稳定性,而构件轴心线仍然保持挺直平衡状态,构件并未丧失整体稳定性,因此轴心受压构件中局部板件先行失稳的现象称为轴心受压构件局部失稳。构件若失去整体稳定性,则作用荷载超过构件极限承载能力而立即破坏。但当构件失去局部稳定性时,一般不会使构件立即发生破坏,只是发生局部鼓曲的板件无法继续分担或少分担增加的荷载,使得构件继续承载的能力有所减小,并且改变了原来的受力状态而使原构件提前失去整体稳定性。因此,在轴心受压构件截面设计时,一般不允许组成板件在承载过程中发生局部失稳。

根据板件屈曲的理论知识,可以得到考虑板件间相互约束作用的单向均匀受压矩形板的临界应力公式为

$$\sigma_{cr} = \frac{\chi k \pi^2 E}{12 (1-\upsilon)^2} \left(\frac{t}{b} \right)^2 \tag{4-40}$$

式中，k 为弹性屈曲系数，由板件的几何形状尺寸和板边支承情况决定，υ 为泊松比。工字形（H形）截面构件的腹板可视作四边支承，沿构件高度方向分别支承于构件的顶板和底板，两侧边支承于翼缘板，其 k 值取 4.0；翼缘板可视作三边支承，一边自由板件，其 k 值取 0.425。χ 称为嵌固系数，反映板件两侧纵边受转动约束情况，简支取 1，固定取 1.7425，实际的支承情况是介于两者之间。工字形（H形）截面构件，翼缘板一般窄而厚，腹板一般高而薄，翼缘对于腹板的弹性嵌固作用更强，因此对腹板取 $\chi=1.3$，对翼缘取 $\chi=1.0$。

当轴心受压构件中板件的临界应力超过比例极限 f_p 进入弹塑性受力阶段时，可认为板件变为正交异性板。单向受压板沿受力方向的弹性模量 E 降为切线模量 $E_t=\eta E$，η 可由局部稳定的试验资料确定；但与压力垂直的方向仍为弹性阶段时，其弹性模量仍为 E。可按下列近似公式计算其临界应力 σ_{cr}：

$$\sigma_{cr}=\frac{\chi k\pi^2 E\sqrt{\eta}}{12(1-\upsilon)^2}\left(\frac{t}{b}\right)^2 \tag{4-41}$$

式（4-41）表明，轴心受压构件组成板件承受单向均匀压力，其屈曲临界应力与板件宽（高）厚比、板件支承情况、板件材料性状等因素有关。而实际构件的板件也会存在初始弯曲、荷载初偏心和残余应力等初始缺陷，因此在钢结构设计时，以理想受压平板屈曲临界应力为基础，根据试验结果并综合设计经验考虑各种有利和不利因素的影响来制定设计方法。

为了保证实腹式轴心受压构件的局部稳定，通常采用限制其板件宽（高）厚比的办法来实现。确定板件宽（高）厚比限值所采用的原则有两种：一种是使构件应力达到屈服前其板件不发生局部失稳，即局部失稳临界应力不低于屈服应力，称为屈服准则；另一种是使构件整体失稳前其板件不发生局部失稳，即局部失稳临界应力不低于构件整体失稳临界应力，称作等稳定性准则（等稳准则）。对中等或较长构件，其极限承载力达不到屈服荷载，失效一般由整体稳定性控制，因此采用等稳准则比较适合。由于构件的整体稳定性与构件长细比直接相关，因此等稳准则中板件宽（高）厚比与构件长细比有关联。对短柱，其极限承载力可达到或接近屈服荷载，发生强度破坏，因此采用屈服准则比较适合。《标准》在规定轴心受压构件宽（高）厚比限值时，对各种截面构件均综合运用屈服准则和等稳准则。

4.4.2　轴心受压构件板件宽（高）厚比的限值

实腹轴心受压构件要求不出现局部失稳的，其板件宽厚比应符合下列规定：

（1）H形截面腹板：

$$\frac{h_0}{t_w}\leqslant(25+0.5\lambda)\varepsilon_k \tag{4-42}$$

式中，λ 为构件的较大长细比（扭转或弯扭失稳时取换算长细比），当 $\lambda<30$ 时，取为 30；当 $\lambda>100$ 时，取为 100。h_0、t_w 分别为腹板计算高度和厚度。

（2）H形截面翼缘：

$$\frac{b_1}{t_f}\leqslant(10+0.1\lambda)\varepsilon_k \tag{4-43}$$

式中，b_1 为翼缘板自由外伸宽度，焊接截面取腹板厚度边缘至翼缘板边缘的距离，轧制截面取内圆弧起点至翼缘板边缘的距离；t_f 为翼缘板厚度。

（3）箱形截面壁板：

$$\frac{b_0}{t} \leqslant 40\varepsilon_k \tag{4-44}$$

式中，b_0 为壁板的净宽度，当箱形截面设有纵向加劲肋时，为壁板与加劲肋间净宽度。正方箱形截面翼缘和腹板均为四边支承板，二者相对刚度接近，可取 $\chi = 1$，因此翼缘与腹板的宽（高）厚比限值相等。

（4）T 形截面翼缘与 H 形截面翼缘受力状态相同，宽厚比限值应按式（4-43）确定。T 形截面腹板为三边支承一边自由的板件，但受翼缘嵌固作用较强，因此其宽厚比限值为

热轧剖分 T 型钢：

$$\frac{h_0}{t_w} \leqslant (15+0.2\lambda)\varepsilon_k \tag{4-45(a)}$$

焊接 T 型钢：

$$\frac{h_0}{t_w} \leqslant (13+0.17\lambda)\varepsilon_k \tag{4-45(b)}$$

对焊接构件 h_0 取腹板高度 h_w；对热轧构件，h_0 取腹板平直段长度，简要计算时可取 $h_0 = h_w - t_f$，但不小于 $(h_w - 20)$mm。

（5）等边角钢轴心受压构件的肢件宽厚比限值如下：

当 $\lambda \leqslant 80\varepsilon_k$ 时：

$$\frac{w}{t} \leqslant 15\varepsilon_k \tag{4-46(a)}$$

当 $\lambda > 80\varepsilon_k$ 时：

$$\frac{w}{t} \leqslant 5\varepsilon_k + 0.125\lambda \tag{4-46(b)}$$

式中，w、t 分别为角钢的平板宽度和厚度，简要计算时可取 $w = b - 2t$，b 为角钢宽度；λ 为按角钢绕非对称主轴回转半径计算的长细比。

（6）圆管压杆的外径与壁厚之比不应超过 $100(235/f_y)$。

当轴心受压构件的实际作用的压力小于稳定承载力 $\varphi f A$ 时，板件局部失稳临界应力可以降低，可将其板件宽厚比限值由上述相关公式算得后乘以放大系数 $\alpha = \sqrt{\varphi f A / N}$。

4.5　实腹式轴心受压构件的设计

4.5.1　设计原则

为了获得经济与合理的设计效果，选择实腹式轴心受压构件的截面时，应考虑以下几个原则：

（1）等稳定性。使构件两个主轴方向的稳定承载力相同，即使 $\lambda_x = \lambda_y$，以达到经济的效果，且尽量选用双轴对称截面，避免发生弯扭失稳。

（2）宽肢薄壁。在满足板件宽（高）厚比限值的条件下，截面面积的分布应尽量开展，以增加截面的惯性矩和回转半径，提高构件的整体稳定性和刚度，实现用料合理。

（3）连接方便。便于与其他构件进行连接。

（4）制造省工。尽可能构造简单，加工方便，取材容易。

轴心受压柱优先选用热轧 H 型钢，其翼缘宽，侧向刚度大，抗扭和抗震性能好，翼缘内外表面平行便于与其他构件连接，制造工程量小；其次选用焊接工字形截面，当设计截面需要较大刚度时可以采用焊接箱形截面。桁架构件常采用由双角钢组成的 T 形截面，也可采用剖分 H 型钢。单角钢截面主要用于塔架结构或跨度、受载较小的桁架腹杆。

4.5.2 截面选择

截面设计时，首先应根据上述截面设计原则、轴力大小和计算长度等情况综合考虑后初步选择截面尺寸。截面选择主要依据稳定条件，强度条件只有当截面被螺栓孔削弱较多时或者在连接处非全部截面直接传力时才需要考虑，局部稳定性和刚度条件在选用截面时应同时加以注意。具体步骤如下：

（1）确定所需要的截面积。假定构件的长细比 $\lambda = 50 \sim 100$，当压力大而计算长度小时，取较小值；反之，取较大值。根据 λ、截面分类和钢材级别可查得整体稳定系数 φ 值，则所需要的截面面积为

$$A_r = \frac{N}{\varphi f} \tag{4-47}$$

（2）确定两个主轴所需要的回转半径。$i_{xr} = \dfrac{l_{0x}}{\lambda}$，$i_{yr} = \dfrac{l_{0y}}{\lambda}$。

对于型钢截面，根据所需要的截面积 A_r 和所需要的回转半径 i_r，从型钢规格表中选择满足条件的型钢型号（见附录 8）。

对于焊接组合截面，根据所需回转半径 i_r 与截面需要高度 h_r、宽度 b_r 之间的近似关系，求出所需截面的轮廓尺寸，即

$$h_r = \frac{i_{xr}}{\alpha_{1r}}, \quad b_r = \frac{i_{yr}}{\alpha_{2r}} \tag{4-48}$$

式中，系数 α_{1r}、α_{2r} 的近似值见钢结构设计标准。

（3）确定截面各板件尺寸。对于焊接组合截面，根据所需 A_r、h_r 与 b_r，并考虑局部稳定和构造要求初步确定截面尺寸。工字形截面根据刚度要求，截面高度 h 一般宜为柱高 H 的 $1/15 \sim 1/20$，焊接工字形截面 $h \geqslant b$ 且 h 和 b 较为接近；h_0 和 b 宜取 10 mm 的倍数；t_f 和 t_w 宜取 2 mm 的倍数且应符合钢板规格，t_w 应比 t_f 小，但一般不小于 4 mm。

4.5.3 截面验算

按照上述步骤初选截面后，依据前述内容进行刚度、整体稳定和局部稳定验算。例如，有孔洞削弱时还应进行强度验算。如果验算结果不完全满足要求，或者不够经济，则应调整截面尺寸后重新验算，直到满足要求为止。由于假定的 λ 不一定恰当，因此需要多次调整才能获得较满意的截面尺寸。

4.5.4　构造要求

当实腹式构件的腹板高厚比 $h_0/t_w > 80$ 时，为防止腹板在施工和运输过程中发生扭转变形，提高构件的抗扭刚度，应设置横向加劲肋，其间距不得大于 $3h_0$，在腹板两侧成对配置，截面尺寸应满足：加劲肋板外伸宽度 $b_s \geqslant \dfrac{h_0}{30} + 40 \text{(mm)}$，厚度 $t_s \geqslant \dfrac{b_s}{19}$。

为了保证构件截面几何形状不变、提高构件抗扭刚度，以及传递必要的内力，对大型实腹式构件，在受有较大横向力处和每个运送单元的两端还应设置横隔。构件较长时还应设置中间横隔，横隔的间距不得大于构件截面较大宽度的 9 倍或 8 m。

轴心受压实腹式构件的翼缘与腹板的纵向连接焊缝受力很小，不必计算，可按构造要求确定焊缝尺寸 $h_f = 4 \sim 8$ mm。

【例 4 - 1】　某焊接组合工字形截面轴心受压构件的截面尺寸如图 4 - 12 所示，承受轴心压力设计值(包括构件自重)$N = 1850$ kN，计算长度 $l_{0y} = 8$ m，$l_{0x} = 4$ m，翼缘钢板为火焰切割边，钢材为 Q345B，截面无削弱。要求验算该轴心受压构件的整体稳定性是否满足设计要求。

解　(1) 截面及构件几何特性计算：

$$A = 270 \times 12 \times 2 + 270 \times 8 = 8640 \ \text{mm}^2$$

$$I_y = \frac{(270 \times 294^3 - 262 \times 270^3)}{12} = 1.42 \times 10^8 \ \text{mm}^4$$

$$I_x = (\frac{270 \times 8^3 + 12 \times 270^3 \times 2}{12}) = 3.938 \times 10^7 \ \text{mm}^4$$

$$i_y = \sqrt{\frac{I_y}{A}} = \sqrt{\frac{1.42 \times 10^8}{8640}} = 128.2 \ \text{mm}$$

$$i_x = \sqrt{\frac{I_x}{A}} = \sqrt{\frac{3.938 \times 10^7}{8640}} = 67.5 \ \text{mm}$$

$$\lambda_y = \frac{l_{0y}}{i_y} = \frac{8000}{128.2} = 62.4, \lambda_x = \frac{l_{0x}}{i_x} = \frac{4000}{67.5} = 59.3$$

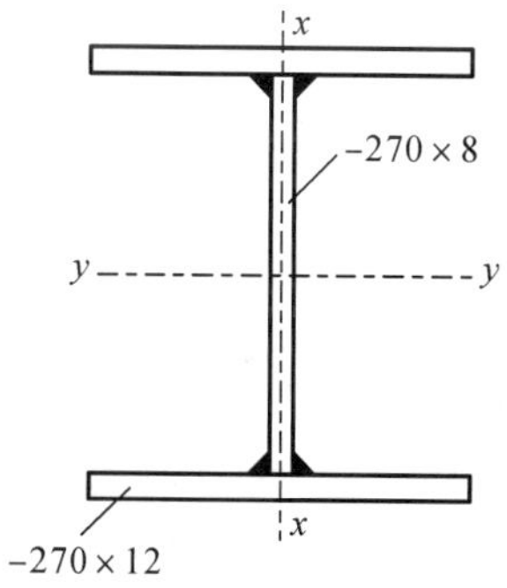

图 4 - 12　例 4 - 1 图

(2) 整体稳定性验算。

查表 4 - 5 可知，截面关于 x 轴和 y 轴都属于 b 类，$\lambda_y > \lambda_x$，则

$$\frac{\lambda_y}{\sqrt{\dfrac{235}{f_y}}} = \frac{62.4}{\sqrt{\dfrac{235}{345}}} = 75.6$$

查附录 4 得 $\varphi = 0.7158$，则

$$\frac{N}{\varphi A} = \frac{1850 \times 10^3}{0.7158 \times 8640} = 299.1 \ \text{N/mm}^2 < f = 305 \ \text{N/mm}^2$$

故满足整体稳定性要求。

(3) 整体稳定承载力计算。

$$\varphi A f = 0.7158 \times 8640 \times 305 = 1.886 \times 10^6 \ \text{N} = 1886 \ \text{kN}$$

该轴心受压构件的整体稳定承载力为 1886 kN。

【**例 4 - 2**】 某焊接 T 形截面轴心受压构件的截面尺寸如图 4 - 13 所示，承受轴心压力设计值(包括构件自重)$N=1850$ kN，计算长度 $l_{0x}=l_{0y}=4$ m，翼缘钢板为火焰切割边，钢材为 Q345，截面无削弱。要求验算该轴心受压构件的整体稳定性。

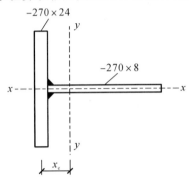

图 4 - 13 例 4 - 2 图

解 (1)截面及构件几何特性计算。

$$A=270\times24+270\times8=8640 \text{ mm}^2$$

$$x_c=\frac{270\times8\times(135+12)}{8640}=36.75 \text{ mm}$$

$$I_x=\frac{(270^3\times24+270\times8^3)}{12}=3.938\times10^7 \text{ mm}^4$$

$$i_x=\sqrt{\frac{I_x}{A}}=\sqrt{\frac{3.938\times10^7}{8640}}=67.5 \text{ mm}$$

$$I_y=\frac{1}{12}\times270\times24^3+270\times24\times36.75^2+\frac{1}{12}\times8\times270^3+270\times8\times(135-24.75)^2$$

$$=4.844\times10^7 \text{ mm}^4$$

$$i_y=\sqrt{\frac{I_y}{A}}=\sqrt{\frac{4.844\times10^7}{8640}}=74.9 \text{ mm}$$

$$\lambda_x=\frac{l_{0x}}{i_x}=\frac{4\,000}{67.5}=59.3$$

$$\lambda_y=\frac{l_{0y}}{i_y}=\frac{4000}{74.9}=53.4$$

因绕 x 轴属于弯扭失稳，必须按式(4 - 22)计算换算长细比 λ_{yz}。T 形截面的剪切中心在翼缘与腹板中心线的交点，$y_s=x_c=36.75$ mm，则

$$i_0^2=y_s^2+i_x^2+i_y^2=36.75^2+67.5^2+74.9^2=11\,517 \text{ mm}^2$$

对于 T 形截面

$$I_w=0$$

$$I_t=\frac{270\times24^3+270\times8^3}{3}=1.290\times10^6 \text{ mm}^4$$

(2) 整体稳定性验算。

$$\lambda_z=\sqrt{\frac{i_0^2 A}{\dfrac{I_t}{25.7}+\dfrac{I_w}{l_w^2}}}=\sqrt{\frac{11\,517\times8\,640}{\dfrac{1.29\times10^6}{25.7}+0}}=44.52$$

由式(4-22)得

$$\lambda_{xz}=\frac{1}{\sqrt{2}}\left[(\lambda_x^2+\lambda_z^2)+\sqrt{(\lambda_x^2+\lambda_z^2)^2-4\left(1-\frac{y_s^2}{i_0^2}\right)\lambda_x^2\lambda_z^2}\right]^{1/2}$$

$$=\frac{1}{\sqrt{2}}\left[(59.3^2+44.52^2)+\sqrt{(59.3^2+44.52^2)^2-4\left(1-\frac{36.75^2}{11\,517}\right)\times59.3^2\times44.52^2}\right]^{1/2}$$

$$=62.73$$

查表 4-5 可知，截面关于 x 轴、y 轴都属于 b 类，$\lambda_{xz}>\lambda_y$，且

$$\frac{\lambda_{xz}}{\sqrt{\dfrac{235}{f_y}}}=\frac{62.73}{\sqrt{\dfrac{235}{345}}}=76.0$$

查附录 4 得 $\varphi=0.713$，则

$$\frac{N}{\varphi A}=\frac{1850\times10^3}{0.713\times8640}=300.3\ \text{N/mm}^2>f=295\ \text{N/mm}^2$$

不满足整体稳定性要求。

（3）整体稳定承载力计算。

$$\varphi Af=0.713\times8640\times295=1.817\times10^6\ \text{N}=1817\ \text{kN}$$

该轴心受压构件的整体稳定承载力为 1 817 kN。

（4）讨论。

对比例 4-1 和例 4-2 可以看出，例 4-2 的截面只是把例 4-1 中的工字形截面的下翼缘并入上翼缘，因此，这两种截面绕腹板轴线（x 轴）的惯性矩和长细比一样。例 4-1 中绕对称轴是弯曲失稳，其稳定承载力为 1886 kN。而例 4-2 的截面是 T 形截面，在绕对称轴失稳时属于弯扭失稳，其稳定承载力为 1817 kN，比例 4-1 的降低 3.7%。

4.6　格构式轴心受压构件的设计

4.6.1　格构式轴心受压构件绕实轴的整体稳定

格构式受压构件也称为格构柱，其分肢通常采用槽钢和工字钢，构件截面设计时使之具有对称轴，当承受轴向压力丧失整体稳定时，不可能发生扭转屈曲和弯扭屈曲，往往会发生绕截面主轴的弯曲失稳。因此计算格构式轴心受压构件的整体稳定时，只需计算绕截面实轴（见图 4-14(a) 中 y 轴）和虚轴（见图 4-14(b)、(c) 中 x 轴和 y 轴）抵抗弯曲失稳的能力。

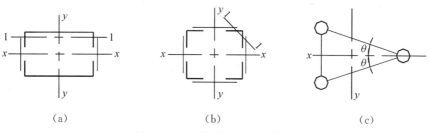

(a)　　　　　　　(b)　　　　　　　(c)

图 4-14　格构式组合构件截面

格构式轴心受压构件绕实轴的弯曲失稳情况相当于两个并列的实腹式轴心受压构件，因此其整体稳定计算也相同，可以采用式(4-26)或式(4-27)按 b 类截面进行计算。

4.6.2　格构式轴心受压构件绕虚轴的整体稳定

轴心受压构件在由直线平衡状态到微弯平衡状态的失稳过程中，不仅弯矩会引起构件轴线曲率的改变，横向剪力引起的剪切变形也会引起曲率改变，产生挠曲变形。实腹式轴心受压构件由于有连续密实的腹板存在，抗剪刚度大，在弯曲失稳时剪切变形影响很小，对构件临界力的降低不到 1%，可以忽略不计。但格构式轴心受压构件绕虚轴弯曲失稳时，由于分肢不是实体相连，连接分肢缀件的抗剪刚度比实腹式构件的腹板弱，构件在微弯平衡状态下，除弯曲变形外，还需要考虑剪切变形的影响，因此稳定承载力有所降低。

对于双肢缀条式格构柱，根据弹性稳定理论分析，两端铰接等截面格构式构件绕虚轴弯曲失稳的临界应力为

$$\sigma_{cr} = \frac{\pi^2 E}{\lambda_x^2 + \dfrac{\pi^2}{\sin^2\alpha\cos\alpha} \cdot \dfrac{A}{A_{1x}}} \tag{4-49}$$

即

$$\sigma_{cr} = \frac{\pi^2 E}{\lambda_{0x}^2} \tag{4-50}$$

其中

$$\lambda_{0x} = \sqrt{\lambda_x^2 + \frac{\pi^2}{\sin^2\alpha\cos\alpha} \cdot \frac{A}{A_{1x}}} \tag{4-51}$$

式中，λ_x 为整个构件对虚轴的长细比；A 为整个构件的毛截面面积；A_{1x} 为构件截面中垂直于 x 轴的各斜缀条毛截面面积之和；α 为缀条与构件轴线间的夹角。

如果用 λ_{0x} 代替 λ_x，则可采用与实腹式轴心受压构件相同的公式计算格构式构件绕虚轴的稳定性，因此，称 λ_{0x} 为换算长细比。一般斜缀条与构件轴线间的夹角 α 在 $40° \sim 70°$ 范围内，此时，$\pi^2/(\sin^2\alpha \cdot \cos\alpha) = 25.6 \sim 32.7$，其值变化不大。《标准》按 $\alpha = 45°$ 计算，即取上式为常数 27。因此换算长细比式(4-55)可简化为

$$\lambda_{0x} = \sqrt{\lambda_x^2 + 27\frac{A}{A_{1x}}} \tag{4-52}$$

当斜缀条与柱轴线间的夹角不在 $40° \sim 70°$ 范围内时，采用式(4-52)是不安全的，应按式(4-51)计算换算长细比 λ_{0x}。此外，虽然 λ_{0x} 是按弹性失稳推导的，但一般推广用于全部 λ_x 范围。

当缀件为缀板时，换算长细比为

$$\lambda_{0x} = \sqrt{\lambda_x^2 + \frac{\pi^2}{12}\left(1 + 2\frac{i_1}{i_b}\right)\lambda_1^2} \tag{4-53}$$

式中，λ_1 为分肢对最小刚度轴 1-1 的长细比，其计算长度 l_{01} 取为：焊接时，为相邻两缀板的净距离；螺栓连接时，为相邻两缀板边缘螺栓的距离。$i_1 = I_1/l_1$ 为一个分肢的线刚度，I_1 为分肢绕 1-1 轴的惯性矩，l_1 为相邻两缀板间的中心距。$i_b = I_b/b_1$ 为两侧缀板线刚度之和，I_b 为构件截面中垂直于虚轴的各缀板的惯性矩之和，b_1 为两分肢的轴线间距。当两分

肢不相等时，i_b/i_1 比值按较大分肢线刚度计算。

《标准》要求 $i_b/i_1 \geqslant 6$，当满足此要求时，双肢缀板柱换算长细比按以下简化式计算：

$$\lambda_{0x} = \sqrt{\lambda_x^2 + \lambda_1^2} \qquad (4-54)$$

当不满足 $i_b/i_1 \geqslant 6$ 时宜用式(4-53)计算。

四肢格构式构件(见图 4-14(b))，其换算长细比可按下式计算：

当缀件为缀板时，有

$$\lambda_{0x} = \sqrt{\lambda_x^2 + \lambda_1^2} \qquad (4-55(a))$$

$$\lambda_{0y} = \sqrt{\lambda_y^2 + \lambda_1^2} \qquad (4-55(b))$$

当缀件为缀条时，由于构件截面总的刚度比双肢构件差，截面形状保持不变的假定不一定能做到，且分肢受力也不均匀，因此将(4-52)式中的系数 27 提高为 40，按下式计算换算长细比：

$$\lambda_{0x} = \sqrt{\lambda_x^2 + 40\frac{A}{A_{1x}}} \qquad (4-56(a))$$

$$\lambda_{0y} = \sqrt{\lambda_y^2 + 40\frac{A}{A_{1y}}} \qquad (4-56(b))$$

式中，λ_y 为整个构件对 y 轴的长细比；A_{1y} 为构件截面中垂直于 y 轴的各斜缀条毛截面面积之和。

三肢缀条式格构式构件(见图 4-14(c))，其换算长细比可按下式计算：

$$\lambda_{0x} = \sqrt{\lambda_x^2 + \frac{42A}{A_1(1.5 - \cos^2\theta)}} \qquad (4-57(a))$$

$$\lambda_{0y} = \sqrt{\lambda_y^2 + \frac{42A}{A_1\cos^2\theta}} \qquad (4-57(b))$$

式中，A_1 为构件截面中各斜缀条毛截面面积之和；θ 为构件截面内缀条所在平面与 x 轴的夹角。

4.6.3　格构式轴心受压构件分肢的稳定性

格构式轴心受压构件的分肢既是组成整体构件的一部分，在缀件节点之间又是一个单独的实腹式构件。所以，应保证各分肢不先于格构式构件整体失稳。由于初始弯曲等缺陷的影响，格构式轴心受压构件受力时的弯曲变形会产生附加弯矩和剪力。附加弯矩使得各分肢内力并不相等，受力较大分肢的压应力水平高于整个构件的平均压应力水平。附加剪力使得缀板式构件的分肢产生弯矩。此外，分肢截面类别还可能比整体截面类别低。这些都使得分肢的整体稳定承载力降低。因此，计算时不能简单地采用 $\lambda_1 \leqslant \lambda_{0x}$(或 λ_y)作为分肢的稳定条件。《标准》规定分肢的整体稳定性要求为

当缀件为缀条时，有

$$\lambda_1 \leqslant 0.7\lambda_{\max} \qquad (4-58)$$

当缀件为缀板时，有

$$\lambda_1 \leqslant 0.5\lambda_{max}, \text{且 } \lambda_1 \leqslant 40\sqrt{\frac{235}{f_y}} \tag{4-59}$$

式中，λ_{max} 为构件两方向长细比(对虚轴取换算长细比)的较大值，当 $\lambda_{max} < 50$ 时，取 $\lambda_{max} = 50$；λ_1 为按式(4-53)的规定计算，但当缀件采用缀条时，l_{01} 取缀条节点间距。

格构式轴心受压构件的分肢也应考虑局部稳定问题。分肢常采用轧制型钢，其翼缘和腹板一般都能满足局部稳定要求。当分肢采用焊接组合截面时，其翼缘和腹板宽(高)厚比应按 4.4 节中的相关要求进行验算，以满足局部稳定要求。

4.6.4　格构式轴心受压构件的缀件设计

1. 格构式轴心受压构件的剪力

格构式轴心受压构件绕虚轴弯曲时将产生剪力，考虑初始弯曲的影响，假定构件发生弯曲失稳时呈现正弦半波的曲线形态，以中间高度截面边缘纤维压应力达到屈服为条件，推导出构件最大剪力计算公式为

$$V = \frac{Af}{85\varepsilon_k} \tag{4-60}$$

此剪力 V 可认为沿构件全长不变，由承受该剪力的各缀件面共同承担。

2. 缀条设计

当缀件采用缀条时，格构式构件的每个缀件面如同缀条与构件分肢组成的平行弦桁架体系，缀条可看作桁架的腹杆，其内力可按铰接桁架进行分析。图 4-15 所示的斜缀条的内力为

$$N_d = \frac{V_1}{n\sin\alpha} \tag{4-61}$$

式中，V_1 为每个缀件面所受的总剪力；n 为每个缀条面上斜缀条数目，单系缀条取 1，交叉缀条取 2；α 为斜缀条与构件轴线间的夹角。

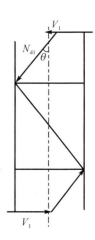

图 4-15　缀条内力

由于构件弯曲变形方向会变化，因此剪力方向可以为正或负，斜缀条可能受拉或受压，设计时应按最不利情况将斜缀条作为轴心受压构件计算。缀条通常采用单角钢制作，与构件分肢单面连接，故在受力时实际上是存在偏心的，当缀条与分肢不是同侧相连时，需要考虑偏心影响，计算其整体稳定性时长细比按式(4-28)和式(4-29)取值。缀条的最小尺寸不宜小于 ∟45×4 或 ∟56×36×4 的角钢。缀条的轴线与分肢的轴线应尽可能交于一点。为了减小斜缀条两端受力角焊缝的搭接长度，缀条与分肢可采用三面围焊相连。

交叉缀条系的横缀条按承受轴心压力 $N_d = V_1$ 计算。为了减小分肢的计算长度，单系缀条体系也可加横缀条，其截面尺寸一般与斜缀条相同，也可按容许长细比($[\lambda] = 150$)确定。

3. 缀板设计

缀板式格构柱的每个缀件面可视作缀板与构件分肢组成的单跨多层平面刚架体系。假

定发生整体弯曲失稳时，反弯点位于各节间分肢和缀板的中点。取如图 4-16 所示的分离体，根据内力平衡可得每个缀板剪力 V_{b1} 和缀板与分肢连接处的弯矩 M_{b1}：

$$V_{b1} = \frac{V_1 l_1}{b_1}, \quad M_{b1} = V_{b1} \cdot \frac{b_1}{2} = \frac{V_1 l_1}{2} \tag{4-62}$$

式中，l_1 为两相邻缀板轴线间的距离，需根据分肢稳定和强度条件确定；b_1 为分肢轴线间的距离。

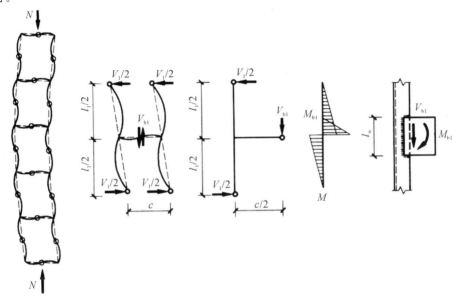

图 4-16 缀板柱的内力计算

缀板与分肢一般采用角焊缝连接，搭接长度一般取 20～30 mm，由于角焊缝强度设计值低于缀板钢材强度设计值，故一般只需根据 M_{b1} 和 V_{b1} 计算缀板与分肢的角焊缝连接强度，无须再验算缀板抗弯和抗剪强度。缀板应具有一定的刚度，《标准》规定在同一截面处各缀板的线刚度之和不得小于构件较大分肢线刚度的 6 倍。一般取缀板的宽度 $h_b \geqslant 2b_1/3$，厚度 $t_b \geqslant b_1/40$ 且不小于 6 mm。柱端缀板可适当加宽，可取 $h_b \approx b_1$。

【例 4-3】 某工作平台轴心受压双肢缀条格构柱，截面由两个工字钢组成，柱高 6 m，两端铰支，由平台传给柱子的轴心压力设计值为 2000 kN。钢材为 Q235A，焊条采用 E43 型。要求进行柱的截面设计，并布置和设计缀材及与柱的连接。

解 (1) 确定柱肢截面尺寸。

查表 4-5 可知，截面关于实轴和虚轴都属于 b 类。

取 $f = 215$ N/mm²，设 $\lambda_y = 60$，查稳定系数表得 $\varphi_y = 0.807$，柱肢截面面积为

$$A = \frac{N}{\varphi_y f} = \frac{2000 \times 10^3}{0.807 \times 215} = 11\ 527\ \text{mm}^2$$

$$i_y = \frac{l_{0y}}{\lambda_y} = \frac{6000}{60} = 100\ \text{mm}$$

查型钢表，初选 2I28b，其截面特征为

$$A = 12\ 200\ \text{mm}^2; \quad i_y = 111\ \text{mm}; \quad i_1 = 24.9\ \text{mm}$$

柱自重：一根 I28b 每米长的重量为 47.9 kg。

$$W = 2 \times 47.9 \times 9.8 \times 6 \times 1.3 \times 1.2 = 8788\ \text{N}$$

式中，1.2 为恒荷载分项系数，1.3 为考虑缀板、柱头和柱脚等用钢后杆自重的增大系数。

对实轴的整体稳定性验算

$\lambda_y = \dfrac{l_{0y}}{i_y} = \dfrac{6000}{111} = 54.1$，查附录 4 得 $\varphi_y = 0.837$。格构柱绕实轴整体稳定性验算：

$$\frac{N+W}{\varphi_y A} = \frac{2000 \times 10^3 + 8788}{0.837 \times 12\,200} = 196.7 \ \text{N/mm}^2 < f = 215 \ \text{N/mm}^2$$

满足要求。

（2）按双轴等稳定原则确定两分肢工字钢背面至背面间的距离 b。

初选缀条规格为 ∟ 45×5，采用设横缀条的单系腹杆体系。

一个角钢的截面积 $A_1 = 429 \ \text{mm}^2$，$i_{\min} = 8.8 \ \text{mm}$。

由式（4-52）得

$$\lambda_x = \sqrt{\lambda_y^2 - \frac{27A}{A_{1x}}} = \sqrt{54.1^2 - \frac{27 \times 12\,200}{2 \times 429}} = 50.4$$

需要绕虚轴 x 轴的回转半径为

$$i_{xs} = \frac{l_{0x}}{\lambda_x} = \frac{6000}{50.4} = 119 \ \text{mm}$$

由表 4-9 得 $b = i_{xs}/0.5 = 238 \ \text{mm}$，取 $b = 240 \ \text{mm}$。

对虚轴的整体稳定验算，计算式为

$$i_x = \sqrt{i_1^2 + \left(\frac{b}{2}\right)^2} = \sqrt{24.9^2 + \left(\frac{240}{2}\right)^2} = 122.6 \ \text{mm}$$

$$\lambda_x = \frac{l_{0x}}{i_x} = \frac{6000}{122.6} = 48.9$$

$$\lambda_{0x} = \sqrt{\lambda_x^2 + \frac{27A}{A_{1x}}} = \sqrt{48.9^2 + \frac{27 \times 12\,200}{2 \times 429}} = 52.7$$

查附录 4 得 $\varphi_x = 0.8435$，则格构柱绕虚轴整体稳定性验算如下：

$$\frac{N+W}{\varphi_y A} = \frac{2\,000 \times 10^3 + 8788}{0.8435 \times 12\,200} = 195.2 \ \text{N/mm}^2 < f = 215 \ \text{N/mm}^2$$

满足要求。

（3）刚度验算。

$$\lambda_{\max} = \lambda_y = 54.1 < [\lambda] = 150$$

满足要求。

（4）分肢稳定性验算。

取 $l_1 = 500 \ \text{mm}$ 缀条沿柱长等间距布置。

$$\lambda_1 = \frac{l_1}{i_1} = \frac{500}{24.9} = 20 < 0.7\lambda_{\max} = 0.7 \times 54.1 = 37.9$$

满足要求。

（5）缀条设计。

$$V = \frac{Af}{85}\sqrt{\frac{f_y}{235}} = \frac{12\,200 \times 215}{85}\sqrt{\frac{235}{235}} \times 10^{-3} = 30.86 \ \text{kN}$$

$$V_1 = \frac{V}{2} = 15.43 \ \text{kN}$$

$$\tan\alpha = \frac{500}{240} = 2.083, \ \alpha = 64.3°$$

斜缀条计算长度为

$$l_0 = \frac{240}{\cos 64.3°} = 553.4 \ \text{mm}$$

斜缀条长细比为

$$\lambda_0 = \frac{l_0}{i_{\min}} = \frac{553.4}{8.8} = 62.9$$

截面为 b 类,查附录 4 得 $\varphi = 0.792$。

缀条为等边单角钢单面连接,整体稳定承载力应乘以折减系数 η。

$$\eta = 0.6 + 0.0015\lambda_0 = 0.6 + 0.0015 \times 62.9 = 0.694$$

$$N_t = \frac{V_1}{n\cos\alpha} = \frac{15.43 \times 10^3}{1 \times \cos 64.3°} = 35.58 \ \text{kN}$$

$$\frac{N_t}{\eta\varphi A_1} = \frac{35.58 \times 10^3}{0.694 \times 0.792 \times 429} = 150.89 \ \text{N/mm}^2 < f = 215 \ \text{N/mm}^2$$

满足要求。

(6) 连接设计。

缀条与柱肢的连接采用角焊缝,L 形布置,取 $h_f = 5 \ \text{mm}$,$f_f^w = 160 \ \text{N/mm}^2$,则

$$N_3 = 2k_2 N_t = 2 \times 0.3 \times 35.58 = 21.35 \ \text{kN}$$

$$N_1 = N_t - N_3 = 35.58 - 21.35 = 14.23 \text{kN}$$

$$l_{w1} = \frac{N_1}{0.7h_f \times f_f^w} + h_f = \frac{14.23 \times 10^3}{0.7 \times 5 \times 160} + 5 = 30.4 \ \text{mm}$$

取 $l_{w1} = 31 \ \text{mm}$。

$$l_{w3} = \frac{N_3}{1.22 \times 0.7h_f \times f_f^w} + h_f = \frac{21.35 \times 10^3}{1.22 \times 0.7 \times 5 \times 160} + 5 = 36.3 \ \text{mm}$$

取 $l_{w3} = 45 \ \text{mm}$(满焊)。

(7) 横隔布置与设计。

构件截面较大宽度为 280 mm,横隔最大间距为 $280 \times 9 = 2520$ mm。在柱两端及沿柱长每两米设一道横隔,即可满足构造要求。

【例 4-4】 某工作平台轴心受压双肢缀板格构柱,截面由两个槽钢组成,柱高 6 m,两端铰支,由平台传给柱子的轴心压力设计值为 2000 kN。钢材为 Q235A,焊条采用 E43 型。要求进行柱的截面设计,并布置和设计缀板及与柱的连接。

(1) 确定柱肢截面尺寸。

查表 4-5 可知,截面关于实轴和虚轴都属于 b 类。

取 $f = 215 \ \text{N/mm}^2$,设 $\lambda_y = 60$,查稳定系数表得 $\varphi_y = 0.807$,柱肢截面面积为

$$A = \frac{N}{\varphi_y f} = \frac{2000 \times 10^3}{0.807 \times 215} = 11\ 527 \ \text{mm}^2$$

$$i_y = \frac{l_{0y}}{\lambda_y} = \frac{6000}{60} = 100 \ \text{mm}$$

查型钢表,初选□图形 32c,其截面特征为

$$A = 12\ 300 \ \text{mm}^2, \ i_y = 119 \ \text{mm}, \ y_0 = 20 \ \text{mm}, \ i_1 = 24.7 \ \text{mm}$$

柱自重：一根 $\bsqcup$ 图形 32c 每米长的重量为 48.3 kg。

$$W = 2 \times 48.3 \times 9.8 \times 6 \times 1.3 \times 1.2 = 8861 \text{ N}$$

式中，1.2 为恒荷载分项系数，1.3 为考虑缀板、柱头和柱脚等用钢后柱自重的增大系数。

格构柱绕实轴的整体稳定性验算：

$$\lambda_y = \frac{l_{0y}}{i_y} = \frac{6000}{119} = 50.4$$

查附录 4 得 $\varphi_y = 0.854$。

$$\frac{N+W}{\varphi_y A} = \frac{2000 \times 10^3 + 8861}{0.854 \times 12\ 300} = 191.2 \text{ N/mm}^2 < f = 215 \text{ N/mm}^2$$

满足要求。

（2）按双轴等稳定原则确定两分肢槽钢背面之间的距离 b。

$$0.5\lambda_y = 0.5 \times 50.4 = 25.2$$

取 $\lambda_1 = 25.2 < 40$，依双轴等稳定原则有

$$\lambda_x = \sqrt{\lambda_y^2 - \lambda_1^2} = \sqrt{50.4^2 - 25.2^2} = 43.6$$

$$i_x = \frac{l_{0x}}{\lambda_x} = \frac{6000}{43.6} = 137.6 \text{ mm}$$

$$b = 2(y_0 + \sqrt{i_x^2 - i_1^2}) = 2(20 + \sqrt{137.6^2 - 24.7^2}) = 311 \text{ mm}$$

设计采用 $b = 310$ mm。

$$i_x = \sqrt{i_1^2 + \left(\frac{b}{2} - y_0\right)^2} = \sqrt{24.7^2 + \left(\frac{310}{2} - 20\right)^2} = 137.2 \text{ mm}$$

$$\lambda_x = \frac{l_{0x}}{i_x} = \frac{6000}{137.2} = 43.7$$

$$\lambda_{0x} = \sqrt{\lambda_x^2 + \lambda_1^2} = \sqrt{43.7^2 + 25.2^2} = 50.4$$

查附表 4 得 $\varphi_x = 0.854$，则格构柱对虚轴的整体稳定验算为

$$\frac{N+W}{\varphi_x A} = \frac{2000 \times 10^3 + 8861}{0.854 \times 12\ 300} = 191.2 \text{ N/mm}^2 < f = 215 \text{ N/mm}^2$$

满足要求。

（3）刚度验算。

$$\lambda_{max} = 50.4 < [\lambda] = 150$$

满足要求。

（4）分肢稳定性验算。

$\lambda_1 = 25.2 < 0.5\lambda_{max} = 0.5 \times 50.4 = 25.2$ 且 $\lambda_1 < 40$，满足要求。

（5）缀板与连接设计。

柱分肢轴线间距：$b_1 = b - 2y_0 = 310 - 2 \times 20 = 270$ mm。

缀板高度：$b_p \geqslant \frac{2b_1}{3} = 180$ mm，取 $b_p = 250$ mm。

缀板厚度：$t \geqslant \frac{b_1}{40} = 6.75$ mm，取 $t = 8$ mm。

缀板间净距：$l_{01} = \lambda_1 i_1 = 25.2 \times 24.7 = 622$ mm，取 $l_{01} = 600$ mm。

缀板中心距：$l_1 = l_{01} + b_p = 600 + 250 = 850$ mm。

缀板长度取 $b_b = 180$ mm。

柱中剪力为

$$V = \frac{Af}{85}\sqrt{\frac{f_y}{235}} = \frac{12\ 300 \times 215}{85}\sqrt{\frac{235}{235}} \times 10^{-3} = 31.11 \text{ kN}$$

$$V_1 = \frac{V}{2} = 15.56 \text{ kN}$$

缀板内力为

$$V_j = \frac{V_1 l_1}{b_1} = \frac{15.56 \times 850}{270} = 49.0 \text{ kN}$$

$$M = \frac{V_1 l_1}{2} = \frac{15.56 \times 850}{2} = 6613 \text{ kN} \cdot \text{mm}$$

采用 $h_f = 6$ mm，满足构造要求；$l_w = b_p = 250$ mm（回焊部分略去不计），则

$$\sqrt{\left(\frac{\sigma_f}{\beta_f}\right)^2 + \tau_f^2} = \sqrt{\left(\frac{6 \times 6613 \times 10^3}{1.22 \times 0.7 \times 6 \times 250^2}\right)^2 + \left(\frac{49 \times 10^3}{0.7 \times 6 \times 250}\right)^2}$$

$$= 132.4 \text{ N/mm}^2 < f_f^w = 160 \text{ N/mm}^2$$

满足要求。

(6) 横隔布置与设计同例 4 - 3。

本 章 小 结

通过本章学习，我们应当熟悉实腹式与格构式轴心受力构件的常用截面形式与基本构造要求；掌握轴心受力构件强度、刚度计算与设计方法；掌握轴心受压构件整体稳定与局部稳定计算方法；掌握轴心受力构件的设计步骤与方法。

(1) 长度小、受载小的轴心受力构件优先采用实腹式截面；长度大、受载大的轴心受压构件优先采用格构式构件。

(2) 轴心受力构件的强度以最小净截面处的应力水平来控制设计。

(3) 轴心受力构件的刚度以最大长细比来控制设计。

(4) 轴心受压构件整体失稳有弯曲失稳、扭转失稳和弯扭失稳三种失稳形式。理想轴心受压构件整体稳定临界应力以欧拉公式计算，由构件弯曲长细比控制；当发生扭转失稳或者弯扭失稳时，应当采用扭转换算长细比或弯扭换算长细比替代弯曲长细比计算。

(5) 实际轴心受压构件不可避免地存在残余应力、初始弯曲、荷载初始偏心或者支座约束不理想等初始缺陷，影响构件整体稳定性。现行《标准》通过构件最大长细比计算得到整体稳定系数来衡量构件的整体稳定性。

(6) 组成轴心受压构件的板件因受到压应力而发生局部鼓曲称为构件局部失稳，一般情况下不允许构件发生局部失稳，可通过控制板件宽厚比或者径厚比来保证构件的局部稳定性。对于不直接承受动力荷载的构件，一定情况下允许发生局部失稳，可利用板件屈曲后强度进行截面设计。

(7) 格构式轴心受压构件由于缀材抗剪能力弱，一旦发生失稳，其剪切变形大于同样

截面的实腹式构件，因此整体稳定性计算采用换算长细比。格构式轴心受压构件设计时，需要保证整个构件整体稳定性、分肢的整体与局部稳定性、缀材的强度与整体稳定性，并保证缀材与分肢的连接强度。

习　题

4-1　某两端铰支的焊接工字形截面轴心受压柱，柱高 8 m，钢材采用 Q235A，采用如图 4-17(a)、(b) 所示的两种截面尺寸，翼缘板为剪切边。分别计算这两种截面柱能承受的轴心压力设计值，并作比较说明。

4-2　设计某由两等边角钢组成的 T 形截面两端铰支轴心受压构件。已知，两角钢间距为 10 mm，构件长 4 m，承受的轴心压力设计值为 350 kN，钢材采用 Q235A。

4-3　设计某工作平台轴心受压柱的截面尺寸。已知，柱采用焊接工字形截面，翼缘板为火焰切割边。柱高 8 m，两端铰支，柱承受的轴心压力设计值为 4000 kN，钢材采用 Q235A。

4-4　设计某工作平台轴心受压柱的截面尺寸。已知，设计条件与习题 4-3 相同，但在绕弱轴方向柱中高度处设置一个侧向支承点。

4-5　某两端铰支轴心受压缀条柱的柱高为 7 m，截面如图 4-18 所示，缀条采用单角钢∟45×6，斜缀条倾角为 45°，并设有横缀条，钢材为 Q235A。求该柱的轴心受压承载力设计值。

4-6　某两端铰支轴心受压缀板柱的柱高为 7 m，截面如图 4-18 所示，单肢长细比 $\lambda_1 = 35$，钢材为 Q235A。求该柱的轴心受压承载力设计值。

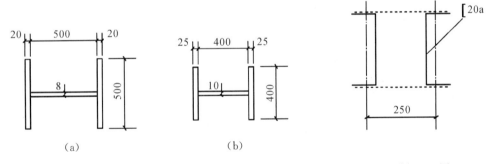

　　　　(a)　　　　　　　　　　　　(b)

图 4-17　习题 4-1 图　　　　　　　　图 4-18　习题 4-5 图

4-7　某焊接工字形截面轴心受压构件如图 4-19 所示，翼缘板为火焰切割边。构件承受的轴心压力设计值为 2000 kN，钢材采用 Q235A。试验算该构件是否满足设计要求。

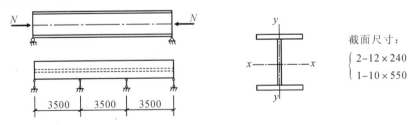

截面尺寸:
$$\begin{cases} 2-12 \times 240 \\ 1-10 \times 550 \end{cases}$$

图 4-19　习题 4-7 图

4-8　某两端铰支轴心受压柱的截面如图 4-20 所示,柱高为 7 m,承受的轴心压力设计值为 4500 kN(包含自重),钢材采用 Q235A。试验算该构件是否满足设计要求。

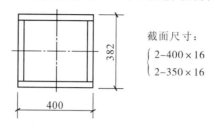

截面尺寸:
$$\begin{cases} 2\text{-}400\times16 \\ 2\text{-}350\times16 \end{cases}$$

图 4-20　习题 4-8 图

4-9　某两端铰支轴心受拉构件,长 7 m,截面为由 2∟100×8 组成的肢尖向下的 T 形截面,在杆长中间截面形心处有一直径为 21.5 mm 的螺栓孔,螺栓孔在两角钢相并肢上,拉杆承受轴心拉力设计值 900 kN。试验算该拉杆是否满足设计要求。

4-10　某工作平台轴心受压双肢缀条格构柱,截面由两个热轧工字型钢组成,柱高 8.5 m,两端铰支,由平台传给柱子的轴心压力设计值为 2600 kN,钢材为 Q235A,焊条采用 E43 型。要求进行柱的截面设计,并布置和设计缀材及与柱的连接,且绘制构造图。

4-11　同习题 4-10,其中的缀材采用缀板。

本章扩展知识见二维码。

轴心受力构件

第 5 章

受 弯 构 件

▶▶【本章要点】

(1) 型钢梁和焊接组合梁的设计，包括对组合梁合理地加劲肋；

(2) 梁整体稳定的分析；

(3) 考虑腹板屈曲后强度梁的设计。

▶▶【学习目标】

(1) 掌握梁的常用形式和特点，以及强度验算和截面设计方法；

(2) 理解梁整体稳定的概念、屈曲变形情况和基本计算原理；

(3) 掌握梁整体稳定的主要影响因素和改进措施，熟悉《标准》规定的计算公式和方法，并会按此进行稳定计算；

(4) 熟悉单向和双向受弯型钢梁的设计方法和验算内容；

(5) 熟悉焊接的梁截面设计和验算方法、内容和步骤；

(6) 熟悉支撑加劲肋的设计要求和计算方法等。

5.1 概 述

承受横向荷载的构件称为受弯构件，其形式有实腹式和格构式两类。在钢结构中，实腹式受弯构件也常称为梁，在土木工程领域的应用十分广泛，例如房屋建筑中的楼屋盖梁、檩条、墙梁、吊车梁以及工作平台梁(如图 5-1 所示)、桥梁、水工钢闸门、起重机、海上采油平台中的梁等。

5.1.1 实腹式受弯构件——梁

钢梁按截面形式分为型钢梁和焊接组合梁两类。型钢梁的构造简单，制造省工，成本较低，因此，在跨度与荷载不大时应优先采用。但当荷载或跨度较大时，由于轧制条件的限制，型钢梁的尺寸、规格不能满足要求时，就必须采用由几块钢板或型钢焊成的焊接组合梁(见图 5-2(g)～(j))。

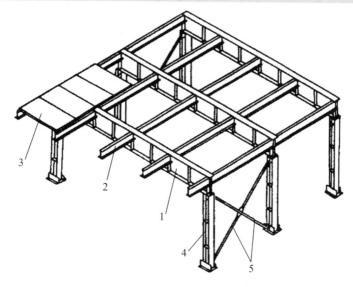

1—主梁；2—次梁；3—平台面板；4—柱；5—支撑。

图 5-1　工作平台的梁格

型钢梁大多采用热轧工字钢(见图 5-2(a))、H 型钢(见图 5-2(b))和槽钢(见图 5-2(c))，其中工字钢和窄翼缘 H 型钢截面为双轴对称，受力性能好，与其他构件连接也较为方便，应用最广。槽钢因其截面剪力中心在腹板外侧，弯曲时容易同时产生扭转，受力不利，设计时应在构造上采取措施。热轧型钢梁腹板的厚度较大，用钢量较多。某些受弯构件(如檩条、墙梁等)也可采用比较经济的冷弯薄壁型钢(见图 5-2(d)~(f))，但其防腐要求较高。

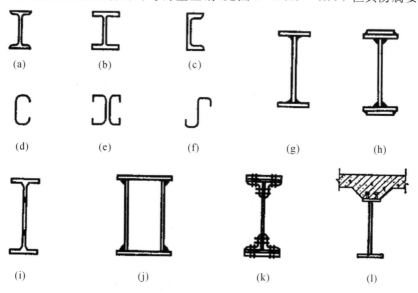

图 5-2　梁的截面类型

对于跨度和动力荷载较大的梁，如果采用厚钢板但其质量不能满足焊接结构或动力荷载要求时，可采用摩擦型高强度螺栓或铆接连接的组合截面(见图 5-2(k))。此外，在桥梁、楼盖、平台结构中，常采用钢与混凝土组合梁(见图 5-2(l))，以充分发挥钢材抗拉性能好、混凝土抗压强度高的特点。

5.1.2 格构式受弯构件——桁架

与实腹梁相比,桁架的特点是以弦杆代替翼缘、以腹杆代替腹板,而在各节点处将腹杆和弦杆连接。因此,桁架整体受弯时,弯矩表现为上下弦杆的轴心压力和拉力,剪力则表现为各腹杆的轴心压力或拉力。钢桁架可以根据不同使用要求制成所需的外形,对于跨度和高度较大的构件,其钢材用量比实腹梁有所减少,而刚度却有所增加。但是桁架的杆件和节点较多,构造较复杂,制造也较为费工。

与实腹梁一样,平面钢桁架在土木工程中的应用比较广泛,例如建筑工程中的屋架(见图 5-3(a)~(c))、托架,桁架式吊车梁,桥梁中的桁架桥,还有其他领域(如起重机臂架、水工闸门和海洋平台)的主要受弯构件等。大跨度屋盖结构中采用的钢网架,以及各种类型的塔桅结构(见图 5-3(d)),则属于空间钢桁架。

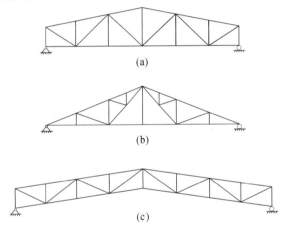

(a)

(b)

(c)

(d)

图 5-3 桁架的形式

5.1.3 截面板件宽厚比等级

绝大多数钢构件由板件构成,而板件宽厚比的大小直接决定了钢构件的承载力和受弯及压弯构件的塑性转动变形能力,因此钢构件截面的分类是钢结构设计技术的基础,尤其是钢结构抗震设计方法的基础。

根据截面承载力和塑性转动变形能力的不同,国际上一般将钢构件截面分为四类,但考虑到在受弯构件设计中采用截面塑性发展系数 γ_x,我国将截面根据其板件宽厚比分为 S1、S2、S3、S4、S5 共 5 个等级。

(1) S1 级截面:可达全截面塑性,保证塑性铰具有塑性设计要求的转动能力,且在转动过程中不降低承载力,称为一级塑性截面(也可称为塑性转动截面)。

(2) S2 级截面:可达全截面塑性,但由于局部屈曲,塑性铰转动能力有限,因此称为二级塑性截面。

(3) S3 级截面:翼缘全部屈服,腹板可发展不超过 1/4 截面高度的塑性,称为弹塑性截面。

(4) S4 级截面:边缘纤维可达屈服强度,但由于局部屈曲而不能发展塑性,因此称为弹性截面。

（5）S5 级截面：在边缘纤维达屈服应力前，腹板可能发生局部屈曲，称为薄壁截面。

在进行钢梁设计计算时，梁的截面设计等级应符合表 5 - 1 的规定。

表 5 - 1　钢梁截面类别

截面设计等级		S1 级（限值）	S2 级（限值）	S3 级（限值）	S4 级（限值）	S5 级（限值）
工字形截面	翼缘 b/t	$9\varepsilon_k$	$11\varepsilon_k$	$13\varepsilon_k$	$15\varepsilon_k$	20
	腹板 h_0/t_w	$65\varepsilon_k$	$72\varepsilon_k$	$93\varepsilon_k$	$124\varepsilon_k$	250
箱型截面	壁板、腹板间翼缘 b_0/t	$25\varepsilon_k$	$32\varepsilon_k$	$37\varepsilon_k$	$42\varepsilon_k$	—

5.2　受弯构件的强度和刚度

5.2.1　实腹式受弯构件（梁）的强度

构件的强度是指构件截面上某一点的应力或整个截面上的内力值，在构件破坏前达到所用材料强度极限的程度。对于钢梁，要保证强度安全，就要保证钢梁净截面的抗弯强度和抗剪强度不超过所用钢材的抗弯和抗剪强度极限。对于工形、箱形等截面的梁，在集中荷载处还要求腹板边缘局压强度满足要求。在某些情况下，还需对弯曲应力、剪应力及局部压应力共同作用下的折算应力进行验算。现分别进行描述。

1. 梁的抗弯强度

受弯的钢梁可视为理想弹塑性体，截面中的应变始终符合平截面假定，弯曲应力随弯矩的增加而变化，其发展过程可分为弹性、弹塑性和塑性三个阶段。

1）弹性工作阶段

当弯矩 M_x 较小时，截面上的弯曲应力 σ 呈三角形直线分布（见图 5 - 4(b)），其边缘纤维最大应力 $\sigma = M_x/W_{nx}$，这个阶段可持续达到屈服点 f_y。对于需要计算疲劳强度的梁，以此阶段作为计算依据，其相应的最大弯矩为

$$M_{xe} = f_y W_{nx} \tag{5-1}$$

式中，M_{xe} 为梁的弹性极限弯矩；W_{nx} 为梁对 x 轴的净截面（弹性）模量。

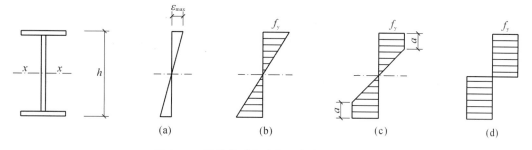

图 5 - 4　梁受弯时各阶段正应力的分布情况

2）弹塑性工作阶段

超过弹性极限弯矩后，如果弯矩继续增加，则截面外缘部分进入塑性状态，中央部分仍保持弹性。此时截面弯曲应力不再保持三角形直线分布，而是呈折线分布（见图 5-4(c)）。《标准》把此阶段作为梁抗弯强度计算的依据。

3）塑性工作阶段

随着弯矩 M_x 的增大，梁截面的塑性区不断向内发展，弹性区逐渐变小。当弹性区几乎完全消失（见图 5-4(d)）时，弯矩 M_x 不再增加，而变形却急剧发展，梁在弯矩作用方向绕该截面中和轴自由转动，形成塑性铰，达到承载能力的极限。其最大弯矩为

$$M_{xp} = f_y (S_{1nx} + S_{2nx}) = f_y W_{pnx} \tag{5-2}$$

式中，S_{1nx}、S_{2nx} 分别为中和轴以上、以下净截面对中和轴 x 的面积矩；$W_{pnx} = S_{1nx} + S_{2nx}$ 为梁对 x 轴的净截面（塑性）模量。

在全截面塑性阶段，由于梁截面轴向力应等于 0，因此中和轴以上截面面积应等于中和轴以下截面面积，可知中和轴是截面面积的平分线。对于双轴对称截面，中和轴仍与形心轴重合，单轴对称截面，中和轴与形心轴不重合。

由式（5-1）、式（5-2），塑性铰弯矩 M_{xp} 与弹性极限弯矩 M_{xe} 之比为

$$\gamma_F = \frac{M_{xp}}{M_{xe}} = \frac{W_{pnx}}{W_{nx}} \tag{5-3}$$

γ_F 称为截面形状系数，它与截面的几何形状有关，而与材料的性质、外荷载都无关。γ_F 越大，表明在弹性阶段以后梁继续承载能力就越大。

对于矩形截面，$\gamma_F = 1.5$；对于圆形截面，$\gamma_F = 1.7$；对于圆管截面，$\gamma_F = 1.27$；对于工字形截面，绕强轴（x 轴）时 $\gamma_F = 1.07 \sim 1.17$，绕弱轴（$y$ 轴）时 $\gamma_F = 1.5$。就矩形截面而言，γ_F 值说明在边缘屈服后，内部塑性变形还能继续承担超过 $50\% M_{xe}$ 的弯矩。

显然，在计算梁的抗弯强度时，考虑截面塑性发展比不考虑截面塑性发展要节省钢材。然而是否采用塑性设计，还应考虑以下因素：

（1）梁的挠度影响。塑性铰形成以后，结构成为机构（可变体系），理论上构件挠度会无限增长。如果截面的应力发展状态接近这种状态，会造成过大的塑性变形和显著的残余变形，因此有必要对塑性变形的发展深度加以限制，这就是《标准》所采取的强度准则——有限塑性发展的强度准则。

（2）剪应力的影响。当最大弯矩所在的截面上有剪应力作用时，将提早出现塑性铰，因为截面同一点上弯应力和剪应力共同作用时，应以折算应力是否大于等于屈服极限 f_y 来判断钢材是否达到塑性状态。

（3）局部稳定的影响。超静定梁在形成塑性铰和内力重分配的过程中，要求在塑性铰转动时能保证受压翼缘和腹板不丧失局部稳定。

（4）疲劳的影响。梁在连续重复荷载的作用下，可能会发生突然的脆性断裂，这与缓慢的塑性破坏完全不同。

有限塑性发展的强度准则：将截面塑性区限制在某一范围，一旦塑性区达到规定的范围即视为破坏。梁的抗弯强度按下列规定计算：

在单向弯矩 M_x 作用下

$$\frac{M_x}{\gamma_x W_{nx}} \leqslant f \tag{5-4}$$

在双向弯矩 M_x 和 M_y 作用下

$$\frac{M_x}{\gamma_x W_{nx}} + \frac{M_y}{\gamma_y W_{ny}} \leqslant f \tag{5-5}$$

式中，M_x、M_y 分别为绕 x 轴和 y 轴的弯矩（对于工字形截面，x 轴为强轴，y 轴为弱轴）；W_{nx}、W_{ny} 分别为 x 轴和 y 轴的净截面模量；γ_x、γ_y 分别为截面塑性发展系数。

《标准》将塑性变形的发展深度控制在 $h/4 \sim h/8$ 之间，以避免梁产生过大的塑性变形而影响使用。《标准》引进了截面部分塑性发展系数 γ_x 和 γ_y（见表 5-2）来考虑截面抗弯承载能力的提高，γ_x、γ_y 与式(5-3)的截面形状系数 γ_F 的含义有差别，故称为截面塑性发展系数。

对于工字形和箱形截面，当截面板件宽厚比等级为 S4 或 S5 级时，截面塑性发展系数应取 1.0，当截面板件宽厚比等级为 S1、S2 及 S3 时，截面塑性发展系数应按下列规定取值：

(1) 对于工字形截面（x 轴为强轴，y 轴为弱轴），$\gamma_x = 1.05$，$\gamma_y = 1.2$。

(2) 对于箱形截面，其 $\gamma_x = \gamma_y = 1.05$。

对于其他截面，应根据其受压板件的内力分布情况确定其截面板件宽厚比等级，可按表 5-1 采用。

对需要计算疲劳的梁，宜取 $\gamma_x = \gamma_y = 1.0$。

直接承受动力荷载的梁也可以考虑塑性发展，但为了可靠，对需要计算疲劳的梁还是以不考虑截面塑性发展为宜。

思考：什么情况下需要计算疲劳？

由上述内容可知，当梁的抗弯强度不够时，最有效的办法是增大梁截面的高度，也可以增大其他任一尺寸。

2. 梁的抗剪强度

工字形和槽形截面梁的剪应力分布如图 5-5 所示，最大剪应力在腹板中和轴处。《标准》规定以截面最大剪应力达到钢材的抗剪屈服极限作为抗剪承载能力极限状态。因此，对于绕强轴（x 轴）受弯的梁，其抗剪强度按下式计算：

$$\tau = \frac{VS}{I_x t_w} \leqslant f_v \tag{5-6}$$

式中，V 为截面沿腹板平面作用的剪力；S 为剪应力处以上（或以下）毛截面对中和轴的面

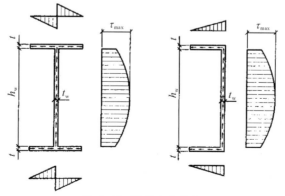

图 5-5　梁剪应力分布

积矩；I_x 为毛截面绕强轴（x 轴）的惯性矩；t_w 为腹板厚度；f_v 为钢材的抗剪强度设计值（见附录 1 的附表 1-1）。从剪应力分布情况可以看出，提高梁抗剪强度最有效的办法是增大腹板面积，即增加腹板高度 h_w 和厚度 t_w。

表 5-2　截面塑性发展系数 γ_x、γ_y 值

项次	截　面	γ_x	γ_y
1		1.05	1.2
2			1.05
3		$\gamma_{x1}=1.05$ $\gamma_{x2}=1.2$	1.2
4			1.05
5		1.2	1.2
6		1.15	1.15
7		1.0	1.05
8			1.0

3. 梁的局部承压强度

　　当工字形、箱形截面梁上受有沿腹板平面作用的集中荷载（如吊车的轮压、支座反力等）且该荷载处未设置支承加劲肋（见图 5-6(a)、(b)）时，集中荷载通过翼缘传给腹板，腹

板边缘集中荷载作用处会有很高的局部横向压应力，可能达到钢材的抗压屈服极限。为保证这部分腹板不致受压破坏，应验算腹板计算高度边缘处的局部承压强度。在集中荷载作用下，翼缘类似支承于腹板上的弹性地基梁，腹板计算高度边缘的局部压应力分布如图 5-6(c)所示。

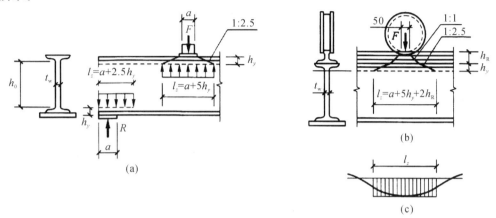

图 5-6　梁局部承压应力

（1）当梁上翼缘受有沿腹板平面作用的集中荷载且该荷载处又未设置支承加劲肋时，腹板计算高度上边缘的局部承压强度应按下列公式计算：

$$\sigma_c = \frac{\psi F}{t_w l_z} \leqslant f \tag{5-7}$$

$$l_z = 3.25 \sqrt[3]{\frac{I_R + I_f}{t_w}} \tag{5-8(a)}$$

或

$$l_z = a + 5h_y + 2h_R \tag{5-8(b)}$$

式中：F 为集中荷载，对动力荷载应考虑动力系数（N）；ψ 为集中荷载增大系数（对于重级工作制吊车梁，$\psi = 1.35$；对于其他梁，$\psi = 1.0$）；l_z 为集中荷载在腹板计算高度上边缘的假定分布长度，宜按式（5-8(a)）计算，也可采用简化式（5-8(b)）计算（mm）；l_R 为轨道绕自身形心轴的惯性矩（mm^4）；l_f 为梁上翼缘绕翼缘中面的惯性矩（mm^4）；a 为集中荷载沿梁跨度方向的支承长度（mm）（对于钢轨上的轮压，a 可取为 50 mm）；h_y 为自梁顶面至腹板计算高度上边缘的距离。对于焊接梁，其值为上翼缘厚度；对于轧制工字形截面梁，其值为梁顶面到腹板过渡完成点的距离（mm）；h_R 为轨道的高度。对于梁顶面无轨道的梁，其取值为 0（mm）。f 为钢材的抗压强度设计值（N/mm^2）。

集中荷载的分布长度 l_z 的简化计算方法为原规范计算公式，与式（5-8(a)）直接计算的结果颇为接近。因此式（5-8(b)）中的 a 取 50 mm 应该被理解为为了拟合式（5-8(a)）而引进的，不宜被理解为轮子和轨道的接触面的长度。真正的接触面长度应在 20~30 mm 之间。

轨道上作用的轮压，压力穿过具有抗弯刚度的轨道向梁腹板内扩散，可以判断：轨道的抗弯刚度越大，扩散的范围越大，下部腹板越薄（即下部越软弱），则扩散的范围越大。因此式（5-8(a)）正确地反映了这个规律。而为了简化计算，《标准》给出了式（5-8(b)），但是考虑到腹板越厚翼缘也越厚的规律，式（5-8(b)）实际上反映的是与式（5-8(a)）不同的规律，因此应用时应加以注意。

对于轧制型钢梁，腹板的计算高度 h_0 为腹板与上、下翼缘相交界处两内弧起点间的距离（见图 5-6(a)）；对于焊接组合梁，h_0 为腹板的高度；对于铆接（或高强度螺栓连接）组合梁，h_0 为上、下翼缘与腹板连接的铆钉（或高强度螺栓）线间的最近距离。

（2）在梁的支座处，当不设置支承加劲肋时，也应按式(5-7)计算腹板计算高度下边缘的局部压应力，但 ψ 取 1.0。支座集中反力的假定分布长度，应根据支座具体尺寸参照式(5-8(b))计算。

当局部承压强度不足时，在固定集中荷载处（包括支座处），应设置支承加劲肋予以加强；对于移动集中荷载，则只能修改梁截面，以加大腹板厚度。

4. 梁在复杂应力作用下的强度计算

在梁的腹板计算高度边缘处，当同时受有较大的正应力、剪应力和局部压应力，或同时受有较大的正应力和剪应力（如连续梁中部支座处或梁的翼缘截面改变处等）时，应按下式验算该处的折算应力：

$$\sqrt{\sigma^2 + \sigma_c^2 - \sigma \cdot \sigma_c + 3\tau^2} \leqslant \beta_1 f \qquad (5-9)$$

$$\sigma = \frac{M_x}{I_{nx}} \cdot y_1 \qquad (5-10)$$

式中，σ、τ、σ_c 分别为腹板计算高度边缘同一点上同时产生的弯曲正应力、剪应力和局部压应力，τ、σ_c 应分别按式(5-6)、式(5-7)左端表达式计算，σ 按式(5-10)计算。σ 和 σ_c 均以拉应力为正值，压应力为负值。I_{nx} 为梁净截面惯性矩。y_1 为所计算点至梁中和轴的距离。β_1 为验算折算应力的强度设计值增大系数，当 σ 与 σ_c 异号时，取 $\beta_1 = 1.2$，当 σ 与 σ_c 同号或 $\sigma_c = 0$ 时，取 $\beta_1 = 1.1$。因为当 σ 与 σ_c 异号时，其塑性变形能力比 σ 与 σ_c 同号时大，故前者的 β_1 值大于后者。

验算折算应力公式(5-9)是根据能量强度理论保证钢材在复杂受力状态下处于弹性状态的条件。考虑到需验算折算应力的部位只是梁的局部区域，故公式中取 β_1 大于 1 的系数。复合应力作用下允许应力少量放大，不应理解为钢材的屈服强度增大，而应理解为允许塑性开展。这是因为最大应力出现在局部个别部位，基本不影响整体的性能。

注意事项：

（1）如果考虑腹板屈曲后强度，则不按照本节方法计算抗弯强度和抗剪强度，而应按照本章 5.5 小节介绍的方法计算。

（2）抗弯强度、抗剪强度和局部承压强度均应选择与其相应的最不利截面处进行计算。抗弯强度应选择弯矩最大处，在截面改变处还应选择改变截面处。抗剪强度应选择剪力最大处，对于型钢梁，由于其腹板较厚，一般可不进行计算。局部承压强度应选择集中力作用处，若该处设置了加劲肋，可不计算。折算应力应选择同时受有较大的正应力、剪应力和局部挤压应力或同时受有较大的正应力和剪应力处。

5.2.2 梁的刚度

梁的刚度用荷载作用下的挠度大小来度量，梁的刚度不足，就不能保证其正常使用。例如，楼盖梁的挠度超过正常使用的某一限值时，一方面会给人产生一种不舒服和不安全的感觉，另一方面也可能使其上部的楼面及下部的抹灰开裂，影响结构的正常使用；吊车

梁挠度过大，会加剧吊车运行时的冲击和振动，甚至使吊车运行困难等。因此，《标准》规定梁的挠度不能超过下列限值，即

$$v_T \leqslant [v_T] \qquad (5-11(a))$$

$$v_Q \leqslant [v_Q] \qquad (5-11(b))$$

式中，v_T、v_Q 分别为全部荷载（包括永久和可变荷载）、可变荷载的标准值（不考虑荷载分项系数和动力系数）产生的最大挠度（如有起拱应减去拱度）；$[v_T]$、$[v_Q]$ 分别为梁全部荷载（包括永久和可变荷载）、可变荷载的标准值产生的挠度的容许挠度值。对于某些常用的受弯构件，《标准》根据实践经验规定的容许挠度值$[v]$见附录2的附表2-1。

另外，对于冶金厂房或类似车间中设有工作级别为A7、A8级起重机的车间，其跨间每侧吊车梁或吊车桁架的制动结构，由一台最大起重机横向水平荷载（按荷载规范取值）所产生的挠度不宜超过制动结构跨度的1/2200。

计算结构或构件的变形时，可不考虑螺栓或铆钉孔引起的截面削弱，按毛截面进行计算。

【例5-1】 有一个工作平台，其梁格布置如图5-7所示。平台承受的荷载为：板自重 $3.5\ kN/m^2$，活荷载 $9.5\ kN/m^2$（标准值），次梁采用热轧普通工字型钢，其规格为 I40a，材料是 Q235，平台铺板与次梁连牢。试验算次梁的强度和刚度。

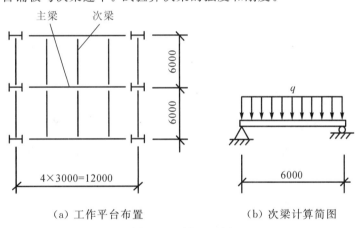

（a）工作平台布置　　　（b）次梁计算简图

图5-7　例5-1图

解 由题意可知，次梁承受3.0 m宽度范围内的平台荷载作用，从附录8的附表8-3中查出型钢 I40a 的自重为 67.6 kg/m，即 0.662 kN/m，次梁承受的荷载如表5-3所示（恒、活荷载的分项系数分别取1.3、1.5）。

表5-3　工作台荷载

项目	标准值	设计值
平台板恒荷载	$3.5\ kN/m^2 \times 3.0\ m = 10.5\ kN/m$	$10.5\ kN/m \times 1.3 = 13.65\ kN/m$
平台活荷载	$9.5\ kN/m^2 \times 3.0\ m = 28.5\ kN/m$	$28.5\ kN/m \times 1.5 = 42.75\ kN/m$
次梁自重	$0.788\ kN/m$	$0.788\ kN/m \times 1.3 = 1.02\ kN/m$
小计	$q_k = 39.788\ kN/m$	$q = 57.42\ kN/m$

次梁内力：

$$M_{max}=\frac{ql^2}{8}=\frac{57.42\times6^2}{8}=258.39 \text{ kN·m}$$

$$V_{max}=\frac{ql}{2}=57.42\times\frac{6}{2}=172.26 \text{ kN}$$

查附表 8-3，型钢 I45a 的截面特征参数：$I_x=32\ 200\times10^4 \text{ mm}^4$，$W_x=1\ 430\times10^3 \text{ mm}^3$，$S_x=834\times10^3 \text{ mm}^3$，$h=450 \text{ mm}$，$b=150 \text{ mm}$，$t=18.0 \text{mm}$，$t_w=11.5 \text{ mm}$，$r=13.5 \text{ mm}$。

次梁截面板件宽厚比等级为 S1，截面塑性发展系数为：$\gamma_x=1.05$，$\gamma_y=1.2$。

（1）次梁的强度验算。

① 抗弯强度。最大正应力发生在次梁跨中截面，则

$$\sigma_{max}=\frac{M_{max}}{\gamma_x W_x}=\frac{258.39\times10^6}{1.05\times1\ 430\times10^3}=172.09 \text{ N/mm}^2<f=205 \text{ N/mm}^2$$

② 抗剪强度。次梁与主梁叠接，最大剪应力发生在次梁端部截面，则

$$\tau_{max}=\frac{V_{max}\cdot S_x}{I_x\cdot t_w}=\frac{172.26\times10^3\times834\times10^3}{32\ 200\times10^4\times11.5}=38.80 \text{ N/mm}^2<f_v=120 \text{ N/mm}^2$$

③ 梁支座处局部承压强度。设主梁支承次梁的长度 $a=80 \text{ mm}$，不设置支承加劲肋，则应计算支座处局部承压强度。

$$h_y=t+r=18.0+13.5 \text{ mm}=31.5 \text{ mm}$$

$$l_z=a+2.5h_y=80+2.5\times31.5 \text{ mm}=158.75 \text{ mm}$$

$$\sigma_c=\frac{\psi V_{max}}{t_w l_z}=\frac{1.0\times172.26\times10^3}{11.5\times158.75}=94.36 \text{ N/mm}^2<f=205 \text{ N/mm}^2$$

对于次梁弯矩和剪力都同时较大的截面，虽然支座处的剪力和局部承压应力都较大，但弯应力 $\sigma=0$，故不再计算折算应力。

（2）次梁的刚度（挠度）验算。

① 全部荷载标准值产生的挠度：

$$\frac{v_T}{l}=\frac{5}{384}\frac{q_k l^3}{EI}=\frac{5}{384}\cdot\frac{39.788\times6\ 000^3}{2.06\times10^5\times32\ 200\times10^4}=\frac{1}{593}<\frac{[v_T]}{l}=\frac{1}{250}$$

② 可变荷载标准值产生的挠度：

$$\frac{v_Q}{l}=\frac{5}{384}\frac{q_{Qk} l^3}{EI}=\frac{5}{384}\cdot\frac{28.5\times6\ 000^3}{2.06\times10^5\times32\ 200\times10^4}=\frac{1}{828}<\frac{[v_Q]}{l}=\frac{1}{300}$$

结论：从上述计算结果看出，该平台中所选择的次梁能满足强度和刚度要求。

5.3   受弯构件的整体稳定

5.3.1   受弯构件整体稳定的概念

为了提高抗弯强度，节省钢材，钢梁截面一般做成高而窄的形式，如此在受荷方向刚度大，而侧向刚度较小。在梁的最大刚度平面内，当荷载较小时，梁的弯曲平衡状态是稳定的；然而，如果梁的侧向支承较弱，随着荷载的增大，在弯曲应力尚未达到钢材的屈服点之

前，突然发生侧向弯曲和扭转变形，使梁丧失继续承载的能力而破坏，这种现象称为梁的侧向弯扭屈曲或整体失稳，如图 5-8 所示。梁能维持稳定平衡状态所承受的最大荷载或最大弯矩，称为临界荷载或临界弯矩。

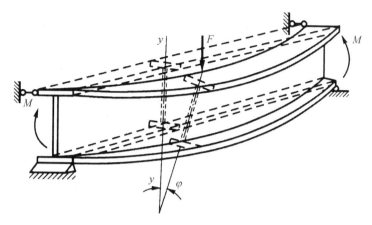

图 5-8　梁的整体失稳

　　钢梁整体失稳从概念上讲是由于梁内存在较大的纵向弯曲压应力，在刚度较小方向发生的侧向变形会引起附加侧向弯矩，从而进一步加大侧向变形，反过来又会增大附加侧向弯矩。但钢梁内有半个截面是弯曲拉应力，趋向于把受拉翼缘和截面受拉部分拉直（亦即减小侧向变形），而不是压屈。由于受拉翼缘对受压翼缘侧向变形的牵制和约束，梁整体失稳总是表现为受压翼缘发生较大侧向变形和受拉翼缘发生较小侧向变形的弯扭屈曲。由此可见，增强梁受压翼缘的侧向稳定性是提高梁整体稳定性的有效方法。

　　由于梁的整体失稳是在强度破坏之前突然发生的，且失稳前没有明显的征兆，因此，必须特别注意。

5.3.2　梁整体稳定的临界弯矩

　　根据以上介绍可知，设计钢梁除要保证强度、刚度的要求外，还应保证梁的整体稳定性，即梁的荷载弯矩不得超过临界弯矩 M_{cr}。M_{cr} 要用二阶分析方法求得，即假定梁是一根理想的直梁，受荷产生下挠的同时，还因侧向干扰有微小的侧弯和扭转；然后在此变形位置上写出梁的平衡方程，解得满足此平衡方程的弯矩就是梁的整体稳定临界弯矩 M_{cr}。

　　对于两端铰支的双轴对称工字形截面梁，按弹性稳定理论用二阶分析方法可得

$$M_{cr} = \beta \cdot \frac{\sqrt{EI_y GI_t}}{l} \qquad (5-12)$$

式中，β 为梁的弯扭屈曲系数（见表 5-4）。对双轴对称工字形截面，其表达式如下：

$$\beta = \pi \sqrt{1 + \pi^2 \cdot \left(\frac{h}{2l}\right)^2 \frac{EI_y}{GI_t}} = \pi \sqrt{1 + \pi^2 \psi}$$

而

$$\psi = \left(\frac{h}{2l}\right)^2 \frac{EI_y}{GI_t}$$

式中，EI_y、GI_t 分别为截面抗弯刚度、抗扭刚度；l 为梁受压翼缘的自由长度（受压翼缘相

邻两侧向支承点之间的距离);I_y 为梁对 y 轴(弱轴)的毛截面惯性矩;I_t 为梁截面扭转惯性矩;E、G 为钢材的弹性模量及剪切模量。

从式(5-12)可见,梁的临界弯矩不仅和它的侧向抗弯刚度有关,也和抗扭刚度有关。因此,这一临界弯矩公式充分体现出了弯扭屈曲的特点。

表 5-4   双轴对称工字型截面简支梁的弯扭屈曲系数 β

荷载情况	β		说明
	荷载作用于形心	荷载作用于上下翼缘	
（集中荷载图） M	$\beta=1.35\pi\ \sqrt{1+10.2\psi}$	$\beta=1.35\pi\ \sqrt{1+12.9\psi}$ $\mp 1.74\sqrt{\psi}$	"—"用于荷载作用在上翼缘;"+"用于荷载作用在下翼缘
（均布荷载图） M	$\beta=1.13\pi\ \sqrt{1+10\psi}$	$\beta=1.13\pi\ \sqrt{1+11.9\psi}$ $\mp 1.44\sqrt{\psi}$	
（纯弯曲图） M	$\beta=\pi\ \sqrt{1+\pi^2\psi}$		

对于其他截面梁,不同支承情况或在不同荷载作用下的临界弯矩也可推导得出,此处不再赘述。

为了找到提高梁整体稳定性的措施,对式(5-12)进行分析,可以得到下述结论:

(1)梁的侧向抗弯刚度 EI_y、抗扭刚度 GI_t 越大,临界弯矩 M_{cr} 越大。因此,增大 I_y 可以有效提高临界弯矩,而受压翼缘宽度对 I_y 的影响显著,故在保证局部稳定性的条件下,宜增大受压翼缘的宽度。

(2)梁受压翼缘的自由长度 l 越大,临界弯矩 M_{cr} 越小。因此,应在受压翼缘部位适当设置侧向支撑,减小梁受压翼缘的侧向计算长度。

(3)荷载作用类型及其作用位置对临界弯矩有影响,表 5-4 说明跨中央作用一个集中荷载时临界弯矩最大,纯弯曲时临界弯矩最小,而荷载作用在下翼缘比作用于上翼缘的临界弯矩 M_{cr} 大。这是因为:荷载作用在上翼缘时(见图 5-9(a)),在梁产生微小侧向位移和扭转的情况下,荷载 P 将产生绕剪力中心的附加扭矩 Pe,并对梁侧向弯曲和扭转起促进作用,使梁加速丧失整体稳定;反之,当荷载 P 作用在梁的下翼缘时(见图 5-9(b)),将产生反方向的附加扭矩 Pe,有利于阻止梁的侧向弯曲和扭转,延缓梁丧失整体稳定。

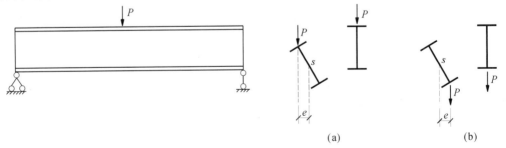

图 5-9   荷载作用位置对梁整体稳定的影响

5.3.3　梁整体稳定性的计算

根据梁整体稳定临界弯矩 M_{cr} 可得截面上临界应力为

$$\sigma_{cr} = \frac{M_{cr}}{W_x} = \beta \frac{\sqrt{EI_y GI_t}}{l \cdot W_x} \tag{5-13}$$

式中，σ_{cr} 为梁丧失整体稳定时的临界应力；W_x 为受压时梁对 x 轴的毛截面模量。当截面板件宽厚比等级为 S1、S2、S3 或 S4 级时，应取全截面模量；当截面板件宽厚比等级为 S5 级时，应取有效截面模量。均匀受压翼缘有效外伸宽度可取 $15\varepsilon_k$，腹板有效截面可按 6.5.2 小节的规定采用。

为保证梁整体稳定，要求梁在荷载设计值作用下最大应力 σ 应满足下式要求：

$$\sigma = \frac{M_x}{W_x} \leqslant \frac{\sigma_{cr}}{\gamma_R} = \frac{\sigma_{cr}}{f_y} \cdot \frac{f_y}{\gamma_R} = \varphi_b f \tag{5-14}$$

由此可得单向受弯构件的整体稳定计算公式为

$$\frac{M_x}{\varphi_b W_x f} \leqslant 1.0 \tag{5-15}$$

式中，M_x 为绕强轴（x 轴）作用的最大弯矩；$\varphi_b = \sigma_{cr}/f_y$ 为梁的整体稳定系数。

在两个主平面内同时受有弯矩作用的双向受弯构件，其整体失稳亦将在弱轴侧向弯扭屈曲，但其理论分析较为复杂，因此一般按经验近似计算。《标准》规定在两个主平面内受弯的 H 型钢截面和工字形截面构件，其整体稳定性应按下式计算：

$$\frac{M_x}{\varphi_b W_x f} + \frac{M_y}{\gamma_y W_y f} \leqslant 1.0 \tag{5-16}$$

式中，M_x、M_y 分别为绕强轴（x 轴）、弱轴（y 轴）作用的最大弯矩；W_x、W_y 分别为按受压纤维确定的对 x 轴、y 轴的毛截面模量；φ_b 为绕强轴弯曲所确定的梁整体稳定系数；γ_y 是对弱轴的截面塑性发展系数（见表 5-2）。

关于梁整体稳定系数 φ_b，由于临界应力理论公式比较繁杂，不便应用，故《标准》简化成实用的计算公式（见附录 3）。

如各种荷载作用的双轴或单轴对称等截面焊接工字形以及轧制 H 型钢简支梁的整体稳定系数 φ_b 实用计算公式为

$$\varphi_b = \beta_b \frac{4320}{\lambda_y^2} \cdot \frac{Ah}{W_x} \left[\sqrt{1 + \left(\frac{\lambda_y t_1}{4.4h} \right)^2} + \eta_b \right] \varepsilon_k \tag{5-17}$$

式中：β_b 为梁整体稳定的等效临界弯矩系数（按附表 3-1 采用）；λ_y 为梁在侧向支承点间对截面弱轴 y-y 的长细比，$\lambda_y = l_1/i_y$，l_1 为受压翼缘相邻两侧向支承点之间的距离，i_y 为梁毛截面对 y 轴的截面回转半径；A 为梁的毛截面面积；h、t_1 为梁截面的全高和受压翼缘的厚度；η_b 为截面不对称影响系数。对于双轴对称截面，$\eta_b = 0$；对于单轴对称工字形截面，加强受压翼缘的 $\eta_b = 0.8(2\alpha_b - 1)$；加强受拉翼缘的 $\eta_b = 2\alpha_b - 1$。其中，$\alpha_b = \dfrac{I_1}{I_1 + I_2}$，$I_1$ 和 I_2 分别为受压翼缘和受拉翼缘对 y 轴的惯性矩。

需要注意：各种截面的受弯构件（包括轧制工字形钢梁），其整体稳定系数都是按弹性稳定理论求得的。研究证明，当求得的 $\varphi_b > 0.6$ 时，受弯构件已进入弹塑性工作阶段，整体稳定临界应力有明显的降低，必须用式（5-18）对 φ_b 进行修正，用修正后的 φ'_b（但不大于

1.0)代替 φ_b 进行梁的整体稳定计算。

$$\varphi'_b = 1.07 - \frac{0.282}{\varphi_b} \leqslant 1.0 \qquad (5-18)$$

《标准》规定，当符合下列情况之一时，梁的整体稳定可以得到保证，不必进行计算：

（1）有铺板（各种钢筋砼板和钢板）密铺在梁的受压翼缘上并与其牢固连接，能够阻止梁受压翼缘的侧向位移时。

这里应当注意的是，铺板起阻止梁失稳的作用应满足两个条件：一是在自身平面内有很大刚度；二是和梁翼缘应牢固相连。各类钢筋混凝土楼板在自身平面内都有足够的刚度。现浇板和梁翼缘之间的黏结足以阻止梁侧向位移。而预制板则需要在梁翼缘上焊剪力件，并把预制板间的空隙用砂浆填实，从而使板和梁牢固相连。

当有压型钢板现浇钢结构混凝土楼板在梁的受压翼缘上并与其牢固连接，能阻止受压翼缘的侧向位移时，梁不会丧失整体稳定，因此不必计算其整体稳定性。在梁的受压翼缘上仅铺设压型钢板，当有充分依据时可不计算梁的整体稳定性。

对屋盖檩条来说，屋面是否能阻止屋盖檩条的扭转和受压翼缘的侧向位移取决于屋面板的安装方式：屋面板采用咬合型连接时，宜将其看成对檩条上翼缘无约束，此时应设置横向水平支撑加以约束；屋面板采用自攻螺钉与屋盖檩条连接时，可视其为檩条上翼缘的约束。

（2）箱形截面简支梁，截面尺寸（见图 5-10）满足 $h/b_0 \leqslant 6$ 且 $l_1/b_0 \leqslant 95\varepsilon_k^2$ 时。l_1 为受压翼缘侧向支承点间的距离（梁的支座处视为有侧向支承）。由于箱形截面的抗侧向弯曲刚度和抗扭转刚度远远大于工字形截面，整体稳定性很强，因此本条规定的 h/b_0 和 l_1/b_0 值很容易得到满足。

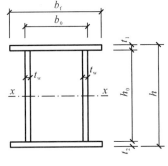

图 5-10　箱形截面简支梁

需要指出的是，上述条件是建立在梁支座不产生扭转的前提下的，因此在构造上要保证支座处梁上翼缘有可靠的侧向支点，不发生扭转。

防止梁端截面扭转的方法如下：

（1）在下翼缘和支座相连的同时对上翼缘也提供侧向支承。如图 5-11 所示，用一块板将上翼缘连于支承结构上，这种结构方案常见于厂房吊车梁。

（2）对于高度不大而翼缘又不太窄的梁（见图 5-12(a)），则可以依靠支座加劲肋在其平面内的抗弯刚度来防止扭转。

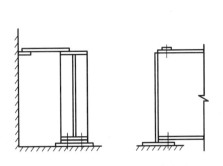

图 5-11　梁上翼缘的侧向支点

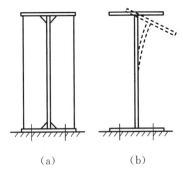

(a)　　　(b)

图 5-12　有抗扭加劲肋的梁和缺少抗扭设施的梁

　　既没有加劲肋，又没有上翼缘支承措施的梁(见图 5 – 12(b))，其支承截面抗扭全靠腹板的弯曲刚度来提供。这时，由于腹板出平面弯曲刚度很弱，当梁失稳时，梁端截面就将出现图 5 – 12(b)中所示的变形，这就不符合推导整体稳定计算公式时梁端扭角为零的前提条件。因此，梁的整体稳定系数就将小于按公式计算的数值。

　　另外，对仅腹板连接的钢梁(见图 5 – 13)，钢梁的腹板容易变形，且抗扭刚度小，并不能保证梁端截面不发生扭转。因此在设计中遇到这种梁时，如果需要计算整体稳定，可采取的办法之一是适当增大梁的计算长度。《标准》第 6.2.5 条规定：当简支梁仅腹板与相邻构件相连，钢梁稳定性计算时侧向支承点距离应取实际距离的 1.2 倍。用作减小梁受压翼缘自由长度的侧向支撑，其支撑力应将梁的受压翼缘视为轴心压杆计算。另一种办法可考虑按梁端无扭转的情况计算临界弯矩，然后乘以折减系数。《高层民用建筑钢结构技术规程》第 7.1.2 条规定：当梁在端部仅以腹板与柱(或主梁)相连时，φ_b(或 $\varphi_b > 0.6$ 时的 φ'_b)应乘以降低系数 0.85。

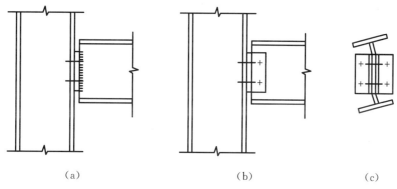

图 5 – 13　只用腹板和柱相连的梁

　　支座承担负弯矩且梁顶有混凝土楼板时，框架梁下翼缘的稳定性计算应符合下列规定：

　　(1) 当 $\lambda_{n,b} \leq 0.45$ 时，可不计算框架梁下翼缘的稳定性。

　　(2) 当不满足(1)时，框架梁下翼缘的稳定性应按下列公式计算：

$$\frac{M_x}{\varphi_d W_{1x} f} \leq 1.0 \tag{5-19}$$

$$\lambda_e = \pi \lambda_{n,b} \sqrt{\frac{E}{f_y}} \tag{5-20}$$

$$\lambda_{n,b} = \sqrt{\frac{f_y}{\sigma_{cr}}} \tag{5-21}$$

$$\sigma_{cr} = \frac{3.46 b_1 t_1^3 + h_w t_w^3 (7.27\gamma + 3.3)\varphi_1}{h_w^2 (12 b_1 t_1 + 1.78 h_w t_w)} E \tag{5-22}$$

$$\gamma = \frac{b_1}{t_w} \sqrt{\frac{b_1 t_1}{h_w t_w}} \tag{5-23}$$

$$\varphi_1 = \frac{1}{2} \left(\frac{5.436\gamma h_w^2}{l^2} + \frac{l^2}{5.436\gamma h_w^2} \right) \tag{5-24}$$

式中：b_1 为受压翼缘的宽度(mm)；t_1 为受压翼缘的厚度(mm)；W_{1x} 为弯矩作用平面内对受压最大纤维的毛截面模量(mm⁴)；φ_d 为稳定系数，根据换算长细比 λ_e 按附表 4 – 2 采用；

$\lambda_{n,b}$ 为正则化长细比；σ_{cr} 为畸变屈曲临界应力（N/mm^2）；l 为当框架主梁支承次梁且次梁高度不小于主梁高度的一半时，取次梁到框架柱的净距；除此情况外，取梁净距的一半（mm）。

框架主梁的负弯矩区下翼缘受压，上翼缘受拉，且上翼缘有楼板起侧向支撑和提供扭转的约束，因此负弯矩区的失稳是畸变失稳。将下翼缘作为压杆，腹板作为对下翼缘提供侧向弹性支撑的部件，上翼缘看成固定，则可以求出纯弯简支梁下翼缘发生畸变屈曲的临界应力，考虑到支座条件接近嵌固，弯矩快速下降变成正弯矩等有利因素，以及实际结构腹板高厚比的限值，腹板对翼缘能够提供强大的侧向约束，因此框架梁负弯矩区的畸变屈曲并不是一个需要特别加以精确计算的问题。

正则化长细比小于或等于 0.45 时，弹塑性畸变屈曲应力基本达到钢材的屈服强度，此时的截面尺寸刚好满足式（5-19）。对于抗震设计，要求应更加严格。

（3）当不满足（1）、（2）两条规定时，在侧向未受约束的受压翼缘区段内，应设置隅撑或沿梁长设间距不大于 2 倍梁高并与梁等宽的横向加劲肋。设置加劲肋能够为下翼缘提供更加刚强的约束，并带动楼板对框架梁提供扭转约束。设置加劲肋后，刚度会很大，一般不再需要计算整体稳定和畸变屈曲。

【**例 5-2**】 设计平台梁格，梁格布置及平台承受的荷载见例 5-1。若平台铺板不与次梁连牢，钢材为 Q235，假设次梁的截面为窄翼缘 H 型钢，规格为 HN496×199×9×14。试验算该次梁。

解 平台荷载计算同例 5-1（恒、活荷载的分项系数分别取 1.3、1.5）。其结果如表 5-5 所示。

表 5-5 计 算 结 果

项 目	标准值	设计值
平台板恒荷载	3.5 kN/m^2×3.0 m=10.5 kN/m	10.5 kN/m×1.3=13.65 kN/m
平台活荷载	9.5 kN/m^2×3.0 m=28.5 kN/m	28.5 kN/m×1.5=42.75 kN/m
次梁自重（由 H 型钢表查得）	0.779 kN/m	0.779 kN/m×1.3=1.013 kN/m
	q_k=39.779 kN/m	q=57.41 kN/m

次梁内力：

$$M_{max}=\frac{ql^2}{8}=\frac{57.41\times6^2}{8}=258.35 \text{ kN·m}$$

$$V_{max}=\frac{ql}{2}=57.41\times\frac{6}{2}=172.23 \text{ kN}$$

查附表 8-1，HN496×199×9×14 的截面特征参数：A=99.3 cm^2，I_x=40 800×10^4 mm^4，W_x=1650×10^3 mm^3，h=496 mm，b=199 mm，t_1=9 mm，t_2=14 mm，i_y=43.0 mm。

次梁截面板件的宽厚比等级为 S1，截面的塑性发展系数为 γ_x=1.05，γ_y=1.2。

（1）强度验算。

① 抗弯强度。最大弯曲应力发生在次梁跨中截面，则

$$\sigma_{max}=\frac{M_{max}}{\gamma_x W_x}=\frac{258.35\times10^6}{1.05\times1650\times10^3}=149.12 \text{ N/mm}^2 < f=215 \text{ N/mm}^2$$

② 抗剪强度。次梁与主梁等高连接，最大剪应力发生在次梁端部截面，假设端部剪力全部由腹板承担，则

$$\tau_{max} = \frac{1.5V_{max}}{h_w \cdot t_w} = \frac{1.5 \times 172.23 \times 10^3}{(496 - 2 \times 14) \times 9} = 61.34 \text{ N/mm}^2 < f_v = 125 \text{ N/mm}^2$$

由于次梁与主梁连接处设支承加劲肋，因此，不必验算次梁支座处的局部承压强度。另外，该次梁没有弯矩和剪力都同时较大的截面，故不用计算折算应力。

（2）刚度（挠度）验算。

$$\frac{v_T}{l} = \frac{5}{384} \frac{q_k l^3}{EI} = \frac{5}{384} \times \frac{39.779 \times 6\,000^3}{2.06 \times 10^5 \times 40\,800 \times 10^4} = \frac{1}{751} < \frac{[v_T]}{l} = \frac{1}{250}$$

由此可见，可变荷载标准值产生的挠度足以满足 $[v_Q]/l = 1/300$ 要求，故不再计算 v_Q。

（3）整体稳定性验算。

由于平台铺板不与次梁连牢，因此需要计算次梁整体稳定性。对于 H 型钢，应按式（5-17）计算 φ_b。

$$\xi = \frac{l_1 t_1}{b_1 h} = \frac{6000 \times 14}{199 \times 496} = 0.85 \text{（受压翼缘厚度 } t_1 \text{ 是 H 型钢表中的 } t_2 \text{ 值）}$$

查附表 3-1 得

$$\beta_b = 0.69 + 0.13\xi = 0.69 + 0.13 \times 0.85 = 0.80$$

H 型钢为双轴对称截面：

$$\eta_b = 0, \quad \lambda_y = \frac{l_1}{i_y} = \frac{6\,000}{43.0} = 139.5 \text{ mm}$$

则

$$\varphi_b = \beta_b \frac{4320}{\lambda_y^2} \cdot \frac{Ah}{W_x} \left[\sqrt{1 + \left(\frac{\lambda_y t_1}{4.4h}\right)^2} + \eta_b \right] \varepsilon_k$$

$$= 0.80 \times \frac{4320}{139.5^2} \times \frac{99.3 \times 49.6}{1650} \left[\sqrt{1 + \left(\frac{139.5 \times 1.4}{4.4 \times 49.6}\right)^2} + 0 \right] \times 1.0$$

$$= 0.7$$

因 $\varphi_b = 0.7 > 0.6$，应按下式修正：

$$\varphi_b' = 1.07 - \frac{0.282}{\varphi_b} = 1.07 - \frac{0.282}{0.70} = 0.667$$

验算整体稳定：

$$\frac{M_x}{\varphi_b' \cdot W_x} = \frac{258.35 \times 10^6}{0.667 \times 1\,650 \times 10^3} = 235 \text{ N/mm}^2 > f = 215 \text{ N/mm}^2$$

整体稳定不满足要求。

结论：上述计算结果表明，该次梁能满足强度和刚度要求，但不能满足整体稳定要求。

思考：通过本例题的计算，试说出工作平台中次梁承载能力是由什么条件决定的，采取什么措施能够降低次梁用钢量。

【例 5-3】 如图 5-14 所示的两种简支梁截面，其截面面积大小相同，跨度均为 12 m，跨间无侧向支承点，均布荷载大小亦相同，均作用在梁的上翼缘，钢材采用 Q235 钢，试比较梁的整体稳定性系数 φ_b，说明哪种情况下的稳定性更好。

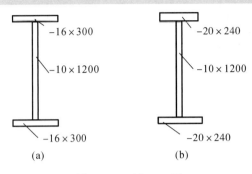

图 5 - 14　例 5 - 3 图

解　截面 I（见图 5 - 14(a)）：

$$A = 2 \times 1.6 \times 30 + 120 \times 1 = 216 \text{ cm}^2$$

$$I_y = 2 \times \frac{1}{12} \times 1.6 \times 30^3 = 7\,200 \text{ cm}^4$$

$$i_y = \sqrt{\frac{I_y}{A}} = \sqrt{\frac{7\,200}{216}} = 5.8 \text{ cm}$$

$$\lambda_y = \frac{1\,200}{5.8} = 206.9,\ h = 123.2 \text{ cm}$$

$$t_1 = 16 \text{ mm}$$

$$W_x = \frac{2I_x}{h} = \frac{2(\frac{1}{12} \times 1 \times 120^3 + 2 \times 1.6 \times 30 \times 60.8^2)}{123.2} = 8\,100 \text{ cm}^3$$

$$\xi = \frac{l_1 t_1}{b_1 h} = \frac{1\,200 \times 1.6}{30 \times 123.2} = 0.52 < 2.0$$

查表得：

$$\beta_b = 0.69 + 0.13\xi = 0.69 + 0.13 \times 0.52 = 0.76$$

$$\varphi_b^{\text{I}} = \beta_b \frac{4320}{\lambda_y^2} \cdot \frac{Ah}{W_x} \left[\sqrt{1 + \left(\frac{\lambda_y t_1}{4.4h} \right)^2} + \eta_b \right] \varepsilon_k$$

$$= 0.76 \times \frac{4320}{206.9^2} \times \frac{216 \times 123.2}{8\,100} \sqrt{1 + \left(\frac{206.9 \times 1.6}{4.4 \times 123.2} \right)^2} = 0.30$$

截面 II（见图 5 - 14(b)）：

$$A = 2 \times 24 \times 2 + 120 \times 1 = 216 \text{ cm}^2$$

$$I_y = 2 \times \frac{1}{12} \times 2 \times 24^3 = 4\,610 \text{ cm}^4$$

$$\lambda_y = \frac{l}{i_y} = \frac{1200}{4.6} = 260.9$$

$$i_y = \sqrt{\frac{I_y}{A}} = \sqrt{\frac{4610}{216}} = 4.6 \text{ cm}$$

$$h = 1240 \text{ mm},\ t_1 = 20 \text{ mm}$$

$$W_x = \frac{2I_x}{h} = \frac{2 \times (\frac{1}{12} \times 1 \times 120^3 + 2 \times 2 \times 23 \times 61^2)}{124} = 8080 \text{ cm}^3$$

$$\xi=\frac{1200\times2}{24\times124}=0.81<2.0$$

查表得：

$$\beta_b=0.69+0.13\times0.81=0.80$$

$$\varphi_b^{II}=0.80\times\frac{4320}{260.9^2}\times\frac{216\times124}{8080}\sqrt{1+(\frac{260.9\times2}{4.4\times124})^2}=0.23$$

计算结果：$\varphi_b^{I}>\varphi_b^{II}$，说明截面 I 的整体稳定比截面 II 的好。

5.4　受弯构件的局部稳定和腹板加劲肋的设计

5.4.1　受弯构件局部稳定的概念

在进行受弯构件截面设计时，为了节省钢材，提高强度、整体稳定性和刚度，常选择高、宽而较薄的截面。然而，如果板件过于宽薄，构件中的部分薄板会在构件发生强度破坏或丧失整体稳定之前，板中压应力或剪应力达到某一数值（即板的临界应力）后，受压翼缘或腹板可能会突然偏离其原来的位置而发生显著的波形屈曲，这种现象称为构件丧失局部稳定性（见图 5-15）。

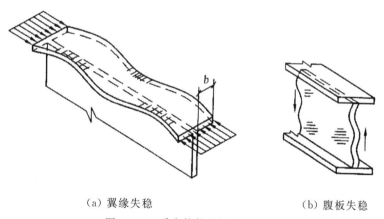

　　（a）翼缘失稳　　　　　　　　　　　（b）腹板失稳

图 5-15　受弯构件局部失稳的现象

当翼缘或腹板丧失局部稳定时，虽然不会使整个构件立即失去承载能力，但薄板局部屈曲部位会迅速退出工作，构件整体弯曲中心偏离荷载的作用平面，使构件的刚度减小，强度和整体稳定性也会降低，以致构件发生扭转而提早失去整体稳定。因此，在设计受弯构件时，选择的板件不能过于宽薄。

虽然热轧型钢板件宽厚比较小，但都能满足局部稳定要求，不需要计算。对于冷弯薄壁型钢梁的受压或受弯板件，当宽厚比不超过规定的限制时，认为板件全部有效；当超过此限制时，则只考虑一部分宽度有效（称为有效宽度），应按《冷弯薄壁型钢结构技术规范》（GB 50018—2016）规定计算。

这里主要叙述一般钢结构焊接组合梁中受压翼缘和腹板的局部稳定。

　　承受静力荷载和间接承受动力荷载的焊接截面梁可考虑腹板屈曲后强度，按 5.5 节的规定计算其抗弯和抗剪承载力；而直接承受动力荷载的吊车梁及类似构件或其他不考虑屈曲后强度的组合梁，当 $h_0/t_w > 80\varepsilon_k$ 时，则需要计算腹板的稳定性。轻、中级工作制吊车梁计算腹板的稳定性时，吊车轮压设计值可乘以折减系数 0.9。

5.4.2　受压翼缘的局部稳定

　　对于理想的薄板（即理想的平板，所受荷载无初偏心）（见图 5-16），按弹性理论可得板的局部稳定临界应力通用公式为

$$\sigma_{cr} = k \frac{\pi^2 E}{12(1-\nu^2)} \left(\frac{t}{b}\right)^2 \tag{5-25}$$

式中，t 为板的厚度；b 为板的宽度；ν 为钢材的泊松比；k 为板的屈曲系数，与板的应力状态及支撑情况有关，各种情况下的 k 值见表 5-6。

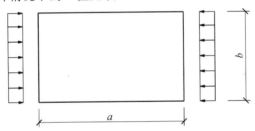

图 5-16　四边简支均匀受压板

表 5-6　板的屈曲系数 k

项次	支撑情况	应力状态	k	备注
1	四边简支	两平行边均匀受压	$k_{min}=4$	
2	三边简支一边自由	两平行简支边均匀受压	$k=0.425+\left(\dfrac{b}{a}\right)^2$	a、b 为板边长，a 为自由边长
3	四边简支	两平行边受弯	$k_{min}=23.9$	
4	两平行边简支另两边固定	两平行简支边受弯	$k_{min}=39.6$	
5	四边简支	一边局部受压	当 $\dfrac{a}{b} \leqslant 1.5$，$k=\left(4.5\dfrac{b}{a}+7.4\right)\dfrac{b}{a}$ 当 $\dfrac{a}{b} > 1.5$，$k=\left(11-0.9\dfrac{b}{a}\right)\dfrac{b}{a}$	a、b 为板边长，a 与压应力方向垂直
6	四边简支	四边均匀受剪	当 $\dfrac{a}{b} \leqslant 1$，$k=4.0+5.34\left(\dfrac{b}{a}\right)^2$ 当 $\dfrac{a}{b} > 1$，$k=4.0\left(\dfrac{b}{a}\right)^2+5.34$	a、b 为板边长，b 为短边长

　　焊接组合梁的受压翼缘板可以视为受均布压应力作用（见图 5-17）。根据单向均匀受压板的临界应力公式（5-25）及表 5-6 第 2 栏，并考虑梁翼缘纵向压应力由于残余应力等

影响，已进入弹塑性阶段，弹性模量 E 已降为 $0.5E$，k 取最小值 0.425 来计算 σ_{cr}，同时为充分发挥材料强度，必须保证在构件发生强度破坏之前翼缘板不丧失局部稳定。因此，要求翼缘板的临界应力 $\sigma_{cr} \geqslant f_y$，即

$$\sigma_{cr} = 0.425 \times \frac{\pi^2 \times 0.5E}{12(1-\nu^2)} \left(\frac{t}{b}\right)^2 \geqslant f_y \tag{5-26}$$

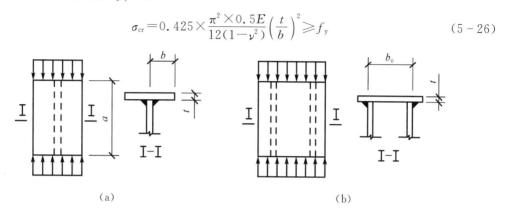

图 5-17 焊接组合梁的受压翼缘板

当梁按弹塑性阶段设计，即截面允许出现部分塑性时（即 $\gamma_x > 1.0$），满足 S3 级要求。将 $E = 206 \times 10^3 \text{ N/mm}^2$ 和 $\nu = 0.3$ 代入可得翼缘宽厚比的验算公式：

$$\frac{b}{t} \leqslant 13\varepsilon_k \tag{5-27}$$

式中，b 为翼缘板的自由外伸宽度；t 为翼缘板的厚度。

当梁按弹性设计（即 $\gamma_x = 1.0$）时，满足 S4 级要求，b/t 可放宽至 $15\varepsilon_k$。

当梁按弹塑性设计方法设计时，允许梁出现塑性铰，要求截面具有一定的转动能力。因此对受压翼缘的宽厚比限值的要求更高，满足 S1 级要求：

$$\frac{b}{t} \leqslant 9\varepsilon_k \tag{5-28}$$

箱形梁翼缘板（见图 5-17(b)）在两腹板之间无支承的部分，相当于四边简支单向均匀受压板，宽度 b_0 与其厚度 t 的比值要求见表 5-1。

5.4.3 腹板的局部稳定

1. 焊接组合梁腹板局部稳定理论

为了使梁截面设计更加经济合理，梁腹板通常做得高而薄，因此，局部稳定的问题就较为突出。梁腹板的应力状态比较复杂，主要有三角形分布的弯应力 σ、抛物线形分布的剪应力 τ、沿高度衰减较快的局部压应力 σ_c。从三种应力在梁截面上的分布情况看，腹板主要承受剪应力 τ 作用，其次是弯应力 σ 和局部压应力 σ_c。在剪应力单独作用下，腹板在 45°方向产生主应力，主拉应力和主压应力数值上都等于剪应力；在主压应力作用下，腹板失稳形式如图 5-18(a)所示，为大约 45°方向倾斜的凸凹波形；在弯曲正应力单独作用下，腹板的失稳形式如图 5-18(b)所示，凸凹波形的中心靠近其压应力合力的作用线；在局部压应力单独作用下，腹板失稳形式如图 5-18(c)所示，产生一个靠近横向压应力作用边缘的鼓曲面。

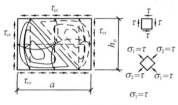 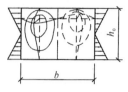 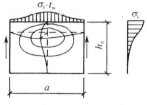

（a）主压应力作用　　　（b）弯曲正应力单独作用　　　（c）局部压应力单独作用

图 5-18　梁腹板的失稳形式

焊接组合梁的腹板一般都同时受几个应力的作用，各项应力差异较大，研究起来比较困难。因此，通常分别研究剪应力 τ、弯曲应力 σ、局部压应力 σ_c 单独作用下的临界应力，再根据试验研究建立三项应力联合作用下的相关性稳定理论。

1）腹板在纯剪应力作用下

腹板在纯剪应力作用时，可以视为四边简支均匀分布剪应力 τ 的薄板，如图 5-18(a) 所示。按式(5-25)及表 5-6 第 6 栏，将 $E=206\times10^3$ N/mm^2 和 $\nu=0.3$ 代入式(5-25)，并考虑翼缘对腹板的弹性嵌固作用，取嵌固系数 $\chi=1.23$，用 t_w 表示腹板的厚度，用腹板高 h_0 代替 b，则

$$\tau_{cr}=\chi\cdot k\frac{\pi^2 E}{12(1-\nu^2)}\left(\frac{t_w}{h_0}\right)^2=1.23\times\left[5.34+\frac{4}{(a/h_0)^2}\right]\frac{\pi^2\times206\times10^3\ \text{N/mm}^2}{12(1-0.3^2)}\left(\frac{t_w}{h_0}\right)^2$$

$$=123\left(\frac{100t_w}{h_0}\right)^2\ \text{N/mm}^2 \tag{5-29}$$

式(5-29)按弹性分析求得，而腹板的实际失稳状态属于弹塑性屈曲，根据试验结果，板在纯剪应力作用下弹塑性屈曲的临界应力为

$$\tau_{cr,ep}=\sqrt{\tau_{cr}\cdot\tau_p} \tag{5-30}$$

而 $\tau_p=0.8f_{vy}=0.8f_y/\sqrt{3}$，若要求 $\tau_{cr,ep}$ 不低于 f_{vy}，那么

$$\tau_{cr,ep}=\sqrt{123\times\left(\frac{100t_w}{h_0}\right)^2\times\frac{0.8f_y}{\sqrt{3}}}\geqslant\frac{f_y}{\sqrt{3}}$$

上式经整理后得

$$\frac{h_0}{t_w}\leqslant85\varepsilon_k \tag{5-31}$$

2）腹板在纯弯曲应力作用下

腹板在纯弯曲应力作用时，其屈曲变形如图 5-18(b) 所示。按式(5-25)及表 5-6 第 3 栏，将 $E=206\times10^3$ N/mm^2 和 $\nu=0.3$ 代入式(5-25)，并考虑翼缘对腹板的弹性嵌固作用，取嵌固系数 $\chi=1.61$，其临界应力为

$$\sigma_{cr}=\chi\cdot k\frac{\pi^2 E}{12(1-\nu^2)}\left(\frac{t_w}{h_0}\right)^2=1.61\times23.9\times\frac{\pi^2\times206\times10^3}{12\times(1-0.3^2)}\left(\frac{t_w}{h_0}\right)^2$$

$$=715\left(\frac{100t_w}{h_0}\right)^2\ \text{N/mm}^2 \tag{5-32}$$

若要求 σ_{cr} 不低于 f_y，则由 $715\left(\dfrac{100t_w}{h_0}\right)^2\geqslant f_y$ 可得

$$\frac{h_0}{t_w}\leqslant174\varepsilon_k \tag{5-33}$$

3）腹板在局部压应力作用下

在梁的横向集中荷载作用下，腹板的一个边缘受压，属于单侧受压板，按式（5-25）及表 5-6 第 5 栏（取 $a/h_0=2$），将 $E=206\times10^3$ N/mm² 和 $\nu=0.3$ 代入式（5-25），并考虑翼缘对腹板的弹性嵌固作用，取嵌固系数 $\chi=1.3$，可得其临界应力为

$$\sigma_{c,cr}=k\cdot\chi\ \frac{\pi^2E}{12(1-\nu^2)}\left(\frac{t_w}{h_0}\right)^2=166\left(\frac{100t_w}{h_0}\right)^2\ \text{N/mm}^2 \tag{5-34}$$

若要求 $\sigma_{c,cr}$ 不低于 f_y，则由 $166\left(\dfrac{100t_w}{h_0}\right)^2\geqslant f_y$ 可得

$$\frac{h_0}{t_w}\leqslant84\varepsilon_k \tag{5-35}$$

2. 焊接组合梁腹板局部稳定验算

为了提高腹板的局部稳定性，可采取下列措施：① 增加腹板的厚度；② 设置合适的加劲肋，以提高其临界应力。后一个措施往往是比较经济的。

加劲肋的布置形式如图 5-19 所示。图 5-19（a）仅布置横向加劲肋，图 5-19（b）同时布置横向和纵向加劲肋，图 5-19（c）除布置横向和纵向加劲肋外还布置有短加劲肋。纵、横向加劲肋交叉处切断纵向加劲肋，让横向加劲肋贯通，并尽可能地使纵向加劲肋两端支撑于横向加劲肋上。图 5-19（d）为高强度螺栓连接（或铆接）梁，上、下翼缘与腹板采用高强度螺栓（或铆钉）连接。

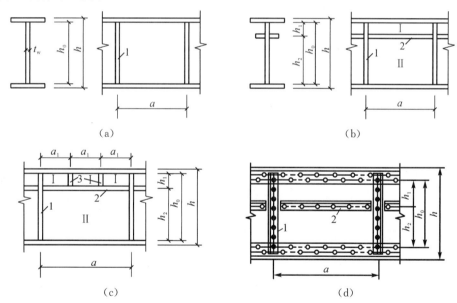

（a）　　　　　　　　　　　　　　　（b）

（c）　　　　　　　　　　　　　　　（d）

1—横向加劲肋；2— 纵向加劲肋；3— 短加劲肋。

图 5-19　腹板加劲肋的布置

横向加劲肋主要防止由剪应力和局部压应力可能引起的腹板失稳，纵向加劲肋主要防止由弯曲压应力可能引起的腹板失稳，短加劲肋主要防止由局部压应力可能引起的腹板失稳。梁腹板的主要作用是抗剪，相比之下，剪应力最容易引起腹板失稳。因此，三种加劲肋中横向加劲肋是最常采用的。

设置加劲肋后，腹板被划分成若干个四边支承的矩形板区格，这些板区格一般都同时受弯曲正应力、剪应力，有时还有局部压应力的作用，因此要逐一验算。如果验算不满足要

求，或富余过多，还应调整间距重新布置加劲肋，然后再作验算，直到满足为止。

1）仅配置横向加劲肋加强的腹板（见图 5 - 19(a)）

腹板在两个横向加劲肋之间的区格，同时受有弯曲正应力 σ、剪应力 τ，可能还有一个边缘压应力 σ_c 共同作用（如图 5 - 20 所示）。所以采用综合考虑三种应力共同作用的经验近似稳定相关公式。对于仅用横向加劲肋的腹板，《标准》规定按下列稳定相关公式计算其局部稳定性：

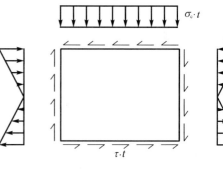

图 5 - 20　腹板受三种应力同时作用

$$\left(\frac{\sigma}{\sigma_{cr}}\right)^2 + \left(\frac{\tau}{\tau_{cr}}\right)^2 + \frac{\sigma_c}{\sigma_{c,cr}} \leqslant 1.0 \quad (5-36)$$

式中：σ 为所计算腹板区格内，由平均弯矩产生的腹板计算高度边缘的弯曲压应力；τ 为所计算腹板区格内，由平均剪力产生的腹板平均剪应力，$\tau = V/(h_w t_w)$，h_w 为腹板高度；σ_c 为腹板计算高度边缘的局部压应力，应按式(5-7)计算，但式中的 $\psi = 1.0$；σ_{cr}、$\sigma_{c,cr}$、τ_{cr} 分别在 σ、σ_c、τ 单独作用下板的临界应力（弹塑性）。

上述的 τ_{cr}、σ_{cr}、$\sigma_{c,cr}$ 计算公式是在弹性条件下推导出的，而事实上，腹板工作可能处于弹塑性状态，因此，应对这些临界应力作相应的弹塑性修正。

首先，引入一个参数 λ，称其为腹板的正则化高厚比，在腹板单独受弯、受剪、受局部压力时，分别用 $\lambda_{n,b}$、$\lambda_{n,s}$、$\lambda_{n,c}$ 表示，则

$$\left.\begin{array}{l} \lambda_{n,b} = \sqrt{\dfrac{f_y}{\sigma_{cr}}} \\[3mm] \lambda_{n,s} = \sqrt{\dfrac{f_{vy}}{\tau_{cr}}} \\[3mm] \lambda_{n,c} = \sqrt{\dfrac{f_y}{\sigma_{c \cdot cr}}} \end{array}\right\} \qquad (5-37)$$

式中，$\lambda_{n,b}$ 为用于腹板受弯计算时的通用高厚比；$\lambda_{n,s}$ 为用于腹板受剪计算时的通用高厚比；$\lambda_{n,c}$ 为用于腹板受局部压力计算时的通用高厚比。

（1）σ_{cr} 计算：

由式(5-37)得

$$\lambda_{n,b}^2 = \frac{f_y}{\sigma_{cr}}$$

将式(5-32)中的 σ_{cr} 代入上式，并取 $2h_c = h_0$ 得

当梁受压翼缘扭转受到约束时

$$\lambda_{n,b} = \frac{2h_c/t_w}{177} \cdot \frac{1}{\varepsilon_k} \qquad (5-38(a))$$

当梁受压翼缘扭转未受到约束时

$$\lambda_{n,b} = \frac{2h_c/t_w}{138} \cdot \frac{1}{\varepsilon_k} \qquad (5-38(b))$$

式中，h_c 为梁腹板弯曲受压区高度，对于双轴对称截面，$2h_c = h_0$。由于腹板应力最大处翼缘应力也很大，后者对前者并不提供约束，因此将原规范式分母的 153 改为 138。

σ_{cr} 应按下列公式计算：

当 $\lambda_{n,b} \leqslant 0.85$ 时：

$$\sigma_{cr} = f \qquad (5-39(a))$$

当 $0.85 < \lambda_{n,b} \leqslant 1.25$ 时：

$$\sigma_{cr} = [1 - 0.75(\lambda_{n,b} - 0.85)]f \qquad (5-39(b))$$

当 $\lambda_{n,b} > 1.25$ 时：

$$\sigma_{cr} = \frac{1.1f}{\lambda_{n,b}^2} \qquad (5-39(c))$$

（2）τ_{cr} 计算：

同样
$$\lambda_{n,s}^2 = \frac{f_{vy}}{\tau_{cr}} = \frac{f_y}{\sqrt{3} \cdot \tau_{cr}}$$

将式（5-29）中的 τ_{cr} 代入上式，得

当 $a/h_0 \leqslant 1.0$ 时：

$$\lambda_{n,s} = \frac{h_0/t_w}{37\eta \sqrt{4 + 5.34(h_0/a)^2}} \cdot \frac{1}{\varepsilon_k} \qquad (5-40(a))$$

当 $a/h_0 > 1.0$ 时：

$$\lambda_{n,s} = \frac{h_0/t_w}{37\eta \sqrt{5.34 + 4(h_0/a)^2}} \cdot \frac{1}{\varepsilon_k} \qquad (5-40(b))$$

τ_{cr} 应按下列公式计算：

当 $\lambda_{n,s} \leqslant 0.8$ 时：

$$\tau_{cr} = f_v \qquad (5-41(a))$$

当 $0.8 < \lambda_{n,s} \leqslant 1.2$ 时：

$$\tau_{cr} = [1 - 0.59(\lambda_{n,s} - 0.8)]f_v \qquad (5-41(b))$$

当 $\lambda_{n,s} > 1.2$ 时：

$$\tau_{cr} = \frac{1.1f_v}{\lambda_{n,s}^2} \qquad (5-41(c))$$

（3）$\sigma_{c,cr}$ 计算：

$$\lambda_c^2 = \frac{f_y}{\sigma_{c,cr}}$$

将式（5-34）中的 $\sigma_{c,cr}$ 代入上式，得

当 $0.5 \leqslant a/h_0 \leqslant 1.5$ 时：

$$\lambda_{n,c} = \frac{h_0/t_w}{28 \sqrt{10.9 + 13.4(1.83 - a/h_0)^3}} \cdot \frac{1}{\varepsilon_k} \qquad (5-42(a))$$

当 $1.5 < a/h_0 \leqslant 2.0$ 时：

$$\lambda_{n,c} = \frac{h_0/t_w}{28 \sqrt{18.9 - 5a/h_0}} \cdot \frac{1}{\varepsilon_k} \qquad (5-42(b))$$

$\sigma_{c,cr}$ 应按下列公式计算：

当 $\lambda_{n,c} \leqslant 0.9$ 时：

$$\sigma_{c,cr} = f \qquad (5-43(a))$$

当 $0.9 < \lambda_{n,c} \leqslant 1.2$ 时：

$$\sigma_{c,cr}=[1-0.79(\lambda_{n,c}-0.9)]f \tag{5-43(b)}$$

当 $\lambda_{n,c}>1.2$ 时：

$$\sigma_{c,cr}=\frac{1.1f}{\lambda_{n,c}^2} \tag{5-43(c)}$$

2）同时配置横向加劲肋和纵向加劲肋加强的腹板（见图 5-21(a)）

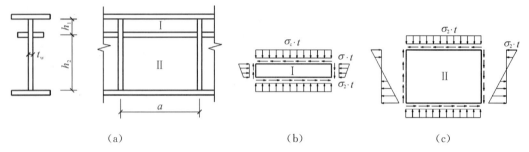

图 5-21 同时用横向加劲肋和纵向加劲肋加强的腹板

如图 5-21(a)所示，纵向加劲肋将腹板分隔成两个区格，其局部稳定性应按下列公式计算：

（1）受压翼缘与纵向加劲肋之间的区格Ⅰ：

此区格的受力情况与图 5-21(b)所示接近，按下式计算其局部稳定性：

$$\frac{\sigma}{\sigma_{cr1}}+\left(\frac{\tau}{\tau_{cr1}}\right)^2+\left(\frac{\sigma_c}{\sigma_{c,cr1}}\right)^2\leqslant1.0 \tag{5-44}$$

式中，σ_{cr1}、$\sigma_{c,cr1}$、τ_{cr1} 的具体计算如下所述。

• σ_{cr1} 按式(5-39)计算，但式中 $\lambda_{n,b}$ 用 $\lambda_{n,b1}$ 代替。而 $\lambda_{n,b1}$ 的计算是取屈曲系数 $k=5.13$，并取嵌固系数 $\chi=1.4$（梁受压翼缘扭转受到约束）和 $\chi=1.0$（梁受压翼缘扭转未受到约束），按式(5-32)和式(5-37)得出的，即

当梁受压翼缘扭转受到约束时

$$\lambda_{n,b1}=\frac{h_1/t_w}{75\varepsilon_k} \tag{5-45(a)}$$

当梁受压翼缘扭转未受到约束时

$$\lambda_{n,b1}=\frac{h_1/t_w}{64\varepsilon_k} \tag{5-45(b)}$$

式中，h_1 为纵向加劲肋至腹板计算高度受压边缘的距离。

• τ_{cr1} 按式(5-40)计算，但式中 h_0 改为 h_1。

• $\sigma_{c,cr1}$ 计算：

该区格宽高比一般都比较大（通常大于4），可视为上下两边支承的均匀受压板，取腹板的有效宽度为 h_1 的2倍。当受压翼缘扭转未受到约束时，上下两端均视为铰支，计算长度为 h_1；当受压翼缘扭转受到完全约束时，则计算长度取 $0.7h_1$。按式 $\lambda_{n,b}^2=f_y/\sigma_{cr}$ 计算，并将 $\lambda_{n,b}$ 改写成 $\lambda_{n,c1}$，即

当梁受压翼缘扭转受到约束时

$$\lambda_{n,c1}=\frac{h_1/t_w}{56\varepsilon_k} \tag{5-46(a)}$$

当梁受压翼缘扭转未受到约束时

$$\lambda_{n,c1} = \frac{h_1/t_w}{40\varepsilon_k} \tag{5-46(b)}$$

$\sigma_{c,cr1}$ 按式(5-39)计算(但将 $\lambda_{n,b}$ 改写成 $\lambda_{n,c1}$),即

当 $\lambda_{n,c1} \leqslant 0.85$ 时:

$$\sigma_{c,cr1} = f \tag{5-47(a)}$$

当 $0.85 < \lambda_{n,c1} \leqslant 1.25$ 时:

$$\sigma_{c,cr1} = [1 - 0.75(\lambda_{n,c1} - 0.85)]f \tag{5-47(b)}$$

当 $\lambda_{n,c1} > 1.25$ 时:

$$\sigma_{c,cr1} = \frac{1.1f}{\lambda_{n,c1}^2} \tag{5-47(c)}$$

(2) 受拉翼缘与纵向加劲肋之间的区格 Ⅱ:

该区格的受力情况与图 5-21(c)所示接近,稳定条件可按式(5-36)近似计算,具体如下:

$$\left(\frac{\sigma_2}{\sigma_{cr2}}\right)^2 + \left(\frac{\tau}{\tau_{cr2}}\right)^2 + \frac{\sigma_{c2}}{\sigma_{c,cr2}} \leqslant 1.0 \tag{5-48}$$

式中,σ_2 为所计算腹板区格内,由平均弯矩产生的腹板在纵向加劲肋处的弯曲压应力。根据正应力直线分布的规律可得:$\sigma_2 = \left(1 - \frac{2h_1}{h_0}\right)\sigma$;$\tau$ 同前;σ_{c2} 为腹板在纵向加劲肋处的横向压应力,取为 $0.3\sigma_c$。

σ_{cr2} 按式(5-39)计算,但式中 $\lambda_{n,b}$ 用 $\lambda_{n,b2}$ 代替。而 $\lambda_{n,b2}$ 的计算是取屈曲系数 $k=47.6$,并取嵌固系数 $\chi=1.0$,按式(5-39)和式(5-44)得出的,即

$$\lambda_{n,b2} = \frac{h_2/t_w}{194\varepsilon_k} \tag{5-49}$$

式中,h_2 为纵向加劲肋至腹板计算高度受拉边缘的距离,即 $h_2 = h_0 - h_1$。

τ_{cr2} 按式(5-40)、式(5-41)计算,但式中 h_0 改为 h_2。

$\sigma_{c,cr2}$ 按式(5-42)、式(5-43)计算,但式中 h_0 改为 h_2,当 $a/h_2 > 2$ 时,取 $a/h_2 = 2$。

3) 同时用横向加劲肋、纵向加劲肋和在受压区设置的短加劲肋加强的腹板(见图 5-19)

如图 5-19(c)所示,除设置横向、纵向加劲肋外,在受压翼缘和纵向加劲肋之间又设有短加劲肋,其区格的局部稳定性按式(5-44)计算。设置短加劲肋使腹板上部区格宽度减小,对弯曲压应力的临界值并无影响,对剪应力的临界值虽有影响,但仍可用仅设横向加劲肋的临界应力公式计算。公式中的 σ_{cr1}、$\sigma_{c,cr1}$、τ_{cr1} 均按该式要求的公式计算,但凡涉及的 h_0 和 a 改为 h_1 和 a_1(a_1 为短加劲肋间距),影响最大的是横向局部压应力的临界值,计算 $\sigma_{c,cr1}$ 时所用的 $\lambda_{n,c1}$ 改按下式进行:

当梁受压翼缘扭转受到约束时

$$\lambda_{n,c1} = \frac{a_1/t_w}{87\varepsilon_k} \tag{5-50(a)}$$

当梁受压翼缘扭转未受到约束时

$$\lambda_{n,c1} = \frac{a_1/t_w}{73\varepsilon_k} \tag{5-50(b)}$$

对 $a_1/h_1 > 1.2$ 的区格,式(5-50(b))右侧应乘以 $1/(0.4 + 0.5a_1/h_1)^{\frac{1}{2}}$。

加劲肋必须设置在适当位置才能起应有的作用。在受压、受弯和兼受这两种力作用的

板上，起作用的都是纵向加劲肋，即和压应力作用线平行的加劲肋，因为只有这种加劲肋才能减小板的宽厚比。不过，加劲肋的纵向设置，在下面三种受力情况下并不相同：

(1) 均匀受压的板要设在板宽度的中央，或把板宽度分成三个或更多等份。

(2) 受弯的板应设在受压区，并略偏应力大的一边；压弯板则介于以上两种情况之间，其位置应使划分成的两个区间具有相同的临界条件。

(3) 受剪的板和受压的板有所不同，不仅减小腹板宽厚比可以增大临界应力，而且减小长宽比也能起到这种作用。因此，横向加劲肋和纵向加劲肋都有效。但从施工角度来看，横向加劲肋要比纵向加劲肋制作方便，所以用得较多。但如果采用横向加劲肋的间距过小，则可以和纵向加劲肋并用。

5.4.4 腹板加劲肋的设计

设置加劲肋作为腹板的支承，能够显著地提高腹板的局部稳定性。设计腹板加劲肋时，在做出需要设置加劲肋的判断后，可以先布置加劲肋，然后按上述方法计算各区格板的各种作用应力和相应的临界应力，使其满足临界条件。这种方法要进行多次试算才能使设计较为合理。另外，也可以由上节所介绍的焊接组合梁腹板局部稳定理论直接导出加劲肋的布置。

1. 腹板加劲肋的布置原则

(1) 当 $h_0/t_w \leqslant 80\varepsilon_k$ 时，对有局部压应力的梁，宜按构造配置横向加劲肋；但对局部压应力较小的梁，可不配置加劲肋。

(2) 若不考虑腹板屈曲后强度，当 $h_0/t_w > 80\varepsilon_k$ 时，宜配置横向加劲肋。

(3) h_0/t_w 不宜超过 250，此处 h_0 为腹板的计算高度(对于单轴对称，当确定是否要配置纵向加劲肋时，h_0 应取腹板受压区高度 h_c 的 2 倍)，t_w 为腹板的厚度。

(4) 直接承受动力荷载的吊车梁及类似构件，应按下列规定配置加劲肋：

① 当 $h_0/t_w > 80\varepsilon_k$ 时，应配置横向加劲肋。

② 当 h_0/t_w 超过 $174\varepsilon_k$ 时，除剪应力和局部压应力外，腹板还可能因弯曲应力引起失稳，此时沿板纵向(弯曲应力方向)在凹凸变形顶点附近设置纵向加劲肋最为有效。因此，《标准》规定当 $h_0/t_w > 170\varepsilon_k$(受压翼缘扭转受到约束，如连有刚性铺板、制动板或焊有钢轨时)或 $h_0/t_w > 150\varepsilon_k$(受压翼缘扭转未受到约束)，或按计算需要时，应在弯曲应力较大区格的受压区增加配置纵向加劲肋。局部压应力很大的梁，必要时还应在受压区配置短加劲肋。

(5) 腹板的计算高度 h_0 应按下列规定采用：对于轧制型钢梁，为腹板与上、下翼缘相接处两内弧起点间的距离；对于焊接截面梁，为腹板的高度；对于高强度螺栓连接(或铆接)梁，为上、下翼缘与腹板连接的高强度螺栓(或铆钉)线间的最近距离。

(6) 梁的支座处和上翼缘受有较大固定集中荷载处，应设置支承加劲肋。

2. 加劲肋的构造和截面尺寸

加劲肋应有足够的刚度才能作为腹板的可靠支承，所以对加劲肋的截面尺寸和截面惯性矩应有一定的要求。

常用梁腹板加劲肋应在腹板两侧对称配置，也可单侧配置，但支承加劲肋、重级工作制吊车梁的加劲肋不应单侧配置。

双侧成对布置的钢板横向加劲肋的外伸宽度 b_s 和厚度 t_s (见图 5-22)应满足下列要求。

外伸宽度：

$$b_s \geqslant \frac{h_0}{30} + 40 \quad (\text{mm}) \tag{5-51(a)}$$

厚度：

$$\text{承压加劲肋 } t_s \geqslant \frac{b_s}{15}, \text{不受力加劲肋 } t_s \geqslant \frac{b_s}{19} \tag{5-51(b)}$$

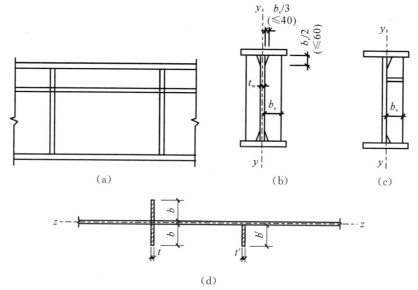

图 5-22 腹板加劲肋

当钢板横向加劲肋成对配置时，其对腹板水平轴的惯性矩 I_z 为

$$I_z \approx \frac{1}{12}(2b_s)^3 t_s = \frac{2}{3}b_s^3 t_s \tag{5-52(a)}$$

一侧配置时，其惯性矩为

$$I_z' \approx \frac{1}{12}(b_s')^3 t_s' + b_s' t_s' \left(\frac{b_s'}{2}\right)^2 = \frac{1}{3}(b_s')^3 t_s' \tag{5-52(b)}$$

两者的线刚度相等，才能使加劲效果相同，即

$$\frac{I_z}{h_0} = \frac{I_z'}{h_0} \tag{5-53}$$

也即

$$(b_s')^3 t_s' = 2b_s^3 t_s \tag{5-54}$$

取

$$t_s' = \frac{1}{15}b_s' \tag{5-55}$$

$$t_s = \frac{1}{15}b_s \tag{5-56}$$

则

$$(b_s')^4 = 2b_s^4 \tag{5-57}$$

$$b_s' = 1.2b_s \tag{5-58}$$

也就是说，单侧布置的钢板横向加劲肋，外伸宽度应比两侧布置的加劲肋宽度(式(5-58))

增大 20%，厚度应符合式(5-51(b))的规定。

横向加劲肋的最小间距应为 $0.5h_0$，最大间距应为 $2h_0$(对于无局部压应力的梁，当 $h_0/t_w \leqslant 100$ 时，可采用 $2.5h_0$)。纵向加劲肋至腹板计算高度受压边缘的距离应在 $h_0/5 \sim h_0/4$ 范围内。

当同时采用横向和纵向加劲肋加强腹板时，横向加劲肋还作为纵向加劲肋的支承，在纵、横加劲肋相交处，应切断纵向加劲肋而使横向加劲肋直通。此时，横向加劲肋的截面尺寸除应符合上述规定外，其截面对腹板纵轴的惯性矩(对 z—z 轴，见图 5-22(d))，还应符合下式要求：

$$I_z \geqslant 3h_0 t_w^3 \qquad\qquad (5-59)$$

纵向加劲肋的截面惯性矩(对 y—y 轴)，应符合下列公式的要求：

当 $a/h_0 \leqslant 0.85$ 时

$$I_y \geqslant 1.5h_0 t_w^3 \qquad\qquad (5-60(a))$$

当 $a/h_0 > 0.85$ 时

$$I_y \geqslant \left(2.5 - 0.45\frac{a}{h_0}\right)\left(\frac{a}{h_0}\right)^2 h_0 t_w^3 \qquad\qquad (5-60(b))$$

短加劲肋的最小间距为 $0.75h_1$。短加劲肋的外伸宽度应为横向加劲肋外伸宽度的 $0.7 \sim 1.0$，厚度不应小于短加劲肋外伸宽度的 $1/15$。

用型钢(如 H 型钢、工字钢、槽钢、肢尖焊于腹板的角钢)做成的加劲肋，其截面惯性矩不得小于相应钢板加劲肋的惯性矩。

计算加劲肋截面惯性矩时，双侧成对配置的加劲肋应以腹板中心线为轴线；在腹板一侧配置的加劲肋应以与加劲肋相连的腹板边缘线为轴线。

为了避免焊缝交叉，减小焊接应力，在加劲肋的端部应切去宽约 $b_s/3$ 但不大于 40 mm、高约 $b_s/2$ 但不大于 60 mm 的斜角(见图 5-22)。当作为焊接工艺孔时，切角应采用半径 $R = 30$ mm 的 1/4 圆弧。但直接受动力荷载的梁(如吊车梁)的中间加劲肋下端不宜与受拉翼缘焊接，一般在距受拉翼缘不少于 50 mm 处断开，因此对此类梁的中间加劲肋，关于切角尺寸的规定仅适用于与受压翼缘的连接处。

对直接承受动力荷载的梁(如吊车梁)，中间横向加劲肋下端不应与受拉翼缘焊接(如果焊接，将降低受拉翼缘的疲劳强度)，一般在距受拉翼缘 50~100 cm 处断开(见图 5-23(b))。在纵、横加劲肋相交处，纵向加劲肋的端部也应切成斜角。

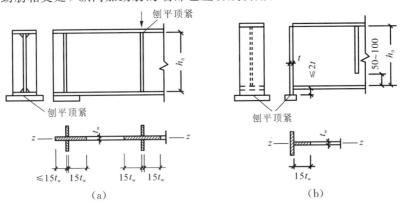

图 5-23 支承加劲肋

3. 支承加劲肋的计算

梁支承加劲肋是指承受较大固定集中荷载或者支座反力的横向加劲肋，这种加劲肋应在腹板两侧成对配置，并应进行整体稳定和端面承压计算，其截面往往比中间横向加劲肋的大。

(1) 按轴心受压构件计算支承加劲肋在腹板平面外的稳定性。此受压构件的截面应包括加劲肋和加劲肋每侧各 $15t_w\varepsilon_k$ 范围内的腹板面积(见图 5-23 中阴影部分)。一般近似按计算长度为 h_0 的两端铰接轴心受压构件，沿构件全长承受相等压力 F 计算。

(2) 当固定集中荷载或者支座反力 F 通过支承加劲肋的端部刨平顶紧于梁翼缘或柱顶(见图 5-23)传力时，通常按传递全部 F 计算端面承压应力强度。

$$\sigma_{ce}=\frac{F}{A_{ce}}\leqslant f_{ce} \qquad (5-61)$$

式中，F 为集中荷载或支座反力；A_{ce} 为端面承压面积；f_{ce} 为钢材端面承压强度设计值。

突缘支座(见图 5-23(b))的伸出长度不得大于加劲肋厚度的 2 倍。

(3) 支承加劲肋与腹板的连接焊缝，应按承受全部集中力或支座反力 F 进行计算。一般采用角焊缝连接，计算时假定应力沿焊缝长度均匀分布。

当集中荷载很小时，支承加劲肋可按构造设计而不用计算。

【**例 5-4**】　如图 5-24 所示的工作平台，梁格布置尺寸及平台承受的荷载见例 5-1。假设次梁采用规格为 HN496×199×9×14 的 H 型钢，主梁的计算简图和截面尺寸分别如图 5-24(a)、(b)所示，钢材为 Q235。试验算该主梁的局部稳定性并设计加劲肋。

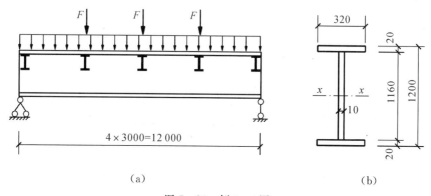

(a)　　　　　　　　　　　　　　　(b)

图 5-24　例 5-4 图

解　由题意知：工作平台主梁计算简图和截面尺寸如图 5-24 所示。主梁是等截面，其截面特征参数为

截面面积　　　　$A=1160\times10+2\times320\times20=2.44\times10^4$ mm²

腹板面积　　　　$A_w=1160\times10=1.16\times10^4$ mm²

$$I_x=\frac{1}{12}\times10\times1160^3+2\times320\times20\times590^2=5.756\times10^9 \text{ mm}^4。$$

$$W_x=\frac{I_x}{y_{max}}=\frac{5.756\times10^9}{600}=9.593\times10^6 \text{ mm}^3$$

腹板受压边缘处

$$W_1 = \frac{I_x}{y_1} = 5.756 \times \frac{10^9}{580} = 9.924 \times 10^6 \text{ mm}^3$$

$$S_x = 320 \times 20 \times 590 + 580 \times 10 \times 290 = 5.458 \times 10^6 \text{ mm}^3$$

(1) 主梁的荷载及内力计算。

由例 5 - 2 计算可知，水平次梁传给主梁的荷载（包括次梁自重）为

$$F = 2 \times \frac{ql}{2} = 2 \times \frac{57.41 \times 6}{2} = 344.46 \text{ kN}$$

主梁单位长度的自重为

$$q_{Gk} = A \cdot \rho \cdot g = 244 \times 10^{-4} \times 7850 \times 9.8 \times 10^{-3} = 1.88 \text{ kN/m}$$

考虑加劲肋等重量采用构造系数 1.2，则

$$q_{Gk} = 1.2 \times 1.88 = 2.256 \text{ kN/m}$$

主梁单位长度的自重荷载设计值为

$$q_G = 1.3 \times 2.256 = 2.933 \text{ kN/m}$$

主梁最大剪力（支座处）：

$$V_{max} = \frac{3}{2}F + \frac{q_G l}{2} = \frac{3}{2} \times 344.46 + \frac{2.933 \times 12}{2} = 534 \text{ kN}$$

最大弯矩（跨中）：

$$M_{max} = \frac{R \cdot L}{2} - \frac{q_G L^2}{8} - F \cdot b$$

$$= \frac{534 \times 12}{2} - \frac{2.933 \times 12^2}{8} - 344.46 \times 3$$

$$= 2117.8 \text{ kN} \cdot \text{m}$$

主梁的剪力和弯矩图如图 5 - 25 所示。

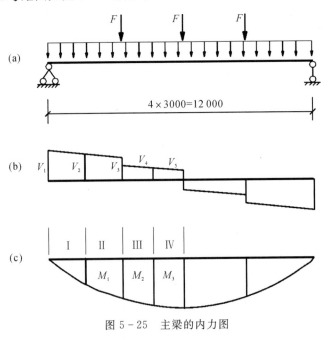

图 5 - 25　主梁的内力图

（2）主梁的局部稳定性计算。

① 翼缘的局部稳定性：

翼缘板的自由外伸宽度：

$$b=\frac{320-10}{2}=155 \text{ mm}$$

翼缘的外伸宽度与厚度比：

$$\frac{b}{t}=\frac{155}{20}=7.75<13\varepsilon_k$$

所以满足局部稳定性要求并可以考虑截面部分塑性发展。

② 腹板的局部稳定性：

主梁腹板的高厚比 $h_0/t_w=1160/10=116$，大于 $80\varepsilon_k$，但小于 $170\varepsilon_k$（有刚性铺板，受压翼缘扭转受到约束），故应配置横向加劲肋。

从工作平台结构布置来看，应在主梁端部支座和主梁与次梁连接处布置支承加劲肋，按构造要求，横向加劲肋的间距应为 $a\geqslant0.5h_0=580$ mm，$a\leqslant2h_0=2\times1160$ mm$=2320$ mm。故在两个次梁与主梁之间应增设一个横向加劲肋，加劲肋之间的间距取 $a=1.5$ m，加劲肋成对布置于腹板两侧，如图 5-26 所示。

• 腹板局部稳定性的计算：

仅布置横向加劲肋，应按式（5-36）计算各区格腹板的局部稳定。由于 $\sigma_c=0$，故按下式计算：

$$\left(\frac{\sigma}{\sigma_{cr}}\right)^2+\left(\frac{\tau}{\tau_{cr}}\right)^2\leqslant1$$

• 临界应力计算

a. σ_{cr} 的计算。由于主梁受压翼缘扭转受到约束，$\lambda_{n,b}$ 应按式（5-38a）计算。

$$\lambda_{n,b}=\frac{\frac{2h_c}{t_w}}{177}\cdot\frac{1}{\varepsilon_k}=\frac{\frac{1160}{10}}{177}=0.66<0.85$$

则 σ_{cr} 按式（5-39a）计算：

$$\sigma_{cr}=f=215 \text{ N/mm}^2$$

b. τ_{cr} 的计算。$\frac{a}{h_0}=\frac{1500}{1160}=1.3>1.0$，所以应按式（5-40b）计算 $\lambda_{n,s}$。

$$\lambda_{n,s}=\frac{\frac{h_0}{t_w}}{41\varepsilon_k\sqrt{5.34+4(h_0/a)^2}}=\frac{\frac{1160}{10}}{41\sqrt{5.34+4(1160/1500)^2}}=1.02>0.8$$

则 τ_{cr} 按式（5-41b）计算：

$$\tau_{cr}=[1-0.59(\lambda_{n,s}-0.8)]f_v=[1-0.59(1.02-0.8)]\times125$$
$$=108.8 \text{ N/mm}^2$$

• 各区格计算：

为便于比较，把图 5-25 所示四个区格的计算过程及结果列于表 5-7 中。

表 5 - 7 腹板局部稳定计算

区格	内 力	应 力	计算结果
区格 I	平均剪力： $V=\dfrac{534.0+529.6}{2}=531.8$ kN 平均弯矩： $M=\dfrac{797.7+0}{2}=398.9$ kN·m	$\tau=\dfrac{V}{h_0 t_{\mathrm{w}}}=\dfrac{531.8\times10^3}{11\,600}=45.8$ N/mm² $\sigma=\dfrac{M}{W_1}=\dfrac{398.9\times10^6}{9\,924\,000}=40.2$ N/mm²	满足
区格 II	平均剪力： $V=\dfrac{529.6+525.2}{2}=527.4$ kN 平均弯矩： $M=\dfrac{797.7+1588.8}{2}=1193.3$ kN·m	$\tau=\dfrac{V}{h_0 t_{\mathrm{w}}}=\dfrac{527.4\times10^3}{11\,600}=45.5$ N/mm² $\sigma=\dfrac{M}{W_1}=\dfrac{1193.3\times10^6}{9\,924\,000}=120.2$ N/mm²	满足
区格 III	平均剪力： $V=\dfrac{180.7+176.3}{2}=178.5$ kN 平均弯矩： $M=\dfrac{1588.8+1856.6}{2}=1722.7$ kN·m	$\tau=\dfrac{V}{h_0 t_{\mathrm{w}}}=\dfrac{178.5\times10^3}{11\,600}=15.4$ N/mm² $\sigma=\dfrac{M}{W_1}=\dfrac{1722.7\times10^6}{9\,924\,000}=173.6$ N/mm²	满足
区格 IV	平均剪力： $V=\dfrac{176.3+171.9}{2}=174.1$ kN 平均弯矩： $M=\dfrac{1856.6+2117.8}{2}=1987.2$ kN·m	$\tau=\dfrac{V}{h_0 t_{\mathrm{w}}}=\dfrac{174.1\times10^3}{11600}=15.0$ N/mm² $\sigma=\dfrac{M}{W_1}=\dfrac{1987.2\times10^6}{9924000}$ $=200.2$ N/mm²	满足
计算公式	$\left(\dfrac{\sigma}{\sigma_{\mathrm{cr}}}\right)^2+\left(\dfrac{\tau}{\tau_{\mathrm{cr}}}\right)^2\leqslant1$ ($\sigma_{\mathrm{c}}=0$, $\sigma_{\mathrm{cr}}=215$, $\tau_{\mathrm{cr}}=108.8$)		

事实上，可以根据主梁的受力特点，只对不利区格进行计算。

（3）主梁加劲肋的设计。

• 横向加劲肋采用对称布置，其尺寸为

外伸宽度：$b_{\mathrm{s}}\geqslant\dfrac{h_0}{30}+40=\dfrac{1160}{30}+40=78.7$ mm，取 $b_{\mathrm{s}}=90$ mm。

厚度：$t_{\mathrm{s}}\geqslant\dfrac{b_s}{15}=\dfrac{90}{15}=6$ mm，取为 6 mm。

加劲肋布置如图 5 - 26 所示。

• 梁支座采用突缘支座形式。支座支承加劲肋尺寸为 160 mm×14 mm。

• 支承加劲肋的计算：如图 5 - 26(b)中阴影所示。

$$A = 160 \times 14 + 150 \times 10 = 3.74 \times 10^3 \text{ mm}^2$$

$$I_x = \frac{1}{12} \times 14 \times 160^3 + \frac{1}{12} \times 150 \times 10^3 = 4.79 \times 10^6 \text{ mm}^4$$

$$i = \sqrt{\frac{I}{A}} = \sqrt{\frac{4.79 \times 10^6}{3.74 \times 10^3}} = 35.8 \text{ mm}$$

$$\lambda = \frac{h_0}{i} = \frac{116}{3.58} = 32.4$$

查表得 $\varphi = 0.844$。

$$\frac{R}{\varphi A} = \frac{534.0 \times 10^3}{0.844 \times 37.4 \times 10^2} = 169.2 \text{ N/mm}^2 < f = 215 \text{ N/mm}^2$$

支座加劲肋端部刨平顶紧，其端部承压应力：

$$\sigma_{ce} = \frac{R}{A_{ce}} = \frac{534.0 \times 10^3}{14 \times 160} = 238.4 \text{ N/mm}^2 < f_{ce} = 320 \text{ N/mm}^2$$

支承加劲肋与腹板用直角角焊缝连接，焊脚尺寸为

$$h_f \geqslant \frac{R}{0.7 \sum l_w \cdot f_f^w} = \frac{534.0 \times 10^3}{0.7 \times 2 \times 1160 \times 160} = 2.1 \text{ mm}$$

取 $h_f = 8$ mm。

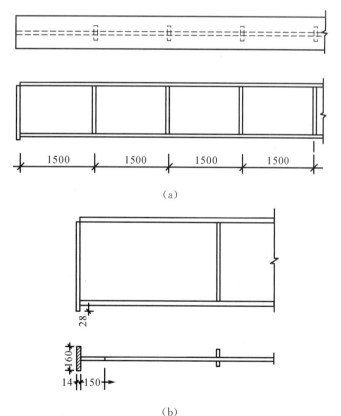

（a）

（b）

图 5-26 加劲肋的布置

5.5　受弯构件的截面设计

受弯构件的截面设计通常是先初选截面，然后进行截面验算。若不满足要求，则重新修改截面，直到符合要求为止。本节主要介绍型钢梁和焊接组合梁的截面设计方法。

5.5.1　型钢梁截面设计

1. 单向弯曲型钢梁

根据荷载作用情况，钢梁有单向弯曲型和双向弯曲型两种。对于单向弯曲型钢梁，通常先按抗弯强度(当梁的整体稳定从构造上有保证时)或整体稳定(当需要计算整体稳定时)求出需要的截面模量：

$$W_{nx} \geqslant \frac{M_{\max}}{\gamma_x f} \tag{5-62(a)}$$

$$W_x \geqslant \frac{M_{\max}}{\varphi_b f} \tag{5-62(b)}$$

式中，整体稳定系数 φ_b 值可根据情况估计假定。根据计算的截面模量在型钢(一般为 H 型钢或普通工字钢)规格表中选择合适的型钢，然后验算其他项目。由于型钢截面的翼缘和腹板的厚度较大，因此不必验算局部稳定；当端部无大的削弱时，不必验算剪应力；也不必验算折算应力，而局部压应力也只在有较大集中荷载或支座反力处才验算。

2. 双向弯曲型钢梁

双向弯曲型钢梁承受两个主平面方向的荷载，其设计方法与单向弯曲型钢梁的相同，应考虑抗弯强度、整体稳定和挠度的验算，而剪应力和局部稳定一般不必验算，且局部压应力也只在有较大集中荷载或支座反力处才验算。

双向弯曲型钢梁的抗弯强度按式(5-5)计算，即

$$\frac{M_x}{\gamma_x W_{nx}} + \frac{M_y}{\gamma_y W_{ny}} \leqslant f$$

双向弯曲型钢梁的整体稳定理论分析较为复杂，一般应尽可能在构造上保证整体稳定；对于双向受弯的 H 型钢或工字钢截面梁需要计算整体稳定时应按式(5-16)进行，即

$$\frac{M_x}{\varphi_b W_x} + \frac{M_y}{\gamma_y W_y} \leqslant f$$

式中，φ_b 为绕强轴(x 轴)弯曲所确定的梁整体稳定系数。

设计时应尽量满足不需计算整体稳定的条件，这样可按抗弯强度条件选择型钢截面，由式(5-5)可得

$$W_{nx} = \frac{1}{\gamma_x f}\left(M_x + \frac{\gamma_x}{\gamma_y}\frac{W_{nx}}{W_{ny}}M_y\right) = \frac{M_x + \alpha M_y}{\gamma_x f} \tag{5-63}$$

对于小型号的型钢，可取 $\alpha \approx 6$(窄翼缘 H 型钢和工字钢)或 $\alpha \approx 5$(槽钢)。

【例 5-5】　试设计如图 5-1 所示工作平台中的次梁。梁格的布置及平台承受的荷载

见例 5 - 1。若材料为 Q235，试分别按平台铺板与次梁连牢和平台铺板不与次梁连牢两种情况选择中间次梁的截面。

解　由题意可知，次梁承受 3.0 m 宽度范围的平台荷载作用，次梁承受的荷载如表 5 - 8 表示(恒、活荷载的分项系数分别取 1.3、1.5，不包括次梁自重)。

表 5 - 8　次梁承受的荷载

项目	标准值	设计值
平台板恒荷载	$3.5 \text{ kN/m}^2 \times 3.0 \text{ m} = 10.5 \text{ kN/m}$	$10.5 \text{ kN/m} \times 1.3 = 13.65 \text{ kN/m}$
平台板活荷载	$9.5 \text{ kN/m}^2 \times 3.0 \text{ m} = 28.5 \text{ kN/m}$	$28.5 \text{ kN/m} \times 1.5 = 42.75 \text{ kN/m}$
小计	$q_k = 39.0 \text{ kN/m}$	$q = 56.4 \text{ kN/m}$

(1) 平台铺板与次梁连牢时，不必计算整体稳定。

假设次梁自重为 0.7 kN/m，次梁承受的线荷载标准值为

$$q_k = 0.7 + 39.0 = 39.7 \text{ kN/m}$$

荷载设计值为

$$q_d = 0.7 \times 1.3 + 56.4 = 57.31 \text{ kN/m}$$

次梁内力为

$$M_{max} = \frac{q_d l^2}{8} = 57.18 \times \frac{6^2}{8} = 257.9 \text{ kN·m}$$

$$V_{max} = \frac{q_d l}{2} = \frac{57.31 \times 6}{2} = 171.9 \text{kN}$$

假设次梁截面板件宽厚比等级为 S1，根据抗弯强度选择截面，需要的截面模量为

$$W_{nx} = \frac{M_{max}}{\gamma_x f} = \frac{257.9 \times 10^6}{1.05 \times 215} = 1142.4 \times 10^3 \text{ mm}^3$$

选用 HN400×200×8×13，其 $W_x = 1170 \times 10^3$ mm^3，跨中无孔眼削弱，此 W_x 大于需要的 1142.4×10^3 mm^3，次梁的抗弯强度已足够。由于型钢的腹板较厚，一般不必验算抗剪强度，若将次梁连接于主梁的加劲肋上，也不必验算次梁支座处的局部承压强度。

次梁截面板件宽厚比等级为 S1，与假设符合。

其他截面特性，$I_x = 23500 \times 10^4$ mm^4，自重 65.4 kg/m，即为 0.65 kN/m，略小于假设自重，不必重新验算。

验算挠度：

在全部荷载标准值作用下：

$$\frac{v_T}{l} = \frac{5}{384} \frac{q_k l^3}{EI} = \frac{5}{384} \times \frac{39.7 \times 6000^3}{2.06 \times 10^5 \times 23500 \times 10^4} = \frac{1}{434} < \frac{[v_T]}{l} = \frac{1}{250}$$

在可变荷载标准值作用下：

$$\frac{v_Q}{l} = \frac{5}{384} \frac{q_{Qk} l^3}{EI} = \frac{5}{384} \cdot \frac{28.5 \times 6000^3}{2.06 \times 10^5 \times 23500 \times 10^4} = \frac{1}{604} < \frac{[v_Q]}{l} = \frac{1}{300}$$

注：若选用普通工字钢，则需 I40c，自重 80.2 kg/m，比 H 型钢重 23%。

（2）若平台铺板不与次梁连牢，则需要计算其整体稳定。

假设次梁自重为 0.8 kN/m，按整体稳定要求初选截面。采用 H 型钢，参考普通工字钢的整体稳定系数，均布荷载作用于上翼缘，跨度为 6 m，假定工字钢型号 45~63，设 $\varphi_b = 0.59$，则需要的截面模量为

$$W_x = \frac{M_x}{\varphi_b f} = \frac{257.9 \times 10^6}{0.59 \times 215} = 2033.1 \times 10^3 \text{ mm}^3$$

选用 HN550×200×10×16，$W_x = 2120 \times 10^3 \text{ mm}^3$；自重 92.0 kg/m，即 0.902 kN/m，与假设较接近。另外，截面的 $i_y = 42.7$ mm，$A = 11730 \text{ mm}^2$。

应按例 5-2 步骤计算整体稳定性（从略），但自重荷载应按实际情况计算。经验算，该截面满足整体稳定要求。

次梁还兼作平面支撑桁架横向腹杆，其 $\lambda_y = \frac{l_1}{i_y} = \frac{6000}{42.7} = 140.5 < [\lambda_y] = 200$，$\lambda_x$ 更小，满足要求。其他验算从略。

5.5.2 焊接组合梁截面设计

1. 初选截面

当梁的内力较大时，需要采用焊接组合梁。组合梁常采用三块钢板焊接而成的工字形截面。设计时，首先要初步估算梁的截面高度、腹板厚度和翼缘尺寸，再进行验算。初选截面可按下列方法进行。

1）梁的截面高度

梁的截面高度是一个重要尺寸，确定梁的截面高度应考虑建筑高度、刚度条件和经济条件。

建筑高度是指梁格底面到铺板顶面之间的高度，它往往由生产工艺和使用要求决定。有了建筑高度要求，也就决定了梁的最大高度 h_{max}。如果没有建筑高度要求，可不必规定最大梁高。

刚度条件决定了梁的最小高度 h_{min}。刚度条件是要求梁在全部荷载标准值作用下的挠度 $v \leq [v_T]$。

现以承受均布荷载（全部荷载设计值为 q，包括永久荷载与可变荷载）作用的单向受弯简支梁为例，推导最小梁高。梁的挠度按荷载标准值 $q_k (= q/1.5)$ 计算。

$$\frac{v_T}{l} = \frac{5}{384} \frac{q_k l^3}{E I_x} = \frac{5}{384} \times \frac{q l^3}{1.5 E I_x} = \frac{5}{48} \cdot \frac{(q l^2/8)(h/2)}{I_x} \times \frac{2l}{1.5 E h}$$

$$= \frac{5}{1.5 \times 24} \cdot \frac{\sigma l}{E h} \leq \frac{[v_T]}{l}$$

若此梁的抗弯强度充分发挥作用，可令 $\sigma = f$，由上式可求得

$$h_{min} = \frac{f}{1.483 \times 10^6} \cdot \frac{l}{[v_T]/l} \tag{5-64}$$

梁的经济高度是指满足一定条件（如强度、刚度、整体稳定和局部稳定）、用钢量最少的梁的高度。对楼盖和平台结构来说，组合梁一般用作主梁。由于主梁的侧向有次梁支承，

整体稳定不是最主要的，所以梁的截面一般由抗弯强度控制。

根据经济条件，下面以等截面对称工字形组合梁（如图 5-27 所示）为例介绍经济梁高的推导方法。

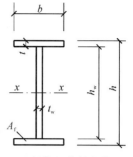

图 5-27 焊接组合梁的截面尺寸

梁的单位长度用钢量 g 是翼缘用钢量 g_f 与腹板及加劲肋用钢量 g_w 之和，即

$$g = g_f + g_w = \gamma_g (2A_f + 1.2A_w) \tag{5-65}$$

式中，A_f 为翼缘截面面积，$A_f = b \cdot t$；A_w 为腹板截面面积，$A_w = h_w \cdot t_w$；γ_g 为钢材的容重；1.2 为考虑腹板有加劲肋等构造的增大系数。

截面惯性矩：

$$I_x = W_x \cdot \frac{h}{2} = 2A_f \left(\frac{h_1}{2}\right)^2 + \frac{1}{12} h_w^3 t_w$$

式中，h_1 为上下翼缘中心之间的距离。考虑到 $h \approx h_1 \approx h_w$，则每个翼缘需要的截面积为

$$A_f = \frac{W_x}{h_w} - \frac{1}{6} h_w \cdot t_w \tag{5-66}$$

代入式 (5-65)，并根据经验取 $t_w = \sqrt{h_w}/11$（式中 t_w、h_w 均以厘米为单位），得到

$$g = \gamma_g \left(\frac{2W_x}{h_w} + 0.079 \sqrt{h_w^3}\right)$$

g 为最小的条件为 $\frac{\mathrm{d}g}{\mathrm{d}h_w} = 0$，即经济梁高为

$$h_{ec} \approx h_w = (16.9 W_x)^{2/5} \approx 3 W_x^{2/5} \tag{5-67}$$

经济梁高也可按经验公式计算：

$$h_{ec} = 7 \cdot \sqrt[3]{W_x} - 30 \text{ (cm)} \tag{5-68}$$

上述两式中的 h_{ec} 的单位为 cm、W_x 的单位为 cm³。对一般单向受弯构件，W_x 可按下式估算：

$$W_x = \frac{M_x}{\gamma_x f} \tag{5-69}$$

实际采用的梁高应小于由建筑高度决定的最大梁高 h_{max}、大于由刚度条件决定的最小梁高 h_{min}，而且接近于经济梁高 h_{ec}。同时，腹板的高度应符合钢板宽度规格，取 50 mm 的倍数。

2）腹板厚度

腹板厚度应满足抗剪强度和局部稳定的要求。初选截面时，可近似假定最大剪应力为腹板平均剪应力的 1.2 倍，即 $\tau_{max} \approx 1.2 \frac{V_{max}}{h_w t_w} \leqslant f_v$，于是

$$t_w \geqslant 1.2 \frac{V_{max}}{h_w f_v} \tag{5-70}$$

考虑局部稳定、经济和构造等因素，腹板厚度一般用下列经验公式进行估算：

$$t_w \geqslant \frac{\sqrt{h_w}}{11} \tag{5-71}$$

式中，t_w 和 h_w 的单位均为 cm。腹板的厚度应考虑钢板的现有规格，一般采用 2 mm 的倍

数。对于考虑了腹板屈曲后强度的梁，腹板厚度可取小些。但考虑腹板厚度太小会因锈蚀而降低承载能力，且制造过程中易产生焊接翘曲变形，因此，要求腹板厚度不得小于 6 mm，也不应使高厚比超过 $250\sqrt{235/f_y}$。

3）翼缘尺寸

由式（5-66）可求出需要的翼缘截面积 A_f。翼缘板的宽度通常为 $b=(1/5\sim1/3)h$，应使 $b\geqslant180$ mm。翼缘板的宽度不宜过小，以保证梁的整体稳定，但也不宜过大，以减少翼缘中应力分布不均的程度。厚度 $t=A_f/b$。翼缘板常用单层板做成，当厚度过大时，可采用双层板。同时，确定翼缘板的尺寸时，应注意满足局部稳定要求，使受压翼缘宽度 b 与其厚度 t 之比 $b/t\leqslant30\sqrt{235/f_y}$（弹性设计，即取 $\gamma_x=1.0$）或 $26\sqrt{235/f_y}$（考虑塑性发展，即取 $\gamma_x=1.05$）。选择翼缘尺寸时，同样也应符合钢板规格，一般宽度取 10 mm 的倍数，厚度取 2 mm 的倍数。

2. 截面验算

应根据最后确定的截面，求出如惯性矩、截面模量、面积矩等截面的各种几何特征参数的准确值，然后进行验算。梁的截面验算包括强度和刚度（见 5.2 节）、整体稳定（见 5.3 节）、局部稳定（见 5.4 节），还应进行加劲肋的布置与设计（见 5.4 节）。

3. 焊接组合梁截面沿长度的改变

梁的弯矩大小一般是随梁的长度变化的。因此，对于跨度较大的梁，为节约钢材，可随弯矩的变化来改变梁的截面尺寸；对跨度较小的梁，改变截面的经济效果不大，一般不宜改变截面。

为减少应力集中，在改变翼缘宽度时，需要采用如图 5-28 所示的连接方法。对接焊缝一般采用直缝（见图 5-28(a)）；只有当对接焊缝的强度低于翼缘钢板的强度时才采用斜缝（见图 5-28(b)）。

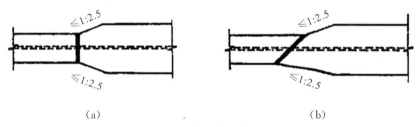

图 5-28 焊接翼缘宽度改变

梁的截面在半跨内通常仅做一次改变，可节约钢材 10%～20%。如改变二次，则可再多节约 3%～5%，效果不显著，且制造麻烦。

对承受均布荷载的简支梁，一般在距支座 $l/6$ 处（见图 5-29(a)）改变截面比较经济。较窄翼缘板的宽度 b' 应由截面开始改变处的弯矩 M_1 确定。

对于两层翼缘板的梁，可用截断外层板的办法来改变梁的截面（见图 5-29(b)）。理论切断点的位置可由计算来确定，被切断的翼缘板在理论切断处应能正常参加工作，其外伸长度 l_1 须满足下列要求：

端部有正面角焊缝时：当 $h_f\geqslant0.75t_1$ 时，$l_1\geqslant b_1$；当 $h_f<0.75t_1$ 时，$l_1\geqslant1.5b_1$。端部无正面角焊缝时：$l_1\geqslant2b_1$。其中，b_1 和 t_1 分别为外层翼缘板宽度和厚度；h_f 为侧面角焊缝和

正面角焊缝的焊脚尺寸。

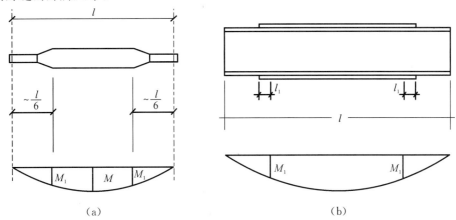

图 5-29　梁翼缘的改变位置

有时为了降低梁的建筑高度，可以减小简支梁在靠近支座处的高度，而使翼缘截面保持不变，具体构造可参见图 5-30。梁端部高度应根据抗剪强度的要求确定，但一般不低于跨中高度的 1/2。

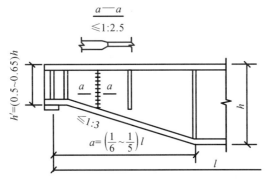

图 5-30　变高度梁

4. 翼缘焊缝的计算

梁弯曲时，由于相邻截面中作用在翼缘截面的弯曲正应力有差值，因此在翼缘与腹板间将产生水平剪应力(见图 5-31)。

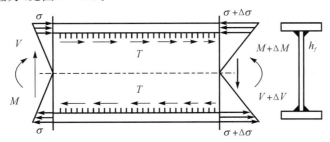

图 5-31　翼缘焊缝的水平剪力

沿梁单位长度的水平剪力为

$$T = \tau_1 t_w = \frac{V S_f}{I_x t_w} \cdot t_w = \frac{V S_f}{I_x}$$

式中，$\tau_1 = \dfrac{VS_f}{I_x t_w}$ 为腹板与翼缘交界处的水平剪应力（与竖向剪应力相等）；S_f 为所计算翼缘毛截面对梁中和轴的面积矩。

当腹板与翼缘板用角焊缝连接时，角焊缝有效截面上承受的剪应力 τ_f 不应超过角焊缝的强度设计值 f_f^w，即

$$\tau_f = \frac{T}{2 \times 0.7 h_f} = \frac{VS_f}{1.4 h_f I_x} \leqslant f_f^w$$

需要的焊脚尺寸：

$$h_f \geqslant \frac{VS_f}{1.4 I_x f_f^w} \tag{5-72}$$

当梁的上翼缘受有固定集中荷载而未设置支承加劲肋，或受有移动集中荷载（如吊车轮压）时，上翼缘与腹板之间的连接焊缝除承受沿焊缝长度方向的剪应力 τ_f 外，还承受垂直于焊缝长度方向的局部压应力：

$$\sigma_f = \frac{\psi F}{2 h_e l_z} = \frac{\psi F}{1.4 h_f l_z}$$

因此，受局部压应力的上翼缘与腹板之间的连接焊缝应按下式计算强度：

$$\frac{1}{1.4 h_f} \sqrt{\left(\frac{\psi F}{\beta_f l_z}\right)^2 + \left(\frac{VS_f}{I_x}\right)^2} \leqslant f_f^w$$

因而

$$h_f \geqslant \frac{1}{1.4 f_f^w} \sqrt{\left(\frac{\psi F}{\beta_f l_z}\right)^2 + \left(\frac{VS_f}{I_x}\right)^2} \tag{5-73}$$

式中，β_f 为系数，对于直接承受动力荷载的梁（如吊车梁），$\beta_f = 1.0$；对于其他梁，$\beta_f = 1.22$。F、ψ、l_z 各符号的意义同式(5-7)。

当腹板与翼缘的连接焊缝采用焊透的 T 形对接与角接组合焊缝时（见图 5-32），此种焊缝与基本金属等强度，其强度可不计算。

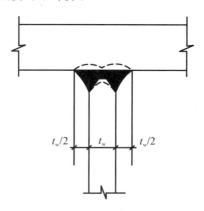

图 5-32 K 形焊缝

【例 5-6】 如图 5-33 所示的工作平台，梁格布置见例 5-1。假设次梁采用规格为 HN496×199×9×14 的 H 型钢，图 5-33(a)为工作平台中主梁的计算简图，次梁传来的集中荷载标准值为 $F_k = 238.7$ kN，设计值为 303.6 kN。钢材为 Q235-B.F，焊条为 E43 型。试设计工作平台中的主梁。

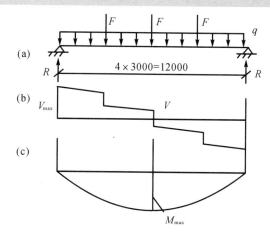

图 5-33 例 5-6 图

解 根据经验假设主梁自重标准值 $q_{GK} = 3$ kN/m，设计值 $q = 1.3 \times 3 = 3.9$ kN/m。
则主梁最大剪力（支座处）：

$$V_{max} = \frac{3}{2}F + \frac{ql}{2} = \frac{3}{2} \times 303.6 + \frac{3.9 \times 12}{2} = 478.8 \text{ kN}$$

最大弯矩（跨中）：

$$M_{max} = R \cdot \frac{L}{2} - \frac{qL^2}{8} - F \cdot b$$

$$= \frac{478.8 \times 12}{2} - \frac{3.9 \times 12^2}{8} - 303.6 \times 3$$

$$= 1891.8 \text{ kN} \cdot \text{m}$$

采用焊接工字形组合截面梁，估计翼缘板厚度为 $t_f \geqslant 16$ mm，故抗弯强度设计值 $f = 205$ N/mm^2。

假设主梁截面板件宽厚比等级为 S1，根据抗弯强度选择截面，按式（5-69）计算需要的截面模量为

$$W_x = \frac{M_x}{\gamma_x f} = \frac{1891.8 \times 10^6}{1.05 \times 205} = 8788.9 \times 10^3 \text{ mm}^3$$

（1）试选截面。

按刚度条件，根据式（5-64）计算梁的最小高度为 $\left(\frac{[v_T]}{l} = \frac{1}{400} \right)$

$$h_{min} = \frac{f}{1.483 \times 10^6} \times \frac{l}{[v_T]/l} = \frac{205}{1.483 \times 10^6} \times 400 \times 12000 = 664 \text{ mm}$$

梁的经济高度（按式（5-67））为

$$h_{ec} \approx 3W_x^{2/5} = 3 \times (8788.9)^{2/5} = 113 \text{ cm}$$

取梁的腹板高度 $h_w = h_0 = 1100$ mm。

按抗剪要求腹板厚度为

$$t_w \geqslant 1.2 \frac{V_{max}}{h_w f_v} = 1.2 \times \frac{478.8 \times 10^3}{1100 \times 125} = 4.2 \text{ mm}$$

按经验公式腹板厚度为

$$t_w \geqslant \sqrt{\frac{h_w}{11}} = \sqrt{\frac{110}{11}} = 9.5 \text{ mm}$$

若不考虑腹板屈曲后强度，取腹板厚度 $t_w=8$ mm。

每个翼缘所需截面积为

$$A_f=\frac{W_x}{h_w}-\frac{t_w h_w}{6}=\frac{8788.9\times10^3}{1100}-\frac{8\times1100}{6}=6523 \text{ mm}^2$$

翼缘宽度 $b=\frac{h}{5}\sim\frac{h}{3}=\frac{1100}{5}\sim\frac{1100}{3}=220\sim367$ mm，取 $b=320$ mm。

翼缘厚度 $t=\frac{A_f}{b}=\frac{6523}{320}=20.4$ mm，取 $t=22$ mm。

翼缘板外伸宽度与厚度之比 $\frac{156}{22}=7.1<9\varepsilon_k=9$，满足截面宽厚比限值 S1 级要求。

此组合梁的跨度并不大，为了施工方便，不沿梁长度改变截面。

（2）梁的截面几何参数（见图 5-34）。

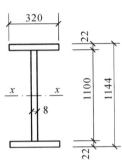

图 5-34 主梁截面

$$I_x=\frac{1}{12}(320\times1144^3-312\times1100^3)=5.32\times10^9 \text{ mm}^4$$

$$W_x=\frac{2I_x}{h}=\frac{2\times5.32\times10^9}{1144}=9.3\times10^6 \text{ mm}^3$$

$$A=1100\times10+2\times320\times22=2.51\times10^4 \text{ mm}^2$$

梁自重（钢材质量密度为 7850 kg/m^3，重度为 77 kN/m^3）：

$$g_k=0.025\,08\times77=1.93 \text{ kN/m}$$

考虑腹板加劲肋等增加的重量，比较原假设的梁自重 3 kN/m 略低，故按原计算荷载验算。

（3）强度验算。

验算抗弯强度（无栓孔，$W_{nx}=W_x$）：

$$\sigma=\frac{M_x}{\gamma_x W_{nx}}=\frac{1891.8\times10^6}{1.05\times9299\times10^3}=193.8 \text{ N/mm}^2<f=205 \text{ N/mm}^2$$

验算抗剪强度：

$$\tau=\frac{V_{max}\cdot S_x}{I_x\cdot t_w}=\frac{478.8\times10^3\times(320\times22\times561+550\times8\times275)}{531\,917\times10^4\times8}$$

$$=58.1 \text{ N/mm}^2<f_v=125 \text{ N/mm}^2$$

主梁的支承处以及支承次梁处均配置支承加劲肋，故不验算局部承压强度（即 $\sigma_c=0$）。

（4）梁整体稳定验算。

应按例 5-2 步骤计算整体稳定性（从略），自重荷载应按实际情况计算。经验算该截面满足整体稳定要求。

（5）刚度验算。

全部永久荷载与可变荷载的标准值在梁跨中产生的最大弯矩：

$$R=\frac{3}{2}\times238.7+\frac{3\times12}{2}=376.05 \text{ kN}$$

$$M_{max} = \frac{376.05 \times 12}{2} - \frac{3 \times 12^2}{8} - 376.05 \times 3 = 1074.15 \text{ kN} \cdot \text{m}$$

$$\frac{v_T}{l} \approx \frac{5 M_k l}{1.3 \times 48 E I_x} = \frac{5 \times 1074.15 \times 10^6 \times 12000}{1.3 \times 48 \times 2.06 \times 10^5 \times 531917 \times 10^4} = \frac{1}{1060} < \frac{[v_T]}{l} = \frac{1}{400}$$

（6）翼缘和腹板的连接焊缝计算。

翼缘和腹板之间采用角焊缝连接，按式（5-72）计算：

$$h_f \geqslant \frac{V S_1}{1.4 I_x f_f^w} = \frac{376.05 \times 10^3 \times 320 \times 22 \times 561}{1.4 \times 531917 \times 10^4 \times 160} = 1.25 \text{ mm}$$

取 $h_f = 8 \text{ mm} > 1.5 \sqrt{t_{max}} = 1.5 \sqrt{22} = 7 \text{ mm}$。

（7）主梁加劲肋设计。

① 加劲肋布置。

梁腹板高厚比 $h_0 / t_w = 1100/8 = 137.5$，即 $80 < h_0 / t_w < 170$（有刚性铺板，受压翼缘扭转受到约束），故只布置横向加劲肋。在主梁端部支承和次梁支承处应布置支承加劲肋，按构造要求横向加劲肋的间距应为 $a \geqslant 0.5 h_0 = 550 \text{ mm}$，$a \leqslant 2 h_0 = 2200 \text{ mm}$。从工作平台结构布置看，在中间支承的加劲肋之间应增设一个横向加劲肋，加劲肋之间的间距取为 $a = 1.5 \text{ m}$，加劲肋成对布置于腹板两侧。

腹板局部稳定的计算：计算过程从略，可参见例 5-4，腹板局部稳定满足要求。

② 加劲肋计算。

横向加劲肋采用对称布置，其尺寸为

外伸宽度：$b_s \geqslant \frac{h_0}{30} + 40 = \frac{1100}{30} + 40 = 77 \text{ mm}$，取 $b_s = 90 \text{ mm}$。

厚度：$t_s \geqslant \frac{b_s}{15} = \frac{90}{15} = 6 \text{ mm}$，取为 6 mm。

梁支座采用突缘支座形式。支座支承加劲肋采用 160 mm × 14 mm。

支承加劲肋的计算从略。

支承加劲肋与腹板用直角角焊缝连接，焊脚尺寸取 $h_f = 8 \text{ mm}$。

加劲肋的布置可参见图 5-26。

本 章 小 结

通过本章的学习，读者可掌握梁的强度、刚度、整体稳定和局部稳定的计算方法，并且熟悉影响受弯构件承载能力的主要因素。

（1）计算梁的受弯强度时，必须考虑截面部分发展塑性变形，因此在计算公式中引进了截面塑性发展系数，其取值原则是：使截面的塑性发展深度不致过大。

（2）直接承受动力荷载的梁也可以考虑塑性发展，但为了可靠，对需要计算疲劳的梁还是以不考虑截面塑性发展为宜。

（3）同时受有较大的正应力和剪应力处，是指连续梁中部支座处或梁的翼缘截面改变处等。

（4）复合应力作用下允许应力少量放大，不应理解为钢材的屈服强度增大，而应理解为允许塑性开展，这是因为最大应力出现在局部个别部位，基本不影响整体性能。

（5）钢梁整体失去稳定性时，梁将发生较大的侧向弯曲和扭转变形，因此为了提高梁的稳定承载能力，任何钢梁在其端部支承处都应采取构造措施，以防止其端部截面的扭转。当有铺板密铺在梁的受压翼缘上并与其牢固相连，能阻止受压翼缘的侧向位移时，梁就不会丧失整体稳定，因此也不必计算梁的整体稳定性。

（6）对于无局部压应力且承受静力荷载的工字形截面梁，推荐按《标准》第 6.4 节利用腹板屈曲后强度。

（7）为了避免三向焊缝交叉，加劲肋与翼缘板连接处应切角，但直接受动力荷载的梁（如吊车梁）的中间加劲肋下端不宜与受拉翼缘焊接，一般在距受拉翼缘不少于 50 mm 处断开，故对此类梁的中间加劲肋，关于切角尺寸的规定仅适用于与受压翼缘连接处。

习　题

5-1　图 5-35 所示为承受固定集中荷载 P（含梁自重）的等截面焊接间支梁，集中荷载处的腹板设有支撑加劲肋，即不产生局部压应力。验算截面 I-I 的折算应力时，在横截面上的验算部位是（　　）。

(A) ①　　　　　　(B) ②　　　　　　(C) ③　　　　　　(D) ④

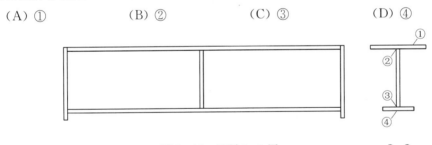

图 5-35　习题 5-1 图　　　　　　I-I

5-2　图 5-36 所示为一般焊接工字型钢梁支座（未设支撑加劲肋），钢材为 Q235 钢。为满足局部压应力设计要求，支座反力设计值 F 应小于等于（　　）。

(A) 178.3 kN　　　　(B) 189.2 kN　　　　(C) 206.4 kN　　　　(D) 212.5 kN

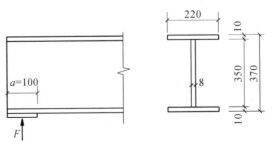

图 5-36　习题 5-2 图

5-3　焊接工字形等截面简支梁，在下述哪种情况下，整体稳定系数 φ_b 最高的是(　　)。

(A) 跨度中央一个集中荷载作用时

(B) 跨度三分点处各有一个集中荷载作用时

(C) 全跨均布荷载作用时

(D) 梁两端有使其产生同向曲率、数值相等的端弯矩作用时

5-4　轧制普通工字钢简支梁(I36a，$W_x = 875 \times 10^3 \text{ mm}^3$)，跨度 6 m，在跨度中央梁截面下翼缘悬挂一个集中荷载 100 kN(包括梁自重在内)，当采用 Q235-B·F 钢时其整体稳定的应力为(　　)。

(A) 142.9 N/mm² 　　　　　　　　(B) 171.4 N/mm²

(C) 211.9 N/mm² 　　　　　　　　(D) 223.6 N/mm²

5-5　配置加劲肋是提高梁腹板局部稳定的有效措施，当 $h_0/t_w \geqslant 170\sqrt{235/f_y}$ 时，下列正确的是(　　)。

(A) 可能发生剪切失稳，应配置横向加劲肋

(B) 可能发生弯曲失稳，应配置纵向加劲肋

(C) 可能发生剪切或弯曲失稳，应同时配置横向和纵向加劲肋

(D) 不致失稳，除支撑加劲肋外，不需要配置横向和纵向加劲肋

5-6　一个工作平台的梁格布置如图 5-37 所示，铺板为预制钢筋混凝土板，并与次梁焊牢，次梁与主梁采用齐平连接。若平台恒荷载的标准值(不包括次梁自重)为 3.22 kN/m²，活荷载的标准值为 20 kN/m²，钢材为 Q345 钢。试按热轧工字钢和 H 型钢两种形式选择次梁截面。

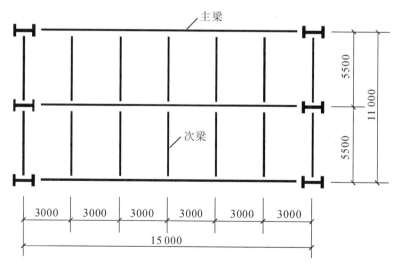

图 5-37　习题 5-6 图

5-7　某焊接工字形等截面简支梁的跨度为 15 m，在支座和跨中布置了侧向水平支承，具体尺寸和截面如图 5-38 所示。钢材为 Q345，均布恒荷载标准值为 12.5 kN/m，均布活荷载标准值为 28 kN/m，恒、活荷载都作用在上翼缘。试验算此支梁的整体稳定性和

局部稳定性，需要时设计加劲肋。

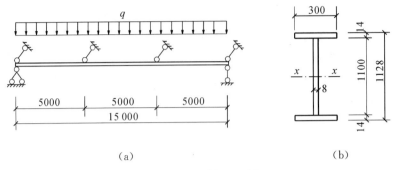

（a）　　　　　　　　　　（b）

图 5-38　习题 5-7 图

5-8　试设计一个焊接工字形组合截面梁。如图 5-39 所示，其跨度为 18 m，侧向水平支承点位于集中荷载作用处，承受静力荷载，作用于上翼缘。荷载如下：

集中荷载：恒荷载标准值 $F_{GK}=150$ kN，活荷载标准值 $F_{Qk}=200$ kN。

均布荷载：恒荷载标准值 $q_{GK}=16$ kN/m，活荷载标准值 $q_{Qk}=28$ kN/m。

上述荷载不含自重。钢材为 Q345 钢，焊条为 E50 型（手工焊）。要求梁高不能超过 2 m，挠度不大于 $l/400$，沿梁跨度改变翼缘，并设计加劲肋，按 1∶10 比例绘制构造图。

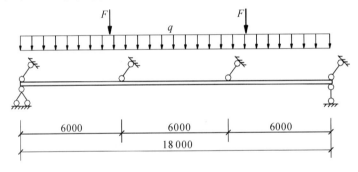

图 5-39　习题 5-8 图

5-9　在习题 5-6 设计的基础上，试选择梁格中的主梁截面，并设计次梁和主梁的连接（用齐平连接），按 1∶10 比例尺绘制连接构造图。

本章扩展知识见二维码。

受弯构件

第6章

拉弯构件和压弯构件

【本章要点】

(1) 拉弯与压弯构件合理的截面形式与构造特点;

(2) 拉弯与压弯构件的强度和刚度计算和设计要求;

(3) 压弯构件弯矩作用平面内、平面外的整体失稳机理与整体失稳影响因素;

(4) 压弯构件局部失稳的影响因素与控制方法;

(5) 格构式压弯构件整体与分肢的基本受力情况;

(6) 铰接柱脚与刚接柱脚的构造特点和基本传力路径。

【学习目标】

(1) 掌握拉弯与压弯构件的强度和刚度计算与设计方法;

(2) 掌握实腹式压弯构件弯矩作用平面内和平面外的整体稳定计算与设计方法;

(3) 掌握实腹式压弯构件局部稳定的计算与设计方法;

(4) 掌握单向压弯格构柱的设计方法;

(5) 掌握铰接与刚接柱脚的设计方法。

6.1 概　述

6.1.1 定义

同时承受轴心拉力和绕截面主轴弯矩作用的构件称为拉弯构件。同时承受轴心压力和绕截面主轴弯矩作用的构件称为压弯构件。弯矩可能由轴向力的偏心作用、端部弯矩作用或横向(垂直于构件轴心线方向)荷载作用等因素产生(如图6-1、图6-2所示)。弯矩由偏心轴力引起时,也称为偏拉或偏压构件。当弯矩仅作用在截面的一个形心主轴平面内时,称此拉弯(压弯)构件为单向拉弯(或压弯)构件;当弯矩同时作用在两个形心主轴平面内时,称此拉弯(压弯)构件为双向拉弯(或压弯)构件。压弯构件是受弯构件和轴心受压构件的组合,因此也称为梁-柱(Beam Column)。

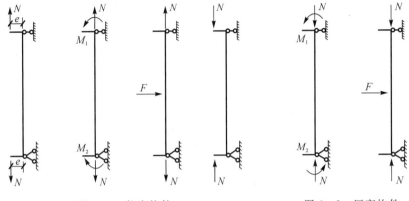

图 6-1　拉弯构件　　　　　　图 6-2　压弯构件

6.1.2　应用

拉弯和压弯构件是钢结构中常用的构件形式,尤其是压弯构件在钢结构工程中的应用更为广泛。例如,单层厂房结构中的柱子、多高层房屋结构中的框架柱、受风荷载作用的墙架柱或工作平台柱等均为压弯构件。有节间荷载作用的桁架杆件为压弯或拉弯构件。

6.1.3　截面形式

拉弯和压弯构件截面形式可分为实腹式和格构式两大类。当构件计算长度及受力不大时,可采用实腹式构件,常用的截面形式有热轧型钢截面(见图 6-3(a))、冷弯薄壁型钢截面(见图 6-3(b))以及组合截面(见图 6-3(c))(包括钢板焊接组合截面或型钢与型钢、型

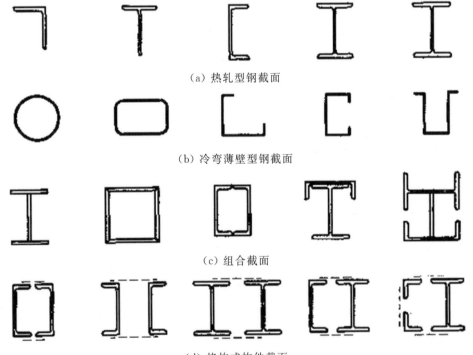

(a) 热轧型钢截面

(b) 冷弯薄壁型钢截面

(c) 组合截面

(d) 格构式构件截面

图 6-3　拉弯、压弯构件截面形式

钢与钢板的组合截面)。当构件计算长度较大且受力较大时,为了提高截面的抗弯刚度,常采用格构式构件(见图 6-3(d))。拉弯或压弯构件的截面通常做成在弯矩作用方向上具有较大的截面尺寸,使在该方向上具有较大的截面抵抗矩、回转半径和抗弯刚度,以提高抗弯能力。在设计格构式构件时,通常使弯矩绕虚轴作用,以便根据承受弯矩的需要,更加合理、灵活地调整分肢间距。当弯矩较小或者不同荷载工况下出现的正负弯矩绝对值相差不大时,截面关于弯矩作用主轴两侧的应力分布较为均匀,可以采用对称截面。当所受弯矩值较大、不同荷载工况下弯矩不变号或正负弯矩绝对值相差较大时,为了节省钢材,应采用非对称截面,在受力较大的一侧适当加大截面。此外,构件截面沿轴线是可以变化的,如厂房钢结构中的阶形柱、门式钢架中的楔形柱等。截面形式的选择,应根据构件的用途、荷载、制作、安装、连接构造以及用钢量等因素综合考虑。

6.1.4 破坏形式

在进行设计时,拉弯和压弯构件应同时满足正常使用极限状态和承载能力极限状态的要求。在满足正常使用极限状态方面,与轴心受力构件一样,拉弯和压弯构件也是通过限制构件长细比来保证构件的刚度要求。

拉弯构件承载力极限状态的计算通常仅需要计算其强度,以截面出现塑性铰作为承载力极限。但是,当构件所承受的弯矩较大而拉力较小时,截面上会产生较大的压应力,可能引起构件失稳,由于其受力状态与梁接近,因此须按受弯构件进行整体稳定和局部稳定计算。

压弯构件的整体破坏形式分为强度破坏和失稳破坏。当构件上有孔洞等对截面削弱较多时或杆端弯矩明显大于杆件中间部分弯矩时,有可能发生强度破坏。单向压弯构件的整体失稳破坏分为弯矩作用平面内的失稳和弯矩作用平面外的失稳。带有初始弯曲或荷载初始偏心的双轴对称截面轴心受压构件,实际就是发生弯矩作用平面内的弯曲失稳。单向压弯构件弯矩作用平面外失稳与梁失稳类似,一旦荷载达到某一临界值,构件将突然发生不可恢复的弯矩作用平面外的弯曲变形,并伴随发生截面绕纵向剪切中心轴线的扭转变形,从而发生弯扭失稳破坏。双向压弯构件整体失稳时会发生双向弯曲并伴随截面扭转,呈现弯扭失稳破坏。

组成压弯构件的板件上会存在压应力,若受压板件发生局部屈曲,则构件发生局部失稳,会导致压弯构件的整体稳定承载力降低。因此,对于压弯构件的承载能力极限状态应进行强度、整体稳定性和局部稳定性计算。

6.2 拉弯、压弯构件的强度和刚度

6.2.1 拉弯和压弯构件的强度极限状态

以双轴对称工字形截面压弯构件为例,在轴心压力 N 和绕主轴 x 轴的弯矩 M_x 的共同作用下,构件截面上应力的发展过程如图 6-4 所示(拉弯构件与此类似),构件中应力最大

的截面可能发生强度破坏。

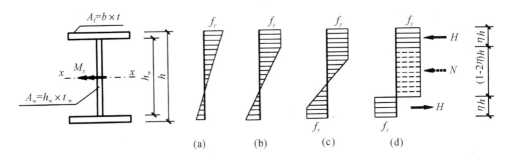

图 6-4　压弯构件截面应力发展过程

对拉弯和压弯构件进行强度计算时，根据截面上应力发展的不同程度，可取以下三种不同的强度计算准则。

1. 边缘纤维屈服准则

以构件最危险截面边缘纤维的最大应力达到屈服强度作为构件强度极限，此时，构件处于弹性工作阶段。在最危险截面上，截面边缘处的最大应力 σ 达到屈服点 f_y（见图6-4(a)），即

$$\sigma = \frac{N}{A_n} + \frac{M_x}{W_{nx}} = f_y \tag{6-1}$$

式中，N、M_x 为验算截面处的轴力和弯矩；A_n 为验算截面处的净截面面积；W_{nx} 为验算截面处绕弯矩作用 x 轴的净截面模量。

令截面的屈服轴力 $N_p = A_n f_y$，截面边缘纤维的屈服弯矩 $M_{ex} = W_{nx} f_y$，则得 N 和 M_x 的线性相关公式为

$$\frac{N}{N_p} + \frac{M_x}{M_{ex}} = 1 \tag{6-2}$$

2. 全截面屈服准则

以构件最危险截面各处应力均达到屈服强度作为构件强度极限，此时，构件处于塑性工作阶段。当轴力较小（$N \leqslant A_w f_y$，A_w 为腹板面积）时，塑性中和轴在腹板内（见图6-4(d)）；当轴力较大（$N > A_w f_y$）时，塑性中和轴在翼缘内。

当弯矩单独作用时，净截面的全屈服弯矩为

$$M_{px} = W_{pnx} f_y = \gamma_F W_{nx} f_y \tag{6-3}$$

式中，W_{pnx} 为构件净截面的塑性模量；γ_F 为构件截面的形常数，仅与截面的形状有关。令系数 $\alpha = A_f / A_w$，A_f 为翼缘面积，根据内外力的平衡条件，可以得到轴心力 N 和弯矩 M_x 的关系式。

当轴力较小（$N \leqslant A_w f_y$）时：

$$\frac{(2\alpha + 1)^2}{4\alpha + 1} \times \frac{N^2}{N_p^2} + \frac{M_x}{M_{px}} = 1 \tag{6-4(a)}$$

当轴力较大（$N > A_w f_y$）时：

$$\frac{N}{N_p} + \frac{4\alpha + 1}{2(2\alpha + 1)} \times \frac{M_x}{M_{px}} = 1 \tag{6-4(b)}$$

由式(6-4(b))可以绘出构件的 N/N_p 与 M_x/M_{px} 的关系曲线如图6-5所示，为外凸的曲线。外凸程度不仅与截面形状有关，而且与系数 α 有关，α 越小，外凸越多。常用工字

形截面 $\alpha = A_{\mathrm{f}} / A_{\mathrm{w}} \approx 1.5$，曲线外凸不多，可用直线近似。此外，上述全截面塑性分析中没有计入轴心力对弯曲变形引起的附加弯矩以及剪力的不利影响，为了考虑这种不利影响且便于计算，可偏安全地采用直线式相关公式，即用一条斜直线（如图 6-5 中的虚线）代替曲线。

$$\frac{N}{N_{\mathrm{p}}} + \frac{M_x}{M_{\mathrm{p}x}} = 1 \tag{6-5}$$

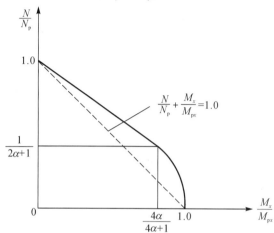

图 6-5　压弯构件的 N/N_{p}-$M_x/M_{\mathrm{p}x}$ 关系曲线

3. 部分发展塑性准则

以构件的最危险截面部分边缘区域应力达到屈服强度作为构件强度极限，此时，构件处于弹塑性工作阶段。

为了不使构件因截面形成塑性铰而产生过大的变形，可以考虑构件最危险截面在轴力和弯矩作用下一部分进入塑性，另一部分靠近中和轴的截面还处于弹性阶段（见图 6-4(b)、(c)）。式(6-2)和式(6-5)都是直线关系，差别在于与弯矩相关的左端第二项，式(6-2)采用弹性截面模量，而式(6-5)采用塑性截面模量。因此当构件部分塑性发展时，也可近似采用直线关系式，即

$$\frac{N}{N_{\mathrm{p}}} + \frac{M_x}{\gamma_x M_{\mathrm{e}x}} = 1 \tag{6-6}$$

显然，式(6-6)中的 $\gamma_x M_{\mathrm{e}x}$ 满足 $M_{\mathrm{e}x} \leqslant \gamma_x M_{\mathrm{e}x} < M_{\mathrm{p}x}$。$\gamma_x$ 为截面塑性发展系数（$1 \leqslant \gamma_x \leqslant \gamma_{\mathrm{F}}$），其值与截面形状、塑性发展深度与截面高度比值、$\alpha = A_{\mathrm{f}} / A_{\mathrm{w}}$ 以及应力状态等因素有关。塑性发展越深，γ_x 值越大。

6.2.2　拉弯、压弯构件强度与刚度计算

1. 强度计算

考虑构件因形成塑性铰而变形过大，以及截面上的剪应力等不利影响，与梁类似，进行拉弯和压弯构件的强度计算时有限地利用塑性，引入抗力分项系数后，承受单向弯矩的拉弯、压弯构件（圆形截面除外）按下式计算截面强度：

$$\frac{N}{A_{\mathrm{n}}} \pm \frac{M_x}{\gamma_x W_{\mathrm{n}x}} \leqslant f \tag{6-7}$$

承受双向弯矩的拉弯、压弯构件(圆管截面除外)按下式计算截面强度:

$$\frac{N}{A_n} \pm \frac{M_x}{\gamma_x W_{nx}} \pm \frac{M_y}{\gamma_y W_{ny}} \leqslant f \tag{6-8}$$

式中,W_{nx}、W_{ny}为构件验算截面对 x 轴和 y 轴的净截面模量;γ_x、γ_y 为截面塑性发展系数,按表 5 - 2 采用。

承受双向弯矩的圆形截面拉弯、压弯构件,其截面强度应按下式计算:

$$\frac{N}{A_n} + \frac{\sqrt{M_x^2 + M_y^2}}{\gamma_m W_n} \leqslant f \tag{6-9}$$

式中,γ_m 为圆形构件的截面塑性发展系数,对于实腹圆形截面,其值取为 1.2;对于板件宽厚比满足 S_3 级的圆管截面,其值取为 1.15,不满足时取为 1.0。

对以下三种情况,在设计时采用边缘纤维屈服作为构件强度计算的依据,即取 $\gamma_x = \gamma_y = 1$:① 对于需要计算疲劳强度的实腹式拉弯、压弯构件,考虑动力荷载循环次数较多,截面塑性发展可能不充分,以不考虑塑性发展为宜;② 对于格构式拉弯、压弯构件,当弯矩绕虚轴作用时,由于截面腹部无实体部件,塑性发展的潜力不大,且需要保证一定的安全裕度,故不考虑塑性发展;③ 为了保证受压翼缘在截面塑性发展时不发生局部失稳,受压翼缘的自由外伸宽度 b_1 与其厚度 t 之比限制为 $\frac{b_1}{t} < 13\varepsilon_k$,故当 $13\varepsilon_k < b_1/t \leqslant 15\varepsilon_k$ 时,不考虑塑性开展。

2. 刚度计算

拉弯和压弯构件与轴心受力构件一样,通过控制构件长细比来保证刚度要求,拉弯、压弯构件的计算长度系数和容许长细比等与轴心受力构件的相同。

6.3　实腹式压弯构件的整体稳定性

6.3.1　单向实腹式压弯构件弯矩作用平面内的整体稳定性

1. 失稳形式

当双轴对称截面压弯构件的弯矩绕截面的一个主轴作用时,或单轴对称截面压弯构件的弯矩绕非对称主轴作用时,构件的整体失稳形式为弯矩作用平面内的弯曲失稳。

以工字形截面偏心受压构件为例(弯矩与轴力按比例加载),来考察弯矩作用平面内失稳的情况。在弯矩作用平面外变形受到有效约束的情况下,弯矩作用平面内构件跨中最大挠度 v 与构件压力 N 的关系曲线如图 6-6 所示。从图 6-6 中可以看出,随着压力 N 的增加,构件中点挠度 v 非线性地增长。弯矩作用会产生弯曲变形,形成挠度,且轴力也会对挠度形成附加弯矩,使挠度进一步增长,由此产生二阶效应($P-\Delta$ 效应)。到达 A 点时,截面边缘开始屈服,随着荷载与变形的增长,截面上弹性区不断缩小,截面抵抗弯矩能力减小,而外弯矩却随轴力增大而非线性地增长,曲线斜率减小,表明构件抵抗挠曲变形刚度减弱。在曲线的上升段 OAB,挠度是随着压力的增加而增加的,压弯构件处在稳定平衡状态。当

达到承载力极值点 B 时，构件截面抵抗力与外荷载达到极限平衡状态，此后，继续增加压力已不可能，要维持平衡就必须卸载，因此曲线出现了下降段 BCD，即荷载减小，挠度继续增大，压弯构件处于不稳定平衡状态。荷载-位移曲线上极值点 B 对应的轴力 N_{ur} 称为稳定极限承载力。此类压弯构件在弯矩作用平面内失稳为极值点失稳，不存在平衡路径分岔现象，且 $N_{ur} < N_{Ex}$（欧拉荷载）。需要注意的是，在曲线的极值点，构件的最大内力截面不一定达到全塑性状态，这种全塑性状态可能发生在轴压承载力下降段的某点 C 处。

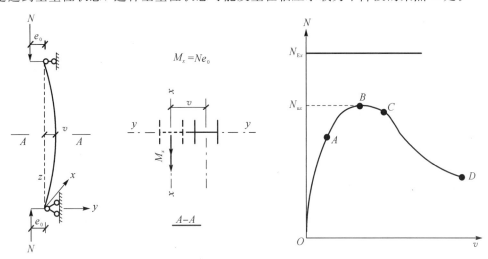

图 6-6　单向压弯构件弯矩作用平面内失稳变形和轴力-位移曲线

2. 计算方法

目前，各国设计规范中压弯构件弯矩作用平面内的整体稳定验算大多通过理论分析，建立轴力与弯矩的相关公式，并在大量数值计算和试验数据的统计分析的基础上，对相关公式中的参数进行修正，得到一个半经验半理论公式。我国《标准》利用边缘纤维屈服准则，建立压弯构件弯矩作用平面内稳定极限状态的轴力与弯矩的相关公式，并在此基础上进行修改后作为实用公式。

如图 6-6 所示的压弯构件，在轴力 N 和均匀弯矩 $M_x(M_x = Ne_0)$ 作用下的平衡微分方程为

$$EI \frac{\mathrm{d}^2 y}{\mathrm{d}z^2} + Ny = -M_x \tag{6-10}$$

解方程并利用边界条件（$z=0$ 和 $z=l$ 处，$y=0$），可得构件中点的最大挠度为

$$v_m = \frac{M_x}{N} \left(\sec \frac{\pi}{2} \sqrt{\frac{N}{N_{Ex}}} - 1 \right) = \frac{M_x l^2}{8EI} \frac{8EI}{Nl^2} \left(\sec \frac{\pi}{2} \sqrt{\frac{N}{N_{Ex}}} - 1 \right)$$

$$= \frac{M_x l^2}{8EI} \frac{8N_{Ex}}{N\pi^2} \left(\sec \frac{\pi}{2} \sqrt{\frac{N}{N_{Ex}}} - 1 \right) \tag{6-11}$$

承受均匀弯矩 M_x 作用的简支梁跨中最大挠度 v_0 为

$$v_0 = \frac{M_x l^2}{8EI} \tag{6-12}$$

将 $\sec \dfrac{\pi}{2} \sqrt{\dfrac{N}{N_{Ex}}}$ 展开成幂级数后代入式（6-11）可得

$$v_m = \frac{v_0}{1 - N/N_{Ex}} \tag{6-13}$$

即考虑轴力 N 对于弯矩 M_x 引起的挠度 v_0 形成二阶弯矩后，挠度放大系数为 $\dfrac{1}{1-N/N_{Ex}}$。

对于其他形式荷载作用下的单向压弯构件，也可推导得到其挠度放大系数近似为 $\dfrac{1}{1-N/N_{Ex}}$。

此时压弯构件中的最大弯矩可表示为

$$M_{x,\max}=M_{x,\max 1}+M_{x,\max 2}=M_x+Nv_m=\frac{\beta_{mx}M_x}{1-N/N_{Ex}} \tag{6-14}$$

式中，$M_{x,\max 1}$ 为构件截面上由端弯矩引起的一阶弯矩，等于 M_x；$M_{x,\max 2}$ 为轴心压力引起的二阶弯矩，等于 Nv_m；β_{mx} 称为等效弯矩系数，$\beta_{mx}=1-N/N_{Ex}+Nv_0/M_x$。$\beta_{mx}$ 值因构件支承条件和荷载形式的不同而有差异。

为了进一步考虑构件初始缺陷的影响，将构件各种初始缺陷等效为跨中最大初弯曲 e_1（综合代表各种缺陷）。假定构件初始变形形态为一正弦半波曲线，则考虑二阶效应后由初弯曲产生的最大弯矩为

$$M_{x,\max 3}=\frac{Ne_1}{1-N/N_{Ex}} \tag{6-15}$$

根据边缘纤维屈服准则，压弯构件弯矩作用平面内截面的最大应力应满足：

$$\frac{N}{A}+\frac{M_{x,\max 1}+M_{x,\max 2}+M_{x,\max 3}}{W_{1x}}=\frac{N}{A}+\frac{\beta_{mx}M_x+Ne_1}{W_{1x}(1-N/N_{Ex})}=f_y \tag{6-16}$$

式中，A、W_{1x} 分别为压弯构件毛截面面积和最大受压纤维的毛截面模量。

初始缺陷主要由加工制作、安装和构造方式决定，与作用荷载形式并无关联。可以认为压弯构件与轴心受压构件具有相同的初始缺陷。式(6-16)中取 $M_x=0$，即代表具有综合初始缺陷 e_1 的轴心压杆受力最大截面边缘纤维达到屈服的情况，此时的轴力为轴心压杆稳定承载力 $N_x=\varphi_x Af_y$，由式(6-16)解出等效初始缺陷

$$e_1=\frac{W_{1x}(Af_y-N_x)(N_{Ex}-N_x)}{AN_xN_{Ex}} \tag{6-17}$$

将式(6-17)代入式(6-16)，可得

$$\frac{N}{\varphi_xA}+\frac{\beta_{mx}M_x}{W_{1x}(1-\varphi_xN/N_{Ex})}=f_y \tag{6-18}$$

式(6-18)为考虑了压弯构件的二阶效应和综合初始缺陷，按边缘纤维屈服准则得到的采用应力表达的稳定问题相关公式。

3. 计算公式

将式(6-18)的结果与考虑初始几何缺陷与残余应力的压弯构件试验资料和数值计算结果进行比较并修正。由于边缘纤维屈服准则以构件弹性受力阶段极限状态作为稳定承载能力极限，因而对于实腹式压弯构件，可以考虑利用截面上的部分塑性发展，采用 $\gamma_x W_{1x}$ 取代 W_{1x}。用 0.8 代替式(6-18)第二项中的 φ_x，并把欧拉临界力除以抗力分项系数 γ_R 的平均值 1.1，以使计算结果与数值计算方法的结果最为接近。引入钢材强度抗力分项系数后，《标准》中关于实腹式单向压弯构件弯矩作用平面内的整体稳定性计算公式为

$$\frac{N}{\varphi_xAf}+\frac{\beta_{mx}M_x}{\gamma_xW_{1x}(1-0.8N/N'_{Ex})f}\leqslant 1.0 \tag{6-19}$$

式中，N 为所计算构件范围内轴心压力设计值；N'_{Ex} 为一参数，$N'_{Ex}=\pi^2EA/(1.1\lambda_x^2)$；$\varphi_x$ 为

弯矩作用平面内轴心受压构件的稳定系数；M_x 为所计算构件段范围内的最大弯矩设计值；W_{1x} 为在弯矩作用平面内对受压最大纤维的毛截面模量；β_{mx} 为等效弯矩系数，按照使得非均匀弯矩作用下压弯构件一阶和二阶弯矩最大值之和与均匀弯矩作用下的相等来确定，其值不仅与弯矩分布图形有关，还与轴心压力与临界力之比有关，应按下列规定采用：

　　1）无侧移框架柱和两端支承的构件

　　（1）无横向荷载作用时，取 $\beta_{mx} = 0.6 + 0.4 M_2/M_1$，$M_1$ 和 M_2 为端弯矩，构件无反弯点时取同号；构件有反弯点时取异号，$|M_1| \geqslant |M_2|$。

　　（2）无端弯矩但有横向荷载作用时：

　　对于跨中单个集中荷载：

$$\beta_{mx} = \frac{1 - 0.36N}{N_{cr}} \qquad (6-20(a))$$

　　对于全跨均布荷载：

$$\beta_{mx} = \frac{1 - 0.18N}{N_{cr}} \qquad (6-20(b))$$

$$N_{cr} = \frac{\pi^2 EI}{(\mu l)^2} \qquad (6-20(c))$$

式中，N_{cr} 为弹性临界力；μ 为构件的计算长度系数。

　　（3）有端弯矩和横向荷载同时作用时，将式（6-19）中的 $\beta_{mx} M_x$ 取为 $\beta_{mqx} M_{qx} + \beta_{m1x} M_1$，即工况（1）和工况（2）等效弯矩的代数和。$M_{qx}$ 为横向荷载产生的弯矩最大值，β_{m1x} 取按情况①计算的等效弯矩系数。

　　2）有侧移框架柱和悬臂构件

　　（1）对于有横向荷载的柱脚铰接的单层框架柱和多层框架的底层柱，$\beta_{mx} = 1.0$；对于其他框架柱，$\beta_{mx} = 1 - 0.36 N/N_{cr}$。

　　（2）对于自由端作用有弯矩的悬臂柱，$\beta_{mx} = 1 - 0.36(1-m)N/N_{cr}$，式中 m 为自由端弯矩与固定端弯矩之比，当弯矩图无反弯点时取正号，有反弯点时取负号。

　　当框架内力采用二阶分析时，柱弯矩由无侧移弯矩和放大的侧移弯矩组成，此时可对两部分弯矩分别乘以无侧移柱和有侧移柱的等效弯矩系数。

　　对于单轴对称截面（如 T 形截面）压弯构件，当弯矩作用在对称轴平面内且使较大翼缘受压时，除出现受压失稳情况外，还有可能发生在较小翼缘（或无翼缘）一侧产生较大的拉应力而率先发生受拉屈服破坏。对于这种情况，除应按式（6-19）计算外，还应按下式计算：

$$\left| \frac{N}{Af} - \frac{\beta_{mx} M_x}{\gamma_x W_{2x}(1 - 1.25 N/N'_{Ex})f} \right| \leqslant 1.0 \qquad (6-21)$$

式中，W_{2x} 为弯矩作用平面内受压较小翼缘（或无翼缘端）的毛截面模量；γ_x 为与 W_{2x} 相对应一侧的截面塑性发展系数，一般可取 1.2（直接承受动力荷载时取 1.0）。

6.3.2　单向实腹式压弯构件弯矩作用平面外整体稳定性

1. 失稳形式

　　若单向压弯构件弯矩作用平面外的变形没有得到有效约束，且弯矩作用平面内稳定性较强，对于无初始缺陷的理想构件，当压力较小时，构件只产生 yz 平面内的挠曲。当压力

增加到某 临界值 N_{cr} 之后，构件会突然产生 x 方向（弯矩作用平面外）的弯曲变形 u 和扭转变形 θ，即构件发生了弯矩作用平面外的弯扭失稳。无初始缺陷的理想压弯构件的弯扭失稳是一种分岔失稳，如图 6-7 所示。若构件具有初始缺陷，荷载施加伊始，构件就会产生较小的侧向挠曲 u 和扭转变形 θ，并随荷载的增加而增加，当达到某一极限荷载 N_{uyz} 之后，变形 u 和 θ 加速增加，而荷载却反而下降，压弯构件失去了稳定。有初始缺陷压弯构件在弯矩作用平面外的失稳为极值点失稳，无分岔现象，N_{uyz} 是其稳定极限承载力，如图6-7中曲线 B 点所示。

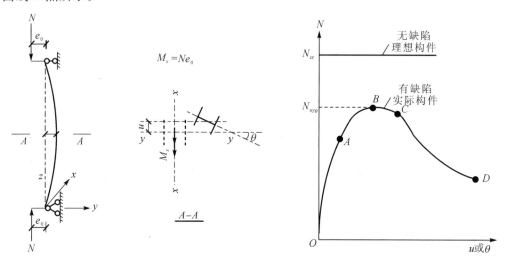

图 6-7　单向压弯构件弯矩作用平面外的失稳变形和轴力-位移曲线

2. 理想构件的计算方法

根据弹性稳定理论，对于两端简支、两端受轴心压力 N 和相等弯矩 M_x 作用的双轴对称截面实腹式压弯构件，当构件没有弯矩作用平面外的初始缺陷时，在弯矩作用平面外的弯扭失稳临界条件可用下式表达：

$$\left(1-\frac{N}{N_{Ey}}\right)\left(1-\frac{N}{N_{zcr}}\right)-\frac{M_x^2}{M_{crx}^2}=0 \tag{6-22}$$

式中，N_{Ey} 为构件仅承受轴心压力时绕 y 轴弯曲失稳的欧拉临界力；N_{zcr} 为构件仅承受轴心压力时绕纵轴 z 轴扭转失稳的临界力，按式(4-17)计算；M_{crx} 为构件仅受绕 x 轴的均匀弯矩作用时的弯扭失稳临界弯矩。

式(6-22)可绘成图 6-8 所示的相关曲线，$N/N_{Ey}-M_x/M_{crx}$ 的相关曲线形式依赖于系数 N_{zcr}/N_{Ey}。$N_{zcr}/N_{Ey}>1$ 时，曲线外凸，且 N_{zcr}/N_{Ey} 值越大，曲线越凸，则构件的弯扭稳定承载力越高。根据钢结构工程中压弯构件常用的截面形式分析，绝大多数情况下的 N_{zcr}/N_{Ey} 都大于 1.0，可偏安全地取 $N_{zcr}/N_{Ey}=1$，则可得到判别构件弯矩作用平面外稳定性的直线相关方程为

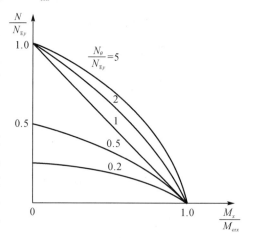

图 6-8　单向压弯构件在弯矩作用平面外失稳的相关曲线

$$\frac{N}{N_{\text{Ey}}}+\frac{M_x}{M_{\text{crx}}}=1 \qquad (6-23)$$

式(6-23)是根据双轴对称理想压弯构件导出并经简化的理论公式。对于单轴对称截面构件或无对称轴截面构件,承受轴心压力时绕 y 轴并不发生弯曲失稳,理论分析和试验研究表明,此时只要用该构件承受轴心压力时的弯扭失稳临界力 N_{yz} 代替公式中的 N_{Ey},公式仍然适用。

3. 实际构件的计算公式

式(6-23)是按弹性工作状态推导的,考虑到可能发生弹塑性失稳的粗短构件以及具有初始缺陷的实际工程构件,通常需采用数值计算和试验研究来确定压弯构件弯矩作用平面外的稳定承载力。理论分析和试验研究均表明,将相关公式(6-23)中的 N_{Ey} 和 M_{crx} 分别用 $\varphi_y A f_y$ 和 $\varphi_b W_{1x} f_y$ 代替,并引入不同截面形式时的截面影响系数 η、截面塑性发展系数 γ_x 和材料强度抗力分项系数后,即可得到《标准》中单向压弯构件弯矩作用平面外的稳定性计算公式:

$$\frac{N}{\varphi_y A f}+\eta\frac{\beta_{\text{tx}}M_x}{\varphi_b W_{1x} f}\leqslant 1.0 \qquad (6-24)$$

式中,φ_y 为弯矩作用平面外的轴心受压构件稳定系数,对于单轴对称截面,应按弯扭长细比 λ_{yz} 查出;M_x 为所计算构件段范围内的最大弯矩设计值;η 为截面影响系数,对于闭口截面 η 取 0.7,其他截面 η 取 1.0。

等效弯矩系数 β_{tx} 的取值:

(1) 对于弯矩作用平面外有支承的构件,应根据构件在两相邻支承间段内的荷载情况确定,无横向荷载作用时,取 $\beta_{\text{tx}}=0.65+0.35 M_2/M_1$;端弯矩和横向荷载同时作用,且产生同号曲率时,$\beta_{\text{tx}}=1.0$,使构件产生反号曲率时 $\beta_{\text{tx}}=0.85$;无端弯矩有横向荷载作用时,$\beta_{\text{tx}}=1.0$。

(2) 对于弯矩作用平面外为悬臂的构件,$\beta_{\text{tx}}=1.0$。

φ_b 为均匀弯曲受弯构件整体稳定系数,按 5.3 节中相关规定取值。对于闭口截面,$\varphi_b=1.0$;对于工字形(含 H 型钢)和 T 形截面的非悬臂构件,φ_b 可按下列简化公式进行计算。

(1) 工字形截面:

双轴对称:

$$\varphi_b=1.07-\frac{\lambda_y^2}{44\,000\,\varepsilon_k^2}\leqslant 1.0 \qquad (6-25(a))$$

单轴对称:

$$\varphi_b=1.07-\frac{W_x}{(2\alpha_b+0.1)Ah}\cdot\frac{\lambda_y^2}{14\,000\varepsilon_k^2}\leqslant 1.0 \qquad (6-25(b))$$

(2) 弯矩作用在对称轴平面的 T 形截面:

弯矩使翼缘受压的双角钢 T 形截面:

$$\varphi_b=1-\frac{0.0017\lambda_y}{\varepsilon_k} \qquad (6-25(c))$$

弯矩使翼缘受压的剖分 T 型钢和两板组合 T 形截面：

$$\varphi_b = 1 - \frac{0.0022\lambda_y}{\varepsilon_k} \qquad (6-25(d))$$

弯矩使翼缘受拉且腹板宽厚比不大于 $18\varepsilon_k$ 时：

$$\varphi_b = 1 - \frac{0.0005\lambda_y}{\varepsilon_k} \qquad (6-25(e))$$

式中，λ_y 为构件在侧向支承点间对截面侧向弯曲轴的长细比。

6.3.3　双向实腹式压弯构件整体稳定性

　　弯矩作用在两个主轴平面内为双向弯曲压弯构件，双向压弯构件的整体失稳常伴随着构件的扭转变形，呈现弯扭失稳。其稳定承载力与 N、M_x、M_y 三者的比例有关，稳定承载力考虑各种缺陷影响时无法给出解析解，只能采用数值解。为了设计方便，并与轴心受压构件和单向压弯构件计算公式衔接，采用相关公式来计算。《标准》规定，弯矩作用在两个主平面内的双轴对称实腹式工字形（含 H 形）和箱形（闭口）截面的压弯构件，其稳定性应按下列公式计算：

$$\frac{N}{\varphi_x A f} + \frac{\beta_{mx} M_x}{\gamma_x W_x \left(1 - 0.8 \dfrac{N}{N'_{Ex}}\right) f} + \eta \frac{\beta_{ty} M_y}{\varphi_{by} W_y f} \leqslant 1 \qquad (6-26(a))$$

$$\frac{N}{\varphi_y A f} + \eta \frac{\beta_{tx} M_x}{\varphi_{bx} W_x f} + \frac{\beta_{my} M_y}{\gamma_y W_y \left(1 - 0.8 \dfrac{N}{N'_{Ey}}\right) f} \leqslant 1 \qquad (6-26(b))$$

$$N'_{Ey} = \frac{\pi^2 EA}{1.1\lambda_y^2} \qquad (6-26(c))$$

式中，各符号意义同前，但是下角标 x 和 y 分别对应于截面强轴 x 轴和截面弱轴 y 轴；其中 φ_{bx} 和 φ_{by} 为均匀弯曲的受弯构件整体稳定系数，按 5.3 节中相关规定取值（M_{cr} 按简支梁计算），工字形截面的非悬臂构件的 φ_{bx} 也可按式（6-25）的简化公式确定，φ_{by} 可取为 1.0，对于闭合截面，可取 $\varphi_{bx} = \varphi_{by} = 1.0$。

　　理论计算与试验研究资料表明，上述公式是偏于安全的。

　　当柱段中没有较大横向力或集中弯矩时，双向压弯圆管的整体稳定按下式计算：

$$\frac{N}{\varphi A f} + \frac{\beta M}{\gamma_m W \left(1 - 0.8 \dfrac{N}{N'_{Ex}}\right) f} \leqslant 1.0 \qquad (6-27)$$

式中，φ 为轴心受压构件的整体稳定系数，按构件最大长细比计算；M 为计算双向压弯圆管构件整体稳定时采用的弯矩值，取 $M = \max(\sqrt{M_{xA}^2 + M_{yA}^2}, \ \sqrt{M_{xB}^2 + M_{yB}^2})$，$M_{xA}$、$M_{yA}$、$M_{xB}$、$M_{yB}$ 分别为构件 A 端关于 x、y 轴的弯矩和构件 B 端关于 x、y 轴的弯矩；β 为等效弯矩系数，$\beta = \beta_x \beta_y$，$\beta_x = 1 - 0.35 \sqrt{N/N_E} + 0.35 \sqrt{N/N_E}(M_{2x}/M_{1x})$，$\beta_y = 1 - 0.35 \sqrt{N/N_E} + 0.35 \sqrt{N/N_E}(M_{2y}/M_{1y})$，其中 M_{1x}、M_{2x}、M_{1y}、M_{2y} 分别为构件两端关于 x 轴、y 轴的端弯矩，$|M_{1x}| \geqslant |M_{2x}|$，$|M_{1y}| \geqslant |M_{2y}|$ 同曲率时取同号，异曲率时取负号；N_E 为根据构件最大长细比计算的欧拉临界力。

6.3.4　压弯构件的计算长度

压弯构件的计算长度以不同支承情况的构件几何长度乘以计算长度系数来得到，单根压弯构件的计算长度系数与轴心受力构件的相同，框架柱的计算长度系数见有关结构设计部分。

【例 6-1】　图 6-9 所示的某焊接工字形截面压弯构件，承受轴心压力设计值为 500 kN，构件沿长度方向存在的均布荷载设计值为 20 kN/m。钢材为 Q235BF 构件的两端铰支，并在构件长度中央有一个侧向支承点，翼缘为火焰切割边。试验算构件的整体稳定性。

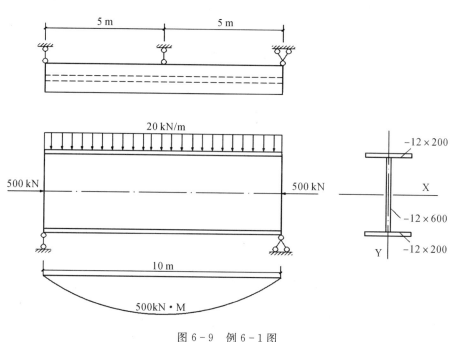

图 6-9　例 6-1 图

解　（1）截面特性。

$$A = 2 \times 200 \times 12 + 600 \times 12 = 12\ 000 \text{ mm}^2$$

$$I_x = 2 \times 200 \times 12 \times 306^2 + \frac{1}{12} \times 12 \times 600^3 = 6.6545 \times 10^8 \text{ mm}^4$$

$$i_x = \sqrt{\frac{I_x}{A}} = \sqrt{\frac{6.6545 \times 10^8}{12\ 000}} = 235.5 \text{ mm}$$

$$W_x = \frac{2I_x}{h} = \frac{6.6545 \times 10^8}{312} = 2.133 \times 10^6 \text{ mm}^3$$

$$I_y = \frac{2 \times 12 \times 200^3 S}{12} = 1.6 \times 10^7 \text{ mm}^4$$

$$i_y = \sqrt{\frac{I_y}{A}} = \sqrt{\frac{1.6 \times 10^7}{12\ 000}} = 36.5 \text{ mm}$$

（2）验算构件在弯矩作用平面内的稳定性。

翼缘宽厚比 $\frac{b_1}{t} = 7.83 < 9\varepsilon_k$，截面类别为 S1 级，可取截面塑性发展系数 $\gamma_x = 1.05$。

$\lambda_x = \dfrac{l_x}{i_x} = \dfrac{10\ 000}{235.5} = 42.5$，按 b 类截面查附表 4 - 2 得，$\varphi_x = 0.889$，则有

$$N'_{Ex} = \frac{\pi^2 E}{1.1\lambda_x^2}A = \frac{\pi^2 \times 2.06 \times 10^5}{1.1 \times 42.5^2} \times 12000 \times 10^{-3} = 12\ 279\ \text{kN}$$

构件端部无弯矩，但全跨有均布荷载作用，所以有

$$\beta_{mx} = 1 - \frac{0.18 \times N}{N_{Ex}} = 1 - \frac{0.18 \times 500}{12\ 279 \times 1.1} = 0.99$$

$$\begin{aligned}
&\frac{N}{\varphi_x A} + \frac{\beta_{mx}M_x}{\gamma_x W_x(1 - 0.8\ N/N'_{Ex})}\\
&= \frac{500 \times 10^3}{0.889 \times 12\ 000} + \frac{0.99 \times 250 \times 10^6}{1.05 \times 2.133 \times 10^6\left(1 - \dfrac{0.8 \times 500}{12\ 279}\right)}\\
&= 161.1\ \text{N/mm}^2 < f = 215\ \text{N/mm}^2
\end{aligned}$$

弯矩作用平面内的整体稳定性满足要求。

（3）验算构件在弯矩作用平面外的稳定性。

$\lambda_y = \dfrac{l_y}{i_y} = \dfrac{5000}{36.5} = 137$，按 b 类截面查附表 4 - 2 得，$\varphi_y = 0.357$，$\eta = 1.0$，在侧向支承点范围内，杆段一端的弯矩为 250 kN·m，另一端为零，且有横向荷载，产生同号曲率，取 $\beta_{tx} = 1.0$，则有

$$\varphi_b = 1.07 - \frac{\lambda_y^2}{44\ 000 \times \varepsilon_k^2} = 1.07 - \frac{137^2}{44\ 000 \times 1} = 0.643$$

$$\begin{aligned}
\frac{N}{\varphi_y A} + \eta\frac{\beta_{tx}M_x}{\varphi_b W_x} &= \frac{500 \times 10^3}{0.357 \times 12\ 000} + 1.0 \times \frac{1.0 \times 250 \times 10^6}{0.643 \times 2.133 \times 10^6}\\
&= 299.0\ \text{N/mm}^2 > f = 215\ \text{N/mm}^2
\end{aligned}$$

弯矩作用平面外的整体稳定性不满足要求。

讨论：虽然在构件跨中设置了一个侧向支承点，但仍然不能满足平面外的整体稳定要求，因此实际工程设计必须调整。可增大翼缘宽度，或者跨中改用两个侧向支承点，然后验算，直至满足要求为止。

6.4   格构式压弯构件的整体稳定性计算

厂房框架柱和大型独立柱常采用格构式柱，通常为单向压弯双肢格构柱，使弯矩绕虚轴作用，以调节两分肢间距，从而提高截面抗弯能力。当弯矩不大或者不同荷载工况下正负弯矩绝对值相差不大时，常采用双轴对称截面。当符号不变的弯矩较大或者不同荷载工况下正负弯矩绝对值相差较大时，可采用单轴对称截面，并把较大肢件布置在弯矩产生压应力较大一侧。

6.4.1   弯矩绕实轴作用的格构式压弯构件

格构式压弯构件当弯矩绕实轴（y 轴）作用时（见图 6 - 10），受力性能与实腹式压弯构件完全相同。因此，弯矩作用平面内和平面外的整体稳定计算均与实腹式构件的相同，但在

计算弯矩作用平面外的整体稳定时，关于虚轴（x 轴）长细比应按 4.6 节中相关公式取换算长细比，整体稳定系数取 $\varphi_b = 1.0$。

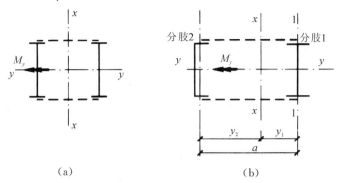

(a) 　　　　　　　　　　　　　　(b)

图 6 - 10　弯矩绕实轴作用的格构式压弯构件截面

分肢稳定按实腹式压弯构件计算，内力按以下原则分配（见图 6 - 10(b)）：轴心压力 N 在两分肢间的分配与分肢轴线至虚轴 x 轴的距离成反比；弯矩 M_y 在两分肢间的分配与分肢对实轴 y 轴的惯性矩成正比、与分肢轴线至虚轴 x 轴的距离成反比。

分肢 1 的轴心力：

$$N_1 = N \frac{y_2}{a} \qquad\qquad (6-28(a))$$

分肢 1 的弯矩：

$$M_{y1} = \frac{I_1/y_1}{I_1/y_1 + I_2/y_2} \cdot M_y \qquad\qquad (6-28(b))$$

分肢 2 的轴心力：

$$N_2 = N - N_1 \qquad\qquad (6-28(c))$$

分肢 2 的弯矩：

$$M_{y2} = \frac{I_2/y_2}{I_1/y_1 + I_2/y_2} \cdot M_y \qquad\qquad (6-28(d))$$

式中，I_1、I_2 分别为分肢 1 和分肢 2 对 y 轴的惯性矩；y_1、y_2 分别为分肢 1 和分肢 2 的分肢截面形心到整个截面主轴 $x-x$ 轴的距离。

式(6 - 28(d))适用于当 M_y 作用在构件的主轴平面时（如图 6 - 10(b)中的 $x-x$ 轴线平面）的情形，当 M_y 不是作用在构件的主轴平面上而是作用在一个分肢的轴线平面（如图 6 - 10(b)中分肢 1 的 1 - 1 轴线平面）上时，则 M_y 视为全部由该分肢承受。

6.4.2　弯矩绕虚轴作用的格构式压弯构件

当弯矩绕虚轴（x 轴）作用时（见图 6 - 11），格构式压弯构件应进行弯矩作用平面内的整体稳定计算和分肢的稳定计算。

1. 弯矩作用平面内的整体稳定计算

弯矩绕虚轴作用的格构式压弯构件，由于截面中部空腹，不能考虑塑性的深入发展，因此弯矩作用平面内的整体稳定性采用考虑初始缺陷的截面边缘纤维屈服准则，按下式计算：

$$\frac{N}{\varphi_x A f} + \frac{\beta_{mx} M_x}{W_{1x}\left(1 - \dfrac{N}{N'_{Ex}}\right)f} \leqslant 1 \qquad (6-29)$$

$$W_{1x} = \frac{I_x}{y_0}$$

式中，I_x 为对虚轴 x 轴的毛截面惯性矩；y_0 为由 x 轴到压力较大分肢的轴线距离或者到压力较大分肢腹板外边缘的距离，二者取较大者(如图 6-11 所示)；φ_x、N'_{Ex} 分别为弯矩作用平面内轴心受压构件稳定系数和参数，由换算长细比 λ_{0x} 确定。

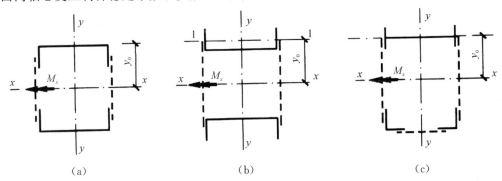

图 6-11　弯矩绕虚轴作用的格构式压弯构件截面

2. 分肢的稳定计算

将整个格构柱视为一个平行弦桁架，则两个分肢可看作桁架体系的弦杆，两分肢的轴心力应按下列公式计算(见图 6-12)：

分肢 1：

$$N_1 = N\frac{y_2}{a} + \frac{M_x}{a} \qquad (6-30(a))$$

分肢 2：

$$N_2 = N - N_1 \qquad (6-30(b))$$

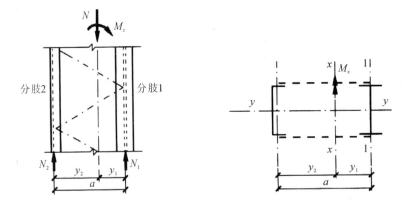

图 6-12　压弯格构柱分肢的内力计算

缀条式压弯构件的分肢按轴心压杆计算。分肢的计算长度，在缀条平面内(分肢绕 1—1

轴)取缀条体系的节间长度,在缀条平面外(分肢绕 $y-y$ 轴)取整个构件弯矩作用平面外两侧向支承点间的距离。

缀板式压弯构件的分肢除承受轴心力 N_1(或 N_2)外,还应考虑由缀板的剪力作用引起的局部弯矩。剪力取值按实际剪力和式(4-60)求出剪力中的较大值。分肢承受局部弯矩按式(4-62)计算。计算分肢在弯矩作用平面内的稳定性时,计算长度取缀板间净距,按实腹式压弯构件计算其弯矩作用平面内(分肢绕 1—1 轴)的稳定性。计算分肢在弯矩作用平面外的稳定性时,计算长度取整个格构式构件弯矩作用平面外侧向支撑点之间的距离,按轴心受压构件计算。

对于弯矩绕虚轴作用的压弯构件,受压较大分肢的压应力大于整个构件的平均压应力,且其在弯矩作用平面外的计算长度与整个构件的相同,因此受压较大分肢弯矩作用平面外的整体稳定性差于整个构件的整体稳定性,只要受压较大分肢在弯矩作用平面外的整体稳定性得到保证,整个构件在弯矩作用平面外的整体稳定性就能得到保证,故不必再计算整个构件在弯矩作用平面外的整体稳定性。

格构式压弯构件的缀材计算方法与格构式轴心受压构件的相同。

6.4.3　双向受弯的格构式压弯构件

1. 整体稳定计算

弯矩作用在两个主平面内的双肢格构式压弯构件(见图 6-13),其整体稳定性采用与边缘屈服准则导出的弯矩绕虚轴作用的格构式压弯构件弯矩作用平面内整体稳定计算式相衔接的直线式进行计算:

$$\frac{N}{\varphi_x A f}+\frac{\beta_{mx} M_x}{W_{1x}(1-N/N'_{Ex})f}+\frac{\beta_{ty} M_y}{W_{1y}f}\leqslant 1.0 \qquad (6-31)$$

式中,W_{1y} 为在 M_y 作用下对较大受压纤维的毛截面模量,其他系数与实腹式压弯构件的相同,但对虚轴(x 轴)的系数 φ_x、N'_{Ex} 应采用换算长细比 λ_{0x} 确定。

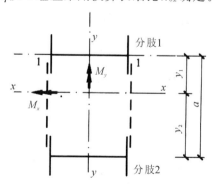

图 6-13　双向受弯格构柱

2. 分肢的稳定计算

分肢按实腹式压弯构件计算其稳定性,在轴力和弯矩共同作用下产生的内力按以下原则分配:N 和 M_x 在两分肢产生的轴心力 N_1 和 N_2 按式(6-30)计算;当 M_y 作用在构件的主轴平面时(如图 6-13 中的 $x-x$ 轴线平面)，M_y 在两分肢间的分配按式(6-28(b))和 (6-28(d))计算；当 M_y 不是作用在构件的主轴平面而是作用在某一个分肢的轴线平面(如图 6-13 中分肢 1 的 1—1 轴线平面)上时，M_y 视为全部由该分肢承受。此外，对缀板式压弯构件还应考虑缀板剪力产生的局部弯矩 M_{x1}，其分肢稳定性按实腹式双向压弯构件计算。

6.5　实腹式压弯构件的局部稳定

实腹式压弯构件的板件可能处于正应力 σ 或者正应力 σ 与剪应力 τ 共同作用的受力状态，当应力达到一定值时，板件可能发生局部鼓曲，即丧失局部稳定性。与轴心受压构件和受弯构件类似，压弯构件的局部稳定性也是采用限制板件宽(高)厚比的办法来加以保证的。

6.5.1　不利用屈曲后强度的局部稳定性计算

1. 受压翼缘板的局部稳定性

我国对压弯构件的受压翼缘板采用不允许发生局部失稳的设计原则。压弯构件的受压翼缘板主要承受正应力，当考虑截面部分的塑性发展时，受压翼缘板一般全部处于塑性区。当构件采用弹性设计时，受压翼缘板仅边缘纤维达到屈服，翼缘板仍处于弹性区。工字形截面和箱形截面压弯构件的受压翼缘受力情况与梁的基本相同，为保证其局部稳定性，宽厚比限值可采用下列规定：

(1) 工字形(H 形)及 T 形截面翼缘板自由外伸宽度 b_1 与板厚 t 应满足：

对于 S3 级构件(强度和整体稳定性计算时，取 $\gamma_x = 1.05$，$\gamma_y = 1.2$，x 轴为强轴，y 轴为弱轴)：

$$\frac{b_1}{t} \leqslant 13\varepsilon_k \qquad (6-32(a))$$

对于 S4 级构件(强度和整体稳定性计算时，取 $\gamma_x = \gamma_y = 1.0$)：

$$\frac{b_1}{t} \leqslant 15\varepsilon_k \qquad (6-32(b))$$

(2) 箱形截面受压翼缘板在两腹板间宽度 b_0 与板厚 t 应满足：

对于 S3 级构件：

$$\frac{b_0}{t} \leqslant 40\varepsilon_k \qquad (6-33(a))$$

对于 S4 级构件：

$$\frac{b_0}{t} \leqslant 45\varepsilon_k \qquad (6-33(b))$$

2. 腹板的局部稳定性

1) 工字形截面的腹板

工字形和 H 形截面压弯构件腹板的局部失稳，是在不均匀压应力和剪应力的共同作用

下发生的。腹板的弹性屈曲临界压应力可表达为

$$\sigma_{cr} = K_e \frac{\pi^2 E}{12(1-v^2)} \left(\frac{t_w}{h_0}\right)^2 \tag{6-34}$$

式中，K_e 为弹性屈曲系数，其值受剪应力 τ 影响不大，主要与腹板压应力不均匀分布的梯度有关。应力梯度 $\alpha_0 = (\sigma_{max} - \sigma_{min})/\sigma_{max}$，$\sigma_{max}$ 为腹板计算高度边缘的最大压应力，σ_{min} 为腹板计算高度另一边缘相应的应力，计算时不必考虑构件的稳定系数和截面塑性发展系数，且以压应力为正，拉应力为负。根据压弯构件的设计资料可取 $\tau/\sigma_{max} = 0.15\alpha_0$（即 $\tau/\sigma_M = 0.3$ 的情况，τ 为腹板上的平均剪应力，σ_M 为弯矩引起的弯曲正应力，$\sigma_M = \dfrac{\sigma_{max} - \sigma_{min}}{2}$），此时 K_e 值见表 6-1。

由弯矩作用平面内整体稳定性控制设计的压弯构件，一般会在腹板上有塑性发展。根据弹塑性稳定理论，腹板的弹塑性屈曲临界压应力为

$$\sigma_{cr} = K_p \frac{\pi^2 E}{12(1-v^2)} \left(\frac{t_w}{h_0}\right)^2 \tag{6-35}$$

式中，K_p 为弹塑性屈曲系数，其值与最大受压边缘的割线模量 E_s、应变梯度 $\alpha = \dfrac{\varepsilon_{max} - \varepsilon_{min}}{\varepsilon_{max}}$、腹板上塑性发展深度 μh_0 以及平均剪应力水平 τ/σ_{max} 有关。当取 $\tau/\sigma_{max} = 0.15\alpha_0$，截面塑性深度为 $0.25h_0$ 时，K_p 值见表 6-1。

表 6-1　腹板屈曲系数 K_e 与 K_p 值

α_0	0.0	0.2	0.4	0.6	0.8	1.0	1.2	1.4	1.6	1.8	2.0
K_e	4.000	4.443	4.992	5.689	6.595	7.812	9.503	11.868	15.183	19.524	23.922
K_p	4.000	3.914	3.874	4.242	4.681	5.214	5.886	6.678	7.576	9.738	11.301
h_0/t_w	56.24	55.64	55.35	57.92	60.84	64.21	68.23	72.67	77.400	87.76	94.540

令 $\sigma_{cr} = f_y$，代入与钢材相关的参数后，即可得到腹板的容许高厚比 (h_0/t_w) 与应力梯度 α_0 的关系。考虑初始缺陷影响，并且考虑 $\alpha_0 = 0$ 时工字形截面腹板的高厚比与轴心受压构件腹板的高厚比限值一致，则工字形截面腹板的 h_0/t_w 应满足：

对于 S3 级构件：

$$\frac{h_0}{t_w} \leqslant (40 + 18\alpha_0^{1.5})\varepsilon_k \tag{6-36(a)}$$

对于 S4 级构件：

$$\frac{h_0}{t_w} \leqslant (45 + 25\alpha_0^{1.66})\varepsilon_k \tag{6-36(b)}$$

2）箱形截面的腹板

箱形截面压弯构件腹板的屈曲临界应力计算方法与工字形截面腹板的相同。但考虑到腹板与翼缘采用单侧焊缝连接，其嵌固条件弱于工字形截面，且两块腹板的受力状况可能不完全一致，因此箱形截面腹板高厚比限值取与腹板间翼缘相等，按式（6-33）计算。

3）T 形截面的腹板

T 形截面的腹板为三边支承、一边自由的板件。当弯矩作用在 T 形截面对称轴内时，腹板上存在应力梯度，其屈曲系数总是比承受均匀压应力的板件屈曲系数大，因此出于安全和简便，不考虑应力梯度影响，T 形截面腹板高厚比限值与翼缘板相等，按式（6-32）取值。

4）圆管截面压弯构件

圆管截面压弯构件的径厚比应满足：

对于 S3 级构件

$$\frac{D}{t} \leqslant 90\varepsilon_k^2 \tag{6-37(a)}$$

对于 S4 级构件

$$\frac{D}{t} \leqslant 100\varepsilon_k^2 \tag{6-37(b)}$$

6.5.2　利用屈曲后强度的局部稳定性计算

当工字形或箱形截面压弯构件腹板的高厚比不满足上述要求时，可以按以下方法进行设计：一是可以加大板厚来满足局部稳定性。但是当 h_0 较高时，这样做会导致多费钢材。二是可以在腹板上布置纵向加劲肋，以减小腹板计算高度，从而满足要求。此时，加劲肋应成对配置在腹板两侧，其一侧外伸宽度应不小于板件厚度 t_w 的 10 倍，厚度不宜小于 $0.75t_w$。此种做法会增加制作工作量，还会增加钢材用量。三是利用腹板屈曲后强度进行设计。

腹板受压区的有效高度 h_e 应取为

$$h_e = \rho h_c \tag{6-38}$$

式中，h_c 为腹板受压区高度，当腹板全部受压时，$h_c = h_0$；ρ 为有效高度系数，当 $\lambda_p \leqslant 0.75$ 时，$\rho = 1.0$，当 $\lambda_p > 0.75$ 时，$\rho = (1-0.19/\lambda_p)/\lambda_p$。$\lambda_p$ 按下式计算：

$$\lambda_p = \frac{h_0/t_w}{28.1\sqrt{k_\sigma}\varepsilon_k} \tag{6-39(a)}$$

$$k_\sigma = \frac{16}{2-\alpha_0 + \sqrt{(2-\alpha_0)^2 + 0.112\alpha_0^2}} \tag{6-39(b)}$$

腹板有效高度 h_e 应按下列规则分布：

当截面全部受压，即 $\alpha_0 \leqslant 1$ 时（见图 6-14(a)）：

$$h_{e1} = \frac{2h_e}{4+\alpha_0} \tag{6-40(a)}$$

$$h_{e2} = h_e - h_{e1} \tag{6-40(b)}$$

当截面部分受拉，即 $\alpha_0 > 1$ 时（见图 6-14(b)）：

$$h_{e1} = 0.4h_e \tag{6-41(a)}$$

$$h_{e2} = 0.6h_e \tag{6-41(b)}$$

箱形截面压弯构件的翼缘宽厚比超限时也应按式（6-38）计算翼缘的有效宽度，计算时用 b_0/t 替代 h_0/t_w，取 $k_\sigma = 4.0$，有效宽度分布在两侧均等。

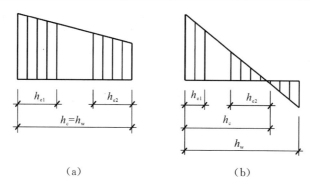

图 6-14　腹板有效高度的分布

利用板件屈曲后强度时，应采用下列公式计算其承载力：

强度计算：

$$\frac{N}{A_{\mathrm{ne}}}\pm\frac{M_x+Ne}{\gamma_x W_{\mathrm{nex}}}\leqslant f \tag{6-42}$$

平面内稳定计算：

$$\frac{N}{\varphi_x A_{\mathrm{e}} f}+\frac{\beta_{\mathrm{m}x}M_x+Ne}{\gamma_x W_{\mathrm{e}lx}(1-0.8N/N'_{\mathrm{E}x})f}\leqslant 1.0 \tag{6-43}$$

平面外稳定计算：

$$\frac{N}{\varphi_y A_{\mathrm{e}} f}+\eta\frac{\beta_{\mathrm{t}x}M_x+Ne}{\varphi_{\mathrm{b}} W_{\mathrm{e}lx}f}\leqslant 1.0 \tag{6-44}$$

式中，A_{ne} 和 A_{e} 分别为有效净截面面积和有效毛截面面积；W_{nex} 为有效截面的净截面模量；$W_{\mathrm{e}lx}$ 为有效截面对较大受压纤维的毛截面模量；e 为有效截面形心至原截面形心的距离。

对于截面尺寸比较宽大的构件，为防止构件变形，应设置横隔，每个运送单元应不少于两个，且横隔间距不大于 8 m。

6.5.3　塑性设计中的局部稳定性要求

当采用塑性设计时，框架柱的截面板件应满足 S1 级压弯构件对于截面宽厚比（高厚比）的要求，以保证在塑性铰形成前板件不会发生局部失稳。工字形截面翼缘板 $b_1/t\leqslant 9\varepsilon_{\mathrm{k}}$，腹板 $h_0/t_{\mathrm{w}}\leqslant(33+13\alpha_0^{1.3})\varepsilon_{\mathrm{k}}$。箱形截面腹板间的翼缘宽厚比（或腹板高厚比）满足 $b_0/t\leqslant 30\varepsilon_{\mathrm{k}}$，圆管截面满足 $D/t\leqslant 50\varepsilon_{\mathrm{k}}^2$。

6.6　压弯构件的截面设计和构造要求

6.6.1　设计要求

高度较大的厂房框架柱或独立柱宜采用格构式，以节约钢材。当弯矩较小或不同荷载工况下的正负弯矩绝对值相差较小时，宜采用双轴对称截面。当正负弯矩绝对值相差较大时，宜采用单轴对称截面，弯矩引起压应力较大一侧设计为较大截面。压弯构件设计应满足强度、刚度、整体稳定和局部稳定要求。格构式压弯构件承受的弯矩绕虚轴作用时，还应满足单肢稳定要求。截面轮廓尺寸尽量大而板厚较小，以获得较大的惯性矩和回转半径，从而节省钢材。尽量使弯矩作用平面内/外的稳定承载力接近。设计的构件应构造简单、制造方便、连接简单。

由于压弯构件设计计算比较复杂，一般先根据构造要求或设计经验，初选截面形式和尺寸，再进行各项验算。依验算结果调整截面尺寸，直至满足各项要求并且经济合理为止。

6.6.2　实腹式压弯构件的截面设计

实腹式压弯构件的截面设计可按如下步骤进行：

（1）确定构件承受的内力设计值，即轴心压力设计值 N、弯矩设计值 $M_x(M_y)$ 和剪力设计值 V。

（2）选择钢材并确定钢材的强度设计值。

（3）根据构件的支承约束情况确定弯矩作用平面内和平面外的计算长度。

（4）初步选择截面的形式和尺寸。

（5）对初选构件截面进行强度、弯矩作用平面内的整体稳定、弯矩作用平面外的整体稳定、局部稳定和刚度的验算。

（6）如果验算不满足要求，或者富裕过大，则应调整修改初选截面，重新进行验算，直至满意为止。

实腹式压弯构件的构造要求与实腹式轴心受压构件相似。当腹板的 $h_0/t_w>80$ 时，为防止腹板在施工和运输中发生变形，应在腹板两侧成对设置间距不大于 $3h_0$ 的横向加劲肋。另外，设置纵向加劲肋的同时也应设置横向加劲肋。为保持截面形状不变，提高构件抗扭刚度，防止施工和运输过程中发生变形，实腹式柱在受有较大横向力处和运输单元的端部应设置横隔，构件较长时还应设置中间横隔，且横隔的间距不大于构件截面较大宽度的 9 倍或 8 m。压弯构件设置侧向支撑，当截面高度较小时，可在腹板加横向加劲肋或横隔连接支撑；当截面高度较大或受力较大时，应在两个翼缘平面内同时设置支撑（即弯矩作用平面内/外均设置支撑）。

6.6.3　格构式压弯构件的截面设计

格构式压弯构件大多用于承受单向弯矩，且弯矩绕虚轴作用的情况，这样可以灵活地调整两分肢间距以增大截面抵抗弯矩能力。当压弯构件两分肢轴线之间的距离较大且有较大的剪力时，构件宜采用缀条连接，以避免缀板柱中局部弯矩对分肢的影响。弯矩绕虚轴作用的单向压弯格构柱设计可按下列步骤进行：

（1）按构造要求或凭经验初选两分肢轴线间的距离或两肢背面间的距离 $b=(1/15\sim 1/22)H$，H 为构件长度。

（2）求两分肢所受轴力 N_1 和 N_2，按轴心受压构件确定两分肢的截面尺寸。

（3）缀材的截面设计（缀条按轴心受压构件设计，缀板按受弯构件设计）和缀材与分肢的连接设计。

（4）对整体格构式构件进行各项验算，包括强度验算、刚度验算、弯矩作用平面内的整体稳定性验算、分肢整体稳定性验算。当格构柱分肢采用 H 型钢或者组合截面(如焊接工字形截面)时，应根据分肢受力情况按单肢验算要求进行局部稳定性验算。各验算指标不全部满足要求时，作适当修正，直到全部满足要求且不过于保守为止。

【例 6-2】　图 6-15 所示的某柱，在弯矩作用平面内/外约束情况为上端铰接、下端固定，承受轴心压力 $N=800$ kN(设计值)，截面由两个 28a 工字钢组成，缀条用 L50×5，钢材为 Q235。弯矩 M_x 绕虚轴作用，要求确定构件所能承受的弯矩 M_x 的设计值。

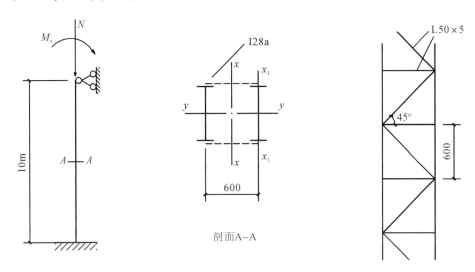

图 6-15　例 6-2 图

解　(1) 构件在弯矩作用平面内的稳定承载力计算。

① 截面特性。查型钢表得一肢 28a 工字钢的截面积 $A_0=5540$ mm^2，$I_{x1}=3.45\times10^6$ mm^4，$I_y=7.11\times10^7$ mm^4，$i_{x1}=24.9$ mm，$i_y=113$ mm。L50×5 的截面积 $A_1=480$ mm^2，则有

$$A=2\times A_0=2\times5540=11\,080 \text{ mm}^2$$

$$I_x=2\times(3.45\times10^6+5\,540\times300^2)=1.0041\times10^9 \text{ mm}^4$$

$$i_x=\sqrt{\frac{I_x}{A}}=\sqrt{\frac{1.0\,041\times10^9}{11\,080}}=301 \text{ mm}$$

$$W_{1x}=\frac{I_x}{y_0}=\frac{1.0041\times10^9}{300}=3.347\times10^6 \text{ mm}^3$$

② 构件在弯矩作用平面内的稳定承载力。

$$l_x=0.7\times10\,000=7000 \text{ mm}, \quad \lambda_x=\frac{l_x}{i_x}=\frac{7000}{301}=23.3$$

换算长细比：

$$\lambda_{0x}=\sqrt{\lambda_x^2+\frac{27A}{2A_1}}=\sqrt{23.3^2+\frac{27\times11\,080}{2\times480}}=29.2$$

$$N'_{Ex}=\frac{\pi^2 E}{1.1\lambda_{0x}^2}A=\frac{\pi^2\times2.06\times10^5}{1.1\times29.2^2}\times11\,080=24\,018.6 \text{ kN}$$

按 b 类截面查附表 4-2，得 $\varphi_x=0.938$，$\beta_{mx}=0.6+0.4\dfrac{M_2}{M_1}=0.6+0.4\times\dfrac{1}{2}=0.8$，则

有在弯矩作用平面内，整体稳定性：

$$\frac{N}{\varphi_x A}+\frac{\beta_{mx}M_x}{W_{1x}\left(1-\dfrac{N}{N'_{Ex}}\right)}\leqslant f$$

由

$$\frac{800\times10^3}{0.938\times11080}+\frac{0.8M_x}{3.347\times10^6\times\left(1-\dfrac{800}{24018.6}\right)}\leqslant215$$

$$76.974+2.5\times10^{-7}M_x\leqslant215$$

得到 $M_x\leqslant558.2$ kN·m。

（2）单肢稳定承载力计算。

右肢承受的轴压力最大为 $N_1=\dfrac{N}{2}+\dfrac{M_x}{a}=400\times10^3+\dfrac{M_x}{600}$

$$\lambda_{x1}=\frac{l_{x1}}{i_{x1}}=\frac{600}{24.9}=24.1,\ \lambda_y=\frac{l_y}{i_y}=\frac{0.7\times10\,000}{113}=61.9$$

单根工字钢关于 x_1 和 y 轴分别属于 b 类和 a 类，查稳定系数表可得 $\varphi_{x_1}=0.9566$，$\varphi_y=0.8754$。

单肢整体稳定性需要满足：

$$\frac{N_1}{\varphi_y A_1}\leqslant f$$

由 $\dfrac{400\times10^3+M_x/600}{0.8754\times5540}=215$ 得到 $M_x=385.6$ kN·m，因此此压弯构件由稳定条件确定的弯矩最大设计值为 385.6 kN·m。

【例 6-3】　图 6-16 所示为一对偏心受压焊接工字形截面悬臂柱，翼缘为焰切边，在弯矩作用平面内为悬臂柱，柱底与基础刚性固定，柱高 $H=7$ m，在弯矩作用平面外设支撑系统作为侧向支承点，支承点处按铰接考虑。每柱承受的压力设计值 $N=1600$ kN（标准值为 $N_k=1\,300$ kN，柱自重已折算计入），偏心距为 0.5 m。悬臂柱顶端容许位移 $[u]=2H/300$。钢材为 Q235B。试设计此柱的截面尺寸。

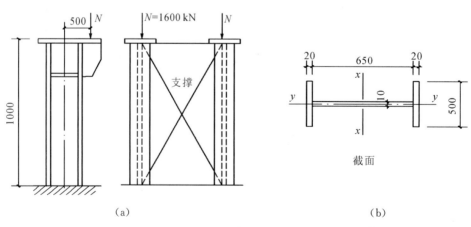

（a）　　　　　　　　　　　　（b）

图 6-16　例 6-3 图

解　(1) 荷载设计值：

$$N=1600 \text{ kN}, M_x=1600\times0.5=800 \text{ kN} \cdot \text{m}$$

荷载标准值：

$$N_k=1300 \text{ kN}, M_{kx}=1300\times0.5=650 \text{ kN} \cdot \text{m}$$

(2) 采用双轴对称焊接工字形截面。

(3) 钢材为 Q235-B，估计翼缘：$t>16 \text{ mm}$，$f=205 \text{ N/mm}^2$。

(4) 确定计算长度。弯矩作用平面内：

$$H_{0x}=\mu H=2\times7 \text{ m}=14 \text{ m}$$

弯矩作用平面外：

$$H_{0y}=H=7 \text{ m}$$

(5) 初选截面。$H_{0x}=2H_{0y}$，两者相差较大，且柱承受偏心压力荷载，为了便于柱顶放置荷载作用部件，柱截面宜用较大 h。初选采用 $h=700 \text{ mm}$，$b=500 \text{ mm}$。先按弯矩作用平面内和平面外的整体稳定性计算所需截面面积：

$$i_x\approx0.43 h=301 \text{ mm}, \lambda_x\approx\frac{14\,000}{301}=46.5, \varphi_x=0.872$$

$$\frac{W_x}{A}=\frac{i_x^2}{\frac{h}{2}}\approx\frac{301^2}{350}=259 \text{ mm}, W_x=259 A \text{ mm}^3$$

根据设计经验，近似可取

$$\frac{1-0.8 N}{N'_{Ex}}\approx0.9$$

$$i_y\approx0.24 b=120 \text{ mm}, \lambda_y\approx\frac{7\,000}{120}=58.3, \varphi_y=0.816, M_1=M_2=800 \text{ kN} \cdot \text{m}$$

$$\varphi_b=1.07-\frac{\lambda_y^2}{44\,000\times\varepsilon_k^2}=1.07-\frac{137^2}{44\,000\times1}=0.993$$

弯矩作用平面内为悬臂构件，$m=1$，$\beta_{mx}=1-\dfrac{0.36(1-m)N}{N_{cr}}=1$，$\gamma_x=1.05$，则根据弯矩作用平面内整体稳定性验算可得

$$\frac{N}{\varphi_x A}+\frac{\beta_{mx}M_x}{\gamma_x W_x \dfrac{1-0.8N}{N'_{Ex}}}\leqslant f$$

$$\frac{1600\times10^3}{0.872A}+\frac{1\times800\times10^6}{1.05\times(259A)\times0.9}=\frac{5.1\times10^6}{A}\leqslant f=205 \text{ N/mm}^2$$

可求得 $A\geqslant24\,878 \text{ mm}^2$。

弯矩作用平面外为两端铰支柱，均布弯矩作用，$\beta_{tx}=0.65+\dfrac{0.35M_2}{M_1}=1$，则根据弯矩作用平面外整体稳定性验算可得

$$\frac{N}{\varphi_y A}+\eta\frac{\beta_{tx}M_x}{\varphi_b W_x}\leqslant f$$

$$\frac{1600\times10^3}{0.816A}+\frac{800\times10^6}{0.993\times(259A)}=\frac{5.07\times10^6}{A}\leqslant f=205 \text{ N/mm}^2$$

可求得 $A\geqslant24\,732 \text{ mm}^2$。

初选截面如图 6-16(b) 所示，截面几何特征计算如下：

$$A = 2 \times 500 \times 20 + 650 \times 10 = 26\ 500\ \text{mm}^2$$

$$I_x = \frac{500 \times 690^3 - 490 \times 650^3}{12} = 2.474 \times 10^9\ \text{mm}^4$$

$$W_x = \frac{2.474 \times 10^9}{345} = 7.171 \times 10^6\ \text{mm}^3$$

$$i_x = \sqrt{\frac{2.474 \times 10^9}{26\ 500}} = 305.5\ \text{mm}$$

$$I_y = \frac{2 \times 20 \times 500^3}{12} = 416.7 \times 10^6\ \text{mm}^4$$

$$i_y = \sqrt{\frac{416.7 \times 10^6}{26\ 500}} = 125.4\ \text{mm}$$

(6) 截面计算。

① 长细比验算：

$$\lambda_x = \frac{H_{0x}}{i_x} = \frac{14\ 000}{305.5} = 45.8 < [\lambda] = 150$$

$$\lambda_y = \frac{H_{0y}}{i_y} = \frac{7000}{125.4} = 55.8 < [\lambda] = 150$$

长细比满足要求。

② 弯矩作用平面内整体稳定验算。b 类截面，$\varphi_x = 0.875$，则有

$$N'_{Ex} = \frac{\pi^2 EA}{1.1\lambda_x^2} = \frac{\pi^2 \times 2.06 \times 10^5 \times 26\ 500}{1.1 \times 45.8^2} = 23\ 350\ \text{kN}$$

$$\frac{N}{\varphi_x A} + \frac{\beta_{mx} M_x}{\gamma_x W_x \left(1 - 0.8 \dfrac{N}{N'_{Ex}}\right)} = \frac{1600 \times 10^3}{0.875 \times 26\ 500} + \frac{1 \times 800 \times 10^6}{1.05 \times 7.171 \times 10^6 \dfrac{1 - 0.8 \times 1600}{23\ 350}}$$

$$= 69 + 112.4 = 181.4\ \text{N/mm}^2 < f = 205\ \text{N/mm}^2$$

弯矩作用平面内的整体稳定性满足要求。

③ 弯矩作用平面外整体稳定验算。b 类截面，$\varphi_y = 0.829$，则有

$$\varphi_b = 1.07 - \frac{\lambda_y^{\ 2}}{44\ 000 \times \varepsilon_k^2} = 1.07 - \frac{55.8^2}{44\ 000 \times 1} = 0.999$$

$$\frac{N}{\varphi_y A} + \eta \frac{\beta_{tx} M_x}{\varphi_b W_x} = \frac{1600 \times 10^3}{0.829 \times 26\ 500} + 1 \times \frac{1 \times 800 \times 10^6}{0.999 \times 7.171 \times 10^6}$$

$$= 184.5\ \text{N/mm}^2 < f = 205\ \text{N/mm}^2$$

弯矩作用平面外的整体稳定性满足要求。

④ 柱顶位移验算：

$$u = \frac{M_{kx} H^2}{2EI_x} \cdot \frac{1}{1 - N_k/N_{Ex}} = \frac{650 \times 10^6 \times 7000^2}{2 \times 2.06 \times 10^5 \times 2.474 \times 10^9} \cdot \frac{1}{1 - \dfrac{1300}{26471.5}}$$

$$= 32.9\ \text{mm} < [u] = \frac{2H}{300} = \frac{2 \times 7000}{300} = 46.7\ \text{mm}$$

刚度满足要求。

⑤ 局部稳定验算。

翼缘：$\dfrac{b_1}{t}=\dfrac{245}{20}=12.25<13\,\varepsilon_k=13$，满足翼缘 S3 级板件宽厚比要求。

腹板：

$$\begin{matrix}\sigma_{\max}\\\sigma_{\min}\end{matrix}=\frac{N}{A}\pm\frac{M_x h_0}{I_x 2}=\frac{1600\times10^3}{26\,500}\pm\frac{800\times10^6\times325}{2.474\times10^9}=60.4\pm105.1=\begin{pmatrix}165.4\\-44.7\end{pmatrix}\text{N/mm}^2$$

$\dfrac{h_0}{t_w}=\dfrac{650}{10}=65<(45+25\alpha_0^{1.66})\varepsilon_k=(45+25\times1.27^{1.66})\times1=82.18$，满足腹板 S4 级板件
宽厚比要求，可以保证腹板不发生局部失稳。

因此，所设计柱子截面满足刚度、整体与局部稳定性、变形要求。弯矩作用平面内/外
的计算应力与钢材强度设计值较接近，设计合理。

【例 6 - 4】　设计某单向压弯格构式双肢缀条柱（如图 6 - 17 所示），柱高 5 m，两端铰
接，在柱高中点处沿虚轴 x 方向有一侧向支承，截面无削弱。钢材为 Q235B。柱顶静力荷
载设计值为轴心压力 $N=500$ kN，弯矩 $M_x=\pm120$ kN·m，柱底无弯矩。

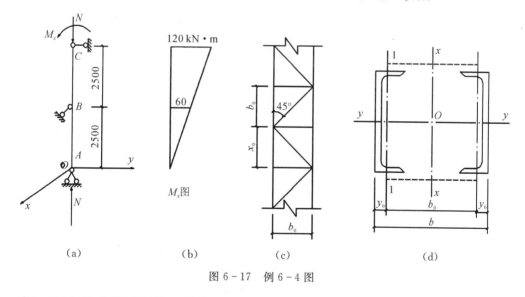

图 6 - 17　例 6 - 4 图

解　(1)初选柱截面宽度 b。按构造和刚度要求：

$$b\approx(\frac{1}{15}\sim\frac{1}{22})H=(\frac{1}{15}\sim\frac{1}{22})\times5000=333\sim227\text{ mm}$$

初选用 $b=300$ mm。

(2) 确定分肢截面。柱子承受等值的正、负弯矩，因此采用双轴对称截面。分肢截面采
用热轧槽钢，内扣。设槽钢横截面形心线 1—1 距腹板外表面的距离 $y_0=20$ mm，则两分肢
轴线间距离为

$$b_0=b-2y_0=300-2\times20=260\text{ mm}$$

分肢中最大轴心压力为

$$N_1=\frac{N}{2}+\frac{M_x}{b_0}=\frac{500}{2}+\frac{120}{0.26}=711.5\text{ kN}$$

分股的计算长度：

对于 y 轴：

$$l_{0y} = \frac{H}{2} = \frac{5000}{2} = 2500 \text{ mm}$$

设斜缀条与分股轴线间夹角为 $45°$，得分股对 1—1 轴的计算长度 $l_{01} = b_0 = 260 \text{ mm}$。

槽钢关于 1—1 轴和 y 轴都属于 b 类截面，设分肢 $\lambda_y = \lambda_1 = 35$，查附表 4 - 2 得 $\varphi = 0.918$，则

需要分肢截面积：

$$A_1 = \frac{N_1}{\varphi f} = \frac{711.5 \times 10^3}{0.918 \times 215} = 3\ 605 \text{ mm}^2$$

需要回转半径：

$$i_y = \frac{l_{0y}}{\lambda_y} = \frac{2500}{35} = 71.4 \text{ mm}$$

$$i_1 = \frac{l_{01}}{\lambda_1} = \frac{260}{35} = 7.4 \text{ mm}$$

按需要的 A_1、i_y 和 i_1，由型钢表查得[22b 可同时满足要求，其截面特性为

$$A_1 = 3\ 620 \text{ mm}^2, \quad I_y = 2.571 \times 10^7 \text{ mm}^4$$

$$i_y = 84.2 \text{ mm}, \quad I_1 = 1.76 \times 10^6 \text{ mm}^4, \quad i_1 = 22.1 \text{ mm}, \quad y_0 = 20.3 \text{ mm}$$

（3）缀条设计。

柱中剪力为

$$V_{\max} = \frac{M_x}{H} = \frac{120}{5} = 24 \text{ kN}$$

$$V = \frac{Af}{85\varepsilon_k} = \frac{(2 \times 3620) \times 215}{85} \times 1 \times 10^{-3} = 18.3 \text{ kN}$$

采用较大值 $V_{\max} = 24 \text{ kN}$。

一根斜缀条中的内力为

$$N_d = \frac{V_{\max}/2}{\sin 45°} = \frac{24}{2 \times 0.707} = 17.0 \text{ kN}$$

斜缀条长度为

$$l_d = \frac{b_0}{\cos 45°} = \frac{300 - 2 \times 20.3}{0.707} = 367 \text{ mm}$$

选用斜缀条截面为 1L45×4（最小角钢），$A_d = 349 \text{ mm}^2$，$i_{\min} = 8.9 \text{ mm}$。

缀材作为柱肢丧失稳定性时的支撑，不应考虑柱肢对它的约束作用，计算长度系数 $\mu = 1$。

长细比为

$$\lambda_d = \frac{l_d}{i_{\min}} = \frac{367}{8.9} = 41.2 < 150$$

截面为 b 类，查稳定系数表可得 $\varphi = 0.894$。

单面连接等边单角钢按轴心受压验算稳定时的整体稳定性折减系数为

$$\eta = 0.6 + 0.0015\lambda = 0.6 + 0.0015 \times 41.2 = 0.662$$

斜缀条的稳定性验算：

$$\frac{N_d}{\eta \varphi A_d} = \frac{17 \times 10^3}{0.662 \times 0.894 \times 349} = 82.3 \text{ N/mm}^2 < f = 215 \text{ N/mm}^2$$

满足要求。

缀条与柱分肢的角焊缝连接计算，此处从略。

（4）格构柱的验算。

① 整个柱截面几何特性：

$$A = 2A_1 = 2 \times 3\,620 = 7\,240 \text{ mm}^2$$

$$I_x = 2[1.76 \times 10^6 + 3620(150 - 20.3)^2] = 1.2531 \times 10^8 \text{ mm}^4$$

$$i_x = \sqrt{\frac{I_x}{A}} = \sqrt{\frac{1.2531 \times 10^8}{7240}} = 131.6 \text{ mm}$$

$$W_{1x} = W_{nx} = \frac{I_x}{\dfrac{b}{2}} = \frac{1.2531 \times 10^8}{150} = 8.354 \times 10^5 \text{ mm}^3$$

② 弯矩作用平面内的整体稳定性计算：

$$\lambda_x = \frac{l_{ox}}{i_x} = \frac{5\,000}{131.6} = 38.0$$

$$\lambda_{0x} = \sqrt{\lambda_x^2 + 27 \frac{A}{A_{1x}}} = \sqrt{38.0^2 + 27 \times \frac{7240}{2 \times 349}} = 41.5$$

属于 b 类截面，查附表 4 - 2 得 $\varphi_x = 0.893$。

$$N'_{Ex} = \frac{\pi^2 EA}{1.1\lambda_{0x}^2} = \frac{\pi^2 \times 206 \times 10^3 \times 7240 \times 10^{-3}}{1.1 \times 41.5^2} = 7770 \text{ kN}$$

$$M_1 = 120 \text{ kN} \cdot \text{m}, \ M_2 = 0, \ \beta_{mx} = \frac{0.6 + 0.4M_2}{M_1} = 0.6$$

$$\frac{N}{\varphi_x A} + \frac{\beta_{mx} M_x}{W_{1x}\left(1 - \dfrac{N}{N'_{Ex}}\right)} = \frac{500 \times 10^3}{0.893 \times 7240} + \frac{0.60 \times 120 \times 10^6}{8.354 \times 10^5 \left(1 - \dfrac{500}{7770}\right)}$$

$$= 169.4 \text{ N/mm}^2 < f = 215 \text{ N/mm}^2$$

满足要求。

③ 弯矩绕虚轴作用，弯矩作用平面外的整体稳定性不必计算。

④ 分肢稳定验算：

$$N_1 = \frac{N}{2} + \frac{M_x}{b_0} = \frac{500}{2} + \frac{120 \times 10^3}{300 - 2 \times 20.3} = 712.6 \text{ kN}$$

$$\lambda_1 = \frac{b_0}{i_1} = \frac{300 - 2 \times 20.3}{22.1} = 11.7$$

$$\lambda_y = \frac{l_{0y}}{i_y} = \frac{2500}{84.2} = 29.7 > \lambda_1 = 11.7$$

当槽形截面用于格构式构件的分肢，计算分肢绕对称轴（y 轴）的稳定性时，不必考虑扭转效应，直接用 λ_y 查出稳定系数 φ，按 $\lambda_y = 29.7$ 查附表 4 - 2（b 类截面）得 $\varphi_y = 0.937$。

$$\frac{N_1}{\varphi_y A_1} = \frac{712.6 \times 10^3}{0.937 \times 3620} = 210.1 \text{ N/mm}^2 < f = 215 \text{ N/mm}^2$$

满足要求。

⑤ 格构柱全截面的强度验算

$$\frac{N}{A_n}+\frac{M_x}{\gamma_x W_{nx}}=\frac{500\times10^3}{7240}+\frac{120\times10^6}{1.0\times8.354\times10^5}$$
$$=212.7\ \text{N/mm}^2<f=215\ \text{N/mm}^2$$

满足要求。

以上验算全部满足要求，所选截面合适。

(5) 横隔设置。

用 10 mm 厚钢板作横隔，横隔的间距应不大于柱截面较大宽度的 9 倍(9×0.3＝2.7 m)或 8 m。在柱的上、下端和中间高处各设一道横隔，横隔的间距为 2.5 m，可满足要求。

6.7　梁与柱的连接和构件的拼接

钢结构通常采用一定的连接手段，将梁与柱连接或与构件拼接起来形成整体结构。被连接构件间应保持合理的相互位置，节点应满足传力和使用功能。构件连接或拼接节点的设计原则是安全可靠、传力路线简捷明确、构造简单、便于制作和安装。

梁与柱的连接一般可分为三类：

(1) 柔性连接(铰接连接)，这种连接柱身只承受梁端的竖向剪力，梁与柱轴线间的夹角可以自由改变，节点的转动不受约束。

(2) 刚性连接，这种连接柱身在承受梁端竖向剪力的同时，还将承受梁端传递的弯矩，梁与柱轴线间的夹角在节点转动时保持不变。

(3) 半刚性连接，介于柔性连接和刚性连接之间，这种连接除承受梁端传来的竖向剪力外，还可以承受部分梁端传递的弯矩，梁与柱轴线间的夹角在节点转动时将有所改变，但又会受到一定程度的约束。

在实际工程中，理想的完全刚性连接很少存在。通常，按梁端弯矩与梁柱相对转角之间的关系曲线，确定梁与柱连接节点的类型。当梁与柱的连接节点只能传递理想刚性连接弯矩的 20% 以下时，即可认为是柔性连接；当梁与柱的连接节点能够承受理想刚性连接弯矩的 90% 以上时，即可认为是刚性连接；当梁与柱的连接节点能够承受理想刚性连接弯矩的 20%～90% 时，即认为是半刚性连接。进行半刚性连接节点设计时，必须依据准确的节点弯矩-转角关系，而这种刚度关系较为复杂，它随连接形式、细部构造的不同而异，一般通过试验或数值计算的方法提供，有较大难度，因此目前较少采用半刚性连接节点。

6.7.1　梁与柱的柔性连接

1. 梁支承于柱顶

单层框架中的梁与柱为柔性连接，可采用梁支承于柱顶和支承于柱侧两种连接方式。多层框架中的梁与柱为柔性连接，宜采用柱贯通，梁支承于柱侧的连接方式。

图 6-18 所示为梁支承于柱顶的铰接构造。梁的支座反力通过柱顶板传给柱身，顶板与柱身采用焊缝连接。待梁调整到位后，梁端与柱采用螺栓连接，使其位置固定在柱顶板上。顶板厚度不宜小于 16 mm。

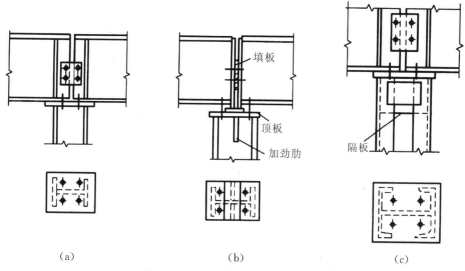

（a）　　　　　　　　　（b）　　　　　　　　　（c）

图 6-18　梁支承于柱顶的柔性连接

图 6-18(a)所示为平板支座梁与柱的连接方式。梁端支承加劲肋对准柱的翼缘板，使梁的支座反力通过梁端加劲肋直接传给柱的翼缘，相邻梁端应留 10~20 mm 的间隙以便于安装。这种连接形式构造简单，施工方便，适用于相邻梁的支座反力相等或差值较小的情况。当两相邻梁的支座反力相差较大时，柱将产生较大的偏心弯矩，使柱子实际成为压弯构件。

图 6-18(b)所示为突缘支座梁与柱的连接方式。突缘支座板的底部刨平(或铣平)，与柱顶板直接顶紧，梁的支座反力通过突缘板作用在柱身的轴线附近。这种连接即便两相邻梁支座反力不相等，对柱所产生的偏心弯矩也很小，柱仍接近于轴心受压状态。梁的支座反力主要由柱的腹板来承受，所以柱腹板的厚度不能太薄。在柱顶板之下的柱腹板上应设置一对加劲肋以加强腹板。加劲肋与柱腹板的竖向焊缝以及加劲肋与顶板的水平焊缝应按传力的需要计算。加劲肋要有足够的长度，以满足焊缝强度和应力均匀扩散的要求。为了加强柱顶板的抗弯刚度，当梁的反力较大时，可在柱顶板的中心部位加焊一块垫板。为了便于制造和安装，两相邻梁之间预留 10~20 mm 的间隙。梁调整定位后在靠近梁下翼缘处的梁支座突缘板间嵌入合适的填板，并用构造螺栓相连。

图 6-18(c)所示为梁支承于格构式柱顶的铰接连接方式。为保证格构式柱分肢受力均匀，不论是缀条式还是缀板式柱，在柱顶处应设置端缀板，并在两个单肢的腹板内侧中央处焊接竖向隔板，使格构式柱在柱头一段变为实腹式。

2. 梁支承于柱侧

图 6-19 所示为梁支承于柱侧的铰接构造，在柱侧面设置有承托，以支承梁的支座反力。

当梁的支座反力较小时，梁端可不设支承加劲肋，直接搁置在柱侧承托上(如图 6-19(a)所示)，用普通螺栓固定其位置。为防止梁端扭转，在梁腹板靠近上翼缘处设一短角钢和柱身相连，这种连接构造简单，施工方便。

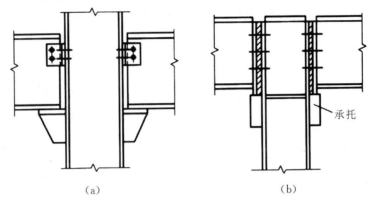

(a)   (b)

图 6-19   梁支承于柱侧的柔性连接

当梁的支座反力较大时，梁端焊接一个突缘支座板，柱侧焊接一个厚钢板作为承托，梁端突缘支座板与承托刨平顶紧（如图 6-19(b)所示）。梁的支座反力由突缘板传给承托，承托钢板的厚度应比梁端突缘板的厚度大 10～12 mm，宽度应比梁端突缘板的宽度大 10 mm；有时为了安装方便，承托也可采用加劲后的角钢制作。承托与柱侧面用角焊缝相连。考虑到梁端支座反力偏心的不利影响，承托与柱的连接焊缝按承受 1.25 倍梁端支座反力来计算。为了便于安装，梁端与柱侧面应预留 5～10 mm 的间隙，梁调整到位后嵌入填板并用构造螺栓固定位置。当两相邻梁的支座反力相差较大时，应考虑偏心影响，对柱身按压弯构件进行验算。

6.7.2   梁与柱的刚性连接

1. 构造形式

框架梁与柱的连接节点做成刚性连接，不仅可以增强框架的抗侧移刚度，还可以减小框架横梁的跨中弯矩。在多、高层框架中梁与柱的连接节点一般都采用刚性连接。梁与柱的柔性连接节点仅传递梁端竖向反力，而刚性连接节点除传递竖向反力外还必须保证有效传递梁端弯矩。梁截面中承担剪力的主要是腹板，承担弯矩的主要是翼缘，因此梁与柱的刚性连接节点不同于柔性连接节点的显著构造特征在于：梁端翼缘板件与柱身必须建立可靠连接。

一些常用刚性连接形式如图 6-20 所示。图 6-20(a)所示为多层框架工字形梁和工字形柱全焊接的刚性连接。梁翼缘与柱翼缘采用坡口对接焊缝连接，承受由弯矩产生的拉力或压力。为了便于梁翼缘处坡口焊缝的施焊和设置衬板，在梁腹板两端上/下角处各开 r= 30～35 mm 的弧形缺口。梁腹板与柱翼缘采用角焊缝连接以传递梁端剪力。这种全焊接节点的优点是省工省料，缺点是梁需要现场定位、工地高空施焊，不便于施工。梁腹板与柱翼缘也可采用高强度螺栓连接（如图 6-20(b)所示），安装时先用高强度螺栓将横梁固定位置，调整完毕再将梁的上/下翼缘与柱的翼缘用坡口对接焊缝连接，这种螺栓与焊缝混合连接安装比较方便。单层框架的横梁与柱可采用如图 6-20(c)所示的连接构造，梁端弯矩主要由连接盖板和支托板的高强度螺栓传给柱子，剪力由梁腹板的连接角钢通过高强度螺栓传递。为了避免现场焊接作业的施工不便，可以将框架横梁做成两段，并把短梁段在工厂

制造时先焊在柱子上（如图 6-20(d)所示），在施工现场再采用高强度螺栓将横梁的中间段
拼接起来。框架横梁拼接处的内力比梁端处小，因此有利于高强度螺栓连接的设计。轻钢
单层框架的梁与柱的连接可采用图 6-20(e)所示的斜端板用高强度螺栓连接。

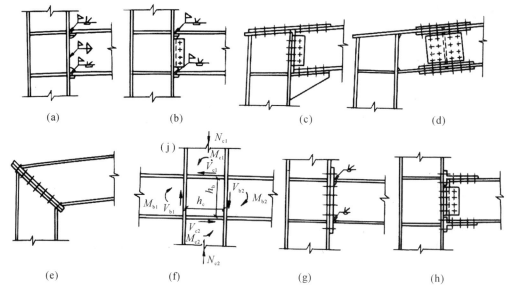

图 6-20 梁与柱的刚性连接

2. 柱腹板不设置水平加劲肋

工字形梁与柱的刚性连接节点，如果柱子腹板不设置加劲肋，在梁的受压翼缘处（如图
6-20(f)所示），由梁端弯矩引起的集中压力对柱腹板产生较大挤压力，会造成柱腹板计算
高度边缘处的局部承压破坏或者柱腹板在横向压力作用下的局部失稳破坏；在梁受拉翼缘
的拉力作用下，柱翼缘可能发生横向变形过大。为了避免这些破坏形式，梁柱刚性节点中
当工字形梁的翼缘采用焊透的 T 形对接焊缝与 H 形（或箱形截面）柱的翼缘焊接时，柱的
翼缘和腹板厚度应符合下列规定才可以不在柱子腹板上设置水平加劲肋（横隔板）：

（1）在梁的受压翼缘处，柱腹板厚度 t_w 应同时满足：

$$t_w \geqslant \frac{A_{fc}f_b}{b_e f_c} \tag{6-45}$$

$$t_w \geqslant \frac{h_c}{30}\sqrt{\frac{f_{yc}}{235}} \tag{6-46}$$

$$b_e = b_{fb} + 5h_y \tag{6-47}$$

式中，A_{fc} 为梁受压翼缘的截面积；f_b、f_c 分别为梁和柱钢材的抗拉、抗压强度设计值；b_e
为在垂直于柱翼缘的集中压力作用下，柱腹板计算高度边缘处压应力的假定分布长度；b_{fb}
为梁受压翼缘的厚度；h_y 为自柱顶面至柱腹板计算高度上边缘的距离，对轧制型钢截面取
柱翼缘的边缘至内弧起点间的距离，对焊接截面取柱翼缘板的厚度；h_c 为柱腹板的高度；
f_{yc} 为柱钢材的屈服强度。

（2）在梁的受拉翼缘处，柱翼缘板的厚度 t_c 应满足下式要求：

$$t_c \geqslant 0.4\sqrt{\frac{A_{ft}f_b}{f_c}} \tag{6-48}$$

式中，A_{ft} 为梁受拉翼缘的截面积。

垂直于柱子轴线方向设置的连接板（或梁的翼缘板）采用的焊接方式与工字形（或箱形）截面柱子翼缘形成 T 形接合，而未设置水平加劲肋（如图 6-21 所示）时，其母材和焊缝都应按照有效宽度进行强度计算。

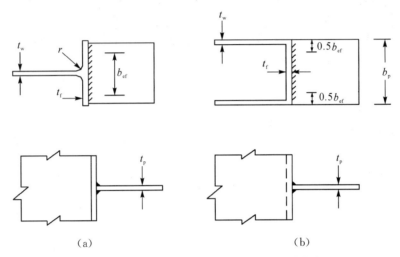

（a）   （b）

图 6-21　梁柱未加劲 T 形连接节点的有效宽度

当柱子采用工字形（H 形）截面时，工字形（H 形）截面梁上连接板（或梁翼缘板）的有效宽度按下列公式计算：

$$b_{ef} = t_w + 2s + 5kt_f \tag{6-49}$$

式中，b_{ef} 为 T 形接合的有效宽度；t_w 为柱子腹板厚度；对于柱子，若采用轧制 H 型钢截面则 s 取为翼缘和腹板过渡段的圆角半径 r，若采用焊接组合截面则 s 取为焊脚尺寸 h_f；k 为参数，$k = t_f f_{yc} / t_p f_{yp}$，当 $k > 1$ 时取 $k = 1$；t_f 为柱子翼缘的板厚；t_p 为梁上连接板（或翼缘板）的厚度；f_{yc} 为柱子翼缘钢材的屈服强度；f_{yp} 为梁上连接板（或翼缘板）钢材的屈服强度。

当柱子采用箱形或槽形截面，且其翼缘宽度与梁上连接板宽度相近时，有效宽度按下式计算：

$$b_{ef} = 2t_w + 5kt_f \tag{6-50}$$

b_{ef} 还应满足下式要求：

$$b_{ef} \geqslant \frac{f_{yp} b_p}{f_{up}} \tag{6-51}$$

式中，f_{up} 为梁上连接板的极限强度，b_p 为连接板的宽度。

3. 柱腹板设置水平加劲肋

如果上述关于梁的受压或受拉翼缘处的计算不能全部满足，就需要对柱的腹板设置横向（水平）加劲肋。由柱的翼缘板和腹板横向加劲肋所包围的节点域（如图 6-20(g)、(h)所示）在周边剪力和弯矩的作用下，柱腹板存在屈服和局部失稳的可能性，应验算其抗剪承载力。

当横向加劲肋厚度不小于梁的翼缘板厚度时，节点域的受剪正则化宽厚比 λ_s^{re} 应不大于 0.8；对于单层和低层轻型建筑，λ_s^{re} 不得大于 1.2。节点域的受剪正则化宽厚比 λ_s^{re} 应按下式计算：

当 $h_c/h_b \geqslant 1.0$ 时：

$$\lambda_s^{re} = \frac{h_b/t_w}{37\sqrt{5.34+4(h_b/h_c)^2}}\sqrt{\frac{f_{yc}}{235}} \tag{6-52(a)}$$

当 $h_c/h_b < 1.0$ 时：

$$\lambda_s^{re} = \frac{h_b/t_w}{37\sqrt{4+5.34(h_b/h_c)^2}}\sqrt{\frac{f_{yc}}{235}} \tag{6-52(b)}$$

式中，h_c、h_b 分别为柱腹板高度和梁腹板高度，t_w 为柱腹板厚度。

节点域在周边弯矩和剪力作用下产生的平均剪应力按下式计算：

$$\tau = \frac{M_{b1}+M_{b2}}{h_b h_c t_w} - \frac{V_{c1}}{h_c t_w} \tag{6-53}$$

实际剪应力的分布在节点域的中心位置最大。试验表明，由于节点域四周边缘受柱腹板加劲肋板和柱翼缘板的约束作用，节点域的实际抗剪屈服承载力有较大提高，设计时可取提高系数为 $4/3$，为了简化计算，忽略柱中剪力 V_{c1} 和轴力对节点域抗剪承载力的影响，按下式进行节点域的抗剪承载力计算：

$$\frac{M_{b1}+M_{b2}}{V_p} \leqslant \tau_{cr} \tag{6-54}$$

式中，V_p 为节点域腹板体积，工字形（H 形）截面柱取 $V_p = h_{b1}h_{c1}t_w$，箱形截面柱取 $V_p = 1.8h_{b1}h_{c1}t_w$，圆管截面柱取 $V_p = \pi h_{b1}d_c t_c/2$，$h_{b1}$ 为梁翼缘中心线之间的高度，h_{c1} 为柱翼缘中心线之间的宽度，d_c 为钢管直径线上管壁中心线之间的距离，t_c 为圆管柱的壁厚；τ_{cr} 为节点域的抗剪临界应力，根据节点域受剪正则化长细比 λ_s^{re} 按下式计算：

当 $\lambda_s^{re} \leqslant 0.6$ 时：

$$\tau_{cr} = \frac{4}{3}f_v \tag{6-55(a)}$$

当 $0.6 < \lambda_s^{re} \leqslant 0.8$ 时：

$$\tau_{cr} = \frac{1}{3}(7-5\lambda_s^{re})f_v \tag{6-55(b)}$$

当 $0.8 < \lambda_s^{re} \leqslant 1.2$ 时：

$$\tau_{cr} = [1-0.75(\lambda_s^{re}-0.8)]f_v \tag{6-55(c)}$$

当轴压比 $N/Af > 0.4$ 时，不可忽略柱子的轴力对抗剪承载力的影响，抗剪临界应力 τ_{cr} 应乘以修正系数，当 $\lambda_s^{re} \leqslant 0.8$ 时，修正系数可取为 $\sqrt{1-(N/Af)^2}$。

当节点域厚度不满足式（6-54）的要求时，对 H 形截面柱腹板的节点域可采用以下补强措施：一是可加厚节点域的柱腹板，腹板加厚的范围应伸出梁的上下翼缘外不小于 150 mm；二是可在节点域处焊贴补强板加强，补强板与柱加劲肋和翼缘可采用角焊缝连接，与柱腹板采用塞焊连成整体，塞焊点之间的距离应不大于较薄焊件厚度的 $21\varepsilon_k$ 倍；三是对于轻型结构可设置斜向加劲肋加强。

4. 构造要求

采用焊接连接或栓焊混合连接（梁翼缘与柱为焊接，腹板与柱为高强度螺栓连接）的梁柱刚性节点，其构造应符合下列要求：

（1）梁柱节点应采用柱贯通构造，当柱采用冷成型管截面或壁板厚度 $t \leqslant 20$ mm 时，梁柱节点宜采用隔板贯通式构造。

（2）H 型钢柱腹板对应于梁翼缘部位宜设置横向加劲肋；箱形（钢管）柱对应于梁翼缘的位置，宜设置水平隔板。

（3）节点采用隔板贯通式构造时，柱与贯通式隔板应采用全熔透坡口焊缝连接。贯通式隔板挑出长度 l 宜满足 40 mm $\leqslant l \leqslant 60$ mm；同时，隔板宜选用厚度方向钢板并采用拘束度较小的焊接构造与工艺，其厚度应不小于梁翼缘厚度和柱壁板的厚度。

梁柱节点区域的柱腹板设置的加劲肋或横隔板应满足下列要求：

（1）横向加劲肋的截面尺寸应经计算确定，其厚度不宜小于梁翼缘厚度；其宽度应符合传力、构造和板件宽厚比限值的要求。

（2）横向加劲肋的上表面宜与梁翼缘的上表面对齐，并以焊透的 T 形对接焊缝与柱翼缘连接。当梁与 H 形截面柱沿弱轴方向连接，即与腹板垂直相连形成刚接时，横向加劲肋与柱腹板的连接宜采用焊透对接焊缝。

（3）箱形柱中的横向隔板与柱翼缘的连接，宜采用焊透的 T 形对接焊缝，对于无法进行电弧焊的焊缝，当柱壁板厚度不小于 16 mm 时，可采用熔化嘴电渣焊。

（4）当采用斜向加劲肋加强节点域时，加劲肋及其连接应能传递柱腹板所能承担剪力之外的剪力；其截面尺寸应符合传力和板件宽厚比限值的要求。

6.8 柱 脚 设 计

6.8.1 概述

柱脚是柱下端与基础连接的部分。柱脚的作用是将柱下端固定于基础，并将柱身所受的内力传递和分布到基础。基础一般由钢筋混凝土材料做成，其材料强度远比钢材低。因此，需要将柱身的底端放大，使得柱与基础顶部的接触面积增大，从而使接触面上的压应力小于或等于基础混凝土的抗压强度设计值。柱脚的构造比较复杂，用钢量较大，且制造比较费工。设计柱脚应做到传力明确、简捷可靠、构造简单、节约材料、施工便利，并且实际受力情况应符合计算简图。

柱脚按其与基础的连接方式不同，可分为铰接和刚接两种类型。铰接柱脚只能承受轴心压力和剪力，不能承受弯矩；刚接柱脚除能承受轴心压力和剪力外，还能同时承受弯矩。单层厂房的刚接柱脚宜采用插入式柱脚，也可采用外露式柱脚；铰接柱脚宜采用外露式柱脚。多层结构框架柱的柱脚尚可采用外露式柱脚。多高层结构框架柱的柱脚宜采用埋入式柱脚，也可采用插入式柱脚及外包式柱脚。

6.8.2 外露式铰接柱脚设计

柱脚的剪力主要依靠柱底板与基础之间的摩擦力来传递，摩擦系数可取 0.4。当仅靠摩擦力不足以承受水平剪力时,应在柱脚底板下设置抗剪键(如图 6-22 所示)。抗剪键可用钢板、方钢、短 T 型钢或 H 型钢做成。也可将柱脚底板与基础上的预埋件焊接连接,或在柱脚外包混凝土来承担剪力。

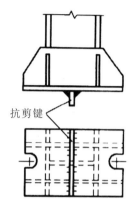

图 6-22 柱脚的抗剪键

图 6-23 所示为几种常用的外露式铰接柱脚形式。图 6-23(a)所示为无靴梁的铰接柱脚,即柱子底端切割平齐,直接与底板焊接。柱子压力由焊缝传给底板,由底板扩散并传给基础。底板厚度一般为 20~40 mm,用两个置于柱中轴线的锚栓固定在基础上,锚栓一般预埋在基础上。由于底板在各方向均为悬臂,在基础反力的作用下,底板抗弯刚度较弱。所以这种形式的柱脚只适用于柱子轴力较小的情况。当柱子轴力较大时,通常采用图 6-23 (b)~(d)所示的柱脚构造形式。在柱子底板上设置靴梁和隔板等,将底板分隔成若干小区格,可以减小底板的弯矩值,从而减小底板厚度。柱子轴力通过柱身与靴梁的竖向角焊缝传给靴梁,再通过靴梁与底板的水平角焊缝传给底板。图 6-23(b)中的靴梁外伸较长,故在靴梁之间设置隔板,可进一步减小底板区格,减小底板弯矩,同时也增加靴梁的侧向刚度。图 6-23(c)所示为格构柱仅采用靴梁的柱脚构造形式。图 6-23(d)在靴梁外侧设置肋板,使柱子轴力向两个方向扩散,通常在柱的一个方向采用靴梁,另一方向设置肋板,底板应做成正方形或接近正方形。此外,在设计柱脚中的连接焊缝时,要考虑施焊的方便与可能性。

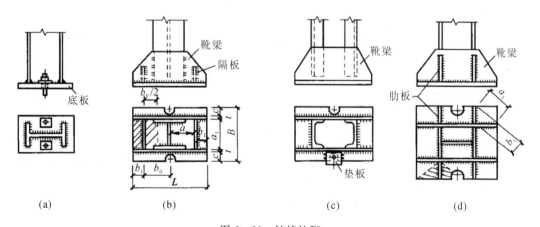

| (a) | (b) | (c) | (d) |

图 6-23 铰接柱脚

铰接柱脚中的锚栓位于中轴线，对底板转动的约束很小，且不考虑其受力，因此不需要计算。铰接柱脚的锚栓直径 d 一般为 $20\sim42$ mm，根据与柱板件和底板厚度相协调进行选择。底板锚栓孔的直径取 $1.5d$，并做成 U 形缺口，待柱子就位并调整到设计位置后，再用垫板套住锚栓并与底板焊牢。柱子截面高度 $h\leqslant400$ mm 时，可采用两个锚栓；$h>400$ mm 时，宜采用四个锚栓。

1. 底板的计算

底板的平面尺寸取决于基础材料的抗压能力，假设底板对基础的压应力是均匀分布的，则底板的面积(见图 6 - 23(b))按下式计算：

$$A=L\times B\geqslant\frac{N}{f_c}+A_0 \tag{6-56}$$

式中，L、B 为底板的长度和宽度；N 为柱的轴心压力；f_c 为基础所用混凝土的抗压强度设计值；A_0 为锚栓孔的面积。

根据构造要求确定底板的宽度：

$$B=a_1+2t+2c \tag{6-57}$$

式中，a_1 为柱截面已选定的宽度；t 为靴梁的厚度，通常取 $10\sim16$ mm；c 为底板悬臂部分的宽度，一般取 $20\sim100$ mm；当有锚栓孔时，锚栓孔通常取锚栓直径的 $2\sim5$ 倍，锚栓常用直径为 $20\sim24$ mm。

底板的长度为 $L=A/B$。底板的平面尺寸 L、B 应取整数，且使底板边长 $L\leqslant2B$。底板下的压应力 q 应满足：

$$q=\frac{N}{BL-A_0}\leqslant f_c \tag{6-58}$$

底板的厚度由其抗弯强度决定。可以把底板看作是一块支承在靴梁、隔板和柱端截面的平板，承受从基础传来的均匀反力。靴梁、隔板、肋板和柱端截面的翼缘、腹板可看作是底板的支承边，将底板分成不同支承形式的区格，其中有四边支承、三边支承、两相邻边支承和一边支承，通常偏安全性地将板边按简支考虑。在均匀分布的基础反力作用下，各区格可独立按照弹性理论计算最大弯矩。

四边支承板：

$$M=\alpha qa^2 \tag{6-59}$$

三边支承、一边自由板及两相邻边支承另两边自由板：

$$M=\beta qa_1^2 \tag{6-60}$$

一边支承(悬臂)板：

$$M=\frac{1}{2}qc^2 \tag{6-61}$$

式中，a 为四边支承板中短边的长度，b 为长边长度，α 为系数，由板的长短边比值 b/a 查表 6 - 2 得到。a_1 为三边支承板中自由边的长度，或两相邻支承板中对角线的长度(如图 6 - 23(d)所示)。β 为系数，由 b_1/a_1 值查表 6 - 3 得到。b_1 为三边支承板中垂直于自由边方向的长度或两相邻边支承板中的内角顶点至对角线的垂直距离(如图 6 - 23(d)所示)；当三边支承板 b_1/a_1 值小于 0.3 时，可按悬臂长为 b_1 的悬臂板计算。c 为悬臂长度。

表 6 - 2 四边简支板的弯矩系数 α

b/a	1.0	1.1	1.2	1.3	1.4	1.5	1.6	1.7	1.8	1.9	2.0	3.0	$\geqslant 4.0$
α	0.048	0.055	0.063	0.069	0.075	0.081	0.086	0.091	0.095	0.099	0.102	0.119	0.125

表 6 - 3 三边简支、一边自由板的弯矩系数 β

b_1/a_1	0.3	0.4	0.5	0.6	0.7	0.8	0.9	1.0	1.2	$\geqslant 1.4$
β	0.026	0.042	0.058	0.072	0.085	0.092	0.104	0.111	0.120	0.125

取底板所有区格中的最大弯矩 M_{max}，按公式(6 - 62)来确定底板的厚度 t：

$$t \geqslant \sqrt{\frac{6M_{max}}{\gamma f}} \tag{6-62}$$

式中，γ 为受弯截面的塑性发展系数，当承受静力或者间接动力荷载时对钢底板取 1.2；当承受直接动力荷载时取 1。

合理的设计应使各区格板的弯矩值基本相近。如果各区格板的弯矩值相差较大，则应调整底板尺寸或通过设置隔板的方法重新划分区格，以避免底板厚度过大。为了使底板具有足够的刚度，以满足基础反力均匀分布的假设，底板厚度一般为 $20\sim40$ mm，最小厚度不宜小于 14 mm，且不宜小于柱子翼缘厚度。

2. 靴梁的计算

靴梁的高度 h_b 根据靴梁与柱身之间的竖向焊缝长度来确定，其厚度略小于柱翼缘板的厚度。在制造柱脚时，由于焊接变形等原因，柱下端难以做到特别平整，柱下端与底板之间常存在较大的间隙，不易保证底板与柱身之间的水平焊缝质量，因此在焊缝计算时，假定柱端与底板之间的连接焊缝不受力，柱端对底板只起划分底板区格支承边的作用。柱身轴向压力 N 是由柱身通过竖向焊缝传给靴梁，再由靴梁与底板的水平焊缝传给底板的。因此设计靴梁时，应先计算柱身与靴梁之间竖向连接的焊缝长度 l_w，以此来确定靴梁高度。一般采用 4 条竖向焊缝传递柱子轴力。

$$4h_f l_w = \frac{N}{0.7 f_f^w} \tag{6-63}$$

竖向焊缝长度应满足相关的构造要求。取靴梁高度 $h_b \geqslant l_w + 2h_f$。靴梁与底板之间水平连接的焊缝传递全部柱压力 N，验算其焊缝强度时考虑到部分不便于施焊和检验的焊缝由于质量难以保证，因此不考虑其受力。此外，由于构造原因，焊缝受力存在小量偏心，为简化计算，水平连接焊缝按照端焊缝受力计算时，取 $\beta_f = 1$。

在底板均布反力的作用下，靴梁按承受均布线荷载 $q_b = qB/2$ 的支承于柱侧边的双伸悬臂简支梁计算，再根据靴梁所承受的最大弯矩和最大剪力验算其抗弯和抗剪强度。

3. 隔板、肋板的计算

隔板应具有一定的刚度，才能起支承底板和侧向支撑靴梁的作用。因此，隔板的厚度不得小于宽度的 1/50，且厚度不小于 10 mm。

隔板按支承在靴梁侧边的简支梁计算，承受由底板传来的基础反力作用，荷载按图 6 - 23(b)所示阴影面积的底板反力计算。按照承受均布荷载的情况，计算隔板与底板之间的连接焊缝(隔板内侧不易施焊,仅有外侧焊缝),验算隔板的抗弯和抗剪强度,计算隔板与靴梁之间的焊缝。隔板的高度由其与靴梁连接的焊缝长度决定(通常只焊隔板外侧)。

肋板按悬臂梁计算,荷载按图 6-23(d)所示的阴影面积的底板反力计算。为简化计算,可按照荷载最大处的分布荷载值作为全跨均布荷载。应计算肋板及其连接的强度。

6.8.3 外露式刚接柱脚设计

图 6-24 所示为常用的外露式刚接柱脚形式,主要用于框架柱(压弯构件)。图 6-24(a)为整体式刚接柱脚,用于实腹柱和分肢间距小于 1.5 m 的格构柱。整体式刚接柱脚中,靴梁沿柱脚底板长边方向布置,锚栓布置在靴梁的两侧,并尽量远离弯矩所绕轴线以获得较大的弯矩抵抗力臂。锚栓要固定在柱脚具有足够刚度的部位,通常是固定在由靴梁挑出的承托上。承托通常的做法是在靴梁外侧面焊上一对肋板(高度大于 400 mm),刨平顶紧(并焊)于放置其上的顶板(厚 20~40 mm)或角钢上,以支承锚栓。承托也可采用槽钢。为了便于柱子的安装,固定锚栓的靴梁承托顶板宜开缺口(宽度不小于锚栓直径 1.5 倍),且锚栓位置宜在底板之外。在弯矩的作用下,刚接柱脚底板中的拉力由锚栓来承受,所以锚栓的数量和直径需要通过计算来确定,锚栓直径 d 不宜小于 24 mm,锚固长度不应小于 $40d$。靴梁在柱脚弯矩作用下变形很小,能够传递弯矩,符合刚接柱脚的要求。当格构柱分肢的间距较大时,采用整体式柱脚不经济,此时多采用分离式柱脚,如图 6-24(b)所示,每个分肢下的柱脚相当于一个轴心受力铰接柱脚,两柱脚之间用缀材联系起来。

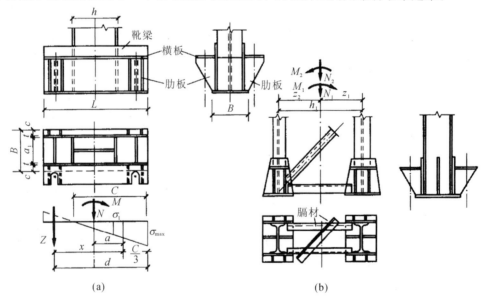

图 6-24 刚接柱脚

1. 整体式柱脚

1)底板的计算

图 6-24(a)为整体式柱脚构造图。柱脚的传力过程与轴心受压柱脚类似,即柱子内的力由柱身传给靴梁,再传至底板。但是,由于框架柱脚同时有弯矩和轴心压力的作用,且底板下的压力不是均匀分布的,因此可能出现拉力。如果底板下出现拉力,则此拉力由锚栓来承受。

假定柱脚底板与基础接触面的压应力成直线分布，底板下基础的最大压应力按下式计算：

$$\sigma_{\max} = \frac{N}{B \cdot L} + \frac{6M}{B \cdot L^2} \leqslant f_c \tag{6-64}$$

式中，N、M 为使基础一侧产生最大压应力的内力组合值；B、L 分别为底板的宽度、长度；f_c 为混凝土的抗压强度设计值。

根据底板下基础的最大压应力不超过混凝土的抗压强度设计值的条件，即可确定底板面积。一般先按构造要求决定底板宽度 B，其中悬伸宽度 c 一般取 $20 \sim 30$ mm，然后求出底板的长度 L。

底板厚度的计算方法与轴心受压柱脚的相同。虽然底板各区格所承受的压应力不是均匀分布的，但是在计算各区格底板的弯矩值时，可以偏安全性地按该区格的最大压应力计算。底板的厚度一般不小于 20 mm。

2）靴梁、隔板、肋板的计算

柱身与靴梁连接焊缝承受的最大内力 N_1 按下式计算：

$$N_1 = \frac{N}{2} + \frac{M}{h} \tag{6-65}$$

式中，h 为柱子截面高度。

靴梁的高度由靴梁与柱身之间的焊缝长度确定，其高度不宜小于 450 mm。靴梁按双伸悬臂简支梁验算截面强度，荷载按底板上不均匀反力的最大值计算。

靴梁与底板之间的连接焊缝按承受底板下不均匀基础反力的最大值设计。在柱身范围内，靴梁内侧不易施焊，故仅在靴梁外侧布置焊缝。

隔板、肋板及其连接的设计与轴心受压柱脚相似，只是荷载按底板下不均匀反力相应受荷范围的最大值计算。

3）锚栓的计算

底板另一侧的应力为

$$\sigma_{\min} = \frac{N}{B \times L} - \frac{6 \cdot M}{B \times L^2} \tag{6-66}$$

当最小应力 $\sigma_{\min}$ 出现负值时，说明底板与基础之间产生拉应力。由于底板和基础之间不能承受拉应力，因此此时拉应力的合力由锚栓承担。根据对混凝土受压区压应力合力作用点的力矩平衡条件 $\sum M = 0$，可得锚栓拉力 Z 为

$$Z = \frac{M - N \cdot a}{x} \tag{6-67}$$

式中，M、N 为使锚栓产生最大拉力的内力组合值；a 为柱截面形心轴到基础受压区合力点间的距离；x 为锚栓位置到基础受压区合力点间的距离。而且

$$a = \frac{L}{2} - \frac{c}{3}, \ x = d - \frac{c}{3}, \ c = \frac{\sigma_{\max}}{\sigma_{\max} + |\sigma_{\min}|} \cdot L$$

每个锚栓所需要的有效截面面积为

$$A_e = \frac{Z}{n \cdot f_t^a} \tag{6-68}$$

式中，n 为柱脚受拉侧的锚栓数；f_t^a 为锚栓的抗拉强度设计值。

锚栓直径不小于 20 mm。锚栓下端在混凝土基础中用弯钩或锚板等锚固，保证锚栓在拉力 Z 作用下不被拔出。

2. 分离式柱脚

压弯格构式缀条柱的各分肢承受轴心力，当两肢间距较大（超过 1.5 m）时，采用分离式柱脚，可节省钢材，制造也比较简单。分离式柱脚每个分肢下的柱脚都根据分肢可能产生的最大轴向压力按铰接柱脚设计，而锚栓承托和锚栓直径则根据分肢可能产生的最大拉力确定。为保证运输和安装时柱脚的空间整体刚度，应在分离式柱脚的两底板之间设置联系杆，如图 6-24(b)所示。

6.8.4　外包式柱脚

外包式柱脚是指按照一定的要求将钢柱脚用钢筋混凝土包裹起来的柱脚，如图 6-25 所示。这类柱脚可以设置在地面上，也可以设置在楼面上。钢筋混凝土包脚的高度、截面尺寸、保护层厚度和箍筋配置对柱脚的内力传递和恢复力特性起着重要的作用。外包式柱脚的轴力，通过钢柱底板传递至基础，剪力和弯矩主要由外包钢筋混凝土承担，通过箍筋传给外包混凝土及其中的主筋，再传至基础。

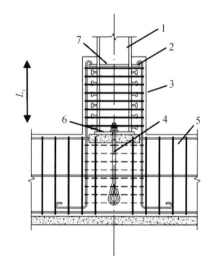

1—钢柱；2—栓钉；3—外包混凝土；4—锚栓；5—基础梁；
6—柱底板；7—水平加劲肋；L_r—外包混凝土顶部箍筋至柱底板的距离。
图 6-25　外包式柱脚

外包式柱脚的计算与构造应满足下列要求：

外包式柱脚的底板应位于基础梁或筏板的混凝土保护层内；对于 H 形截面柱，外包混凝土的厚度，不宜小于 160 mm，对于矩形管或圆管柱，厚度不宜小于 180 mm，同时不宜小于钢柱截面高度的 0.3 倍；混凝土强度等级不宜低于 C30；对于 H 形截面柱，柱脚混凝土外包高度，不宜小于柱截面高度的 2 倍，对于矩形管柱或圆管柱，高度宜为矩形管截面长边尺寸或圆管直径的 2.5 倍；当没有地下室时，外包宽度和高度宜增大 20%，当仅有一层地下室时，外包宽度宜增大 10%。

柱脚底板尺寸和厚度应按结构安装阶段荷载作用下的轴心力，采用外露式铰接柱脚同样的方法来计算确定，底板厚度不宜小于 16 mm。柱脚锚栓应按构造要求设置，直径不宜小于 16 mm，锚固长度不宜小于其直径的 20 倍。柱在外包混凝土的顶部箍筋处应设置水平加劲肋或横隔板，其宽厚比应符合钢梁横向加劲肋的相关设计规定。

当框架柱为圆管或矩形管时，应在管内浇灌混凝土，其强度等级应不小于基础混凝土。浇灌高度应高于外包混凝土，且不小于圆管直径或矩形管的长边。

外包钢筋混凝土的受弯和受剪承载力验算及受拉钢筋和箍筋的构造要求应符合现行国家标准《混凝土结构设计规范》(GB 50010—2010)的有关规定，主筋伸入基础内的长度不应小于 25 倍直径，四角主筋两端应加弯钩，下弯长度不应小于 150 mm，下弯段宜与钢柱焊接，顶部箍筋应加强加密，且不应小于 3 根直径 12 mm 的 HRB335 级热轧钢筋。

柱脚在外包混凝土部分宜设栓钉，直径不宜小于 19 mm，长度不应小于杆径的 4 倍，竖向间距应大于杆径的 6 倍且小于 200 mm，横向间距不应小于杆径的 4 倍。

6.8.5　埋入式柱脚

埋入式柱脚是直接将钢柱下端埋入钢筋混凝土基础或基础梁的柱脚，如图 6-26 所示。其埋入方法，一种是预先将钢柱脚按要求组装固定到设计标高上，然后浇灌基础或基础梁的混凝土；另一种是预先按要求浇筑基础或基础梁混凝土，并留出安装钢柱脚的杯口，待安装好钢柱脚后，再补浇杯口部分的混凝土。埋入式柱脚的构造比较简单，易于安装就位，且柱脚的嵌固性容易保证。当柱脚埋入深度超过一定数值后，柱的全部弯矩可以传递给基础。柱脚埋入钢筋混凝土的深度，应满足表 6-4 及以下公式的要求。

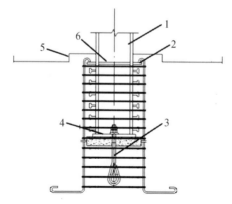

1—钢柱；2—栓钉；3—锚栓；4—柱底板；5—基础或基础梁顶面；6—水平加劲肋。

图 6-26　埋入式柱脚

对于 H 形、箱形截面柱：

$$\frac{V}{b_{\mathrm{f}}d}+\frac{2M}{b_{\mathrm{f}}d^2}+\frac{1}{2}\sqrt{\left(\frac{2V}{b_{\mathrm{f}}d}+\frac{4M}{b_{\mathrm{f}}d^2}\right)^2+\frac{4V^2}{b_{\mathrm{f}}^2d^2}}\leqslant f_{\mathrm{c}} \tag{6-69}$$

对于圆管柱：

$$\frac{V}{Dd} + \frac{2M}{Dd^2} + \frac{1}{2}\sqrt{\left(\frac{2V}{Dd} + \frac{4M}{Dd^2}\right)^2 + \frac{4V^2}{D^2 d^2}} \leqslant 0.8 f_c \qquad (6-70)$$

式中，M、V 分别为柱脚底部的弯矩（kN·m）和剪力设计值（N）；d 为柱脚埋深（mm）；b_f 为柱翼缘的宽度（mm）；D 为钢管外径（mm）；f_c 为混凝土的抗压强度设计值（N/mm²）。

表 6-4　钢柱插入杯口的最小深度

柱截面形式	实腹柱	双肢格构柱（单杯口或双杯口）
最小插入深度 d_{min}	$1.5h_c$ 或 $1.5D$	$0.5h_c$ 和 $1.5b_c$（或 D）的较大值

注：① 实腹 H 形柱或矩形管柱的 h_c 为截面高度（长边尺寸）；b_c 为柱截面宽度；D 为圆管柱的外径。

　　② 格构柱的 h_c 为两肢垂直于虚轴方向最外边的距离，b_c 为沿虚轴方向的柱肢宽度。

　　③ 双肢格构柱的柱脚插入混凝土基础杯口的最小深度不宜小于 500 mm，亦不宜小于吊装时柱长度的 1/20。

柱脚在埋入部分的顶部所设置的水平加劲肋或横隔板，应符合受弯构件腹板加劲肋的有关计算与构造的规定；柱脚底板与锚栓等的构造要求同外包式柱脚。对于有拔力的柱，宜在柱埋入混凝土部分设置栓钉，栓钉构造要求同外包式柱脚。

柱脚埋入部分四周设置的主筋、箍筋应根据柱脚底部的弯矩和剪力进行抗弯、抗剪计算确定，并应符合相关的构造要求。柱翼缘或管柱外边缘混凝土保护层的厚度（如图 6-27 所示），边列柱的翼缘或管柱外边缘至基础梁端部的距离应不小于 400 mm，中间柱翼缘或管柱外边缘至基础梁梁边相交线的距离应不小于 250 mm；基础梁梁边相交线的夹角应做成钝角，其坡度应不大于 1:4；在基础护筏板的边部，应配置水平 U 形箍筋抵抗柱的水平冲切。圆管柱和矩形管柱应在管内浇灌混凝土，其强度等级应大于基础混凝土，在基础面以上的浇灌高度应大于圆管直径或矩形管长边的 1.5 倍。

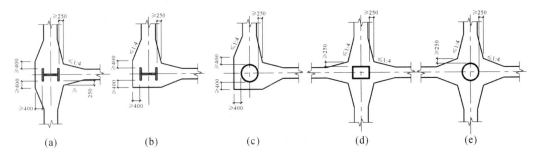

图 6-27　柱翼缘或管柱外边缘混凝土保护层的厚度

6.8.6　插入式柱脚

单层厂房柱的刚接柱脚消耗钢材较多，即使采用分离式，柱脚重量也约占整个柱子自重的 10%～15%。为了节约钢材，可以采用插入式柱脚，将柱底端直接插入钢筋混凝土杯形基础的杯口中（如图 6-28 所示）。插入式基础主要需要验算钢柱与二次浇灌层（采用细石混凝土）之间的粘剪力以及杯口的抗冲切强度。插入式柱脚插入混凝土基础杯口的深度应符合表 6-4 的规定，实腹截面柱的柱脚应按照埋入式柱脚所需埋深计算，双肢格构柱的柱脚应根据下列公式计算：

$$d \geqslant \frac{N}{f_{t} \cdot S} \qquad (6-71)$$

$$S = \pi(d_{c} + 100) \qquad (6-72)$$

式中，N 为柱肢轴向拉力的设计值；f_{t} 为杯口内二次浇灌层细石混凝土的抗拉强度设计值（N/mm²）；S 为柱肢外轮廓线的周长，对圆管柱可按式（6-72）计算。

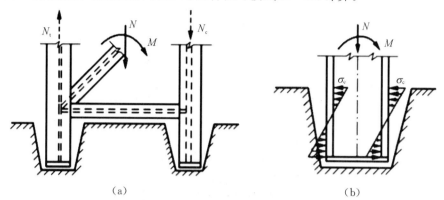

(a) (b)

图 6-28　插入式柱脚

插入式柱脚的设计还应符合下列规定：H 型钢实腹柱宜设柱底板，钢管柱应设柱底板，且底板应设排气孔或浇注孔。实腹柱柱底至基础杯口底的距离应不小于 50 mm，当有柱底板时，其距离可采用 150 mm。实腹柱、双肢格构柱柱杯口的基础底板应验算柱吊装时局部受压和冲切的承载力。宜采用便于施工时临时调整的技术措施。杯口基础的杯壁应根据柱底部内力设计值作用于基础顶面配置钢筋，杯壁厚度不应小于现行国家标准《建筑地基基础设计规范》（GB 50007—2011）的有关规定。

【**例 6-5**】　设计一轴心受压格构式柱的铰接柱脚。柱脚形式如图 6-29（a）所示。轴心压力设计值 $N = 2000$ kN（包括柱自重），基础混凝土强度等级为 C20，钢材为 Q235，焊条为 E43 系列。

解　柱脚采用 2 个 M20 锚栓。

（1）底板尺寸确定，C20 混凝土 $f_{c} = 9.6$ N/mm²，设局部承压的提高系数 $\beta = 1.1$，则 $\beta f_{c} = 1.1 \times 9.6 = 10.56$ N/mm²。

螺栓孔面积为

$$A_{0} = 2\left(50 \times 20 + \frac{\pi \times 50^{2}}{8}\right) = 3960 \text{ mm}^{2}$$

需要底板面积

$$A = LB = \frac{N}{f_{c}} + A_{0} = \frac{2000 \times 10^{3}}{10.56} + 3960 = 1.9 \times 10^{5} \text{ mm}^{2}$$

取底板宽度为

$$B = 250 + 2 \times 10 + 2 \times 65 = 400 \text{ mm}$$

需要底板长度为

$$L = \frac{A}{B} = 1.9 \times \frac{10^{5}}{400} = 475 \text{ mm},$$

取 $L = 550$ mm。

基础对底板单位面积作用的压应力为

$$q=\frac{N}{LB-A_0}=\frac{2000\times10^3}{550\times400-3960}=9.26\ \text{N/mm}^2<\beta f_c=10.56\ \text{N/mm}^2$$

满足要求。

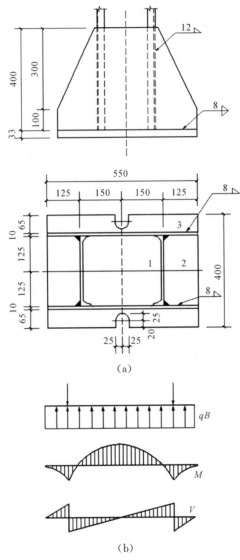

(a)

(b)

图 6-29 例 6-5 图

按底板的三种区格分别计算其单位宽度上的最大弯矩：

区格 1 为四边简支板，$\dfrac{b}{a}=\dfrac{300}{250}=1.2$，查表 6-2 得 $\alpha=0.063$，则有

$$M_4=\alpha qa^2=0.063\times9.26\times250^2=36461.25\ \text{N}\cdot\text{mm}$$

区格 2 为三边简支板，$\dfrac{b_1}{a_1}=\dfrac{125}{250}=0.5$，查表 6-3 得 $\beta=0.058$，则有

$$M_3=\beta qa_1^2=0.058\times9.26\times250^2=33\ 567.5\ \text{N}\cdot\text{mm}$$

区格 3 为悬臂板，则有

$$M_1=\frac{qc^2}{2}=9.26\times\frac{65^2}{2}=19\ 561.75\ \text{N}\cdot\text{mm}$$

按最大弯矩 $M_{max} = M_4 = 36\ 461.25$ N·mm 计算底板厚度，取厚度 t 为 $16\sim40$ mm，$f = 205$ N/mm²，则有

$$t = \sqrt{6 \times \frac{M_{max}}{f}} = \sqrt{6 \times 36\ 461.25/205} = 32.7 \text{ mm}$$

取 $t = 34$ mm。

（2）靴梁设计计算。靴梁与柱身共用 4 条竖直焊缝连接，取靴梁板厚度为 10 mm，根据构造要求，取 $h_f = 12$ mm（焊脚尺寸的最大值），此时焊缝长度最小，靴梁高度也最小。则每条焊缝需要的长度为

$$l_w = \frac{N}{4 \times 0.7 h_f f_f^w} = \frac{2000 \times 10^3}{4 \times 0.7 \times 12 \times 160} = 372.0 \text{ mm} < l_{wmax} = 60\ h_f = 60 \times 10 = 600 \text{ mm}$$

满足构造要求。

靴梁高度 $\geqslant l_w + 2h_f = 372 + 2 \times 12 = 396$ mm，取靴梁高度为 400 mm。

一块靴梁板承受的线荷载为

$$\frac{qB}{2} = 9.26 \times \frac{400}{2} = 1852 \text{ N/mm}$$

一块靴梁板承受的最大弯矩为：

$$M_{支} = \frac{qBl^2}{4} = 3704 \times \frac{125^2}{4} = 1.447 \times 10^7 \text{ N·mm}$$

$$M_{中} = \frac{qBl^2}{16} - M_{支} = 3704 \times \frac{300^2}{16} - 1.447 \times 10^7 = 0.627 \times 10^7 \text{ N·mm}$$

$$\sigma = \frac{M_{max}}{W} = \frac{6 \times 1.447 \times 10^7}{10 \times 400^2} = 54.3 \text{ N/mm}^2 < f = 215 \text{ N/mm}^2$$

满足要求。

靴梁板承受的最大剪力为

$$V = \frac{qBl}{2} = 3704 \times 125/2 = 231\ 500 \text{ N}$$

$$\tau = 1.5 \frac{V}{A} = 1.5 \times \frac{231500}{400 \times 10} = 86.8 \text{ N/mm}^2 < f_v = 125 \text{ N/mm}^2$$

满足要求。

（3）靴梁与底板的连接焊缝计算。

设 $h_f = 12$ mm，$\sum l_w = 2(550 - 2 \times 12) + 4(125 - 2 \times 12) = 1456$ mm，则有

$$\frac{N}{0.7 h_f \sum l_w} = \frac{2000 \times 10^3}{0.7 \times 12 \times 1456} = 163.5 \text{ N/mm}^2 \approx f_f^w = 160 \text{ N/mm}^2 （仅超出 2.18\%）$$

满足要求。

设计完毕的柱脚构造如图 6-29(a) 所示。

本 章 小 结

通过本章的学习，我们应当熟练掌握拉弯和压弯构件的强度和刚度计算方法、压弯构

件的整体稳定性计算方法、实腹式压弯构件的局部稳定性计算方法、压弯构件的设计步骤与方法，掌握梁与柱的连接和构件的拼接、柱脚设计。

（1）从材料合理利用的角度出发，在轴力与弯矩的共同作用下，如果截面两侧应力水平差异较大，则适合设计为非对称截面，且应力大的侧截面较大；如果截面两侧应力水平差异较小，则适合设计为对称截面。长度大、受载大的压弯构件可以采用格构式，一般使弯矩绕虚轴作用。

（2）拉弯与压弯构件的强度以最小净截面处的应力水平来控制设计，可以考虑一定的截面塑性发展。

（3）拉弯与压弯构件的刚度以最大长细比来控制设计，同轴心受压构件。

（4）双轴对称实腹式单向压弯构件的弯矩作用平面内发生弯曲失稳，弯矩作用平面外发生弯扭失稳。

（5）弯矩绕虚轴作用的格构式单向压弯构件根据边缘纤维屈服准则计算弯矩作用平面内的整体稳定性，在保证分肢稳定性前提下不需要验算整个格构柱的弯矩作用平面外的整体稳定性。

（6）实腹式单向压弯构件的翼缘局部稳定性根据塑性开展程度，通过控制翼缘宽厚比得以保证；腹板局部稳定性通过控制腹板的高厚比来保证，其限值与腹板应力的梯度有关。

（7）梁与柱的连接分为铰接和刚接。铰接时梁只向柱传递竖向力，不传递弯矩，一般情况下只将梁端腹板连接到柱子；刚接时梁不仅向柱传递竖向力，同时还传递弯矩，一般情况下将梁端腹板与翼缘均可靠连接到柱子。

（8）柱脚分为铰接和刚接。外露式铰接柱脚一般由靴梁、隔板和底板组成，重点考虑竖向力的传递和计算。外露式刚接柱脚需要考虑竖向力和弯矩的传递和计算，且弯矩引起的底部拉力由锚栓承担。

习　题

6-1　某两端铰支的拉弯构件，作用的力如图 6-30 所示，构件截面无削弱，截面为 I40b 轧制工字钢，钢材为 Q235A，要求确定构件所能承受的最大轴心拉力设计值。

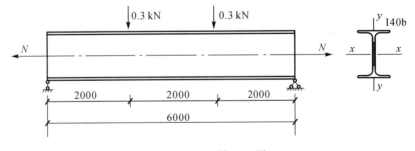

图 6-30　习题 6-1 图

6-2　某两端铰支的压弯构件如图 6-31 所示，截面为 I36a 轧制工字钢，钢材为 Q235B，承受轴心压力的设计值为 600 kN，构件沿长度方向存在均布荷载的设计值为 6.2 kN/m。试验算此压弯构件在弯矩作用平面内的稳定有无保证。为保证弯矩作用平面外的稳定，需设置至少几个侧向中间支承点？

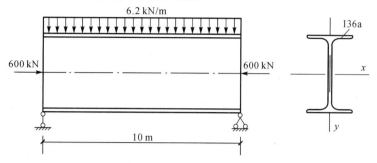

图 6-31　习题 6-2 图

6-3　某焊接工字钢截面压弯构件，两端铰支，长度为 12 m，在弯矩作用平面外的构件中部有一个支承点，如图 6-32 所示。构件承受的轴心压力设计值 $N=800$ kN，在构件两端分别承受弯矩设计值 $M_A=80$ kN·m 和 $M_B=120$ kN·m，翼缘为火焰切割边，钢材为 Q235B，要求设计构件的截面尺寸。

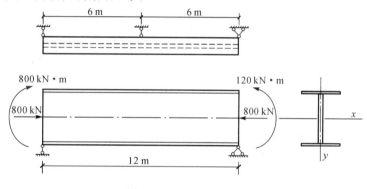

图 6-32　习题 6-3 图

6-4　某压弯构件的截面如图 6-33 所示，该截面的轴心压力设计值 $N=760$ kN，主轴平面的内弯矩设计值 $M=450$ kN·m，钢材采用 Q235，试验算该构件是否满足局部稳定性要求。

6-5　设计双轴对称的焊接工字形截面柱的截面尺寸，翼缘为火焰切割边。柱的上端作用着轴心压力 $N=2\,500$ kN(设计值)和水平力 $H=300$ kN(设计值)。在弯矩作用的平面内，柱的下端与基础刚性固定，而上端可以自由移动。在侧向有如图 6-34 所示的支撑体系。材料用 Q235B 钢。

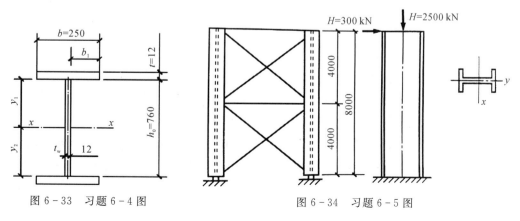

图 6-33　习题 6-4 图　　　　　　图 6-34　习题 6-5 图

6-6 某框架柱的截面和缀条形式如图 6-35 所示。框架柱高 6 m，采用轧制工字钢 I25a 做柱的分肢。缀条为单角钢∟45×4，其倾角为45°，侧向支撑的布置如图 6-35 所示。柱的上端与横梁铰接，下端与基础刚接。框架的顶端作用水平力 72 kN（设计值），按柱的抗弯刚度分配给三个柱。每根柱沿柱轴线作用压力 1250 kN（设计值）。钢材用 Q235A。不计框架顶端侧移对柱的轴心压力的影响，试验算柱截面和缀条是否满足设计要求。

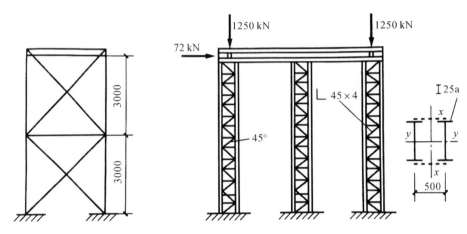

图 6-35 习题 6-6 图

6-7 图 6-36 所示为一单层厂房框架柱的下柱，在框架平面内（属有侧移框架柱）的计算长度为 $l_{0x}=21$ m，在框架平面外的计算长度（作为两端铰接）$l_{0y}=12$ m，缀条为等边单角钢∟100×8，钢材为 Q235。试验算此柱在下列组合内力（设计值）的作用下是否满足设计要求。第一组（使分肢 1 受压最大）：$M_x=3300$ kN·m，$N=4500$ kN，$V=200$ kN；第二组（使分肢 2 受压最大）：$M_x=2700$ kN·m，$N=4400$ kN，$V=200$ kN。

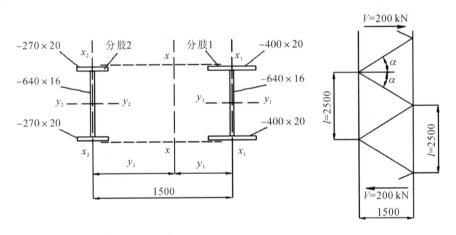

图 6-36 习题 6-7 图

6-8 设计如图 6-37 所示截面的轴心受压铰接柱的柱脚。已知轴心压力设计值 $N=3\ 600$ kN（静力荷载），钢材为 Q235B，焊条用 E43 型，基础混凝土强度等级为 C20。

6-9 设计习题 6-5 的实腹式压弯构件的柱脚，并按比例画出构造图，基础混凝土的强度等级为 C20。

6-10　设计习题 6-6 的格构式压弯构件的整体式柱脚，并按比例画出构造图，基础混凝土的强度等级为 C20。

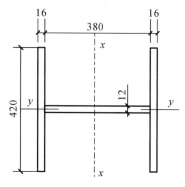

图 6-37　习题 6-8 图

6-11　某厂房单阶柱的下段柱截面如图 6-38 所示，钢材为 Q235A，最大内力设计值（包括柱自重）为轴心压力 $N = 2650$ kN，绕虚轴弯矩 $M_x = \pm 2\,000$ kN·m，剪力 $V = \pm 250$ kN。基础混凝土的强度等级为 C20。试设计此厂房柱的柱脚。

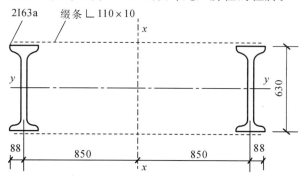

图 6-38　习题 6-11 图

本章扩展知识见二维码。

拉弯和压弯构件

第 7 章

单层厂房钢结构

▶【本章要点】

(1) 单层厂房钢结构的形式及其结构布置；

(2) 计算原理；

(3) 屋盖结构；

(4) 框架柱的设计。

▶【学习目标】

(1) 了解单层厂房钢结构的结构体系和布置；

(2) 理解荷载与作用效应计算；

(3) 掌握钢屋盖支撑系统的组成与布置方式；

(4) 掌握钢屋盖的结构分析和设计方法；

(5) 掌握框架柱的设计方法。

7.1 单层厂房钢结构的形式及结构布置

单层钢结构房屋可分为民用房屋和工业房屋两种。随着国民经济的迅速发展及对建筑结构抗震性能的日益重视，单层钢结构民用房屋已被广泛应用于大众文化交流、体育娱乐等重要设施(如剧院、展览馆、体育场馆、会展中心、候车厅、超市等公共建筑)，以及飞机库、汽车库等。

单层厂房钢结构是工业建筑中较为常见的结构形式，其基本承重结构通常采用框架结构体系。这种体系能够保证必要的横向刚度，同时其净空又能满足使用上的要求；在刚度较弱的纵向则通过支撑系统来保证必要的刚度，限制水平位移在允许范围内。

单层厂房钢结构必须具有足够的强度、刚度和稳定性，以抵抗来自屋面、墙面、吊车设备等的各种竖向及水平荷载的作用，在有抗震设防要求的情况下还要确保其能安全地承受地震作用。

单层厂房钢结构根据其承受的荷载和吊车吨位大小可以分为普通钢结构厂房和轻型钢结构厂房两类。本章介绍普通钢结构单层厂房的主要内容。

7.1.1　单层厂房钢结构的结构体系及组成

单层厂房钢结构一般是由屋盖结构(由屋面板、檩条、天窗、屋架或梁、托架等组成)、柱、吊车梁(包括制动梁或制动桁架)、墙架、各种支撑和基础等构件组成的空间体系,承受并传递作用在厂房结构上的各种荷载与作用,是整个建筑物的承重骨架。单层厂房的构造简图如图 7-1 所示,各组成部分的功能分述如下所述。

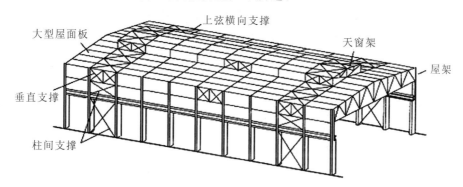

图 7-1　单层厂房构造简图

1. 横向框架

横向框架由柱和它所支承的屋架或屋盖横梁组成,是单层厂房钢结构的主要承重体系,承受结构的自重、风荷载、雪荷载、吊车荷载和地震作用等,并把这些荷载传递到基础。

2. 纵向框架

纵向框架由柱、托架、吊车梁及柱间支撑等构成,其作用是保证厂房骨架的纵向几何不变性和刚度,承受纵向水平荷载(吊车的纵向制动力、纵向风荷载、纵向地震作用等)并传递到基础。

3. 屋盖结构

屋盖结构是承担屋面荷载的结构体系,包括横向框架的横梁或屋架、托架、中间屋架、天窗架、檩条、屋面板等。单层厂房钢结构具有跨度大、高度高、吊车起重量大的特点,屋盖可以采用钢屋架—大型屋面板结构体系、钢屋架—檩条—轻型屋面板结构体系或横梁—檩条—轻型屋面板结构体系。屋盖结构承受屋面荷载和风荷载作用,并把这些荷载通过横向框架或纵向框架传递到基础。

4. 支撑体系

支撑体系包括屋盖支撑(横向水平支撑、纵向水平支撑、垂直支撑、系杆等)、柱间支撑及其他附加支撑。支撑系统与屋面板(或檩条)、托架、吊车梁等构件一起将各个单独的横向平面框架联系成稳定的空间结构体系,保证结构的整体刚度和稳定性,支撑系统承受风荷载及吊车制动力等水平作用。

5. 吊车梁和制动梁(或制动桁架)

厂房中由于生产工艺需要常设置桥式吊车,因此吊车的自重和起吊的重物会产生竖向荷载,吊车的启动和刹车会产生水平荷载。吊车梁和制动梁(或制动桁架)主要承受吊车竖向及水平荷载,并将这些荷载传到横向框架和纵向框架上。

6. 墙架系统

墙架一般由墙架梁和墙架柱(也称为抗风柱)等组成,主要承受墙体的自重和墙面风荷载。对纵向柱距较小的侧墙只设墙架梁;对山墙和纵向柱距较大的侧墙则须加设墙架柱作为墙架梁的支承。墙架柱的下端设基础,上端连于屋盖上弦或下弦水平支撑的节点上。

此外,由于使用要求,厂房中还有一些次要构件(如楼梯、走道、门窗等)。在某些单层厂房钢结构中,由于工艺操作上的要求,还设有工作平台。

7.1.2 厂房结构的设计步骤及内容

(1)对厂房的建筑和结构进行合理规划,使其满足工艺和使用要求,并考虑将来可能发生的生产流程变化和发展,使车间具备扩建、提升工艺或转产的可能。

(2)根据钢材选择的原则,既使结构安全可靠地满足要求,又要尽最大可能地节约钢材,降低造价,同时考虑结构的类型和重要性、荷载的性质、应力状态、连接方法、工作环境、钢材厚度和价格等因素,选用合适的钢材牌号和材性保证项目及连接材料。

(3)根据工艺设计确定车间平面及高度方向的主要尺寸,同时布置柱网和温度伸缩缝,选择承重框架的主要尺寸。

(4)布置屋盖结构、吊车梁结构、支撑体系及墙架体系,按设计资料进行内力计算、构件及连接设计。

(5)绘制施工图,设计时应尽量采用构件及连接构造的标准图集。

7.1.3 柱网布置

柱网布置就是确定单层厂房钢结构的承重柱在平面上的排列,即确定厂房的纵向和横向定位轴线所形成的网格,如图 7-2 所示。单层厂房钢结构的跨度就是柱子纵向定位轴线之间的尺寸,柱距就是柱子在横向定位轴线之间的尺寸。

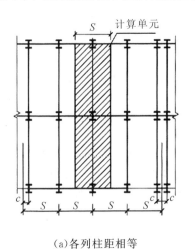
(a)各列柱距相等

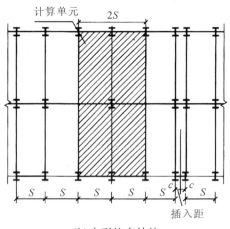
(b)中列柱有抽柱

图 7-2 柱网布置和温度伸缩缝

进行柱网布置时，应注意以下几方面的问题：

（1）应满足生产工艺要求。

厂房是直接为工业生产服务的，不同性质的厂房具有不同的生产工艺流程，各种工艺流程所需的主要设备、产品尺寸和生产空间都是决定跨度和柱距的主要因素。柱子的位置（包括柱下基础的位置）应和地上及地下设备、机械及起重运输设备等相协调。此外，柱网布置还应考虑未来生产发展和生产工艺的可能变动。

（2）应满足结构的要求。

为了保证车间的正常使用，使厂房满足强度、刚度和稳定性的要求，应尽量将柱子布置在同一轴线上，尽量减少屋架跨度和柱距的类别。

（3）应符合经济合理的原则。

从经济观点来看，柱子纵向间距的大小对结构重量影响较大。柱距越大，柱及基础所用的材料就越少，但屋盖结构和吊车梁的重量将越大。在柱子较高、吊车起重量较小的车间，放大柱距可能会收到经济效果。经济的柱距应使总用钢量最少，一般要进行方案比较才能决定。

在一般车间，边列柱的间距采用 6 m 较为经济。各列柱距相等且又接近于最经济柱距的柱网布置最为合理。但是，在某些场合，由于工艺条件的限制，或为了增加厂房的有效面积，或考虑到将来工艺过程可能改变等情况，往往需要采用不相等的柱距。

一般而言，柱子用钢量随跨度的增大而减少，因此在厂房面积一定时采用较大跨度比较有利。近年来，国内外厂房都有扩大柱网尺寸的趋向（特别是轻型和中型车间），设计成能适用于多种生产件的灵活车间，以适应工艺过程的可能改变，同时可节约车间面积和降低安装劳动量。例如，日本、德国新建厂房的柱距一般为 12 m、15 m 甚至更大，而且把 15 m 作为冷、热轧车间的经济柱距。

构件的统一化和标准化可降低制作和安装费用，因而设计时，跨度小于或等于 18 m 时，应以 3 m 为模数，跨度大于 18 m 时则以 6 m 为模数。厂房的柱距一般采用 6 m 较为经济，当生产工艺有特殊要求时，也可采用局部抽柱的布置方案，即柱距做成 12 m。对某些有扩大柱距要求的单层厂房，也可采用 9 m 及 12 m 柱距。

一般当厂房内吊车起重量 $Q \leqslant 1000$ kN、轨顶标高 $H \leqslant 14$ m 时，边列柱采用 6 m 柱距，中列柱采用 12 m 柱距；当吊车起重量 $Q = 1500$ kN、轨顶标高 $H \leqslant 16$ m，或地基条件较差、处理较困难时，边列柱与中列柱均宜采用 12 m 柱距。

7.1.4 温度伸缩缝

温度变化将引起结构变形，使厂房钢结构产生温度应力。因此当厂房平面尺寸较大时，为避免产生过大的温度变形和温度应力，应在厂房的横向和纵向设置温度伸缩缝，其布置决定于厂房的纵向和横向长度。

纵向较长的厂房在温度变化时，纵向构件伸缩的幅度较大，会引起整个结构变形，使构件内产生较大的温度应力和温度变形，并可能导致墙体和屋面的破坏。为了避免这种不利后果的产生，常采用横向温度伸缩缝将单层厂房钢结构分成伸缩时互不影响的温度区段。按《标准》的规定，当单层房屋和露天结构的温度区段长度不超过表 7-1 的数值时，一一般情况下可不考虑温度应力和温度变形的影响。

表 7 - 1 钢结构房屋温度区段的长度限值

结构情况	长度限值/m		
	纵向温度区段 （垂直屋架或构架跨度方向）	横向温度区段 （沿屋架或构架跨度方向）	
		柱顶为刚接	柱顶为铰接
采暖房屋和非采暖地区的房屋	220	120	150
热车间和采暖地区的非采暖房屋	180	100	125
露天结构	120	—	—
围护构件为金属压型钢板的房屋	250	150	

注：① 围护结构可根据具体情况参照有关规范单独设置伸缩缝。

② 无桥式起重机房屋的柱间支撑和有桥式起重机房屋吊车梁或吊车桁架以下的柱间支撑，应对称布置于温度区段中部。当不对称布置时，上述柱间支撑的中点（两道柱间支撑时为两柱间支撑的中点）至温度区段端部的距离应不大于表 7-1 纵向温度区段长度的 60%。

③ 当横向为多跨或高低跨屋面时，横向温度区段的长度可适当增加。

④ 当有充分依据或可靠措施时，表中的数字可予以增减。

在结构的设计过程中，当考虑温度变化的影响时，温度的变化范围可根据地点、环境、结构类型及使用功能等实际情况确定。

温度伸缩缝最普遍的做法是设置双柱，即在缝的两旁布置两个无任何纵向构件联系的横向框架，使温度伸缩缝的中线和定位轴线重合（见图 7-2(a)）；在设备布置条件不允许时，可采用插入距的方式（见图 7-2(b)），将缝两旁的柱放在同一基础上，其轴线间距一般可采用 1 m，对于重型厂房由于柱的截面较大，要放大到 1.5 m 或 2 m，甚至 3 m，方能满足温度伸缩缝的构造要求。为节约钢材也可采用单柱温度伸缩缝，即在纵向构件（如托架、吊车梁等）支座处设置滑动支座，以使这些构件有伸缩的余地。在地震区应采用双柱伸缩缝。

当厂房宽度较大时，也应该按《标准》的规定布置纵向温度伸缩缝。

7.1.5 主要尺寸

横向平面框架的主要尺寸包括框架的跨度和高度，如图 7-3 所示。框架的跨度，一般取上部柱中心线间的横向距离，可由下式确定：

$$L_0 = L_k + 2S \tag{7-1}$$

$$S = B + D + \frac{b_1}{2} \tag{7-2}$$

式中，L_k 为桥式吊车的跨度；S 为吊车梁轴线至上段柱轴线的距离（见图 7-3(a)），对于中型厂房一般采用 0.75 m 或 1 m，重型厂房则为 1.25 m 至 2.0 m；B 为吊车桥架悬伸长度，可由吊车样本查得。D 为吊车外缘和柱内边缘之间的必要空隙：当吊车起重量不大于 500 kN 时，应不小于 80 mm；当吊车起重量大于或等于 750 kN 时，应不小于 100 mm；当在吊车和柱之间需要设置安全走道时，则 D 不得小于 400 mm。b_1 为上段柱宽度。

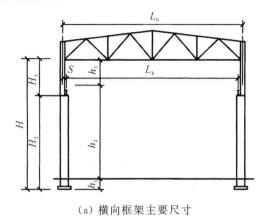
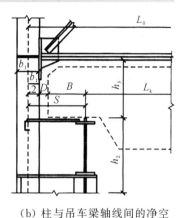

（a）横向框架主要尺寸　　　　　　（b）柱与吊车梁轴线间的净空

图 7 - 3　框架的主要尺寸

框架高度 H 为由柱脚底面到横梁下弦底部的距离，由下式确定：

$$H = h_1 + h_2 + h_3 \tag{7-3}$$

式中，h_1 为地面至柱脚底面的距离（中型车间约为 0.8～1.0 m，重型车间为 1.0～1.2 m）；h_2 为地面至吊车轨顶的高度，由工艺要求决定；h_3 为吊车轨顶至屋架下弦底面的距离，由下式确定：

$$h_3 = A + 100 + (150 \sim 200) \text{ mm} \tag{7-4}$$

式中，A 为吊车轨道顶面至起重小车顶面之间的距离；100 mm 是为制造、安装误差留出的空隙；150～200 mm 则是考虑屋架的挠度和下弦水平支撑角钢的下伸等所留的空隙。

吊车梁的高度可按 $(1/12 \sim 1/5)L$ 选用，L 为吊车梁的跨度，吊车轨道高度可根据吊车起重量决定。

框架横梁一般采用梯形或人字形屋架，其形式和尺寸参见第 7.3.2 节。

7.2　计　算　原　理

习惯上将单层厂房钢结构简化为平面框架分析并计算内力，这种方法计算简图简洁，受力明确，计算量较小，适合手工计算，本书会较为详细地介绍这种方法。分析中将墙架结构、吊车梁系统等均以明显的集中力方式作用于框架上，必要时也可将框架的自重用静力等效原则化作集中力，作用于框架上。

7.2.1　计算简图

单层厂房钢结构一般由横向框架作为承重结构，横梁与柱子的连接可以是铰接，也可以是刚接，相应地，称横向框架为铰接框架（又称排架）或刚接框架。

刚度要求较高的厂房（如设有双层吊车、装备硬钩吊车等），尤其是单跨重型厂房，宜采用刚接框架。在多跨时，特别是在吊车起重量不太大和采用轻型围护结构时，适宜采用铰接框架。各个横向框架之间由屋面板或檩条、托架、屋盖支撑等纵向构件相互连接在一起，因此框架实际上是空间工作的结构，应按空间工作计算才是比较合理和经济的，但由于计算较为烦琐，工作量大，所以通常简化为单个的平面框架（见图 7-4）来计算。框架计算单元的划分应根据柱网的布置确定（见图 7-2），使纵向每列柱至少有一根柱参加框架工作，应将受力最不利的柱划入计算单元中。对于各列柱距均相等的单层厂房钢结构，只计算一榀框架。对有抽柱的计算单元，一般以最大柱距作为划分计算单元的标准，其界限最好采用柱距的中心线，也可以采用柱的轴线，如采用后者，则对计算单元的边柱只应计入柱的一半刚度，作用于该柱的荷载也只计入一半。

对于由格构式横梁和阶形柱（下部柱为格构柱）所组成的横向框架，一般须考虑桁架式横梁和格构柱的腹杆或缀条变形的影响，将惯性矩（对高度有变化的桁架式横梁按平均高度计算）乘以折减系数 0.9，简化成实腹式横梁和实腹式柱。对柱顶刚接的横向框架，当满足式（7-5）时，可近似认为横梁在水平荷载作用下刚度为无穷大，否则横梁按有限刚度考虑：

$$\frac{K_{AB}}{K_{AC}} \geqslant 4 \qquad (7-5)$$

式中，K_{AB} 为横梁远端固定，使近端 A 点转动单位角时在 A 点所需施加的力矩值；K_{AC} 为柱基础处固定，使 A 点转动单位角时在 A 点所需施加的力矩值。

框架的计算跨度 L_0（或 L_{01}、L_{02}）取两上柱轴线之间的距离（见图 7-4）。

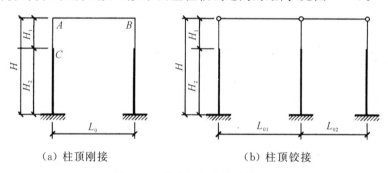

(a) 柱顶刚接　　　　　　　　　(b) 柱顶铰接

图 7-4　横向框架的计算简图

横向框架的计算高度 H：柱顶刚接时，可取柱脚底面至框架下弦轴线的距离（横梁假定为无限刚性）（见图 7-5(a)），或柱脚底面至横梁端部形心的距离（横梁为有限刚性）（见图 7-5(b)）；柱顶铰接时，应取柱脚底面至横梁主要支承节点间距离（见图 7-5(c)、(d)）。对阶形柱应以肩梁上表面作分界线将 H 划分为上部柱高度 H_1 和下部柱高度 H_2。

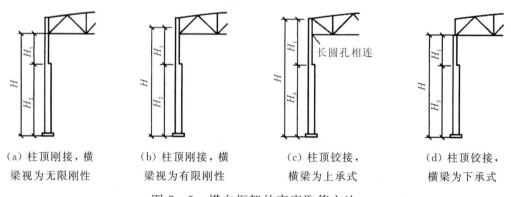

(a) 柱顶刚接，横　　(b) 柱顶刚接，横　　(c) 柱顶铰接，　　(d) 柱顶铰接，
　梁视为无限刚性　　　梁视为有限刚性　　　横梁为上承式　　　横梁为下承式

图 7-5　横向框架的高度取值方法

7.2.2　横向框架的荷载

1. 荷载类型

单层厂房结构的荷载可分为三类：

（1）永久荷载：包括屋盖系统、柱、吊车梁系统、墙架、墙板及设备管道等的自重。

（2）可变荷载：包括风荷载、雪荷载、积灰荷载、屋面均布活荷载、吊车荷载、地震作用等。

（3）偶然荷载：包括爆炸、撞击、火灾及其他偶然出现的灾害引起的荷载。

荷载标准值及它们的分项系数、组合系数等，可参阅《统一标准》、《建筑结构荷载规范》（GB 50009—2012）（以下简称"荷载规范"）、《建筑抗震设计规范》（GB 50011—2010）和吊车手册。

2. 荷载组合

建筑结构设计时应区分下列设计状况：

（1）持久设计状况，适用于结构使用时的正常情况。

（2）短暂设计状况，适用于结构出现的临时情况，包括结构施工和维修时的情况等。

（3）偶然设计状况，适用于结构出现的异常情况，包括结构遭受火灾、爆炸、撞击时的情况等。

（4）地震设计状况，适用于结构遭受地震时的情况，在抗震设防地区必须考虑地震设计状况。

结构或结构构件的破坏或过度变形的承载能力极限状态设计，应符合式（7-6）的要求：

$$\gamma_0 S_d \leqslant R_d \tag{7-6}$$

式中，γ_0 为结构重要性系数，安全等级为一级或使用年限为 100 年及以上的结构构件，应不小于 1.1；二级或使用年限为 50 年的结构构件，应不小于 1.0；三级或使用年限为 5 年的结构构件，应不小于 0.9。对偶然设计状况和地震设计状况取 1.0。钢结构的安全等级和设计使用年限应符合现行国家标准《统一标准》和《工程结构可靠性设计统一标准》（GB 50153—2008）的规定。S_d 为不考虑地震作用时，荷载效应组合的设计值；R_d 为结构构件承载力的设计值，$R_d = R_k / \gamma_R$；R_k 为抗力标准值；γ_R 为材料抗力分项系数，Q235 钢的抗力分项系数为 1.087，Q355 钢的抗力分项系数为 1.111。

根据《荷载规范》《统一标准》，承载能力极限状态设计表达式中的作用组合应符合下列规定：

（1）作用组合应为可能同时出现的作用的组合。

（2）每个作用组合中应包括一个主导可变作用、一个偶然作用或一个地震作用。

（3）当结构中永久作用位置的变异，对静力平衡或类似的极限状态设计结果很敏感时，该永久作用的有利部分和不利部分应分别作为单个作用。

（4）当一种作用产生的几种效应非全相关时，对产生有利效应的作用，其分项系数的取值应予降低。

（5）对不同的设计状况应采用不同的作用组合。

对持久设计状况和短暂设计状况，应采用作用的基本组合。

（1）基本组合的效应设计值应按式（7-7）中最不利值确定：

$$S_d = S(\sum_{i \geq 1} \gamma_{G_i} G_{ik} + \gamma_P P + \gamma_{Q_1} \gamma_{L1} Q_{1k} + \sum_{j > 1} \gamma_{Q_j} \gamma_{Lj} \psi_{cj} Q_{jk}) \tag{7-7}$$

式中，$S( )$为作用组合的效应函数；G_{ik}为第i个永久作用的标准值；P为预应力作用的有关代表值；Q_{1k}为第1个可变作用的标准值；Q_{jk}为第j个可变作用的标准值；γ_{G_i}为第i个永久作用的分项系数，应按表7-2的规定采用；γ_P为预应力作用的分项系数，应按表7-2的规定采用；γ_{Q_1}是第1个可变作用的分项系数，应按表7-2的规定采用；γ_{Q_j}为第j个可变作用的分项系数，应按表7-2的规定采用；γ_{L1}、γ_{Lj}为第1个和第j个考虑结构设计使用年限的荷载调整系数，应按表7-3的规定采用；ψ_{cj}为第j个可变作用的组合值系数，应按有关规范的规定采用。

在作用组合的效应函数$S( )$中，符号"$\sum$"和"＋"均表示组合，即同时考虑所有作用对结构的共同影响，而不表示代数相加。

（2）当作用与作用效应按线性关系考虑时，基本组合的效应设计值应按式（7-8）中最不利值计算：

$$S_d = \sum_{i \geq 1} \gamma_{G_i} S_{G_{ik}} + \gamma_P S_P + \gamma_{Q_1} \gamma_{L1} S_{Q_{1k}} + \sum_{j > 1} \gamma_{Q_j} \gamma_{Lj} \psi_{cj} S_{Q_{jk}} \tag{7-8}$$

式中，$S_{G_{ik}}$为第i个永久作用标准值的效应；S_P为预应力作用有关代表值的效应；$S_{Q_{1k}}$为第1个可变作用标准值的效应；$S_{Q_{jk}}$为第j个可变作用标准值的效应。

表 7-2　建筑结构作用分项系数

作用分项系数	当作用效应对承载力不利时	当作用效应对承载力有利时
γ_G	1.3	$\leqslant 1.0$
γ_P	1.3	1.0
γ_Q	1.5	0

表 7-3　楼面和屋面活荷载考虑设计使用年限的调整系数 γ_L

结构设计使用年限/年	5	50	100
γ_L	0.9	1.0	1.1

对偶然设计状况，应采用作用的偶然组合。

（1）偶然组合的效应设计值可按下式确定：

$$S_d = S(\sum_{i \geq 1} G_{ik} + P + A_d + (\psi_{f1} \text{ 或 } \psi_{q1}) Q_{1k} + \sum_{j > 1} \psi_{qj} Q_{jk}) \tag{7-9}$$

式中，A_d为偶然作用的设计值；ψ_{f1}为第1个可变作用的频遇值系数，应按有关规范的规定采用；ψ_{q1}、ψ_{qj}为第1个和第j个可变作用的准永久值系数，应按有关规范的规定采用。

（2）当作用与作用效应按线性关系考虑时，偶然组合的效应设计值可按式（7-10）计算：

$$S_d = \sum_{i \geq 1} S_{G_{ik}} + S_P + S_{A_d} + (\psi_{f1} \text{ 或 } \psi_{q1}) S_{Q_{1k}} + \sum_{j > 1} \psi_{qj} S_{Q_{jk}} \tag{7-10}$$

式中，S_{A_d}——偶然作用设计值的效应。

地震作用效应和其他荷载效应的基本组合。根据《建筑抗震设计规范》（GB50011—2010），结构构件的地震作用效应和其他荷载效应的基本组合，应按式（7-11）计算：

$$S = \gamma_G S_{GE} + \gamma_{Eh} S_{Ehk} + \gamma_{Ev} S_{Evk} + \psi_w \gamma_w S_{wk} \tag{7-11}$$

式中，S 为结构构件内力组合的设计值，包括组合的弯矩、轴向力和剪力设计值等；γ_G 为重力荷载分项系数，一般情况应取 1.2，当重力荷载效应对构件承载能力有利时，应不大于 1.0；γ_{Eh}、γ_{Ev} 分别为水平、竖向地震作用分项系数，见《建筑抗震设计规范》（GB 50011—2010）；S_{GE} 为重力荷载代表值的效应，可按《建筑抗震设计规范》（GB 50011—2010）第 5.1.3 条采用，但有吊车时，还应包括悬吊物重力标准值的效应；S_{Ehk} 为水平地震作用标准值的效应，还应乘以相应的增大系数或调整系数；S_{Evk} 为竖向地震作用标准值的效应，还应乘以相应的增大系数或调整系数；S_{wk} 为风荷载标准值的效应；ψ_w 为风荷载组合值系数，一般结构取 0.0，风荷载起控制作用的建筑应采用 0.2；γ_w 为风荷载的分项系数。

建筑结构的抗震设计，应根据不同地震烈度符合下列结构性能的基本设防目标要求：

（1）对多遇地震烈度，结构主体不受损坏或不需修复即可继续使用。

（2）对设防地震烈度，可能发生损坏，但经一般修复仍可继续使用。

（3）对罕遇地震烈度，不致倒塌或发生危及生命的严重破坏。

计算排架考虑多台吊车竖向荷载时，对单层吊车的单跨厂房的每个排架，参与组合的吊车台数不宜多于 2 台；对单层吊车的多跨厂房的每个排架，不宜多于 4 台。对双层吊车的单跨厂房应按上层和下层吊车分别不多于 2 台进行组合；对双层吊车的多跨厂房应按上层和下层吊车分别不多于 4 台进行组合，且当下层吊车满载时，上层吊车应按空载计算；上层吊车满载时，下层吊车不应计入。考虑多台吊车水平荷载时，对单跨或多跨厂房的每个排架，参与组合的吊车台数应不多于 2 台。计算排架时，多台吊车的竖向荷载和水平荷载的标准值，应乘以表 7-4 中规定的折减系数。

表 7-4　多台吊车的荷载折减系数

参与组合的吊车台数	吊车工作级别	
	$A_1 \sim A_5$	$A_6 \sim A_8$
2	0.90	0.95
3	0.85	0.90
4	0.80	0.85

对框架横向长度超过容许的温度缝区段长度而未设置伸缩缝时，应考虑温度变化的影响；对地基土质较差、变形较大或厂房中有较重的大面积地面荷载时，应考虑基础不均匀沉降对框架的影响。

雪荷载一般不与屋面均布活荷载同时考虑，积灰荷载与雪荷载或屋面均布活荷载两者中的较大值同时考虑。屋面荷载化为均布的线荷载作用于框架横梁上。当无墙架时，纵墙上的风力一般作为均布荷载作用在框架柱上；有墙架时，还应计入由墙架柱传于框架柱的集中风荷载。作用在框架横梁轴线以上的桁架及天窗上的风荷载按框架横梁轴线上的集中荷载计算。

3. 正常使用极限状态设计的组合

对于正常使用极限状态设计,根据《荷载规范》考虑荷载效应的标准组合,采用荷载标准值和变形限值按式(7-12)进行设计:

$$S_d \leqslant C \tag{7-12}$$

式中,C 为结构或构件达到正常使用要求的规定限值,见《标准》;S_d 为作用组合的效应设计值,如变形、裂缝等的设计值。

按正常使用极限状态设计时,可根据不同情况采用作用的标准组合、频遇组合或准永久组合。

1) 标准组合

(1) 标准组合的效应设计值可按下式确定:

$$S_d = S(\sum_{i \geqslant 1} G_{ik} + P + Q_{1k} + \sum_{j > 1} \psi_{cj} Q_{jk}) \tag{7-13}$$

(2) 当作用与作用效应按线性关系考虑时,标准组合的效应设计值可按下式计算:

$$S_d = \sum_{i \geqslant 1} S_{G_{ik}} + S_P + S_{Q_{1k}} + \sum_{j > 1} \psi_{cj} S_{Q_{jk}} \tag{7-14}$$

2) 频遇组合

(1) 频遇组合的效应设计值可按下式确定:

$$S_d = S(\sum_{i \geqslant 1} G_{ik} + P + \psi_{f1} Q_{1k} + \sum_{j > 1} \psi_{qj} Q_{jk}) \tag{7-15}$$

(2) 当作用与作用效应按线性关系考虑时,频遇组合的效应设计值可按下式计算:

$$S_d = \sum_{i \geqslant 1} S_{G_{ik}} + S_P + \psi_{f1} S_{Q_{1k}} + \sum_{j > 1} \psi_{qj} S_{Q_{jk}} \tag{7-16}$$

3) 准永久组合

(1) 准永久组合的效应设计值可按下式确定:

$$S_d = S(\sum_{i \geqslant 1} G_{ik} + P + \sum_{j > 1} \psi_{qj} Q_{jk}) \tag{7-17}$$

(2) 当作用与作用效应按线性关系考虑时,准永久组合的效应设计值可按下式计算:

$$S_d = \sum_{i \geqslant 1} S_{G_{ik}} + S_P + \sum_{j > 1} \psi_{qj} S_{Q_{jk}} \tag{7-18}$$

7.2.3 内力分析和内力组合

框架内力分析可按结构力学的方法进行,也可利用现成的图表或计算机程序进行。为便于对各构件和连接进行最不利的组合,对各种荷载作用应分别进行框架的内力分析。

为了进行框架的构件设计,必须将框架在各种荷载作用下所产生的内力进行最不利组合。要列出上段柱和下段柱的上下端截面中的弯矩 M、轴力 N 和剪力 V,此外还应包括柱脚锚栓的计算内力。每个截面必须组合出 $+M_{max}$ 和相应的 N、V;$-M_{max}$ 和相应的 N、V;N_{max} 和相应的 M、V;对柱脚锚栓则应组合出可能出现的最大拉力。

柱与桁架刚接时,应对横梁的端弯矩和相应的剪力进行组合。最不利组合可分为四组:第一组组合使桁架下弦杆产生最大压力(见图7-6(a));第二组组合使桁架上弦杆产生最大压力,同时也使下弦杆产生最大拉力(见图7-6(b));第三、四组组合使腹杆产生最大拉力或最大压力(见图 7-6(c)、(d))。组合时考虑施工情况,只考虑屋面恒载所产生的支座端弯矩和水平力的不利作用,不考虑它的有利作用。

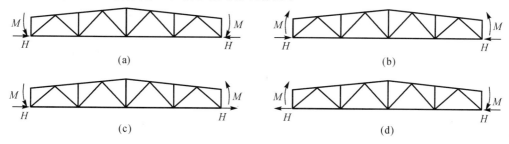

(a)　　　　　　　　　　　　　　　　(b)

(c)　　　　　　　　　　　　　　　　(d)

图 7-6　框架横梁端弯矩最不利组合

本 章 小 结

由单层工业厂房钢结构具有优越的经济性,因此得到了广泛应用。通过本章学习,我们对单层厂房钢结构的结构体系和组成有了一定的了解;理解了荷载效应及组合;掌握了钢屋盖支撑系统的组成与布置;掌握了钢屋盖结构的分析和设计方法;掌握了框架柱的设计方法。

(1) 单层厂房钢结构一般是由屋盖结构(由屋面板、檩条、天窗、屋架或梁、托架等组成)、柱、吊车梁(包括制动梁或制动桁架)、墙架、各种支撑和基础等构件组成的空间体系,承受并传递作用在厂房结构上的各种荷载与作用,是整个建筑物的承重骨架。

(2) 柱网布置需考虑生产工艺、构件生产的标准化和模数化、温度区段、抽柱等要求,并尽量考虑厂房设计的结构优化和经济。

(3) 单层厂房钢结构一般简化为平面框架进行分析并计算内力,横向框架作为承重结构,按结构力学的方法或利用现成的图表、计算机程序进行内力分析。

(4) 横向框架的荷载主要有三类:永久荷载,包括屋盖系统、柱、吊车梁系统、墙架、墙板及设备管道等的自重;可变荷载,包括风荷载、雪荷载、积灰荷载、屋面均布活荷载、吊车荷载、地震作用等;偶然荷载,包括爆炸、撞击、火灾及其他偶然出现的灾害引起的荷载。

(5) 单层厂房钢结构中的钢屋盖结构体系通常由钢屋架(平面钢桁架)、檩条、屋面材料、托架和天窗架等构件组成,分为有檩屋盖和无檩屋盖。屋盖支撑主要有上弦横向水平支撑、下弦横向水平支撑、下弦纵向水平支撑、垂直支撑和系杆等组成。屋盖支撑的主要作用是保证屋盖形成空间几何不改变结构体系,保证屋盖的刚度和空间整体性、为受压弦杆提供侧向支承点、承受屋盖各种纵向、横向水平荷载(如风荷载、吊车水平荷载、地震荷载等),保证屋盖结构在安装时的便利和施工过程中的稳定。

(6) 普通钢桁架主要有三角形、梯形和平行弦三种。在确定屋架外形时,应考虑房屋用途、建筑造型和屋面材料的排水等要求。常用的腹杆体系有人字式、单斜式、再分式、K式、菱形和交叉式等形式。

(7) 普通钢屋架的杆件一般采用两个角钢组成的 T 形截面或十字形截面。钢屋架中的杆件一般采用节点板相互连接,各杆件的内力通过各自的杆端焊缝传至节点板,并汇交于节点中心而取得平衡。因此节点的设计应做到传力明确、可靠，构造简单和制作安装方便等。

（8）框架柱主要有等截面柱、阶形柱和分离式柱三大类。等截面柱有实腹式和格构式两种，一般用于吊车吨位较小或无吊车且房屋高度较小的轻型钢结构中；单阶柱的上段柱一般为实腹工字形截面，下段柱一般为格构式压弯构件；分离式柱由支撑屋盖结构的屋盖肢和支承吊车梁或吊车桁架的吊车肢所组成，适用于吊车轨顶标高高且吊车起重量大的情况。

习　题

7-1　单层厂房是由哪些结构或构件组成的？这些组成部件的作用是什么？

7-2　布置柱网时应考虑哪些因素？

7-3　为什么要设置温度缝？如何处置横向和纵向温度缝？

7-4　横向框架有哪些类型？如何确定横向框架的主要尺寸？

7-5　单层厂房钢结构设计中的荷载有哪些？这些荷载由哪些结构承担？

7-6　屋盖结构主要组成部分是哪些？它们的作用是什么？

7-7　屋盖结构中有哪些支撑系统？支撑的作用是什么？

7-8　如何区分刚性系杆和柔性系杆？哪些位置需要设置刚性系杆？

7-9　三角形、梯形、平行弦桁架分别适用于哪些屋盖体系？

7-10　屋架的腹杆有哪些体系？各有什么特征？

7-11　屋架杆件的计算长度在屋架平面内、外如何取值？

7-12　如何选择屋架构件截面？

7-13　如何确定屋架节点的节点板厚度？一个桁架的所有节点板厚度是否相同？

7-14　屋架节点设计有哪些基本要求？节点板尺寸应如何确定？

7-15　厂房柱有哪些类型？各在什么情况下使用？

7-16　简述框架柱计算长度的计算方法。

7-17　阶形柱计算长度系数的折减考虑了哪些因素？

7-18　框架柱进行最不利内力组合时，应进行哪几种内力组合？

7-19　框架柱需验算哪些内容？

7-20　对图7-7所示节点进行设计，要求：

（1）提供各杆件的截面选择计算。

（2）提供杆件与节点板的焊缝计算。

（3）按1：10的比例详细绘制节点大样图。

本章扩展知识见二维码。

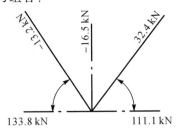

图 7-7　习题 7-20 图

单层厂房钢结构

第 8 章

大跨房屋钢结构

【本章要点】

(1) 空间网格结构的形式与构造、荷载和作用、杆件与节点的设计及构造；

(2) 网架结构、网壳结构的形式与构造、荷载和作用、杆件与节点的设计及构造；

(3) 悬索结构的形式、设计要点及构造；

(4) 膜结构的概念、形式和施工。

【学习目标】

(1) 了解网架结构的形式与构造，熟悉其杆件与节点的设计方法；

(2) 熟悉网壳结构的形式、设计要点及构造特点；

(3) 了解悬索结构的形式及构造；

(4) 了解膜结构的概念、形式。

8.1 空间网格结构

空间网格结构是按一定规律布置的杆件、构件通过节点连接而构成的空间结构，包括网架、曲面形网壳以及立体桁架等。其中，按一定规律布置的杆件、构件通过节点连接而形成的平板形或微曲面形空间杆系结构，主要承受弯曲内力，称为网架结构；按一定规律布置的杆件通过节点连接而形成的曲面形空间杆系或梁系结构，主要承受整体薄膜内力，称为网壳结构；由上弦、腹杆与下弦杆构成的横截面为三角形或四边形的格构式桁架，称为立体桁架。

8.1.1 网架结构

网架结构是半个多世纪以来在国内外得到推广和应用最多的一种形式。网架结构可以看作是平面桁架的横向拓展，也可以看作是平板的格构化。网架是以多根杆件按照一定规律组合而形成的网格状的高次超静定结构，杆可以由多种材料制成（如钢、木、铝、塑料等，尤以钢制管材和型材为主）。20 世纪 60 年代，计算机技术的发展和应用解决了网架力学分析的难题，使得网架结构迅速发展起来。

1964 年，我国建成了国内第一个平板网架，即上海师范学院球类房正放四角锥网架，其跨度为 31.5 m×40.5 m。1967 年建成的首都体育馆，采用正交斜放网架，其矩形平面尺寸为 99 m×112 m，厚 6 m，采用型钢构件，高强螺栓连接，用钢指标 65 kg/m²。1973 年建成的上海万人体育馆采用圆形平面的三向网架，净跨达到 110 m，厚 6 m，采用圆钢管构件和焊接空心球节点，用钢指标 47 kg/m²。这些网架是早期成功采用平板网架结构的杰出代表。此后陆续建成的南京五台山体育馆、福州市体育馆等，也都采用了网架结构。直到 20 世纪 80 年代后期，北京为迎接 1990 年亚运会兴建的一批体育建筑中，多数仍采用平板网架结构。

1. 网架结构的形式及种类

在对网架结构分类时，采取不同的分类方法可以划分出不同类型的网架结构形式。

1）按结构组成分

（1）双层网架。双层网架具有上下两层弦杆（见图 8-1(a)），是最常用的网架结构形式。

（2）三层网架。三层网架具有上中下三层弦杆（见图 8-1(b)），强度和刚度都比双层网架提高很多。在实际应用时，如果跨度 $L>50$ m，则酌情考虑；而当跨度 $L>80$ m 时，应当优先考虑。

（3）组合网架。组合网架是根据不同材料各自的物理力学性质，使用不同的材料组成网架的基本单元，继而形成的网架结构，且一般是利用钢筋混凝土板良好的受压性能替代上弦杆。这种网架结构形式的刚度大，适宜于建造活动荷载较大的大跨度楼层结构。

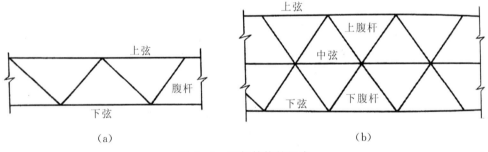

(a)　　　　　　　　　　　　　　　　(b)

图 8-1　网架结构的组成

2）按支承情况分类

（1）周边支承网架。

周边支承网架是目前采用较多的一种支承形式，所有边界节点都搁置在柱或梁上，传力直接，网架受力均匀（见图 8-2）。

当网架周边支承于柱顶时，网格宽度可与柱距一致；当网架支承于圈梁时，网格的划分比较灵活，可不受柱距的影响。

（2）点支承网架。

点支承一般有四点支承和多点支承两种情形，由于支承点处集中受力较大，应在周边设置悬挑，以减小网架跨中杆件的内力和挠度（见图 8-3）。

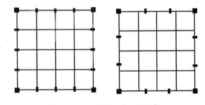

图 8-2　周边支承网架

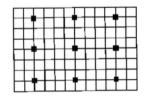

图 8-3　点支承网架

（3）周边与点相结合支承的网架。

在点支承网架中，当周边设有围护结构和抗风柱时，可采用点支承与周边支承相结合的形式。这种支承方法适用于工业厂房和展览厅等公共建筑（见图 8-4）。

（4）三边支承一边开口或两边支承两边开口的网架。

在矩形平面的建筑中，由于考虑扩建的可能性或由于建筑功能的要求，需要在一边或两对边上开口，使网架仅在三边或两对边上支承，而另一边或两对边为自由边（见图 8-5）。自由边的存在对网架的受力是不利的，因此应对自由边作出特殊处理。一般可在自由边附近增加网架层数或在自由边加设托梁或托架。对中、小型网架，也可采用增加网架高度或局部加大杆件截面的办法予以加强。

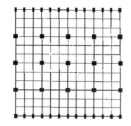 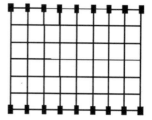

图 8-4　周边与点相结合支承的网架　　　图 8-5　三边支承一边开口或两边支承两边开口的网架

（5）悬挑网架。

为满足一些特殊的需要，有时候网架结构的支承形式为一边支承、三边自由。为使网架结构的受力合理，也必须在另一方向设置悬挑，以平衡下部支承结构的受力，使之趋于合理，比如体育场看台罩棚（见图 8-6）。

图 8-6　体育场看台罩棚

3）按跨度分类

网架结构按照跨度分类时，我们把跨度 $L \leqslant 30$ m 的网架称之为小跨度网架；跨度 30 m$< L \leqslant 60$ m 时，称为中跨度网架；跨度 $L > 60$ m，称为大跨度网架。

此外，随着网架跨度的不断增大，出现了特大跨度和超大跨度的说法。一般地，当 $L > 90$ m 或 120 m 时，称为特大跨度；当 $L > 150$ m 或 180 m 时，称为超大跨度。

4）按网格形式分类

按网格形式分类是网架结构分类中普遍采用的一种分类方式，根据《空间网格结构技术规程》（JGJ 7—2010）（以下简称《规程》）的规定，我们目前经常采用的网架结构分为三个体系十三种网架结构形式。

(1) 交叉桁架体系。

交叉桁架体系的网架结构是由一些相互交叉的平面桁架组成,一般应使斜腹杆受拉,竖杆受压,斜腹杆与弦杆之间夹角应在40°~60°之间。该体系的网架有以下五种:

① 两向正交正放网架。

两向正交正放网架是由两组平面桁架互成90°交叉而成(见图8-7),弦杆与边界平行或垂直。上/下弦网格的尺寸相同,同一方向的各平面桁架长度一致,制作、安装较为简便(见图8-8)。由于上/下弦为方形网格,属于几何可变体系,因此应适当设置上下弦的水平支撑,以保证结构的几何不变性,有效地传递水平荷载。

两向正交正放网架适用于建筑平面为正方形或接近正方形,且跨度较小的情况。上海黄浦区体育馆(45 m×45 m)和保定体育馆(55.34 m×68.42 m)就采用了这种网架结构形式。

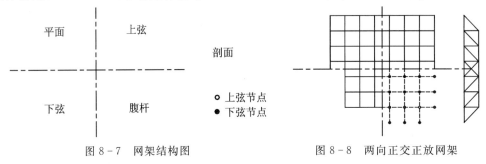

图8-7 网架结构图　　　　　　图8-8 两向正交正放网架

② 两向正交斜放网架。

两向正交斜放网架是由两组平面桁架互成90°交叉而成,弦杆与边界成45°角。边界可靠时,为几何不变体系(见图8-9)。各榀桁架的长度不同,靠角部的短桁架刚度较大,且对与其垂直的长桁架有弹性支撑作用,可以使长桁架中部的正弯矩减小,因而比正交正放网架经济。由于长桁架两端有负弯矩,且四角支座将产生较大拉力,因此角部拉力应由两个支座负担。

两向正交斜放网架适用于建筑平面为正方形或长方形的情况。首都体育馆(99 m×112.2 m)和山东体育馆(62.7 m×74.1 m)就采用了这种网架结构形式。

③ 两向斜交斜放网架。

两向斜交斜放网架由两组平面桁架斜向相交而成,弦杆与边界成斜角(见图8-10)。这类网架在网格布置、构造、计算分析和制作安装上都比较复杂,而且受力性能也比较差,因此除特殊情况外,一般不宜使用。

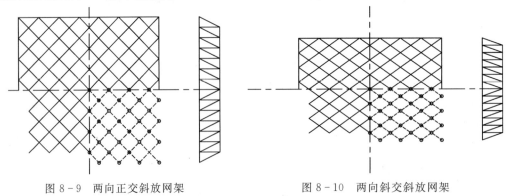

图8-9 两向正交斜放网架　　　　　图8-10 两向斜交斜放网架

④ 三向网架。

三向网架由三组互成 60°交角的平面桁架相交而成(见图 8-11)。这类网架受力均匀，空间刚度大。但也存在一定的不足，即在构造上汇交于一个节点的杆件数量多，最多可达 13 根，节点构造比较复杂，宜采用圆钢管杆件及球节点。

三向网架适用于大跨度($L>60$ m)，而且建筑平面为三角形、六边形、多边形和圆形等平面形状比较规则的情况。

上海体育馆($D=110$ m 圆形)和江苏体育馆(76.8 m×88.681 m 八边形)较早地采用了这种网架结构形式。

⑤ 单向折线形网架。

折线网架俗称折板网架，是由正放四角锥网架演变而来的，也可以看作折板结构的格构化。当建筑平面长宽比大于 2 时，正放四角锥网架单向传力的特点就很明显，此时，网架长跨方向弦杆的内力很小，从强度角度考虑可将长向弦杆(除周边网格外)取消，就得到沿短向支承的折线形网架(见图 8-12)。

折线形网架适用于狭长矩形平面的建筑。

折线形网架内力分析比较简单，无论多长的网架沿长度方向仅需计算 5～7 个节间。

山西大同矿务局机电修配厂下料车间(21 m×78 m)和石家庄体委水上游乐中心(30 m×120 m)就采用了这种网架结构形式。

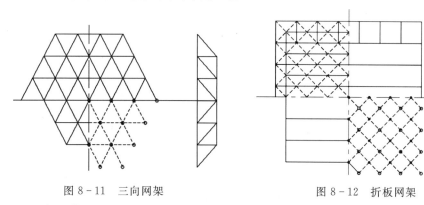

图 8-11　三向网架　　　　　　　　图 8-12　折板网架

(2) 四角锥体系。

四角锥体系网架的上/下弦均呈正方形(或接近正方形的矩形)网格，相互错开半格，使下弦网格的角点对准上弦网格的形心，再在上下弦节点间用腹杆连接起来，即形成四角锥体系网架。四角锥体系网架有五种形式，分列如下：

① 正放四角锥网架。

正放四角锥网架由倒置的四角锥体组成，锥底的四边为网架的上弦杆，锥棱为腹杆，各锥顶相连即为下弦杆，它的弦杆均与边界正交，因此称为正放四角锥网架(见图 8-13)。

正放四角锥网架的杆件受力均匀，空间刚度比其他类的四角锥网架及两向网架好。屋面板规格单一，便于起拱，屋面排水也较容易处理。但杆件数量较多，用钢量略高。

正放四角锥网架既适用于建筑平面接近正方形的周边支承情况，也适用于屋面荷载较大、大柱距点支承及设有悬挂吊车的工业厂房情况。

较为典型的工程实例如上海静安区体育馆(40 m×40 m)和杭州歌剧院(31.5 m×36 m)。

② 正放抽空四角锥网架。

正放抽空四角锥网架是在正放四角锥网架的基础上，除周边网格不动外，适当地抽掉一些四角锥单元中的腹杆和下弦杆，使下弦网格尺寸扩大一倍（见图 8-14）。其杆件数目较少，降低了用钢量，且抽空部分可作采光天窗，下弦内力较正放四角锥约放大一倍，虽然内力均匀性、刚度有所下降，但仍能满足工程要求。

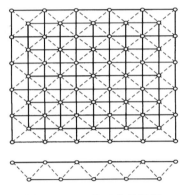
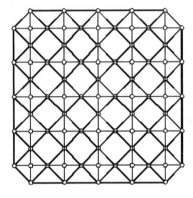

图 8-13　正放四角锥网架　　　　　　图 8-14　正放抽空四角锥网架

正放抽空四角锥网架适用于屋面荷载较轻的中、小跨度网架。

石家庄铁路枢纽南站的货棚（132 m×132 m，柱网 24 m×24 m，多点支承）和唐山齿轮厂的联合厂房（84 m×156.9 m，柱网 12 m×12 m，周边支承与多点支承相结合）就是采用这种网架形式较早的典型实例。

③ 斜放四角锥网架。

斜放四角锥网架的上弦杆与边界成 45°角，下弦正放，腹杆与下弦在同一垂直平面内（见图 8-15）。上弦杆长度约为下弦杆长度的 0.707 倍。在周边支承的情况下，一般为上弦受压，下弦受拉。节点处汇交的杆件较少（上弦节点为 6 根，下弦节点为 8 根），且用钢量较省。但因上弦网格斜放，屋面板种类较多，因此屋面排水坡的形成较为困难。

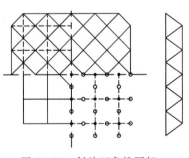

图 8-15　斜放四角锥网架

当平面长宽比为 1～2.25 时，长跨跨中的下弦内力大于短跨跨中的下弦内力；当平面长宽比大于 2.5 时，长跨跨中的下弦内力小于短跨跨中的下弦内力。当平面长宽比为 1～1.5 之间时，上弦杆的最大内力不在跨中，而是在网架 1/4 平面的中部。这些内力分布规律不同于普通简支平板的规律。

当斜放四角锥网架采用周边支承且周边无刚性联系时，会出现四角锥体绕 z 轴旋转的不稳定情况。因此，必须在网架周边布置刚性边梁。当斜放四角锥网架为点支承时，可在周边布置封闭的边桁架。适用于中、小跨度周边支承，或周边支承与点支承相结合的方形或矩形平面情况。

上海体育馆练习馆（35 m×35 m，周边支承）和北京某机库（48 m×54 m，三边支承，开口）就采用了这种网架结构形式。

④ 星形四角锥网架。

星形四角锥网架的单元体形似星体,星体单元由两个倒置的三角形小桁架相互交叉而成(见图 8-16)。两个小桁架底边构成网架上弦,它们与边界成 45°角。在两个小桁架交汇处设有竖杆,各单元顶点相连即为下弦杆。因此,它的上弦为正交斜放,下弦为正交正放,斜腹杆与上弦杆在同一竖直平面内。虽然上弦杆比下弦杆短,受力合理,但在角部的上弦杆可能受拉,且该处支座可能出现拉力。星形四角锥网架的受力情况接近交叉梁系,刚度稍差于正放四角锥网架。

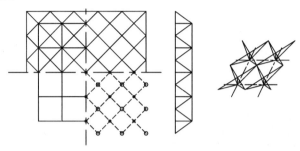

图 8-16 星形四角锥网架

星形四角锥网架适用于中、小跨度周边支承的网架。

杭州起重机械厂的食堂(28 m×36 m)和中国计量学院的风雨操场(27 m×36 m)就采用了这种网架结构形式。

⑤ 棋盘形四角锥网架。

棋盘形四角锥网架是在斜放四角锥网架的基础上,将整个网架水平旋转 45°角,并加设平行于边界的周边下弦(见图 8-17);也具有短压杆、长拉杆的特点,受力合理;由于周边满锥,它的空间作用得到了保证,且受力均匀。棋盘形四角锥网架的杆件较少,屋面板规格单一,用钢指标良好,适用于小跨度周边支承的网架。

大同云岗矿井的食堂(28 m×18 m)就采用了棋盘形四角锥网架结构形式。

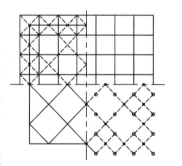

图 8-17 棋盘形四角锥网架

(3) 三角锥体系。

这类网架的基本单元是一个倒置的三角锥体。锥底的正三角形的三边为网架的上弦杆,其棱为网架的腹杆。随着三角锥单元体布置的不同,上下弦网格可为正三角形或六边形,从而构成不同的三角锥网架。

① 三角锥网架。

三角锥网架上下弦平面均为三角形网格,下弦三角形网格的顶点对着上弦三角形网格的形心(见图 8-18)。三角锥网架受力均匀,整体抗扭、抗弯刚度好;节点构造复杂,上下弦节点交汇杆件数均为 9 根,适用于建筑平面为三角形、六边形和圆形的情况。

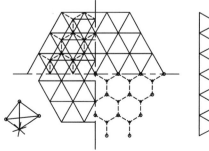

图 8-18 三角锥网架

上海徐汇区工人俱乐部的剧场(六边形,外接圆直径 24 m)就采用了这种网架结构形式。

② 抽空三角锥网架。

抽空三角锥网架是在三角锥网架的基础上,抽去部分三角锥单元的腹杆和下弦而形成的。当下弦由三角形和六边形网格组成时,称为抽空三角锥网架Ⅰ型(见图 8 - 19(a));当下弦全为六边形网格时,称为抽空三角锥网架Ⅱ型(见图 8 - 19(b))。

这种网架减少了杆件数量,用钢量省,但空间刚度也较三角锥网架小。上弦网格较密,便于铺设屋面板,下弦网格较疏,以节省钢材。

抽空三角锥网架适用于荷载较小、跨度较小的三角形、六边形和圆形平面的建筑。

天津塘沽车站的候车室($D=47.18$ m,周边支承)就较早地采用了这种网架结构形式。

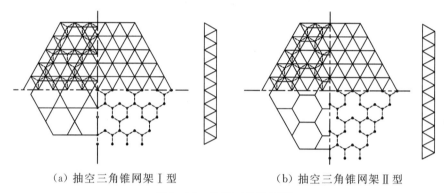

(a) 抽空三角锥网架Ⅰ型   (b) 抽空三角锥网架Ⅱ型

图 8 - 19 抽空三角锥网架

③ 蜂窝形三角锥网架。

蜂窝形三角锥网架由一系列的三角锥组成。上弦平面为正三角形和正六边形网格,下弦平面为正六边形网格,腹杆与下弦杆在同一垂直平面内(见图 8 - 20)。上弦杆短、下弦杆长,受力合理,每个节点只汇交 6 根杆件,是常用网架中杆件数和节点数最少的一种。但是,上弦平面的六边形网格增加了屋面板布置与屋面找坡的困难。

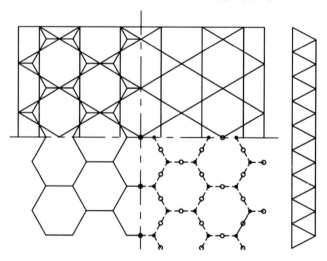

图 8 - 20 蜂窝形三角锥网架

蜂窝形三角锥网架适用于中、小跨度周边支承的情况，可用于六边形、圆形或矩形平面。

天津石化住宅区的影剧院(44.4 m×38.45 m)和开滦林西矿的会议室(14.4 m×20.79 m)就较早地采用了这种网架结构形式。

2. 网架结构的选型

网架结构的形式很多，如何结合工程的具体条件选择适当的网架形式，对网架结构的技术经济指标、制作安装质量以及施工进度等均有直接的影响。影响网架选型的因素也是多方面的，如工程的平面形状和尺寸、网架的支承方式、荷载大小、屋面构造和材料、建筑构造与要求、制作安装方法以及材料供应等。因此，网架结构的选型必须根据经济合理、安全实用的原则，结合实际情况进行综合分析比较而确定。

在给定支承方式的情况下，对于一定平面形状和尺寸的网架，从用钢量指标或结构造价最优的条件出发，表 8-1 列出了各类网架较为合适的应用范围，可供选型时参考。

表 8-1　网架结构选型

支承方式	平面形状		选用网架	
周边支承	矩形	长宽比≈1	中小跨度	棋盘形四角锥网架　　斜放四角锥网架 星形四角锥网架　　正放抽空四角锥网架 两向正交正放网架　　两向正交斜放网架 蜂窝形三角锥网架
			大跨度	两向正交正放网架　　两向正交斜放网架 正放四角锥网架　　斜放四角锥网架
		长宽比=1~1.5		两向正交斜放网架 正放抽空四角锥网架
		长宽比>1.5		两向正交正放网架 正放四角锥网架　　正放抽空四角锥网架 折线形网架
	圆形 多边形 (六边形，八边形)	中小跨度		抽空三角锥网架 蜂窝形三角锥网架
		大跨度		三向网架 三角锥网架
四点支承 多点支承	矩形			两向正交正放网架 正放四角锥网架 正放抽空四角锥网架
周边支承与 点支承相结合				斜放四角锥网架 正交正放类网架 两向正交斜放类网架

注：① 对于三边支承一边开口矩形平面的网架，其选型可以参照周边支承网架进行。

　　② 当跨度和荷载较小时，对于角锥体系可采用抽空类型的网架，以进一步节约钢材。

对于周边支承的网架，当平面形状为正方形或接近正方形，由于斜放四角锥、星形四角锥、棋盘形四角锥三种网架结构上弦杆较下弦杆短，杆件受力合理，节点汇交杆件较少，且在同样跨度的条件下节点和杆件总数也比较少、用钢量指标较低,因此,在中小跨度时应优先考虑选用。正放抽空四角锥网架、蜂窝形三角锥网架也具有类似的优点,因此在中、小跨度,荷载较轻时也可选用。当跨度较大时,容许挠度将起主要控制作用,宜选用刚度较大的交叉桁架体系或角锥形式的网架。

在网架选型时,从屋面构造情况来看,正放类型的网架屋面板规格整齐单一,而斜放类型的网架屋面板规格却有二、三种。斜放四角锥的上弦网格较小,屋面板的规格也小,而正放四角锥的上弦网格相对较大,屋面板的规格也大。

从网架制作角度来说,交叉平面桁架体系较角锥体系简便,正交比斜交方便,两向比三向简单。而从安装角度来说,特别是采用分条或分块吊装方法施工时,选用正放类网架比斜放类的网架有利,因为斜放类网架在分条或分块后,可能因刚度不足或几何可变而要增设临时杆件予以加强。

从节点构造要求来说,焊接空心球节点可以适用于各类网架;螺栓球节点则要求网架相邻杆件的内力不要相差太大。

总之,在网架选型时,必须综合考虑上述情况合理地确定网架的形式。

3. 网架结构的构造设计

网架结构的主要尺寸有网格尺寸(指上弦网格尺寸)和网架高度。确定这些尺寸时,应考虑跨度大小、柱网尺寸、屋面材料以及构造要求和建筑功能等因素。

1)网格尺寸

网格尺寸的大小直接影响网架的经济性。确定网格尺寸时,与以下条件有关:

(1)屋面材料。

当屋面采用无檩体系(如钢筋混凝土屋面板、钢丝网水泥板)时,网格尺寸一般为 $2\sim4$ m。若网格尺寸过大,屋面板重量大,不但增加了网架所受的荷载,还会使屋面板的吊装发生困难。当采用钢檩条屋面体系时,檩条长度不宜超过 6 m。网格尺寸应与上述屋面材料相适应。当网格尺寸大于 6 m 时,斜腹杆应再分,此时应注意保证杆件的稳定性。

(2)网格尺寸与网架高度为合适的比例关系。

通常应使斜腹杆与弦杆的夹角为 $45°\sim60°$,这样节点构造就不致造成困难。

(3)钢材规格。

采用合理的钢管作网架时,网格尺寸可以大一些;采用较小规格钢材时,网格尺寸则应小一些。

(4)通风管道的尺寸。

网格尺寸应考虑通风管道等设备的设置。

对于周边支承的各类网架,可按表 8-2 确定网架沿短跨方向的网格数,进而确定网格尺寸。

表 8-2 中,L_2 为网架短向跨度,单位为 m。当跨度在 18 m 以下时,网格数可适当减少。

表 8 - 2 网架的上弦网格数和跨高比

网架形式	钢筋混凝土屋面体系		钢檩条屋面体系	
	网格数	跨高比	网格数	跨高比
两向正交正放网架 正放四角锥网架 正放抽空四角锥网架	$(2\sim4)+0.2L_2$	$10\sim14$	$(6\sim8)+0.07L_2$	$(13\sim17)-0.03L_2$
两向正交斜放网架 棋盘形四角锥网架 斜放四角锥网架 星形四角锥网架	$(6\sim8)+0.08L_2$			

2) 网架高度

网架高度越大,弦杆所受力就越小,弦杆用钢量减少,但此时腹杆的长度加大,腹杆的用钢量就会增加。反之,网架高度越小,腹杆用钢量减少,弦杆用钢量就会增加。因此网架需要选择一个合理的高度,使得用钢量达到最少,同时还应当考虑刚度要求等。合理的网架高度可根据表 8 - 2 中的跨高比来确定。

确定网架高度时主要应考虑以下几个因素:

(1) 建筑要求及刚度要求。

当屋面荷载较大时,网架高度应选择的较高,反之可矮一些。当网架中必须穿行通风管道时,网架高度必须满足此高度。但当跨度较大时,网架高度主要由相对挠度的要求来决定。一般说来,跨度较大时,网架的跨高比可选用得大一些。

(2) 网架的平面形状。

当平面形状为圆形、正方形或接近正方形的矩形时,网架高度可取得小一些。当矩形平面网架狭长时,单向作用就明显,其刚度就越小一些,因此此时的网架高度应取得大一些。

(3) 网架的支承条件。

周边支承时,网架高度可取得小一些;点支承时,网架高度应取得大一些。

(4) 节点构造形式。

网架的节点构造形式很多,国内常用的有焊接空心球节点和螺栓球节点。二者相比,前者的安装变形小于后者。因此采用焊接空心球节点时,网架高度可取得小一些;采用螺栓球节点时,网架高度应取得大一些。

此外,当网架有起拱时,网架的高度可取得小一些。

3) 屋面材料及屋面构造

要使网架结构经济省钢的优点得以实现,选择适当的屋面材料是一个关键。在网架结构设计中,应尽量采用轻质、高强,具有良好保温、隔热、防水性能好的轻型屋面材料。

根据所选屋面材料性能的不同,网架结构的屋面分为有檩体系屋面和无檩体系屋面。

(1) 有檩体系屋面。

有檩体系屋面构造(见图 8 - 21)通常的做法是在屋架支托设钢檩条(如槽钢、角钢、Z 型钢、冷弯槽钢、桁架式檩条等),上面铺设压型钢板金属屋面板。它是用厚度为 0.6~1.6 mm 的镀锌钢板、冷轧钢板、彩色钢板或铝板等原材料,经辊压冷弯成各种波形的压型板。

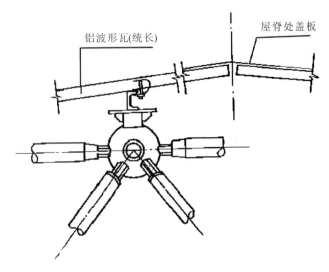

铝波形瓦(统长)

屋脊处盖板

图 8-21　有檩体系屋面构造

压型钢板的钢材一般采用 Q235，压型铝板一般采用铝锰合金 LF21。压型钢板有单层的，也有双层中间夹隔热材料的夹芯板，这种屋面材料具有轻质高强、美观耐用、施工简便、抗震防火的特点，它的加工和安装已经达到标准化、工厂化、装配化。压型钢板可直接铺设在钢檩条上。这种屋面的重量为 $1.0 \sim 1.8 \ kN/m^2$。

（2）无檩体系屋面。

当采用钢丝网水泥板、带肋钢筋混凝土屋面板等作屋面材料时，由于它们所要求的最大支点的距离均较大，因此大多采用无檩体系屋面。

通常屋面板的尺寸与网架上弦网格尺寸相同，屋面板直接搁在屋架上弦网格节点的支托上，应保证每块屋面板有三点与网架上弦节点的支托焊牢，再在屋面板上做找平层、保温层及防水层。

无檩体系屋面的优点是施工、安装速度快，零配件少，但屋面重量大，一般自重大于 $1.5 \ kN/m^2$。屋盖自重大不仅会导致网架用钢量的增大，还会引起柱、基础等下部结构造价增加，且对屋盖结构的抗震性能也有较大影响。

4）网架结构的容许挠度

网架结构的容许挠度不应超过下列数值：

用作屋盖——$L_2/250$；用作楼盖——$L_2/300$；L_2 为网架的短向跨度。

8.1.2　网壳结构

网架结构是一个以受弯构件为主体的平板，可以看作平板的格构化形式。而网壳结构则是壳体结构格构化的结果，因为其合理的受力形态成为较为优越的结构体系。可以说，网壳结构不仅仅依赖材料本身的强度，而且以曲面造型来改变结构的受力，成为以薄膜内力为主要受力模式的结构形态，能够跨越更大的跨度。不仅如此，网壳结构还以其优美的造型激发了建筑师及人们的想象力，随着结构分析理论以及试验研究的不断深入，计算技术的不断提高和增强，越来越多的建筑采用了这种结构形式。

1. 网壳结构的形式

网壳结构按层数可划分为单层网壳、双层网壳和三层网壳，如图 8-22 所示。按曲面外形分类则有圆柱面网壳、球面网壳、椭圆抛物面网壳、双曲抛物面网壳(如马鞍形网壳、扭面网壳)及复杂曲面网壳。

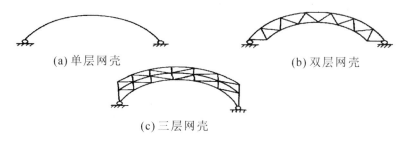

(a) 单层网壳　　　　　　　　(b) 双层网壳

(c) 三层网壳

图 8-22　按层数划分的网壳结构

1) 柱面网壳

圆柱面网壳(下称柱面网壳)是常用的网壳形式之一，主要有单层和双层两类。

(1) 单层柱面网壳的形式。

如图 8-23 所示，单层柱面网壳按网格形式划分，主要有单向斜杆型、交叉斜杆型、联方型及三向网格型。

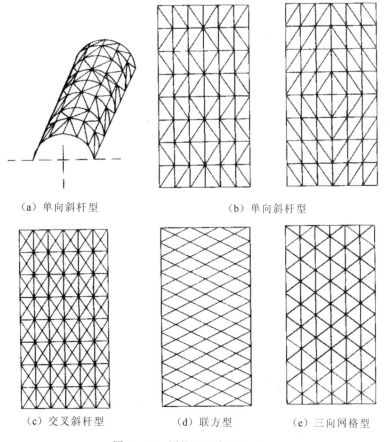

(a) 单向斜杆型　　　　　　　　(b) 单向斜杆型

(c) 交叉斜杆型　　　(d) 联方型　　　(e) 三向网格型

图 8-23　圆柱面网壳的网格

分析表明,在不同网格的网壳中,单向斜杆型圆柱面网壳相对刚度较差,曲面变形幅度大;交叉斜杆在每个方格内设置交叉斜杆,以提高网壳的刚度,内力分布均匀,内力值也较小,其缺点是杆件数量多,用钢量大;联方型网壳的杆件组成菱形网格,杆件夹角为30°~50°。综合比较,且三向网格型圆柱面网壳表现出较佳的结构性能和稳定性,荷载在这种形式的结构中由斜杆传递,斜杆内力较大,内力分布也较均匀,杆件数量也不多,多应用于跨度较大和不对称荷载较大的屋盖中。

从整体上来说,单层柱面网壳刚度比其他结构(如圆球壳)刚度差,结构的弯曲内力较大,甚至大于轴向力,杆件的剪力也不容忽视,不能实现以薄膜内力为主的受力状态。因此,单层柱面网壳的节点必须设计成刚接,以保证传递弯矩、剪力。在设计中,为了充分保证单层柱面网壳的刚度和稳定性,可以在部分区段设置横向肋。

(2)双层柱面网壳的形式。

双层柱面网壳的形式很多,主要有交叉桁架体系和四角锥体系。

① 交叉桁架体系。

单层柱面网壳的各种形式均可成为交叉桁架体系的双层柱面网壳,每个网片形式如图8-24所示。

② 四角锥体系。

四角锥体系的柱面网壳形式主要有以下四种。

正放四角锥柱面网壳:如图8-25(a)所示,由正放四角锥体按一定规律组合而成,杆件种类少,节点构造简单,是目前最常用的形式。

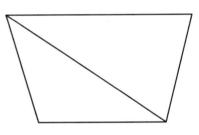

图8-24 交叉桁架体系的基本单元

正放抽空四角锥柱面网壳:如图8-25(b)所示,这类网壳是在正放四角锥柱面网壳的基础上,适当抽掉一些四角锥单元件的腹杆和下弦杆,适用于小跨度、轻屋面荷载的情况。

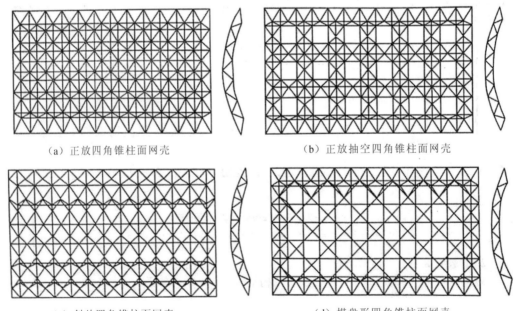

(a)正放四角锥柱面网壳   (b)正放抽空四角锥柱面网壳

(c)斜放四角锥柱面网壳   (d)棋盘形四角锥柱面网壳

图8-25 双层柱面网壳的网格形式

斜放四角锥柱面网壳：如图 8 - 25(c)所示，这类网壳也是由四角锥体系组合而成，上弦网格正交斜放，下弦网格正交正放。

棋盘形四角锥柱面网壳：如图 8 - 25(d)所示，这类网壳是在正放四角锥柱面网壳的基础上，除周边四角锥外，中间四角锥间隔抽空，下弦正交斜放，上弦正交正放。

2）球面网壳

圆球面网壳（以下称为球面网壳）也是目前常用的网壳形式之一，可分为单层和双层两大类。

（1）单层球面网壳。

单层球面网壳按网格形式划分主要有以下几类。

① 肋环型球面网壳。

肋环型球面网壳由一系列相同的径向桁架或实腹肋组成，如图 8 - 26 所示。这些肋在球顶相交，通常在基础处以拉力环加强。在纬向采用较刚的实腹或格构的檩条与径向肋组成一个刚性互交体系。肋环型网壳的突出优点是每个节点仅有四根杆件交汇，节点构造简单。这种单层网壳一般采用木材、型钢制作，因此很容易保证节点的刚度，以传递平面外内力。肋环型网壳适用于中小跨度。

 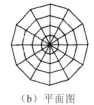

（a）立体图　　　　（b）平面图

图 8 - 26　肋环型球面

② 肋环斜杆型（施威德勒型）球面网壳。

肋环斜杆型球面网壳是在肋环型网壳的径向肋与环向檩条处增加斜杆，这样可以增强这一结构承受不对称荷载的能力。肋环斜杆型球面网壳又称施威德勒型网壳（如图 8 - 27 所示）。施威德勒（Schwedler）是 19 世纪中叶德国的工程师，他一生建造了大量的穹顶网壳，增加斜杆在节点铰接时能使结构稳定。这种网壳形式在美国十分流行，常用于大、中跨度的穹顶。肋环斜杆型单层网壳角位移都很小，随着结构矢跨比的增大，结构的竖向位移相应减少，且在结构边缘部位处位移变化幅度较大。随着各杆内力相应减小，弯曲应力在杆件总应力中的比重越来越小。

（a）左斜单斜杆型　　　　　　　（b）左右斜单斜杆型

（c）双斜杆型　　　　　　　（d）无纬向杆型

图 8 - 27　肋环斜杆型球面网壳

③ 三向网格型球面网壳。

三向网格型网壳的划分规则是:在球面上用三个方向、相交成60°的大圆构成;在球面水平投影的圆上,先将其直径 n 等分,再作出正三角形的网格并投影到球面上,这种网壳的每一根杆件都是与球面有相同曲率中心的弧的一部分。三向网格型球面网壳的结构形式优美,受力性能较好,在欧洲的许多国家和日本都很流行,多用于中、小跨度的穹顶(见图 8-28)。

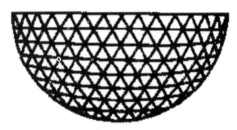

图 8-28 三向网格型球面网壳

④ 扇形三向网格(凯威特型球面网壳)。

凯威特(Kiewitt)改善了施威德勒型和联方型球面壳网格大小不匀称的缺点,创造了扇形三向网格型球面网壳。这种网壳是由 n 根径肋把球面分成 n 个对称形扇形曲面(见图 8-29(a)、(b)),再由环杆和斜杆组成大小较匀称的三角网格,杆件的类型少,受力也比较均匀,常用于大、中跨度的穹顶中。例如,目前世界上跨度最大的新奥尔良超级穹顶,网壳采用了 12 个扇形网壳面。在实际工程中,有时在网壳的上部采用扇形三向网格,而在下部采用具有纬向杆的联方型(见图 8-29(c)、(d))所示。

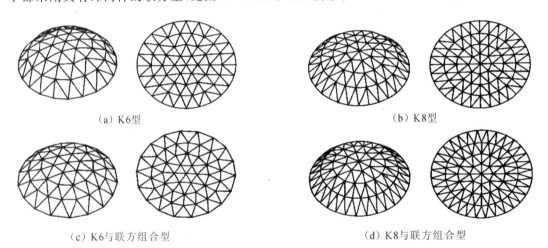

(a) K6型   (b) K8型

(c) K6与联方组合型   (d) K8与联方组合型

图 8-29 凯威特型球面网壳

⑤ 葵花形三向联方型球面网壳。

葵花形三向联方型球面网壳是由规律的人字形斜杆组成菱形网格(见图 8-30(a)),两斜杆的夹角为30°~50°;为了增强网壳的刚度和稳定性,一般都加设纬向的杆件,组成三角形网格(见图 8-30(b))。这种网壳造型优美,杆件的夹角较大,有利于结构设计,适用于大、中跨度的情况。

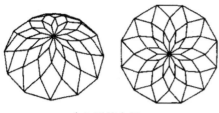

（a）无纬向杆　　　　　　　　　　　　　（b）有纬向杆

图 8-30　联方型球面网壳

⑥ 短程线型球面网壳。

短程线是地球测量学的一个术语，虽然过球面上两个已知点 A、B 的曲线有无数条，但其中必有一条最短，这条曲线称为短程线。A、B 两点间的最短路线是通过 A、B 两点与过球心的平面和球面相交的大圆，换言之，两点之间的球面距离应当沿着球的大圆时最短。

这种穹顶是它的创始者美国人理查德·巴克明斯特·富勒（Richard Buckminster Fuller）在 1954 年提出的。一个球面最多可以分割成 20 个等边球面三角形，只需用大圆等分球面，用直线连接球面三角形的顶点，就可得到一个正二十面体，且它们的边长都是相等的。可想而知，这非常有利于工程应用（见图 8-31）。

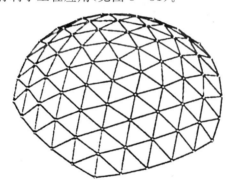

图 8-31　短程线型球面网壳

（2）双层球面网壳。

双层球面网壳主要有交叉桁架体系和角锥体系两大类。

① 交叉桁架体系。

当双层网壳的网格以两向或三向交叉的桁架单元组成时，可采用单层网壳的方式布置，只要将单层网壳中的每根杆件用平面网片来代替，即可形成双层球面网壳，而网片竖杆的方向是通过球心的。

② 角锥体系。

当双层网壳以四角锥、三角锥的锥体单元组成时，可以将平板网架的许多方案经过一定处理，原则上也适用于网壳结构。双层球面网壳可以采用肋环型、肋环斜杆型、三向网格及扇形、葵花形三向网格等构成形式，并多选用交叉桁架体系，也可用短程线型双层球面网壳。在实际工程中，最常用的是外层为三角形，内层为六边形的结构形式。

3）其他形式的网壳

（1）单层双曲抛物面网壳。

单层双曲抛物面网壳是直纹曲面，沿直纹两个方向按平移法形成规律设置直线杆件，组

成两向正交网格。 般在第三个方向再设置杆件(即斜杆),形成三向网格(见图8-32(a));
也可以沿主曲率方向布置杆件(见图8-32(b))。

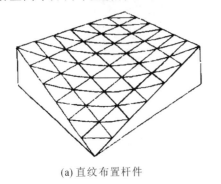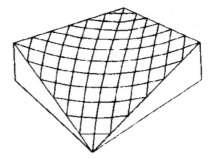

(a) 直纹布置杆件　　　　　　　　　　　　(b) 主曲率方向布置杆件

图8-32　单层双曲抛物面网壳的网格

(2) 单层椭圆抛物面网壳。

单层椭圆抛物面网壳网格可采用三种形式(见图8-33)。

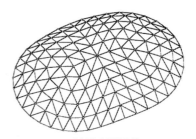

(a) 三向网格　　　　　(b) 单向斜杆正交正放网格　　　　(c) 椭圆底面网格

图8-33　单层椭圆抛物面网壳的网格

2. 网壳结构的选型

网壳结构与网架结构的选型有相似之处,但更有其自己的特性。

网壳的支承构造及边缘构件是十分重要的。网壳结构的支承构造除保证可靠传递竖向反力外,还应满足不同网壳结构形式所必需的边缘约束条件;边缘约束构件应满足刚度要求,并应与网壳结构一起进行整体计算,以保证在任意竖向和水平荷载作用下结构的几何不变性和各种网壳计算模型对支承条件的要求。

根据国内外已有的工程经验,《规程》对各类网壳的相应支座约束条件、主要尺寸、跨度等设计规定如下:

1) 圆柱面网壳

(1) 圆柱面网壳可通过端部横隔支承于两端,也可沿两纵边支承或四边支承。端部支承横隔应具有足够的平面内刚度。沿两纵边支承的支承点应保证抵抗侧向水平位移的约束条件。

(2) 两端支承的圆柱面网壳,宽度 B 与跨度 L 之比应小于1.0,壳体的矢高可取宽度的1/6~1/3,沿两纵向边支承及四边支承的圆柱面网壳可取1/5~1/2。

(3) 双层圆柱面网壳的厚度可取宽度的1/50~1/20。

(4) 单层圆柱面网壳支承在两端横隔时,其跨度 L 应不大于35 m,当两纵向边缘支承时,其跨度(此时为宽度 B)应不大于30 m。

2）球面网壳

（1）球面网壳的支承点应保证抵抗水平位移的约束条件。

（2）球面网壳的矢跨比应不小于 1/7。

（3）双层球面网壳的厚度可取跨度（平面直径）的 1/60～1/30。

（4）单层球面网壳的跨度（平面直径）应不大于 80 m。

3）双曲抛物面网壳

（1）双曲抛物面网壳应通过边缘构件将荷载传递给支座或下部结构，其边缘构件应具有足够的刚度，并作为网壳整体的组成部分共同计算。

（2）双曲抛物面网壳底面对角线之比应不大于 2，单块双曲抛物面壳体的矢高可取跨度的 1/4～1/2（跨度为两个对角支承点之间的距离）。四块组合双曲抛物面壳体每个方向的矢高可取相应跨度的 1/8～1/4。

（3）双层双曲抛物面网壳的厚度可取短向跨度的 1/50～1/20。

（4）单层双曲抛物面网壳的跨度应不大于 60 m。

4）椭圆抛物面网壳

（1）椭圆抛物面网壳（双曲扁网壳中的一种）及四块组合双曲抛物面网壳应通过边缘构件沿周边支承，其支承边缘构件应有足够的平面内刚度。

（2）椭圆抛物面网壳底边两跨度之比应不大于 1.5，壳体每个方向的矢高可取短向跨度的 1/9～1/6。

（3）双层椭圆抛物面网壳的厚度可取短向跨度的 1/50～1/20。

（4）单层椭圆抛物面网壳的跨度应不大于 50 m。

5）网壳结构网格尺寸

网壳结构的网格在构造上可采用以下尺寸：当跨度小于 50 m 时，为 1.5～3.0 m；当跨度为 50～100 m 时，为 2.5～3.5 m；当跨度大于 100 m 时，为 3.0～4.5 m，网壳相邻杆件间的夹角应大于 30°。

各类双层网壳的厚度当跨度较小时，可取较大的比值（如跨度的 1/20）；当跨度较大时则取较小的比值（如 1/50），厚度是指网壳上下弦杆形心之间的距离。双层网壳的矢高以其支承面确定，如网壳支承在下弦，则矢高从下弦曲面算起。

总之，进行网壳结构选型时，必须根据工程的实际情况综合考虑以上各种因素，通过技术经济比较分析，合理地确定网壳形式。如果简单地以某种网壳单位面积的材料消耗或造价进行选型，则难以获得理想的效果。

3. 网壳的容许挠度

单层网壳结构容许挠度值：屋盖结构为短向跨度的 1/400；悬挑结构为悬挑跨度的 1/200。双层网壳结构容许挠度值：屋盖结构为短向跨度的 1/250；悬挑结构为悬挑跨度的 1/125；对于设有悬挂起重设备的屋盖结构，其最大挠度应不大于结构跨度的 1/400。

8.1.3　立体桁架

立体桁架主要包括上弦杆、腹杆和下弦杆，共同构成了横截面为三角形或四边形的格构式结构，主要用于房屋、屋顶、悬挑结构等的支撑结构，使整个建筑体系更加牢固和稳定。近几年工程应用比较多的是采用相贯节点的管桁架形式，管桁架截面常为上弦两根杆件、下弦一根杆件的倒三角形，以下统称为立体桁架结构。立体桁架结构的造型简洁、流畅,结构性能好,适用性强,在体育场馆、会展中心等大跨度建筑中应用广泛。立体桁架结构一般以圆钢管、方钢管或矩形钢管为主要受力构件,通过直接相贯节点连接成空间桁架。相贯节点以桁架弦杆为贯通的主管,桁架腹杆为支管,端部切割相贯线后与桁架弦杆直接焊接连接。

立体桁架结构具有以下优点:① 采用薄壁钢管,截面闭合,刚度大,抗扭刚度好;② 节点构造简单,不需附加零件,用钢量省,施工方便;③ 结构简洁、流畅,适用性强;④ 钢管外表面面积小,有利于降低防锈、防火及清洁维护的费用。但是,由于采用直接相贯节点,立体桁架结构也有一些局限性:① 为减小钢管拼接工作量,一般采用相同规格的桁架弦杆(相贯节点主管),不能根据杆件内力选用不同规格截面,造成结构用钢量偏大;② 直接相贯节点放样、加工困难,坡口形式复杂,对施工单位机械加工能力有较高的要求;③ 直接相贯节点为焊接节点,现场焊接工作量大。

1. 立体桁架的结构形式

立体桁架的结构以桁架为基本受力骨架,一般需要设置支承系统以构成完整的结构体系。采用不同类型、不同外形、不同杆件布置、不同杆件截面的桁架,可以构造形式多样的立体桁架结构。

1) 根据采用的桁架类型分类

空间立体桁架大多采用三角形截面,可正向或倒向设置(见图 8-34)。一般地,在竖向荷载作用下,空间立体桁架的上弦杆件承受较大压力、下弦杆件承受较小压力或拉力。采用倒三角截面的空间立体桁架,上弦由两根杆件构成,由于具有一定宽度,因此结构稳定性更好。下弦采用单根杆件,建筑效果更为轻巧,在实际工程中应用广泛。当空间立体桁架采用正三角截面时,通常可将屋面吊挂在桁架下弦,而利用桁架正三角截面形成采光天窗。

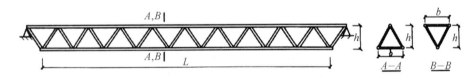

图 8-34 三角形截面立体桁架

立体桁架也可采用矩形截面(见图 8-35),上/下弦均设置两根弦杆,结构侧向及扭转刚度更大,稳定性更好,常在工业建筑中用于无法设置侧向支撑体系的输送栈桥结构。

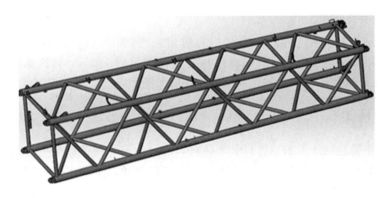

图 8-35 矩形截面立体桁架

2）根据采用的杆件截面类型分类

立体桁架结构常用的杆件截面包括圆钢管截面、矩形钢管截面和方钢管截面。

圆钢管截面取材方便，截面回转半径大、抗扭刚度好，截面具有空间对称性，可用于平面或空间立体桁架结构。圆立体桁架的支管与主管相贯线较为复杂，一般需要采用专用的圆钢管相贯线自动切割机进行放样和加工。

与圆钢管截面相比，矩形钢管或方钢管截面具有更大的抗弯刚度，但由于截面存在棱角，用于空间钢管桁架时支管与主管相贯节点较难处理，而矩形钢管或方钢管截面用于平面钢管桁架时，只需按一定角度斜切支管（腹杆），即可与主管（弦杆）相贯焊接连接，节点简洁、外形美观。

钢管桁架结构也可混合采用不同类型的钢管截面。例如，弦杆采用矩形钢管或方钢管截面、腹杆采用圆钢管截面的立体桁架结构，节点构造简单、易于加工，同时桁架弦杆与屋面檩条连接方便，且能承受较大节间荷载。

3）根据钢管桁架外形分类

根据外形，立体桁架结构可分为直线形立体桁架和拱形立体桁架（见图8-36），二者在受力性能上有较大的差异。

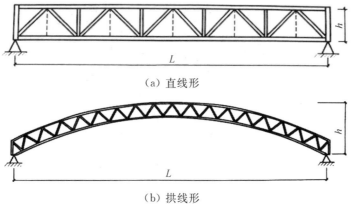

（a）直线形

（b）拱线形

图8-36　直线形和拱线形立体桁架

直线形立体桁架的上/下弦杆沿水平直线设置，一般用于平板楼盖或屋盖。桁架以承受弯矩和剪力为主，轴力很小，桁架对下部结构无水平推力，仅需下部结构提供竖向约束。在常规竖向荷载引起的弯矩作用下，桁架的上弦承受压力、下弦承受拉力，剪力主要由腹杆承受，因此应通过增大上弦刚度或设置必要的上弦支撑来保证立体桁架上弦的稳定性。立体桁架的弦杆轴力分布与桁架弯矩分布一致，通常跨中较大，而桁架支座处的剪力较大，因此支座附近的腹杆受力较大。

拱形立体桁架上/下弦杆均沿拱形曲线设置，建筑造型适应性强，一般用于不同形式的拱形屋盖。拱形立体桁架除承受一定的弯矩和剪力外，还承受较大的轴向压力，轴向压力与弯矩、剪力的相对大小取决于立体桁架的外形（如矢跨比等）和支承条件，如果下部结构能提供刚度较大的水平约束，则立体桁架结构的内力以轴压为主，且对下部结构有较大的水平推力作用。在常规竖向荷载作用下，拱形桁架的上弦承受较大压力，而下弦可能受拉，也可能承受较小压力，因此设计中除了要注意保证桁架上弦杆件的稳定性外，有时还需要考虑桁架下弦杆件的平面外稳定性。在工程中，桁架弦杆可采用弯管机直接按设计要求热弯为拱形曲管，且其结构曲线光滑、美观。

2. 立体桁架的结构布置

单榀设置的平面立体桁架属于平面结构，仅能承受桁架平面内的竖向及水平荷载，而平面外的刚度及稳定性很差。为了构成空间稳定的结构体系，一种方法是将平面立体桁架沿不同方向交叉布置，不同方向的平面立体桁架承受各自平面内的竖向及水平荷载，同时为另一方向的平面立体桁架提供平面外支撑，保证其平面外的稳定性，必要时也可增设横向水平支撑（见图 8-37）；另一种方法是将平面立体桁架沿相同方向并排布置，而在钢管桁架之间设置横向支撑及系杆或纵向桁架，由支撑系统承受平面外荷载，并维持平面立体桁架的平面外稳定性（见图 8-38）。

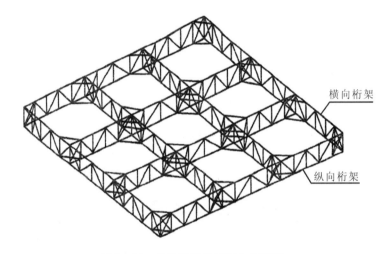

图 8-37　交叉设置的平面立体桁架

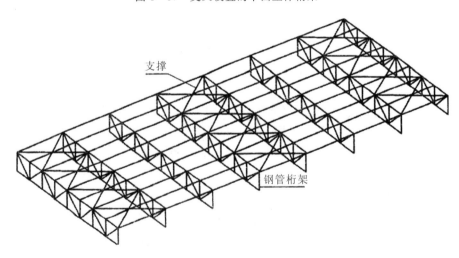

图 8-38　平面立体桁架结构及其支撑系统

由于空间立体桁架不仅能承受平面内荷载，在平面外也有一定的刚度和承载能力，因此单榀空间钢管桁架可以构成独立结构体系，常用于工业建筑中输送栈桥及管道支架等

（见图 8-39）。更常用的做法是将空间立体桁架沿相同方向并排布置，然后在立体桁架之间设置支撑系统共同构成空间结构体系（见图 8-40）。

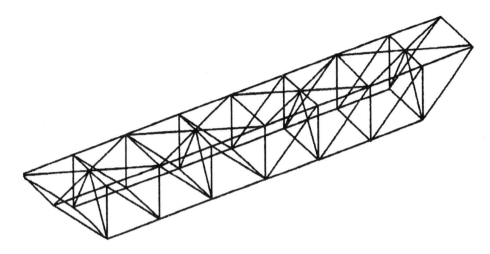

图 8-39　独立设置的立体桁架结构

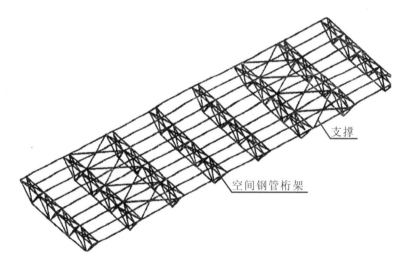

图 8-40　空间桁架结构及其支撑系统

3. 立体桁架的几何尺寸

结构跨度是立体桁架最重要的一个几何尺寸，立体桁架结构应首先满足使用功能的要求，因此其跨度一般根据建筑设计或工艺要求，同时综合考虑结构性能、工程造价及工期等因素来确定，直线形立体桁架结构的常用跨度为 18～60 m，由于结构性能上的优势，拱形立体桁架结构的跨度可以超过 100 m。

立体桁架结构的网格尺寸一般应与立体桁架的厚度及桁架腹杆的布置相配合，以避免桁架杆件之间的夹角过小，为保证结构性能，方便相贯节点设计，必要时还应考虑屋面或楼面系统的构件布置情况。

4. 立体桁架设计的基本规定

（1）立体桁架的高度可取跨度的 1/12～1/16。

（2）立体拱架的拱架厚度可取跨度的 $1/20 \sim 1/30$，矢高可取跨度的 $1/3 \sim 1/6$。当按立体拱架计算时，两端下部结构除了可靠传递竖向反力外还应保证抵抗水平位移的约束条件。当立体拱架跨度较大时，应进行立体拱架平面内的整体稳定性验算。

（3）张弦立体拱架的拱架厚度可取跨度的 $1/30 \sim 1/50$，结构矢高可取跨度的 $1/7 \sim 1/10$，其中拱架矢高可取跨度的 $1/14 \sim 1/18$，张弦的垂度可取跨度的 $1/12 \sim 1/30$。

立体桁架高跨比与网架的高跨比一致。立体拱架的矢高与双层圆柱面网壳的一致，而拱架厚度比双层圆柱面网壳的适当加厚。张弦立体拱架的结构矢高、拱架矢高与张弦的垂度是参照近几年工程应用情况给出的。管桁架的弦杆（主管）与腹杆（支管）及两腹杆（支管）之间的夹角应不小于 $30°$。

（4）立体桁架支承于下弦节点时桁架整体应有可靠的防侧倾体系，曲线形的立体桁架应考虑支座水平位移对下部结构的影响。防侧倾体系可以是边桁架或上弦纵向水平支撑。曲线形的立体桁架在竖向荷载作用下时，其支座水平位移较大，下部结构设计时要考虑这一影响。

（5）立体桁架、立体拱架和张弦立体拱架应设置平面外的稳定支撑体系。

当立体桁架、立体拱架与张弦立体拱架应用于大、中跨度屋盖结构时，其平面外的稳定性应引起重视，应在上弦设置水平支撑体系（结合檩条），以保证立体桁架（拱架）平面外的稳定性。

5. 立体桁架结构容许挠度及起拱

用于屋盖的立体桁架结构在恒荷载和活荷载标准组合作用下的最大挠度应不超过短向跨度的 $1/250$（悬挑桁架的跨度按悬挑长度的 2 倍计算），当设有悬挂吊车等起重设备时，立体桁架结构在恒荷载和活荷载标准组合作用下的容许挠度为短向跨度的 $1/400$。

一般情况下，拱线形立体桁架结构的刚度较大，竖向荷载作用下的结构挠度很小，比较容易满足上述刚度要求。当直线形钢管桁架跨度较大时，结构在竖向荷载作用下的挠度可能无法满足容许挠度的要求，此时可增大桁架高度或对桁架杆件截面进行调整，以减小结构挠度。增大桁架高度是增大结构刚度最有效、最经济的方法，增大杆件截面对立体桁架结构刚度影响较小、经济性较差。

直线形立体桁架跨度较大、不满足容许挠度要求，当桁架高度由于建筑、工艺等原因受限制时，可采用预先起拱的方法减小结构挠度。预起拱值可取恒荷载和二分之一活荷载作用下立体桁架结构的挠度值，但不宜超过立体桁架短向跨度的 $1/300$。对预起拱的立体桁架，其挠度可按恒荷载和活荷载标准组合作用下的结构最大挠度减去预起拱值计算。预起拱对立体桁架杆件的内力影响很小，设计中可以不予考虑。

6. 立体桁架结构的构造设计

立体桁架结构的杆件截面应根据其内力计算确定，但圆钢管的截面不宜小于 $\phi48 \times 3$，方钢管和矩形钢管的截面不宜小于 $\square45 \times 3$ 和 $\square50 \times 30 \times 3$，对大跨度的立体桁架结构，应适当增大杆件最小截面要求，如圆钢管最小截面不宜小于 $\phi48 \times 3.5$。

为了保证钢管桁架结构杆件的局部稳定，圆钢管的外径与壁厚之比应不超过 $100\varepsilon_k^2$，方钢管和矩形钢管的边长与壁厚之比应不超过 $40\varepsilon_k$。立体桁架结构杆件的容许长细比不宜超过表 8-3 所示的数值，对于低应力、小截面的受拉杆件，宜按受压杆件控制杆件的长细比。

表 8-3　立体桁架结构杆件容许长细比

杆件位置、类型	受拉杆件	受压杆件	拉弯杆件	压弯杆件
一般杆件	300			
支座附近杆件	250	180	150	250
直接承受动力荷载杆件	250			

　　立体桁架的上弦杆或下弦杆通常采用同一种截面规格，杆件需要接长时，可采用对接焊缝进行拼接（如图 8-41（a）所示）；截面较大的弦杆拼接，宜在钢管内设置短衬管（见图 8-41（b））；轴心受压或受力较小的弦杆也可设置隔板进行拼接（见图 8-41（c））；钢管有桁架弦杆的工地拼接一般可设置法兰盘采用高强螺栓连接（见图 8-41（d））。

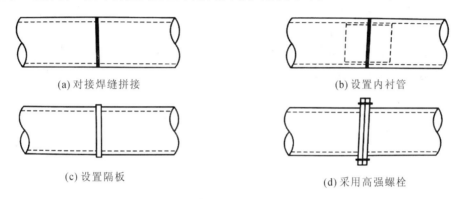

(a) 对接焊缝拼接　　　　　　　　　(b) 设置内衬管

(c) 设置隔板　　　　　　　　　　(d) 采用高强螺栓

图 8-41　立体桁架结构弦杆拼接

　　当立体桁架结构跨度超过 24 m 时，为节省用钢量，桁架弦杆可以根据内力变化改变截面，可改变钢管壁厚，也可改变钢管直径，但相邻的弦杆杆件截面面积之比不宜超过 1.8。一般情况下，弦杆截面宜只改变一次，否则会因设置接头过多而费工甚至费料。弦杆变截面节点一般设在桁架节间，可采用锥形过渡段或设置法兰盘进行不同截面弦杆的拼接（见图 8-42）。

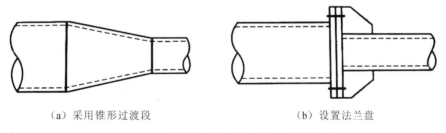

（a）采用锥形过渡段　　　　　　　（b）设置法兰盘

图 8-42　立体桁架结构弦杆变截面拼接节点

　　另外，为避免杆件钢管内部受潮、锈蚀，所有杆件钢管开口端均应焊接封口板进行封闭。

7. 立体桁架结构的节点设计

1）钢管直接焊接节点形式

在立体桁架结构中，杆件通常采用直接焊接节点连接，钢管直接焊接节点设计是立体桁架结构设计的重要坏节。一定数量的支管(如桁架腹杆)端部切割相贯线后,按一定的角度直接汇交并焊接在主管(如桁架弦杆)上,即构成直接焊接节点,也称为钢管相贯节点。

空间立体桁架结构的弦杆和腹杆处在不同的平面内,其相贯节点的形式复杂,一般可以表示为平面相贯节点形式的组合,如 TT 形、TK 形、YY 形及 KK 形(见图 8-43)等。

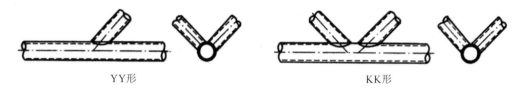

YY形   KK形

图 8-43　空间立体桁架相贯节点形式

2) 构造要求

钢管直接焊接节点的构造应符合下列要求:

(1) 主管的外部尺寸应不小于支管的外部尺寸,主管的壁厚应不小于支管的壁厚,在支管与主管的连接处不得将支管插入主管内;主管与支管或支管轴线间的夹角不宜小于 30°。

(2) 支管与主管的连接节点处,应尽可能地避免偏心;当偏心不可避免时,应使偏心不超过式(8-1)的限制:

$$-0.55 \leqslant \frac{e}{d}(或\frac{e}{h}) \leqslant 0.25 \qquad (8-1)$$

式中,e 为偏心距(见图 8-44);d 为圆管主管外径;h 为连接平面内的矩形管(或方管)主管截面高度。

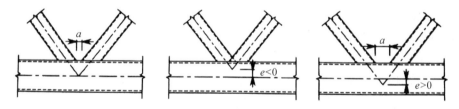

图 8-44　相邻支管的偏心和间歇

(3) 支管端部应使用自动切管机切割,如支管壁厚小于 6 mm 时可不切坡口。

(4) 支管与主管的连接焊缝应沿全周连续焊接并平滑过渡;焊缝形式可沿全周采用角焊缝,或部分采用对接焊缝、部分采用角焊缝,其中支管管壁与主管管壁之间的夹角大于或等于 120° 的区域宜采用对接焊缝或带坡口的角焊缝,角焊缝的焊脚尺寸不宜大于支管壁厚的 2 倍。

(5) 在主管表面焊接的相邻支管的间隙 a 应不小于两支管壁厚之和。

(6) 钢管构件在承受较大横向荷载的部位应采取适当加强措施,防止产生过大的局部变形。构件的主受力部位应避免开孔,如必须开孔时,应采取适当的补救措施。

支管为搭接型的钢管直接焊接节点的构造应符合下列要求:

① 支管搭接的平面 K 形或 N 形节点(见图 8-45(a)、(b)),其搭接率应满足 25%～100%,且应确保在搭接的支管之间的连接焊缝能可靠地传递内力。

② 当互相搭接的支管外部尺寸不同时,外部尺寸较小者应搭接在尺寸较大者上;当支管壁厚不同时,较小壁厚者应搭接在较大壁厚者上;承受轴心压力的支管宜在下方。

③ 在圆钢管直接焊接节点中，当搭接支管轴线在同一平面内时，除需要进行疲劳计算的节点、抗震设防烈度大于 7 度地区的节点以及对结构整体性能有重要影响的节点外，被搭接支管的隐蔽部位（见图 8-45(c)）可不焊接；当被搭接支管隐蔽部位必须焊接时，允许在搭接管上设焊接手孔（见图 8-45(d)），且在隐蔽部位施焊结束后进行封闭，或将搭接管在节点近旁处断开，隐蔽部位施焊后再接上其余管段（见图 8-45(e)）。

④ 在空间节点中，当支管轴线不在同一平面内时，如采用搭接型连接，构造措施可参照上述相关规定。

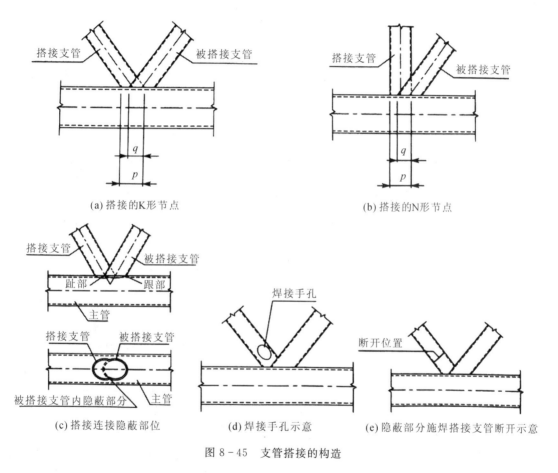

图 8-45　支管搭接的构造

8.1.4　空间网格结构的计算要点

1. 荷载和作用

空间网格结构的荷载和作用主要有永久荷载、可变荷载、地震作用和温度作用等，即除了应对使用阶段荷载作用下的内力和位移进行计算外，还应根据具体情况对地震、温度变化、支座沉降等作用及施工安装荷载引起的内力和位移进行计算。对网壳结构还应进行外荷载作用下必要的稳定性计算。

对非抗震设计的空间网格结构，荷载及荷载效应组合应按《荷载规范》的规定进行计算；杆件截面及节点设计应采用荷载的基本组合，位移计算应采用荷载的标准组合。

对抗震设计的空间网格结构,荷载及荷载效应组合还应符合《建筑抗震设计规范》(GB 50011—2010)的规定。

网壳施工安装阶段与使用阶段的支承情况不一致时,应按不同支承条件来计算施工安装阶段和使用阶段在相应荷载作用下的内力和变形。

1)永久荷载

作用在空间网格结构上的永久荷载包括网格结构、楼面或屋面结构、保温层、防水层、吊顶、设备管道等材料的自重。

网架自重荷载标准值可按下式估算:

$$g_{0k} = \frac{\sqrt{q_w} L_2}{150} \tag{8-2}$$

式中,g_{0k} 为网架自重(kN/m²);L_2 为网架的短向跨度(m);q_w 为除网架自重外的屋面(或楼面)荷载标准值(kN/m²)。

2)可变荷载

作用在空间网格结构上的可变荷载包括屋面(或楼面)活荷载、雪荷载、积灰荷载、风荷载以及吊车荷载,其中屋面活荷载与雪荷载不必同时考虑,取两者的较大值。

(1)积灰荷载。工业厂房中采用网格结构时,应根据厂房性质考虑积灰荷载。积灰荷载的大小可由工艺提出,也可参考《荷载规范》的有关规定采用。

(2)吊车荷载。工业厂房中如设有吊车,则应考虑吊车荷载。吊车形式有两种,一种是悬挂吊车,另一种是桥式吊车,单层网壳结构不应设置悬挂吊车,因为悬挂吊车直接挂在网架下弦节点上,会对网架产生吊车竖向荷载。桥式吊车是在吊车梁上行走,通过柱子对网格结构产生吊车水平荷载。吊车竖向和水平荷载的标准值按《荷载规范》有关规定采用。

(3)风荷载。由于网架的刚度较大、自振周期较小,因此计算风荷载时,可不考虑风振系数的影响。对于周边支承,且支座节点在上弦的网架的风载由四周墙面承受,计算时可不考虑风荷载;对其他支承情况,应根据实际工程情况考虑水平风荷载的作用。

对于基本自振周期大于 0.25 s 的网壳结构宜进行风振计算。单个球面网壳、圆柱面网壳和双曲抛物面网壳的风载体形系数可按《荷载规范》取值。对于复杂形体的网壳结构应根据模型风洞试验确定其风载体形系数。对于轻屋面应考虑风吸力的影响。

(4)温度作用。温度作用是指由于温度变化,使网格结构杆件产生附加温度应力,必须在计算和构造措施中加以考虑。温度变化是指结构安装合拢时的温度与结构常年气温变化下最大(小)温度之差,温度应力出现在空间网格结构温度变形受到约束的场合,并和下部结构密切相关。温度作用可作为可变荷载,分项系数 $\gamma_Q = 1.5$。设计中考虑的温度应力一般有两种情况:整个结构有温度变化;双层网格结构上、下层有温度差 Δt。

空间网格结构如果需要考虑温度变化产生的内力,可将温差引起的杆件固端反力作为等效荷载反向作用在杆件两端的节点上,然后按有限单元法或近似计算方法分析。

下列为空间网格结构伸缩变形未受约束或约束不大的情况,可不考虑由于温度变化引起的内力:

① 支座节点的构造允许网架侧移;

② 周边支承的网架,当网架验算方向跨度小于 40 m,且支承结构为独立柱(这些柱有一定柔性)时;

③ 柱顶在单位力作用下，位移大于或等于式(8-3)的计算值(柱的约束作用导致的温度应力不大)：

$$u=\frac{L}{2\xi EA_\mathrm{m}}\left(\frac{\alpha E\Delta t}{0.038f}-1\right) \tag{8-3}$$

式中，ξ 为系数，支承平面内弦杆为正交正放时 $\xi=1.0$，正交斜放时 $\xi=\sqrt{2}$，三向时 $\xi=2.0$；A_m 为支承(上承或下承)平面内弦杆截面积的算术平均值(mm^2)；α 为网格杆件钢材的线胀系数($1/℃$)；f 为钢材强度设计值($\mathrm{N/mm}^2$)；E 为网格杆件钢材的弹性模量($\mathrm{N/mm}^2$)；Δt 为温度差(℃)；L 为网格在验算方向的跨度(m)。

(5) 地震作用。根据《规程》(JGJ 7—2010)规定，在抗震设防烈度 7 度的地区，网格结构一般可不进行抗震验算。其他情况的抗震验算应符合下列规定：

① 对用作屋盖的网架结构。在抗震设防烈度为 8 度的地区，对于周边支承的中小跨度网架结构应进行竖向抗震验算，对于其他网架结构均应进行竖向和水平抗震验算；在抗震设防烈度为 9 度的地区，对各种网架结构都应进行竖向和水平抗震验算。

② 对于网壳结构。在抗震设防烈度为 7 度的地区，当网壳结构的矢跨比大于或等于 1/5 时，应进行水平抗震验算；当矢跨比小于 1/5 时，应进行竖向和水平抗震验算；在抗震设防烈度为 8 度或 9 度的地区，对各种网壳结构都应进行竖向和水平抗震验算。

2. 空间网格结构的静力计算方法

1) 空间网格结构的一般计算原则

空间网格结构的内力和位移可按弹性阶段进行计算。分析网格结构内力时可按静力等效原则，将节点所辖区域内的荷载集中作用在该节点上。

网架结构通常为超静定杆系结构，空间桁架位移法(即空间杆系有限元法)是网架结构计算的精确方法，适用于各种类型、各种支承条件的网架。国内网架计算程序很多，且都具有数据形成、内力分析、杆件截面选择、优化、节点设计、施工图绘制等多项功能。利用现有的程序时，应选用经过技术鉴定认可、实践证明行之有效的程序。

对网架结构，可忽略节点刚度的影响，假定节点为铰接，则杆件只承受轴力。当杆件上作用有节间荷载时，应同时考虑弯矩的影响。

一般情况下，分析双层网壳时可假定节点为铰接，采用空间二力杆单元，杆件只承受轴向力；分析单层网壳时应假定节点为刚接，否则单元共面节点的法向刚度为零，属几何可变，杆件除承受轴向力外，还承受弯矩、剪力。对刚接连接网壳宜采用空间梁柱单元。当杆件上作用有局部荷载时，必须另行考虑局部弯曲内力的影响。分析空间网格结构时，应考虑与下部支承结构的相互影响，将上下部结构整体分析，也可将支承体系简化为空间网格结构的弹性支承，按弹性支承模型进行计算。

网壳结构是一个准柔性的高次超静定结构，几何非线性较一般结构明显。目前，网壳计算主要采用考虑几何非线性的有限单元法，考虑与不考虑几何非线性的有限单元法的区别在于：前者(考虑几何非线性)考虑网壳变形对内力的影响，网壳的平衡方程建立在变形以后的位形上；后者(不考虑几何非线性)的平衡方程则始终建立在初始状态。

2) 网架结构

(1) 网架结构的基本假定和计算模型。

在网架结构中，节点起着连接汇交杆件，传递屋面荷载和吊车荷载的作用。模型试验和工程实践都已表明，对空间网架结构可将节点假定为铰接，即忽略节点刚度的影响，目前，国内外分析计算平板形网架结构时就普遍采用了这点假定。在网架结构的计算分析中，杆件都处于弹性，即不考虑材料的非线性性质。由于网架在受荷状态产生的挠度远小于网架的厚度，即可认为符合小挠度范围。因此，网架的一般静动力分析，可进行如下的基本假定：① 网架的节点为空间铰接节点，每一节点有三个自由度；② 由于忽略节点刚度的影响，因此杆件只受轴力作用；③ 杆件处于弹性工作状态；④ 网架处于小应变状态。

（2）网架结构的计算模型大致可分为以下几种：

① 铰接杆系计算模型。这种计算模型可直接根据上述基本假定得出，把网架看成铰接杆件的集合，根据每根杆件的工作状态，集合得出整个网架的工作状态，通常将每个杆件作为网架计算的一个基本单元。空间桁架位移法中的杆件就采用了这种计算模型。

② 桁架系计算模型。这种计算模型是根据网架的组成规律，把网架看成桁架系的集合，分析时将一段桁架作为一个基本单元。例如，正交正放类网架采用这种模型，在简化计算时较为方便。

③ 梁系计算模型。这种计算模型除基本假定外，还通过折算的方法把网架等代为梁系，然后以梁段作为计算分析的基本单元。这种计算模型在一些差分类方法（如交叉梁系差分法）中得到了应用。

④ 平板计算模型。这种计算模型与梁系计算模型类似，有一个把网架折算等代为平板的过程。这种模型在网架早期的理论分析中（如夹层板法和拟加层板法）得到了使用。

在上述四种计算模型中，前两种是离散型的计算模型，比较符合网架本身离散构造的特点，如果不再引入新的假定，采用合适的分析方法就有可能求得网架结构的精确解答。后两种是连续化的计算模型，在分析计算中，必然要增加从离散折算成连续，再从连续回代到离散的过程，而这种折算和回代过程通常会影响结构计算的精度。所以，采用连续化的分析方法，一般只能求得网架结构的近似解。但是，连续化的计算模型往往比较单一，分析计算方便，通常是可以利用现有的解答查表即可得到结果，虽然所求得的结果为近似解，但只要计算结果能够满足工程所需的精度要求，这种连续化的计算模型仍是可取的。同时，连续化模型的结果可用于校核有限元解。

（3）网架结构分析计算方法及其分类。

确定了网架的计算模型，即可寻找合适的分析方法来求解网架的内力和变形。网架结构的分析方法大致有 5 类。

① 有限元法。根据杆件所用单元的不同，可进一步分为杆系有限元法和梁系有限元法。

② 力法。采用经典结构力学中的力法来求解。

③ 差分法。采用差分方法求解微分方程。

④ 微分方程解析法。

⑤ 微分方程近似解法，如变分法、加权参数法等。

在通常情况下，连续化的计算模型采用微分方程的解析法，在不易求得解析解时，可采用差分法或变分法。离散型的计算模型采用有限元法进行分析。由于一个结构可以简化为不同的计算模型，因此一种分析方法可以分析几种计算模型，而一种计算模型也可以用几种分析方法来分析。

由上述 4 种计算模型及 5 种分析方法可形成网架结构的各种分析方法(如空间桁架位移法、交叉梁系梁元法、假想弯矩法及拟加层板法等)。下面对这 4 种计算方法作简要介绍。

① 空间桁架位移法。空间桁架位移法是一种铰接杆系结构的有限元分析法,以网架节点的三个线位移为未知数,采用适合于电子计算机运算的矩阵表达式来分析计算网架结构。空间桁架位移法是目前网架分析中的精确方法,国内外多数网架电算程序都是采用这种方法编制的,其主要计算工作,甚至包括划分网格、节点生成、截面设计、网架制图等辅助性工作都可由电子计算机来完成。该方法使用范围广泛,不受网架类型、平面形状、支承条件、刚度变化的影响,其计算精度也是现有计算方法中最高的。

② 交叉梁系差分法。交叉梁系差分法可用于由平面桁架系组成的网架计算。在我国在 20 世纪 60~70 年代没有大量采用专用程序电算网架之前,工程设计中遇到这类网架的计算,都普遍采用这种简化为梁系的差分分析法。此法在计算中以交叉梁系节点的挠度为未知量,不考虑网架的剪切变形,所以未知数的数量较少,约为交叉梁系梁元法的 1/3。

③ 假想弯矩法。假想弯矩法是以交叉空间桁架系为计算模型的差分分析法,适用于斜放四角锥网架及棋盘形四角锥网架的计算。分析时假定两个方向的空间桁架在交界处的假想弯矩相等,从而使基本方程可简化为二阶的差分方程,计算非常方便。我国在网架结构发展初期已建成的不少中、小跨度的斜放四角锥网架,都曾采用此法计算,并编有供计算用的假想弯矩系数表,便于手算查用。但该法的基本假定过于粗糙,其计算精度是网架简化计算中最差的一种,因此建议只在网架估算时采用。

④ 拟加层板法。拟加层板法是把网架结构等代为一块由上下表层与夹心层组成的加层板,以一个挠度、两个转角共三个广义位移为未知函数,采用非经典的板弯曲理论来求解。拟加层板法考虑了网架剪切变形,是一般拟板法的一个发展,可提高网架计算的精度。拟加层板法的适用范围及网架杆件的最终内力计算,与拟板法基本相同。

网架结构的计算方法各有特点,其使用范围误差也各不相同,设计者可根据网架形式、精度要求、当地条件和设计阶段确定采用哪种计算方法。采用空间桁架位移法进行电算和采用具有足够精度又有图表可查的简化方法进行手算,是网架计算和估算比较常用的计算方法。

3. 网壳结构

1) 网壳结构受力分析的主要内容

网壳结构的分析设计首先是确定网壳结构的形式,接着就是结构分析和验算的过程。与常规结构一样,网壳结构验算包括三个方面的内容,即强度验算、变形验算和稳定性验算。强度验算主要涉及构件设计和节点设计;变形验算通常为节点位移(一般为挠度)满足规范规定的变形限值;稳定性验算包括构件稳定和结构整体稳定两部分内容,前者属于构件设计的范畴,后者属于结构整体设计的范畴。网壳结构具有经典壳体稳定性的特性,对于单层网壳和厚度较小的双层网壳,其承载能力往往由稳定性控制,因此网壳整体稳定性验算是网壳结构设计中的重要内容。

在结构验算之前,需要通过结构分析求得网壳在各种工况下的构件内力和节点变形以及稳定极限承载力,为构件、节点设计、结构变形控制以及稳定性验算提供定量的数值依据，因此结构分析是网壳设计的重要环节。

求解网壳结构内力和变形时，其分析模型可以采用常规小变形、小应变、材料线弹性的计算假定。但是对于整体稳定性分析时，必须考虑几何非线性的影响。

从设计阶段来看，对于规模不大的网壳结构，可以只进行使用阶段的结构分析和验算。但是对于规模较大、安装复杂的网壳结构，应根据具体情况进行施工阶段的结构分析和验算。

2）网壳结构分析的计算模型

对于网壳结构来说，结构分析的模型根据其受力特点和节点构造形式通常分为两种：一种是空间杆单元模型；一种是空间梁单元模型。对于双层（多层）网壳结构，无论采用螺栓球节点，还是具有一定抗弯刚度的焊接球节点，计算分析表明，只要荷载作用在节点上，构件内力主要以轴力为主，而且节点刚度所引起的构件弯矩通常很小。因此，双层（多层）网壳结构通常采用空间杆单元模型，结构分析方法可采用与网架结构相同的空间桁架位移法。对于单层网壳，杆件之间通常采用以焊接空心球节点为主的刚性连接方式，同时从结构受力性能上来看，单层网壳构件中的弯矩和轴力相比往往不能忽略，而且往往会成为控制构件设计的主要内力，因此单层网壳的结构分析通常采用空间梁单元模型。对于局部单层、局部双层的网壳结构，在过渡区域的构件可能一端铰接，一端刚接，这就需要按节点约束退化的梁单元模型来计算。由于网壳结构通常和下部结构共同工作，此时就需要考虑与下部结构共同分析。

对于外荷载，网壳结构的屋面荷载一般通过支承在节点上的檩条传递给主体结构，因此可按静力等效荷载原则将节点所辖区域内的荷载集中作用在该节点上。对于中部悬挂有灯具等局部荷载的杆件，必须另行考虑局部弯曲内力的影响。

网壳结构的支承条件，可根据支座节点的位置、数量和构造情况以及支承结构来确定。对于双层网壳分别假定为弹性支座二向可侧移、一向可侧移、无侧移的铰接支座；对于单层网壳分别假定为弹性支座二向或一向可侧移、无侧移的铰接支座、刚接支座或弹性支座。网壳结构的支承必须保证在任意竖向和水平荷载的作用下，结构的几何不变性和各种网壳计算模型对支承条件的要求。

3）网壳结构分析的计算方法及其分类

网壳结构的分析方法通常可分为两类：一类是基于连续化假定的分析方法；一类是基于离散化假定的分析方法。网壳结构的连续化分析方法主要是指拟壳法，这种方法的基本思想是通过刚度等代将其比拟为光面实体壳，然后按照弹性薄壳理论对等代后的光面实体壳进行结构分析求得壳体位移和应力的解析解，最终根据壳体的内力折算出网壳杆件的内力。网壳结构的离散化分析方法通常是指有限元法，这种方法首先将结构离散成各个单元，在单元基础上建立单元节点力和节点位移之间关系的基本方程式以及相应的单元刚度矩阵，然后利用节点平衡条件和位移协调条件，建立整体结构节点荷载和节点位移关系的基本方程式及其相应的总体刚度矩阵，通过引入边界约束条件修正总体刚度矩阵后求解出节点位移，再由节点位移计算出构件内力。

有限元方法作为一种结构分析的通用方法，不受结构形状、边界条件和荷载情况的限制，因此有限元法已成为网壳结构分析的主要方法。

4. 网壳稳定性计算

网壳和平板网架不同，单根压杆稳定计算只能保证杆件不发生局部失稳，不能代替整体稳定计算。网壳结构的整体稳定性能和曲面形状直接相关，负高斯曲率的网壳(如双曲抛物面网壳)在荷载作用下不会整体失稳，原因是结构一个方向的杆件受拉，对受压的另一方向杆件就有约束作用。正高斯曲率的网壳(如球面网壳)和零高斯曲率网壳(如柱面网壳)则情况相反，都有可能丧失整体稳定，而且这些网壳往往对缺陷十分敏感，稳定承载力比完善壳体下降很多，因此对单层球面、圆柱面和椭圆抛物面网壳及厚度小于跨度 1/50 的双层球面、圆柱面和椭圆抛物面网壳(双曲扁网壳)均应进行整体稳定性计算。其次对单层网壳和厚度小于跨度 1/50 的双层网壳均应进行整体稳定性计算。

网壳结构的整体稳定性分析应考虑几何非线性的影响，可采用考虑几何非线性的有限元法(荷载一位移全过程分析)，分析中可假定材料为线弹性，也可考虑材料的弹塑性。球面网壳的全过程分析可按满跨均布荷载进行，圆柱面网壳和椭圆抛物面网壳应补充考虑半跨活荷载分布，由于网壳结构对几何缺陷的敏感性，进行全过程分析时应考虑初始曲面形状安装偏差的影响，可采用结构的最低阶屈曲模态作为初始缺陷分布，以得到可能的最不利值。缺陷的最大计算值可按网壳跨度的 1/300 取值。

5. 空间网格结构地震作用内力计算

对于周边支承或多点支承与周边支承相结合的网架屋盖，竖向地震作用效应可采用简化计算方法，在网架的各个节点上施加竖向荷载，其竖向地震作用标准值可按下式确定：

$$F_{Evki} = \pm \psi_v \cdot G_i \qquad (8-4)$$

式中，F_{Evki} 为作用在网架第 i 节点上竖向地震作用标准值；G_i 为网架第 i 节点的重力荷载代表值，其中永久荷载取 100%；雪荷载及屋面积灰荷载取 50%，屋面活荷载不计入；ψ_v 为竖向地震作用系数，按表 8-4 取值。

对于悬挑长度较大的网架屋盖以及用于楼面的网架，当设防烈度为 8 度或 9 度时，其竖向地震作用标准值可分别取该结构重力荷载代表值的 10% 或 20%。设计基本地震加速度为 0.3 g 时，可取该结构重力荷载代表值的 15%。

表 8-4　竖向地震作用系数

设防烈度	场 地 类 别		
	Ⅰ	Ⅱ	Ⅲ、Ⅳ
8	—	0.08	0.1
9	0.15	0.15	0.2

对于一般的空间网格结构，竖向、水平地震作用下的效应可采用振型分解反应谱法或时程分析法计算。在单维地震作用下，对空间网格结构进行多遇地震作用下的效应计算时，可采用振型分解反应谱法；对于体型复杂或重要的大跨度结构，应采用时程分析法进行补充验算。

在单维地震作用下，对空间网格结构进行效应分析时，按振型分解反应谱法进行多遇地震下效应计算时，网架结构杆件的地震作用效应可按下式确定：

$$S_{Fk} = \sqrt{\sum_{j=1}^{m} S_j^2} \tag{8-5}$$

网壳结构杆件的地震作用效应应按下式确定：

$$S_{Fk} = \sqrt{\sum_{j=1}^{m} \sum_{k=1}^{m} \rho_{jk} S_j S_k} \tag{8-6}$$

式中，S_{Fk} 为杆件地震作用标准值的效应；S_j、S_k 分别为 j、k 振型地震作用标准值的效应；ρ_{jk} 为 j 振型与 k 振型的耦联系数；m 为计算中考虑的振型数。

采用振型分解反应谱法进行空间网格结构地震效应分析时，对于网架结构宜取前 $10\sim15$ 个振型进行效应组合；对于网壳结构宜取前 $25\sim30$ 个振型进行效应组合，因网壳结构较柔，所以各个自振频率比较接近；对于体型复杂或重要的大跨度空间网格结构，需要取更多的振型进行效应组合。

对于体型复杂或较大跨度的空间网格结构，宜进行多维地震作用下的效应分析，可采用多维随机振动分析方法、多维反应谱法或时程分析方法。当按多维反应谱法进行空间网格结构三维地震效应分析时，结构各节点最大位移响应与各杆件最大内力响应可参见《规程》(JGJ 7—2010)。

网壳的抗震分析宜分两个阶段进行，第一阶段为多遇地震作用下的弹性分析，求得杆件内力，按荷载组合的规定进行杆件和节点设计；第二阶段为罕遇地震作用下的弹塑性分析，用于分析网壳的位移及破坏。

在进行结构地震效应分析时，对于周边落地的空间网格结构阻尼比值可取 0.02；对于设有混凝土结构支承体系的空间网格结构，当将空间网格结构与混凝土结构支承体系按整体结构分析或采用弹性支座简化模型计算时，阻尼比值可取 0.03。

抗震分析时，应考虑支承体系对空间网格结构受力的影响，宜将空间网格结构与支承体系共同考虑，按整体分析模型进行计算；采用简化协同分析模型时，可将下部支承结构折算等效刚度、等效质量作为上部空间结构分析时的条件，也可将上部空间结构折算等效刚度、等效质量作为下部支承结构分析时的条件。

8.1.5　空间网格结构杆件与节点设计

1. 杆件设计

1) 杆件截面形式

空间网格结构的杆件可采用普通型钢或薄壁型钢。网架杆件的截面形式主要采用管材，管材宜采用高频焊管或无缝钢管，当有条件时应采用薄壁管型截面。圆管截面具有回转半径大和截面特性无方向性等特点，是目前最常用的截面形式。薄壁方管截面具有回转半径大、两个方向回转半径相等的特点，是一种较经济的截面形式。

2) 杆件的计算长度和容许长细比

空间网格结构与平面桁架相比，节点处汇集杆件较多，节点嵌固作用较大，确定杆件的长细比时，其计算长度可由表 8-5 查得。

表 8 - 5　杆件计算长度 l_0

结构体系	杆件形式	节点形式				
		螺栓球	焊接空心球	板节点	毂节点	相贯节点
网架	弦杆及支座腹杆	$1.0l$	$0.9l$	$1.0l$		l
	腹杆	$1.0l$	$0.8l$	$0.8l$		$0.8l$
双层网壳	弦杆及支座腹杆	$1.0l$	$1.0l$	$1.0l$		
	腹杆	$1.0l$	$0.9l$	$0.9l$		
单层网壳	壳体曲面内	—	$0.9l$		$1.0l$	$0.9l$
	壳体曲面外		$1.6l$		$1.6l$	$1.6l$
立体桁架	弦杆及支座腹杆	$1.0l$	$1.0l$			$1.0l$
	腹杆	$1.0l$	$0.9l$			$0.9l$

注：l 为杆件的几何长度（即节点中心间距离）。

杆件的长细比不宜超过表 8 - 6 中规定的数值。

表 8 - 6　杆件的容许长细比 $[\lambda]$

结构体系	杆件形式	杆件受拉	杆件受压	杆件受压与压弯	杆件受拉与拉弯
网架 立体桁架 双层网壳	一般杆件	300	180	—	—
	支座附近杆件	250			
	直接承受动力荷载杆件	250			
单层网壳	弦杆及支座腹杆	—	—	150	250

杆件截面的最小尺寸应根据结构的跨度及网格大小按计算确定，普通型钢应不小于 L50×3，钢管应不小于 $\phi48×2$。对大中跨度空间网格结构，钢管应不小于 $\phi60×3.5$。在构造设计时，应考虑便于检查、清刷与油漆，避免易于积留湿气或灰尘的死角与凹槽，钢管端部应进行封闭。对杆件的截面选择除应进行强度、稳定验算外，还应注意以下几点：① 每个网格结构所选截面规格不宜过多，一般较小跨度以 2～3 种为宜，较大跨度也不宜超过 6～7 种；② 杆件在同样截面面积的条件下，宜选薄壁截面，这样能增大杆件的回转半径，对稳定有利；③ 杆件截面宜选用市场上供应的规格，设计手册上所载有的规格不一定都能供应；④ 杆件长度和网格尺寸有关，确定网格尺寸时除考虑最优尺寸及屋面板制作条件等因素外，还应考虑一般常用的定尺长度，以避免剩头过长造成浪费；⑤ 钢管出厂一般均有负公差，因此选择截面时应适当留有余量。

2. 节点设计

在空间网格结构中，节点起着连接汇交杆件，传递屋面荷载和吊车荷载的作用。网格结构又属于空间杆件体系，汇交于一个节点上的杆件至少有 6 根，多的可达 13 根，这就给节点设计增加了一定的难度。合理设计节点对空间网格结构的安全度、制作安装、工程进度、用钢量指标以及工程造价等有着直接的关系。节点设计是空间网格结构设计中重要环节之一。

空间网格结构的节点构造应满足下列几点：① 受力合理，传力明确，务必使节点构造与所采用的计算假定尽量相符，使节点安全可靠；② 保证汇交杆件交于一点，不产生附加弯矩；③ 构造简单，制作简便，安装方便；④ 耗钢量少，造价低廉。

空间网格结构的节点形式有很多，按节点连接方式划分有：① 焊接连接，分为对接焊缝连接和角焊缝连接；② 螺栓连接，分为拉力高强螺栓连接和摩擦型高强螺栓连接；③ 直接汇交节点等。

按节点的构造划分，节点形式主要有：

（1）焊接空心球节点。它是由两个热压成半球后再对焊而成的空心球节点。杆件焊在球面上，杆件与球面连接焊缝可采用对接焊缝或角焊缝。杆件由钢管组成。

（2）螺栓球节点。它是通过螺栓、套筒等零件将杆件与实心球连接起来的节点。杆件由钢管组成。

（3）嵌入式毂节点。它是由柱状毂体、杆端嵌入件、上下盖板、中心螺栓、平垫圈、弹簧垫圈等零部件组成的机械装配式节点。

（4）铸钢节点。它是以铸造工艺制造的用于复杂形状或受力条件的空间节点。

（5）销轴节点。它是由销轴和销板构成，具有单向转动能力的机械装配式节点。

（6）支座节点。它是支撑结构与网格结构相连的节点。

1）焊接空心球节点

焊接空心球节点是我国空间网格结构采用最早的一种节点。它是由两个半球对焊而成，分为加肋和不加肋两种，如图 8-46 和图 8-47 所示。当空心球外径大于 300 mm，且杆件内力较大需要提高承载能力时，球内可加环肋，其厚度应不小于球壁厚度；当空心球外径大于或等于 500 mm，应在球内加环肋，肋板必须设在轴力最大杆件的轴线平面内，且其厚度应不小于球壁厚度。半球有冷压和热压两种成形方法。热压成形简单，不需要很大压力，用得最多；冷压不但需要较大压力、要求材质好，而且模具磨损较大，因此目前很少采用。

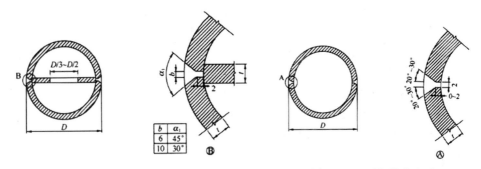

图 8-46　加肋空心球　　　　　　　图 8-47　不加肋空心球

焊接空心球节点适用于圆钢管连接，构造简单，传力明确，连接方便。对于圆钢管，只要切割面垂直于杆件轴线，杆件就能在空心球上自然对中而不产生节点偏心。由于球体无方向性，可与任意方向的杆件相连，当汇交杆件较多时，其优点更为突出。因此它的适用性强，既可用于各种形式的网格结构，也可用于网壳结构。

当空心球直径为 120～900 mm 时，其受压和受拉承载力设计值可按式(8-7)计算：

$$N_R = \eta_0 \left(0.29 + 0.54 \frac{d}{D}\right) \pi t d f \tag{8-7}$$

式中，N_R 为受压和受拉承载力设计值(N)；η_0 为大直径空心球承载力调整系数，当空心球直径小于或等于 500 mm 时，$\eta_0 = 1.0$，当空心球直径大于 500 mm 时，$\eta_0 = 0.9$；D 为空心球外径(mm)；d 为与空心球相连的主钢管杆件的外径(mm)；t 为空心球壁厚(mm)；f 为钢材的抗拉强度设计值。

网架和双层网壳空心球的外径与壁厚之比值宜取 25～45；单层网壳空心球的外径与壁厚之比值宜取 20～35；空心球外径与主钢管外径之比宜取 2.0～3.0；空心球壁厚与主钢管壁厚之比宜取 1.5～2.0；空心球壁厚应不小于 4 mm。

在确定空心球外径时，球面上网架相连接杆件之间的净距 a 应不小于 10 mm(见图 8-48)，空心球直径可按式(8-8)估算：

$$D = \frac{d_1 + 2a + d_2}{\theta} \tag{8-8}$$

式中，θ 为汇集于球节点任意两相邻钢管杆件间的夹角(rad)；d_1、d_2 为组成 θ 角的两钢管外径(mm)。

钢管杆件与空心球连接，钢管应开坡口。在钢管与空心球之间应留有一定缝隙并予以焊透，以实现焊缝与钢管等强，否则应按角焊缝计算。为保证焊缝质量，钢管端头可加套管与空心球焊接(见图 8-49)。

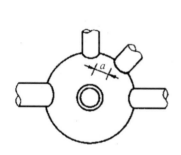

图 8-48　空心球节点

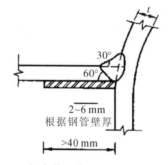

图 8-49　加套管连接(改尺寸 40 为 30-50)

角焊缝的焊脚尺寸应符合下列要求：① 当钢管壁厚 $t \leqslant 4$ mm 时，$1.5t \geqslant h_f > t$；② 当 $t > 4$ mm 时，$1.2t \geqslant h_f > t$。其中，t 为钢管壁厚，h_f 为焊角尺寸。

2) 螺栓球节点

螺栓球节点应由钢球、高强度螺栓、套筒、销子(或螺钉)、锥头或封板等零件组成(见图 8-50)，适用于连接网架和双层网壳等空间网格结构的钢管杆件。销子或螺钉宜采用高强度钢材，其直径可取螺栓直径的 0.16～0.18 倍，应不小于 3 mm。螺钉直径可采用 6～8 mm。

(1) 钢球的直径应保证相邻螺栓在球体内不相碰，并应满足套筒接触面的要求(见图 8-51)，可分别按式(8-9)、式(8-10)核算，并按计算结果中的较大者选用。

$$D \geqslant \sqrt{\left(\frac{d_2}{\sin\theta} + d_1\cot\theta + 2\xi d_1\right)^2 + \eta^2 d_1^2} \tag{8-9}$$

$$D \geqslant \sqrt{\left(\frac{\eta d_2}{\sin\theta} + \eta d_1\cot\theta\right)^2 + \eta^2 d_1^2} \tag{8-10}$$

式中，D 为钢球直径(mm)；θ 为相邻螺栓之间的最小夹角(rad)；d_1、d_2 为相邻螺栓的直径(mm)，$d_1 > d_2$；ξ 为螺栓拧入球体长度与螺栓直径的比值，可取为 1.1；η 为套筒外接圆直径与螺栓直径的比值，可取为 1.8。

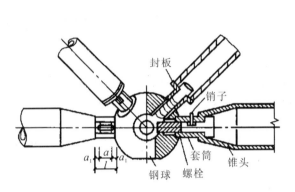

图 8-50　螺栓球节点

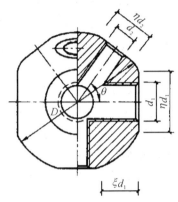

图 8-51　螺栓球与直径有关的尺寸

（2）每个高强度螺栓的受拉承载力设计值应按式(8-11)计算：

$$N_t^b = A_{eff} f_t^b \tag{8-11}$$

式中，N_t^b 为高强螺栓的受拉承载力设计值(N)；f_t^b 为高强螺栓经热处理后的抗拉强度设计值，对 10.9 级，取 430 N/mm²；对 9.8 级，取 385 N/mm²；A_{eff} 为高强度螺栓的有效截面积(mm²)，可按表 8-7 选取，当螺栓上钻有键槽或销孔时，取螺纹处键槽或销孔处二者中的较小值。

表 8-7　常用高强度螺栓在螺纹处的有效截面积 A_{eff} 和承载力设计值 N_t^b

性能等级	规格 d	螺距 p /mm	A_{eff} /mm²	N_t^b /kN	性能等级	规格 d	螺距 p /mm	A_{eff} /mm²	N_t^b /kN
10.9级	M₁₂	1.75	84	36.1	8.8级	M₃₉	4	976	375.6
	M₁₄	2	115	49.5		M₄₂	4.5	1120	431.5
	M₁₆	2	157	67.5		M₄₅	4.5	1310	502.8
	M₂₀	2.5	245	105.3		M₄₈	5	1470	567.1
	M₂₂	2.5	303	130.5		M₅₂	5	1760	676.7
	M₂₄	3	353	151.5		M₅₆×₄	4	2144	825.4
	M₂₇	3	459	197.5		M₆₀×₄	4	2485	956.6
	M₃₀	3.5	561	241.2		M₆₄×₄	4	2851	1097.6
	M₃₃	3.5	694	298.4					
	M₃₆	4	817	351.3					

注：螺栓在螺纹处的有效截面积 $A_{eff} = \pi(d - 0.9382p)^2/4$。

（3）受压杆件的连接螺栓直径可按其内力设计值绝对值所求得的螺栓直径计算值后，按表 8-7 的螺栓直径系列减少 1～3 个级差，但必须保证套筒具有足够的抗压强度。套筒应按承压进行计算,并验算其滑槽处和端部有效截面的局部承压力。套筒外形尺寸应符合扳手开口尺寸系列,端部要保持平整,内孔径可比螺栓直径大 1 mm。套筒端部到滑槽端部距离应使该处有效截面的抗剪力不低于销钉(或螺钉)的抗剪力,且不小于 1.5 倍滑槽的宽度。套筒长度 l_s(mm)和螺栓长度 l(mm)可按式(8-12)、式(8-13)计算:

$$l_s = m + B + n \tag{8-12}$$
$$l = \xi d + l_s + h \tag{8-13}$$

式中,B 为滑槽长度(mm),$B = \xi d - K$;ξd 为螺栓伸入钢球长度(mm),d 为螺栓直径,ξ 一般取 1.1;m 为滑槽端部紧固螺钉中心到套筒端部距离(mm);n 为滑槽顶部紧固螺钉中心至套筒顶部距离(mm);K 为螺栓露出套筒距离(mm),预留 4~5 mm,但不应少于 2 个丝扣;h 为锥头底板厚度或封板厚度(mm)。

杆件端部应采用锥头(见图 8-52(a))或封板(见图 8-52(b))连接,其连接焊缝以及锥头的任何截面应与连接的钢管等强,其焊缝底部宽度 b 可根据连接钢管壁厚取 2~5 mm,封板厚度应按实际受力大小计算决定。锥头底板外径宜比套筒外接圆直径大 1~2 mm,锥头底板内平台直径应比螺栓头直径大 2 mm,锥头倾角应大于 40°。

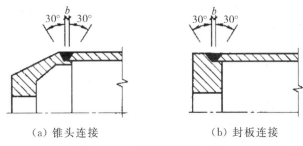

（a）锥头连接　　　　（b）封板连接

图 8-52　杆件端部连接焊缝

紧固螺钉宜采用高强度钢材,其直径可取螺栓直径的 0.16~0.18 倍,且应不小于 3 mm。紧固螺钉规格可采用 M5~M10。

3）嵌入式毂节点。

嵌入式毂节点是由柱状毂体、杆端嵌入件、上下盖板、中心螺栓、平垫圈、弹簧垫圈等零部件组成的机械装配式节点(见图 8-53)。

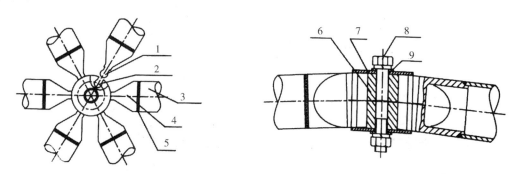

1—嵌入榫；2—毂体嵌入槽；3—杆件；4—杆端嵌入件；5—连接焊缝；6—毂体；
7—盖板；8—中心螺栓；9—平垫圈、弹簧垫圈。

图 8-53　嵌入式毂节点

嵌入式毂节点可用于跨度不大于 60 m 的单层球面网壳及跨度不大于 30 m 的单层圆柱

面网壳。

嵌入式毂节点的毂体、杆端嵌入件、盖板、中心螺栓的材料可按表8-8的规定选用，并应符合相应材料标准的技术条件。产品质量应符合现行行业标准《单层网壳嵌入式毂节点》(JG/T 136-2016)的规定。

表8-8　嵌入式毂节点零件推荐材料

零件名称	推荐材料	材料标准编号	备注
毂体	Q235B	《碳素结构钢》(GB/T 700-2006)	毂体直径宜采用 100～165 mm
盖板			—
中心螺栓			
杆端嵌入件	ZG230-450H	《焊接结构用碳素钢铸件》(GB 7659-2010)	精密铸造

嵌体的嵌入槽以及与其配合的嵌入榫应做成小圆柱状(见图8-54、图8-55)。杆端嵌入件倾角 φ(即嵌入榫的中线和嵌入件轴线的垂线之间的夹角)和柱面网壳斜杆两端嵌入榫不共面的扭角 α 可按《规程》附录J进行计算。

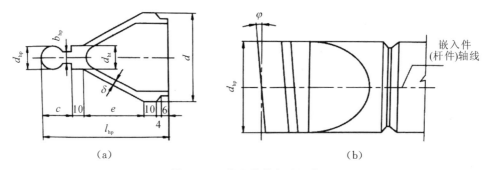

(a)　　　　　　　　　　(b)

图8-54　嵌入件的主要尺寸

(注：δ 为杆端嵌入件平面壁厚，不宜小于5 mm。)

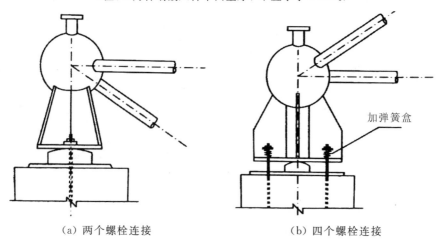

(a) 两个螺栓连接　　　　　(b) 四个螺栓连接

图8-55　单面弧形压力支座节点

嵌入件几何尺寸(见图8-54)应按下列计算方法及构造要求设计：

（1）嵌入件颈部宽度 b_{hp} 应按与杆件等强原则计算，宽度 b_{hp} 及高度 h_{hp} 应按拉弯或压弯构件进行强度验算。

（2）当杆件为圆管且嵌入件高度 h_{hp} 取圆管外径 d 时，$h_{hp} \geqslant 3t_c$（t_c 为圆管壁厚）。

（3）嵌入榫直径 d_{hp} 可取 $1.7b_{hp}$ 且应不小于 16 mm。

（4）尺寸 c 可根据嵌入榫直径 d_{hp} 及嵌入槽尺寸计算。

（5）尺寸 e 可按下式计算：

$$e = \frac{1}{2}(d - d_{hp})\cot 30° \tag{8-14}$$

毂体各嵌入槽轴线间夹角 θ（即汇交于该节点各杆件轴线间的夹角在通过该节点中心切平面上的投影）及毂体其他主要尺寸可按《规程》附录 J 进行计算。

中心螺栓直径宜采用 16～20 mm，盖板厚度应不小于 4 mm。杆件与杆端嵌入件应采用焊接连接，可参照螺栓球节点锥头与钢管的连接焊缝。焊缝强度应与所连接的钢管等强。

4）支座节点

空间网格结构的支座节点必须具有足够的强度和刚度，在荷载作用下不应先于杆件和其他节点而破坏，也不得产生不可忽略的变形。支座节点构造形式应传力可靠、连接简单，并应符合计算假定。

空间网格结构的支座节点应根据其主要受力特点，分别选用压力支座节点、拉力支座节点、可滑移与转动的弹性支座节点以及兼受轴力、弯矩与剪力的刚性支座节点。

常用压力支座节点可按下列构造形式选用：

（1）平板压力支座节点，可用于中、小跨度的空间网格结构。

（2）单面弧形压力支座节点（见图 8-55），可用于要求沿单方向转动的大、中跨度空间网格结构，支座反力较大时可采用如图 8-55(b)所示的支座。

（3）双面弧形压力支座节点，可用于温度应力变化较大且下部支承结构刚度较大的大跨度空间网格结构。

（4）球铰压力支座节点，可用于有抗震要求、多点支承的大跨度空间网格结构。

常用拉力支座节点可按下列构造形式选用：

（1）平板拉力支座节点，可用于较小跨度的空间网格结构。

（2）单面弧形拉力支座节点，可用于要求沿单方向转动的中、小跨度空间网格结构。

（3）球铰拉力支座节点，可用于多点支承的大跨度空间网格结构。

可滑动铰支座节点，可用于中、小跨度的空间网格结构；橡胶板式支座节点，可用于支座反力较大、有抗震要求、温度影响、水平位移较大与有转动要求的大、中跨度空间网格结构。

接支座节点可用于中、小跨度空间网格结构中承受轴力、弯矩与剪力的支座节点。支座节点竖向支承板厚度应大于焊接空心球节点球壁厚度 2 mm，球体置入深度应大于 2/3 球径。

支座节点的设计与构造应符合下列规定：

（1）支座竖向支承板中心线应与竖向反力作用线一致，并与支座节点连接的杆件汇交于节点中心。

（2）支座球节点底部至支座底板间的距离应满足支座斜腹杆与柱或边梁不相碰的要求（见图 8 - 56）。

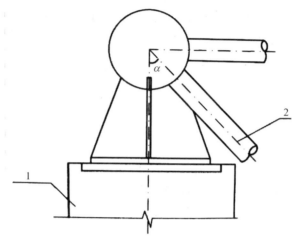

1—柱；2—支座斜腹杆。

图 8 - 56　支座球节点底部与支座底板间的构造高度

（3）支座竖向支承板应保证其自由边不发生侧向屈曲，其厚度应不小于 10 mm；对于拉力支座节点，支座竖向支承板的最小截面积及连接焊缝应满足强度要求。

（4）支座节点底板的净面积应满足支承结构材料的局部受压要求，其厚度应满足底板在支座竖向反力作用下的抗弯要求，且不应小于 12 mm。

（5）支座节点底板的锚孔孔径应比锚栓直径大 10 mm 以上，并应考虑适应支座节点水平位移的要求。

（6）支座节点锚栓按构造要求设置时，其直径可取 20～25 mm，数量可取 2～4 个；受拉支座的锚栓应经计算确定，锚固长度应不小于 25 倍锚栓直径，并应设置双螺母。

（7）当支座底板与基础面摩擦力小于支座底部的水平反力时，应设置抗剪键，不得利用锚栓传递剪力（见图 8 - 57）。

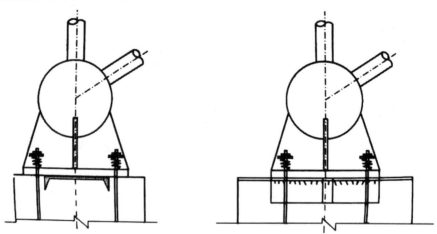

图 8 - 57　支座节点抗剪键

（8）支座节点竖向支承板与螺栓球节点焊接时，应将螺栓球球体预热至 150～200℃，以小直径焊条分层，对称施焊，并应保温缓慢冷却。

　　弧形支座板的材料应采用铸钢，单面弧形支座板也可用厚钢板加工而成。板式橡胶支座应采用由多层橡胶片与薄钢板之间黏合而成的橡胶垫板，其材料性能及计算构造要求可按《规程》附录 K 确定。

　　压力支座节点中可增设与埋头螺栓相连的过渡钢板，应与支座预埋钢板焊接（见图 8 - 58）。

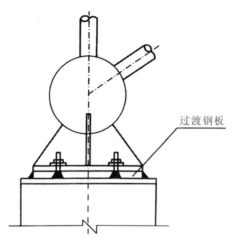

过渡钢板

图 8 - 58　采用过渡钢板的压力支座节点

8.2　悬索结构

8.2.1　悬索结构的形式和特点

　　悬索结构是以一系列受拉钢索为主要承重构件，按照一定规律布置，并悬挂在边缘构件或支承结构上而形成的一种空间结构（见图 8 - 59），它通过钢索大轴向拉伸来抵抗外部作用。钢索多采用高强钢丝组成的钢丝束、钢绞线和钢丝绳，也可采用圆钢筋或带状的薄钢板，根据跨度、荷载、施工方法和设计要求等因素而定。边缘构件或支承结构用于锚固钢索，并承受悬索的拉力。根据建筑物的平面和结构类型的不同，可采用圈梁、拱、桁架、框架等，也可采用柔性拉索作为边缘构件。

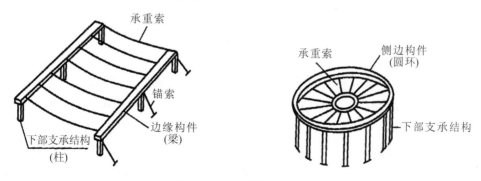

承重索

锚索

边缘构件
（梁）

下部支承结构
（柱）

承重索

侧边构件
（圆环）

下部支承结构

图 8 - 59　悬索结构的组成

1. 悬索结构的形式

悬索结构根据几何形状、组成方式、受力特点等不同因素有多种划分：

按钢索的竖向布置方式可分成单层悬索结构和双层悬索结构。

按几何形态可分为单曲悬索结构、正曲面双曲悬索结构和负曲面双曲悬索结构。按钢索的平面布置和索力传递方向可分为单层悬索体系，双层悬索体系和交叉索网体系（也称碟形悬索体系）。

1）单层悬索体系

单层悬索体系的优点是传力明确，构造简单；缺点是屋面稳定性差，抗风（上吸力）能力小。因此，单层悬索体系常采用重屋面，适用于中小跨度建筑的屋盖。单层悬索结构有单曲面单层拉索体系和双曲面单层拉索体系。

（1）单曲面单层拉索体系。

单曲面单层拉索体系也称为单层平行索系。它由许多平行的单根拉索组成，屋盖表面为筒状凹面，需从两端山墙排水（见图 8-60）。拉索两端的节点可以是等高的，也可以是不等高的；拉索可以是单跨的，也可以是多跨连续的。单曲面单层拉索体系的优点是传力明确，构造简单；缺点是屋面稳定性差，抗风能力小，索的水平力不能在上部结构实现自平衡，必须通过适当的形式传至基础。拉索水平力的传递，一般有三种方式：① 拉索水平力通过竖向承重结构传至基础（见图 8-60(a)）；② 拉索水平力通过拉锚传至基础（见图 8-60(b)）；③ 拉锚水平力通过刚性水平构件集中传至抗侧力墙（见图 8-60(c)）。

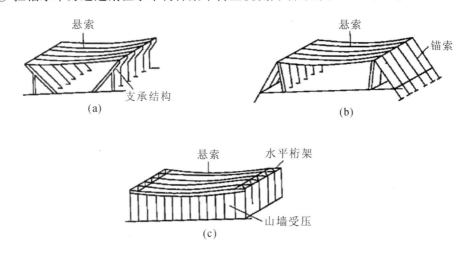

图 8-60 单曲面单层拉索体系水平力的平衡

（2）双曲面单层拉索体系。

双曲面单层拉索体系也称为单层辐射索网，这种索网常见于圆形的建筑平面，其各拉索按辐射状布置，整个屋面形成一个旋转曲面（见图 8-61）。双曲面单层拉索体系有碟形和伞形两种。碟形悬索结构的拉索一端支承在周边柱顶环梁上，另一端支承在中心内环梁上（见图 8-61(b)），其特点是雨水集中于屋盖中部，屋面排水处理较为复杂。伞形悬索结构的拉索一端支承在周边柱顶环梁上，另一端支承在中心立柱上（见图 8-61(c)），其圆锥状屋顶排水通畅，但中间有立柱限制了建筑的使用功能。图 8-62 所示为乌拉圭蒙特维多体育馆的碟形悬索结构,图 8-63 所示为淄博长途汽车站的伞形悬索结构,均采用钢筋混凝土屋面板。

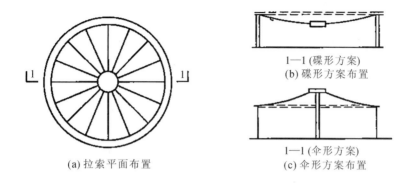

(a) 拉索平面布置

1—1 (碟形方案)
(b) 碟形方案布置

1—1 (伞形方案)
(c) 伞形方案布置

图 8-61　双曲面单层拉索体系

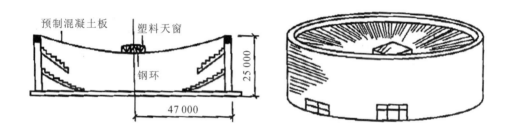

图 8-62　乌拉圭蒙特维多体育馆的碟形悬索结构

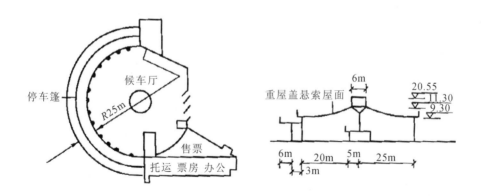

图 8-63　淄博长途汽车站的伞形悬索结构

单层辐射索体系也可用于椭圆形建筑平面,其缺点是在竖向均布荷载作用下,各拉索的内力都不相同,从而会在受压外环梁中产生弯矩。圆形平面中,在竖向均布荷载的作用下,各拉索的内力相等,且与垂度成反比。

2) 双层悬索体系

双层悬索体系是由一系列承重索和相反曲率的稳定索所组成(见图 8-64)。每对承重索和稳定索一般位于同一竖向平面内,二者之间通过受拉钢索或受压撑杆连系,连系杆可以斜向布置，构成犹如屋架的结构体系，故常称为索桁架；连系杆也可以布置成竖腹杆的形式，这时常称为索梁。根据承重索与稳定索位置关系的不同，连系腹杆可能受拉，也可能受压。当为圆形建筑平面时，常设中心内环梁。

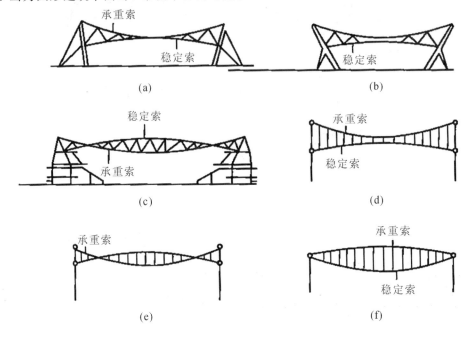

图 8-64　双层悬索体系

双层悬索体系的特点是稳定性好，整体刚度大，反向曲率的索系可以承受不同方向的荷载作用，通过调整承重索、稳定索或腹杆的长度，可以对整个屋盖体系施加预应力，增强了屋盖的整体性。因此，双层悬索体系适宜于采用轻屋面（如钢板、铝板等屋面材料和轻质高效的保温材料），以减轻屋盖自重、节约材料、降低造价。

双层悬索体系按屋面几何形状分为单曲面双层拉索体系和双曲面双层拉索体系两类。

（1）单曲面双层拉索体系。

单曲面双层拉索体系也称为双层平行索系，常用于矩形平面的单跨或多跨建筑（见图8-65）。承重索的垂度一般取跨度的 $1/15 \sim 1/20$；稳定索的挠度则取 $1/15 \sim 1/20$。与单层悬索体系一样，双层索系两端也必须锚固在侧边构件上，或通过锚索固定在基础上。

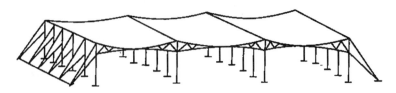

图 8-65　单曲面双层拉索体系

单曲面双层拉索体系中的承重索和稳定索也可以不在同一竖向平面内，而是相互错开布置，构成波形屋面（见图 8-66），这样可以有效地解决屋面排水问题。承重索与稳定索之间靠波形的系杆连接，并借以施加预应力。

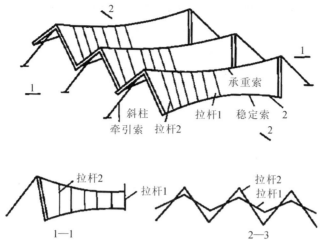

图 8-66　单曲面双层拉索体系中承重索和稳定索不在同一竖向平面内

（2）双曲面双层拉索体系。

双曲面双层拉索体系也称为双层辐射体系。承重索和稳定索均沿辐射方向布置，周围支承在周边柱顶的受压环梁上，中心则设置受拉内环梁。整个屋盖支承于外墙或周边的柱上。根据承重索和稳定索的关系所形成的屋面可为上凸、下凹或交叉形，相应地在周边柱顶应设置一道或两道受压环梁（见图 8-67）。通过调整承重索、稳定索或腹杆的长度并利用中心环受拉或受压，也可以对拉索体系施加预应力。

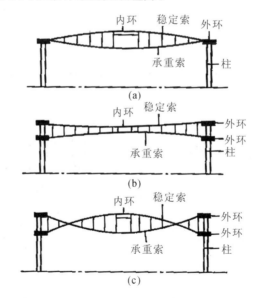

图 8-67　双曲面双层拉索体系

（3）交叉索网体系。

交叉索网体系也称为鞍形索网，它由两组相互正交、曲率相反的拉索直接交叠组成，形成负高斯曲率的双曲抛物面（见图 8-68）。两组拉索中，下凹者为承重索，上凸者为稳定索，稳定索应在承重索之上。交叉索网结构通常施加预应力，以增强屋盖结构的稳定性和刚度。由于存在曲率相反的两组索，因此对其中任意一组或同时对两组进行张拉，均可实现预应力。交叉索网体系需设置强大的边缘构件，以锚固不同方向的两组拉索。由于交叉索网中的每根索的拉力大小、方向均不一样，使得边缘构件受力大而复杂，易产生相当大的弯矩、扭矩，因此边缘构件需要有较大的截面，常需耗费较多的材料。若边缘构件过于纤小，则对索网的刚度影响较大。交叉索网体系中边缘构件的形式很多，根据建筑造型的要求一般有以下几种布置方式。

① 边缘构件为闭合曲线形环梁(见图 8-68(a))。

边缘构件可以做成闭合曲线环梁的形式，环梁呈马鞍形，搁置在下部的柱或承重墙上。

② 边缘构件为落地交叉拱(见图 8-68(b))。

边缘构件做成倾斜的抛物线拱，拱在一定的高度相交后落地，拱的水平推力可通过在地下设拉杆平衡。交叉索网中的承重索在锚固点与拱平面相切，其传力路线清晰合理。

③ 边缘构件为不落地交叉拱(见图 8-68(c))。

边缘构件为倾斜的抛物线拱，两拱在屋面相交，拱的水平推力在一个方向相互抵消，在另一方向则必须设置拉索或刚劲的竖向构件(如扶壁或斜柱等)，以平衡其向外的水平合力。

④ 边缘构件为一对不相交的落地拱(见图 8-68(d)、(e))。

作为边缘构件的一对落地拱可以不相交，各自独立，以满足建筑造型上的要求。这时落地拱平衡与稳定上有两个问题必须引起重视，一个是拱身平面内拱脚水平推力的平衡问题，一般需在地下设拉杆平衡；另一个是拱身平面外拱的稳定问题，必要时应设置墙或柱支承。

⑤ 边缘构件为拉索结构(见图 8-68(f))。

鞍形交叉索网结构也可用拉索作为边缘构件(见图 8-68(f))。这种索网结构可以根据需要设置立柱，并可做成任意高度，覆盖任意空间，造型活泼，布置灵活。这种结构方案常用于薄膜帐篷式结构中。

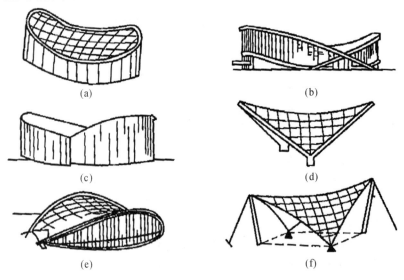

(a) (b) (c) (d) (e) (f)

图 8-68　交叉索网体系及其边缘构件

交叉索网体系刚度大、变形小、具有反向受力能力，结构稳定性好，适用于大跨度建筑的屋盖。交叉索网体系适用于圆形、椭圆形、菱形等建筑平面，边缘构件形式丰富多变，造型优美，屋面排水容易处理，因此被广泛应用。屋面一般采用轻质屋面材料(如卷材、铝板、拉力薄膜)，以减轻自重、节省造价。

2. 悬索结构的特点

悬索结构与其他结构形式相比，具有如下一些特点：

(1) 受力合理，经济性好。悬索结构依靠索的受拉抵抗外荷载，因此能够充分发挥高强钢索的力学性能，用料省，结构自重轻，可以比较经济地跨越很大的跨度。索的用钢量仅为普通钢结构的 $1/5 \sim 1/7$，当跨度不超过 150 m 时，每 1 m^2 屋盖的用钢量一般在 10 kg 以下。

(2) 施工方便。钢索自重小，屋面构件较轻，施工、安装时既不需要大型起重设备，也不需要脚手架，因而施工周期短，施工费用相对较低。

(3) 建筑造型美观。悬索结构不仅可以适应各种平面形状和外形轮廓的要求，也可以充分发挥建筑师的想象力，可以比较自由地满足各种建筑功能和表达形式的要求，实现建筑和结构较完美的结合。

(4) 悬索结构的边缘构件或支承结构受力较大，往往需要较大的截面、耗费较多的材料，而且其刚度对悬索结构的受力影响较大，因此，边缘构件或支承构件的设计极为重要。

(5) 悬索结构的受力属大变位、小变形，非线性强，常规结构分析中的叠加原理不能利用。

8.2.2　悬索结构的设计和构造

虽然很难对悬索结构的选型给出一定的准则，但平面形状、跨度以及承受的荷载等将是结构选型的因素。对矩形平面可采用单层单向悬索，承重索沿长边方向布置，或采用双层单向悬索，索沿短边向布置较有利；在圆形平面中可采用单层或双层辐射状悬索及索网结构；在接近方形的平面和椭圆形平面中则选用索网结构较为合适。

当平面为梯形或扇形，且采用单层或双层悬索体系时，索的两端支点应按等距离设置，索系可按不平行布置。

单层悬索体系应采用重屋面，而双层悬索体系既可采用轻屋面，也可采用重屋面。双层单向悬索屋盖应设置足够的支撑，以加强屋盖的整体性。

车辐式悬索布索时为了不使外环锚固孔过密而削弱环截面，上/下索应错开布置，因此上/下索数量相等或呈倍数，以使外环受力均匀。

1. 悬索结构的设计要点

1) 设计基本规定

(1) 对单层悬索体系，当平面为矩形时，悬索两端支点可设计为等高或不等高，索的垂度可取跨度的 $1/10 \sim 1/20$；当平面为圆形时，中心受拉环与结构外环直径之比可取 $1/8 \sim 1/17$，索的垂度可取跨度的 $1/10 \sim 1/20$。对双层悬索体系，当平面为矩形时，承重索的垂度可取跨度的 $1/15 \sim 1/20$，稳定索的拱度可取跨度的 $1/15 \sim 1/25$；当平面为圆形时，中心受拉环与结构外环直径之比可取 $1/5 \sim 1/12$，承重索的垂度可取跨度的 $1/17 \sim 1/22$，稳定索的拱度可取跨度的 1/16～1/26。对索网结构，承重索的垂度可取跨度的 1/10～1/20，稳定索的拱度可取跨度的 1/15～1/30。

（2）悬索结构的承重索挠度与其跨度之比及承重索跨中竖向位移与其跨度之比应不大于下列数值：单层悬索体系取 1/200（自初始几何态算起）；双层悬索体系、索网结构取 1/250（自预应力态算起）。

（3）钢索宜采用钢丝、钢绞线、热处理钢筋，质量要求应分别符合国家现行有关标准，即《预应力混凝土用钢丝》（GB 5223—2014）、《预应力混凝土用钢绞线》（GB 5224—2023）、《公路钢筋混凝土及预应力混凝土桥涵设计规范》（JTG 3362—2018）。钢丝、钢绞线、预应力螺纹钢筋的强度标准值、强度设计值、弹性模量应按表 8-9 采用。

表 8-9 钢索的抗拉强度标准值、设计值和弹性模量

项次	种类	公称直径 /mm	抗拉强度标准值 /(N/mm²)	抗拉强度设计值 /(N/mm²)	弹性模量 /(N/mm²)
1	钢丝	4	1470	610	2.0×10⁵
		5	1670	696	
		6	1570	654	
		7、8、9	1470	610	
2	钢绞线	9.5、11.1、12.7(1×7)	1860	775	1.95×10⁵
		15.2(1×7)	1720	717	
		10.0、12.0(1×7)	1720	717	
		10.8、12.9(1×7)	1720	717	
3	预应力螺纹钢筋	18、25	785	650	2.0×10⁵
		32、40	930	770	
		50	1080	900	

（4）悬索结构的计算应按初始几何状态、预应力状态和荷载状态进行，并充分考虑几何非线性的影响。

（5）在确定预应力状态后，应对悬索结构在各种情况下的永久荷载和可变荷载下进行内力、位移计算；并根据具体情况，分别对施工安装荷载、地震和温度变化等作用下的内力、位移进行验算。在计算各个阶段各种荷载情况的效应时应考虑加载次序的影响。悬索结构内力和位移可按弹性阶段进行计算。

（6）作为悬索结构主要受力构件的柔性索只能承受拉力，因此设计时应防止各种情况下引起的索松弛而导致不能保持受拉情况的发生。

（7）设计悬索结构应采取措施防止支承结构产生过大的变形，计算时应考虑支承结构变形的影响。

（8）当悬索结构的跨度超过 100 m，且基本风压超过 0.7 kN/mm² 时，应进行风的动力响应分析，分析方法宜采用时程分析法或随机振动法。

（9）对位于抗震设防烈度为 8 度或 8 度以上地区的悬索结构应进行地震反应验算。

2）荷载

悬索结构设计时除索中预应力外，所考虑的荷载与一般结构相同，这些荷载有：

（1）恒载：包括覆盖层、保温层、吊灯、索等自重。按《荷载规范》进行计算。

（2）活载：包括保养、维修时的施工荷载。按《荷载规范》取用。对于悬索结构，一般取 $0.3~\mathrm{kN/mm^2}$，不与雪荷载同时考虑。

（3）雪载：基本雪压按《荷载规范》取用，在悬索结构中应根据屋盖的外形轮廓考虑雪荷载不均匀分布所产生的不利影响，并应考虑多种荷载情况来进行静力分析。当平面为矩形、圆形或椭圆形时，不同形状屋面上需考虑的雪荷载情况及积雪分布系数见有关图表。复杂形状的悬索结构屋面上的雪荷载分布情况应按当地实际情况确定。

（4）风载：基本风压值按《荷载规范》取用，风荷载的体型系数应进行风洞试验确定，对矩形、菱形、圆形及椭圆形等规则曲面的风荷载的体型系数可参考有关表格。对轻型屋面应考虑风压脉动影响。

（5）动荷载：考虑风力、地震作用等对屋盖的动力影响。

（6）预应力：为了在荷载作用下不使钢索发生松弛和产生过大的变形，需将钢索的变形控制在一定的范围内；为了避免发生共振现象，需将体系的固有频率控制在一定的范围之内。这就要求屋盖具有一定的刚度，因此，必须在索中施加预应力，预应力的取值一般应根据结构形式、活载与恒载比值以及结构最大位移的控制值等因素通过多次试算确定。

（7）安装荷载：应分别考虑每一个安装过程中安装荷载对结构的影响，在边缘构件和支承结构中常常会出现较大的安装应力。

由于结构的蠕变和温度变化将导致钢索和结构刚度减少，因此在结构设计中应考虑它们的影响。

对非抗震设计，荷载效应组合应按《荷载规范》计算。在截面及节点设计中，应按荷载的基本组合确定内力设计值，在位移计算中应考虑短期效应组合确定其挠度。

对抗震设计，应按《建筑抗震设计规范》（GB 50011—2010）确定屋盖重力荷载代表值。

3）钢索设计

悬索结构中的钢索可根据结构跨度、荷载、施工方法和使用条件等因素，分别采用由高强钢丝组成的钢绞线、钢丝绳或平行钢丝束，其中钢绞线和平行钢丝束最为常见，但也可采用圆钢筋或带状薄钢板。

平行钢丝束中的各钢丝不经缠绕，受力均匀，能充分发挥钢材的力学性能，其承载能力和弹性模量比钢绞线或钢丝绳高，造价也较低，应用广泛，在悬索拉力较大时宜优先采用；在相同直径下，钢绞线的强度和弹性模量高于钢丝绳，但由于钢丝绳比较柔软，适合在需要弯曲且曲率较大的悬索结构中采用。

单索截面根据承载力按式（8-15）验算：

$$\gamma_0 N_\mathrm{d} \leqslant f_\mathrm{td} A \qquad (8-15)$$

式中，γ_0 为结构重要性系数，取 $\gamma_0 = 1.1$ 或 1.2；N_d 为单索最大轴向拉力设计值；f_td 为单索材料抗拉强度设计值，由表 8-9 查得；A 为单索截面面积。

2. 悬索结构的节点构造

悬索结构的节点构造应符合结构分析中的计算假定，所选用的钢材及节点连接中的材料应按国家相应标准的规定采用。

节点及连接应进行承载力、刚度的验算以确保节点的传力可靠。节点和钢索连接件的承载力应大于钢索的承载力设计值。节点构造还需考虑与钢索的连接相吻合，以消除可能出现的构造间隙和钢索的应力损失。

1）钢索与钢索连接

钢索与钢索之间应采用夹具连接，夹具的构造及连接方式可选用：① U 形夹连接；② 夹板连接。

2）钢索连接件

钢索的连接件可选用下列几种形式：① 挤压螺杆；② 挤压式连接环；③ 冷铸式连接环；④ 冷铸螺杆。

3）钢索与屋面板的连接

钢索与钢筋混凝土屋面板的连接构造可用连接板连接或板内伸出钢筋进行连接。

4）钢索支承节点

（1）锚具。钢索的锚具必须满足国家标准《预应力筋用锚具、夹具和连接器》（GB/T 14370—2015）中的 I 类锚具标准，并按国家建设行业标准《预应力筋用锚具、夹具和连接器应用技术规程》（JGJ85—2010）的设计要求进行制作、张拉和验收。

锚具选用的主要原则是与钢索的品种规格及张拉设备相配套。钢丝束最常用的锚具是钢丝束镦头锚具。这种锚具具有张拉方便、锚固可靠、抗疲劳性能优异、成本较低等特点，还可节约两端伸出的预应力钢丝，但对钢丝等长下料要求较严，人工也较费。另一种比较常用的是锥形螺杆锚具，用于锚固 $\phi5$ 高强钢丝束。钢绞线通常均为夹片式锚具，夹片有两片式、三片式和多片式，目前国内常用的有 JM 型系列锚具、OVM 型系列锚具等。

（2）钢索与钢筋混凝土支承结构及构件连接。在构件上应预留索孔和灌浆孔，索孔截面积一般为索截面积的 2～3 倍，以便于穿索，并保证张拉后灌浆密实。

（3）钢索与钢支承结构及构件连接。在钢支承结构上应加设相应构造，以便于锚具安装，同时在相应位置要设置加劲肋，以保证节点处不发生局部破坏。

5）拉索的锚固

拉索的锚固可根据拉力的大小、倾角和地基土等条件采用下列方法：① 重力式；② 板式；③ 挡土墙式；④ 桩式。

本 章 小 结

本章是在大跨空间结构日益发展的前提下，为了让学生了解目前建筑行业大跨房屋对常用的几种结构形式的基本知识和设计、构造基本技能的需求而编写的。随着空间结构技术的发展，还会出现许多新型的大跨房屋钢结构。

由于大跨度空间结构计算复杂，因此本章的重点放在了空间网格结构的网架结构、网壳结构、悬索结构、膜结构这四种常用大跨度房屋钢结构的学习上，主要介绍其基本概念、基本设计方法及节点构造等方面。学生在学习时，可根据实际需要学习某种特定大跨度房屋钢结构的数值模拟方法以及成熟软件的应用。

习　题

8-1　简述我国大跨度空间钢结构应用发展的主要特点。

8-2　试述空间网格结构常用的形式与种类，其各自的结构组成如何？

8-3　试述网架结构按照网格组成分为几类，各有什么优点？

8-4　网架结构的计算模型大致可分为几种，各有什么特点？

8-5　如何进行网壳结构的选型，在选型时应考虑哪些因素？

8-6　空间网格结构常用的支座节点有几种类型，各有什么特点？

8-7　悬索结构按几何形态可分为几种，各有什么特点？

8-8　如何进行钢索设计？简述钢索节点的具体构造。

8-9　膜结构按膜材及其相关构件的受力方式可分为哪几种，各有什么特点？

本章扩展知识见二维码

大跨房屋钢结构

第9章

钢结构的制造及防护

▶▶【本章要点】

(1) 钢结构的制作工艺和安装方法；

(2) 钢结构的长效防腐蚀方法；

(3) 钢结构防火涂料的应用技术及存在问题。

▶▶【学习目标】

(1) 钢结构制作的技术准备工作；

(2) 钢结构制作的特点及有关依据；

(3) 钢结构的制作工艺和安装施工方法；

(4) 建筑钢结构的各种防腐方法及其防腐机理，防腐特点和适用情况等；

(5) 建筑钢结构防火的性能特点及钢结构防火涂料的种类、选用和技术进展情况；

(6) 钢结构防腐的质量保证和安全指标；

(7) 钢结构防火涂料的黏结强度、抗压强度指标。

9.1 概　　述

钢结构的建造离不开良好的加工制作和安装施工技术。随着国民经济的发展及钢结构使用条件的变化，新的设计、材料、结构构造形式层出不穷，为此就需要进行大量理论和实践研究工作：如研制新的加工和安装设备、制定相应的制作和安装工艺标准、培训施工技术人员等。

建筑钢结构具有结构自重轻、工业化程度高、施工速度快、经济性能优越等优点，因此在土木工程中得到了广泛的应用和发展。如何使已建成钢结构充分发挥其使用性能、延长使用寿命(也即钢结构耐久性)，这一问题越来越受到国内外工程界的关注和重视。因此，在重视钢结构的制造和安装工艺的同时，还要关注钢结构的防护，包括钢结构的防腐及防火问题。钢结构的防护是钢结构设计、施工、使用中必须解决的重要问题，它牵涉到钢结构的耐久性、造价、维护费用、使用性能等方面。

9.1.1 钢结构的制造和安装概述

钢结构的制造必须遵循设计和相应的规范及技术标准。钢结构制造的前期准备包括材料准备和技术准备，制造的工序有校正、放样、下料、切割、钻孔、组装、焊接、整形、表面处理、包装等。每一道工序均有一定的检测方法，并要求达到规定的标准，从而确保钢结构组装的最终质量。钢结构的制造除了满足设计要求外，还须满足运输和安装条件。要根据运输条件和安装起吊能力来限定构件的大小和重量；根据安装方法及防腐蚀处理方法确定节点连接的方式、构造要求及实施步骤。

　　钢结构的安装包括安装方案的确定、安装实施过程及安装质量的检验。安装方案的确定既要考虑结构特征和现有的设备状况，也要考虑安全性。凡是利用结构本身作为安装支托的一定要经设计审核，并要考虑设备安装、使用和拆卸全过程。在选择方案时，应该兼顾经济性和设备的先进性，要从安装工作的实际效率和安全性出发做出适当的选择。钢结构的安装应该严格按规范和有关标准进行，逐个构件逐段地控制质量，一丝不苟地做好安全保障和设备保障。钢结构安装质量检验主要是确保结构外形的准确和连接的可靠。外形的准确是指整体和局部的误差均应控制在规范许可范围之内；连接的可靠是指螺栓的穿孔率、紧固程度，设计贴合面的密合度，现场焊缝的质量等均应达到规范规定的标准。

9.1.2　钢结构的防护概述

　　由于钢材的耐腐蚀能力和耐火性能都比较差，因此，建造钢结构时应做好相应的防护工作。例如，喷涂防锈油漆或防火涂料，对延长结构使用寿命，提高结构的耐久性，降低维护费用，提高经济效益都具有重要的意义。钢结构的防护主要包括钢结构的防腐蚀措施和钢结构的防火措施。

9.2　钢结构的制作和安装

　　钢结构制作和施工企业应具有相应的资质，建立市场准入制度。制作和施工现场的管理应有相应的施工技术标准、质量管理体系、质量控制及检查制度，整个制作和施工过程应在严格的质量管理下进行。

　　钢结构图纸是钢结构工程施工的重要文件，也是钢结构工程施工质量验收的重要依据。钢结构设计分两阶段进行，即设计图阶段和施工详图阶段。

　　设计图由设计单位完成。构件的加工、制作安装必须以施工详图为依据，施工详图由具有设计能力的钢结构加工制作企业或者专业设计单位完成。

　　施工详图与设计图的关系：

　　设计图的图纸简明，图纸量较少，内容包括：设计总说明、结构布置图、剖面图、立面图、构件截面图、典型节点图、材料表等。

　　施工详图表示详细，图纸量较多，内容包括：设计施工总说明、结构布置图、构件布置图、节点图、构件加工图、零件加工图、安装图、材料表等。

　　施工详图的主要内容如下所示。

　　（1）构造设计。焊缝设计（焊缝计算、焊接构造、拼接位置、坡口要求、等级要求等），螺栓设计（螺栓计算、排布、长度、施工要求等），节点板（放样）、加劲肋设计（横隔板、耳板、构造加劲肋等），支座设计（放样），铸钢节点设计，起拱、分段设计，吊装（翻身）耳板设计等。

（2）构造及连接计算。节点板计算、铸钢节点有限元分析、支座节点分析计算、焊缝厚度、长度计算、螺栓计算、起拱计算、相贯线计算、加工余量计算等。

钢结构深化设计图是指导钢结构构件制造和安装的技术文件，同时也是编制施工图预算、结算的依据和工程竣工后的存档资料。

深化设计是继钢结构施工图设计之后的设计。

设计人员根据施工图提供的构件布局、构件形式、构件截面及各种有关数据和技术要求，严格遵守《标准》和《钢结构工程施工质量验收规范》的标准，根据制造厂的生产条件和便于施工的原则，确定构件中连接节点的形式，并考虑运输能力和安装能力确定构件的分段。

最后，在《建筑结构制图标准》规定的基础上，运用钢结构制图的工程语言，不仅将各构件的整体形象，构件中各零件的加工尺寸和要求，以及零件间的连接方式等详细地介绍给制造人员，也将各构件所处的平面和立面位置以及构件间的连接方式等详细地介绍给安装人员，使制造和施工符合设计的目的。

9.2.1　钢结构制造的技术准备工作

1. 钢材材质的检验

钢材的品种、规格、性能应符合国家产品标准和设计文件的要求，并具有产品质量合格证明书（简称"质保单"）。质保单内不仅记载着本批钢材的钢号、规格、数量（长度、根数）、生产单位、日期等，还记载着本批钢材的化学成分和力学性能。对于结构用钢，化学性能与钢材的可加工性、韧性、耐久性等有关。因此，应该保证结构用钢的化学性能符合规范要求，其中含碳量与可焊性及热加工性能关系密切；硫、磷等杂质含量与钢材的低温冲击韧性、热脆、冷脆等性能关系密切，应限制在相应的规定标准以内；合金元素的含量与材料的强度有关。

2. 钢材外形的检验

对于钢板、型钢、圆钢、钢管，其外形尺寸与理论尺寸的偏差必须在允许范围内。允许偏差值可参考相关的现行国家标准。钢材表面不得有气泡、结疤、拉裂、裂纹、褶皱及夹杂和压入的氧化铁皮等缺陷，且这些缺陷必须清除，清除后该处的凹陷深度不得大于钢材厚度的负偏差值。当钢材表面有锈蚀、麻点或划痕等缺陷时，其深度不得大于该钢材厚度负偏差值的 $1/2$。

3. 辅助材料的检验

钢结构用的辅助材料包括螺栓、电焊条、焊剂、焊丝等，均应对其化学成分、力学性能及外观进行检验，并应符合国家有关标准。

4. 堆放

检验合格的钢材应按品种、牌号、规格分类堆放，其底部应垫平、垫高，防止积水。钢材堆放不得造成地基下陷和钢材永久变形。

5. 编制工艺制造书

编制工艺制造书的依据为：设计图纸及施工详图；设计总说明和相关技术文件；图纸与合同中规定的国家标准、技术规范和相关技术条件；制作厂的作业面积，动力、起重和设备的加工能力，工人的组成和技术等级，运输方法和能力。

对于普遍通用的问题，可以制定工艺守则，说明工艺要求和工艺过程，作为通用性的工艺文件。

特殊的工艺要求要单独编制，并且详细注明：

（1）关键零件的加工方法、精度要求、检查方法和检查工具。

（2）主要构件的工艺流程、工序质量标准、为保证构件达到工艺标准而采取的工艺措施（如组装次序、焊接方法等）。

（3）采用的加工设备和工艺装备。

6. 其他技术准备

（1）工号划分。

（2）编制工艺流程表（卡）。

（3）配料与材料拼接（拼接原则）。

（4）工艺装备设计（原材料工装、焊接工装）。

（5）编制工艺卡和零件流水卡。

（6）工艺试验：

焊接试验：焊接工艺说明；焊接试件并填写焊接记录；加工试样及焊后检验（包括表面检验、无损探伤、理化实验等）；评定为不合格时，找出产生缺陷的原因，修改参数，重新编制焊接工艺说明书，再试验评定，直至合格。

摩擦面抗滑移系数试验：经过技术处理（如喷砂、抛丸除锈处理；酸洗处理；砂轮打磨处理；打磨后生赤锈）的摩擦面是否能达到设计规定的抗滑移系数值。

工艺性试验：可以是单工序，也可以是几个工序或者全部工序；可以是个别零部件，也可以是整个构件，甚至是一个安装单元或者全部安装构件。

9.2.2　材料准备

（1）按照材料清单中的净量加上适当损耗进行材料采购。

（2）验收入库（核对材质、规格、质保书分类存放）。

注意： 钢材的堆放应减少钢材的锈蚀和变形，每隔几层放置楞木，其间距以不引起钢材明显弯曲变形为宜。

（3）材料代用。所有需代用的钢材必须经计算复核后才能代用；应遵循以大代小，以高代低的原则；代用材料应保证在性能上优于或者等于原设计的材料。

（4）焊条、焊剂、药芯焊丝施焊前应按工艺要求进行烘焙，低氢焊条高温烘焙后放置于保温箱。

9.3 钢结构的防护

9.3.1 钢结构的防腐

钢结构防腐的质量保证按国家颁布的《建筑防腐蚀工程施工质量验收标准》(GB 50224—2018)进行检验评定；安全指标按《建筑施工安全检查标准》(JGJ 59—2011)执行。国内钢结构常用的两类防腐蚀方法为长效防腐蚀方法和涂层法，下面分别进行介绍。

1. 长效防腐蚀方法

长效防腐蚀方法主要包括热浸镀锌法和涂层法。

(1) 热浸镀锌法。热浸镀锌法是将除锈后的钢构件浸入 600℃ 左右高温熔化的镀锌槽锌液中，使钢构件表面附着锌层，锌层厚度为对 5 mm 以下薄钢板不得小于 65 μm，对厚钢板不小于 86 μm，从而起到防腐蚀的目的。这种方法的优点是耐久年限长，生产工业化程度高，质量稳定，因此被大量用于受大气腐蚀较严重且不易维修的室外露天钢结构中(如大量的输电塔、微波通信塔等)。近年来，大量出现的轻钢结构体系中的压型钢板等，也较多采用热浸镀锌法防腐蚀。该方法的缺点是构件受镀锌槽尺寸影响较大，且构件受热影响也较大。

热浸镀锌的首道工序是酸洗除锈，然后是清洗，这两道工序如果不彻底均会给防腐蚀留下隐患，所以必须处理彻底。对于钢结构设计者来说，应该避免设计出具有相贴合面的构件，以免贴合面的缝隙中酸洗不彻底或酸液洗不净，造成镀锌表面流黄水的现象。热浸镀锌是在高温下进行的。对于管形构件应该让其两端开敞，若两端封闭会造成管内空气膨胀而使封头板爆裂，从而造成安全事故；若一端封闭则锌液流通不畅，则容易在管内积存。

(2) 热喷铝(锌)复合涂层法。这是一种与热浸镀锌防腐蚀效果相当的长效防腐蚀方法，具体做法是先对钢构件表面作喷砂除锈，使其表面露出金属光泽并打毛；再用乙炔-氧焰将不断送出的铝(锌)丝融化，并用压缩空气吹附到钢构件表面，以形成蜂窝状的铝(锌)喷涂层(厚度约为 80~100 μm)；最后用环氧树脂或氯丁橡胶漆等涂料填充毛细孔，以形成复合涂层。由于此法无法在管状构件的内壁施工，因此对管状构件两端必须做气密性封闭，以使钢管内壁空气不流动，减轻腐蚀。热喷铝(锌)复合涂层工艺的优点是对构件尺寸适应性强，构件的形状和尺寸不受限制，可用于各种不易采用热浸镀锌的构件和结构中(如葛洲坝水电站中的钢船闸就是用这种方法施工的)。另一个优点则是由于这种工艺的热影响是局部的，是受约束的，因此不会产生热变形。与热浸锌相比，热喷铝(锌)复合涂层方法的工业化程度较低，喷砂喷铝(锌)的劳动强度较大，因此其质量也易受操作者的影响。

2. 涂层法(涂防锈涂料)

涂层法的防腐蚀性一般不如长效防腐蚀方法(但目前氟碳涂料防腐蚀年限甚至可达 50年)，因此多用于室内钢结构或相对易于维护的室外钢结构。虽然该方法一次成本低，但用于户外时后期维护的成本较高。

涂层法施工的第一步是除锈。优质的涂层依赖于彻底的除锈，所以要求高的涂层一般多用喷砂抛丸除锈，使构件露出金属光泽，除去所有的锈迹和油污。现场施工的涂层可用手工除锈。涂层的选择要考虑周围的环境，不同的涂层对不同的腐蚀条件有不同的耐受性。

涂层一般有底漆（层）和面漆（层）之分。底漆含粉料多，基料少，成膜粗糙，与钢材黏附力强，与中间漆、面漆的结合性好。面漆则基料多，成膜有光泽，能保护底漆不受大气腐蚀，并能抗风化。不同的涂料之间存在相容与否的问题，前后选用不同涂料时要注意它们的相容性。涂层的施工要有适当的温度（5～38℃）和湿度（相对湿度不大于 85%）。涂层的施工环境粉尘要少，构件表面不能有结露。涂装后 4 h 之内不得淋雨。涂层一般要做 4～5遍。干漆膜总厚度在室外工程为 150 μm，室内工程为 125 μm，允许偏差为 25 μm。在海边或海上或是在有强烈腐蚀性的大气中，干漆膜总厚度可加厚为 200～220 μm。图 9-1 所示为某施工现场涂有白色面漆的钢构件。图 9-2 所示为某施工现场采用热浸镀锌防腐处理后，表面又喷涂氟碳涂料的钢构件。图 9-3 所示为某施工现场工人正在为钢柱喷涂防锈涂料。

图 9-1　某施工现场涂有白色面漆的钢构件

图 9-2　某施工现场喷涂氟碳涂料的钢构件

图 9-3　某施工现场工人正在为钢柱喷涂防锈涂料

9.3.2　钢结构的防火

钢结构防火涂料的黏结强度、抗压强度应符合国家现行标准《钢结构防火涂料》（GB 14907—2018）的规定；钢结构防火设计可参照《建筑钢结构防火技术规范》（CECS

200—2006)执行。钢结构防火通常采用喷涂防火涂料的措施。钢结构防火涂料分为薄涂型和厚涂型两类。

1. 薄涂型防火涂料

薄涂型防火涂料又称为膨胀型防火涂料，涂层厚度为 2~7 mm，当加热至 150~350℃时，所含的树脂和防火剂将发生物理化学变化，自身发泡膨胀形成比涂层厚度大十几倍至几十倍的多孔碳质层，可以阻挡外部热源对基材的传热，如同绝热屏障，但耐火极限不超过 1.5 h。

2. 厚涂型防火涂料

厚涂型防火涂料为非膨胀型防火涂料，以水泥、水玻璃、石膏为黏结料，掺入膨胀硅石、膨胀珍珠岩、空心微珠等颗粒为骨料的厚质隔热涂料。厚涂型防火涂料的防火机理是利用涂层固有的良好绝热性，从而阻止热源传播；另一方面涂层在火焰和高温的作用下，能分解出水蒸气和其他不燃气体，降低火焰温度和燃烧速度，抑制燃烧的产生。涂层厚度为 8~50 mm，通过改变厚度，可以满足不同耐火极限的要求。

我国《钢结构防火涂料》(GB 14907—2018)规定的钢结构防火涂料耐火极限如表 9 - 1 所示。

表 9 - 1　钢结构防火涂料耐火极限

耐火性能	防火涂料类别							
	有机薄涂型			无机厚涂型				
涂层厚度/mm	3	5.5	7	15	20	30	40	50
耐火极限/h	0.5	1.0	1.5	1.0	1.5	2.0	2.5	3.0

对于多高层钢结构的防火涂料，当耐火极限要求在 1.5 h 以上时，应选用厚涂型防火涂料中的无机绝热材料(如膨胀蛭石、珍珠岩等)，其材料不存在老化问题，涂料的使用寿命长，耐火性能稳定，并且无异味。薄涂型涂料中的有机树脂，在高温下会产生浓烟和有毒气体，另外涂层易老化，受潮后会失去膨胀性，在多高层钢结构中应慎用。

钢结构防火板材有石膏板、水泥蛭石板、岩棉板、硅酸钙板、膨胀珍珠岩板等硬质防火板材。当采用硅酸铝棉毡、岩棉毡、玻璃棉毡等软质防火板材包覆时，应采用薄金属板或其他不燃性板材封闭保护。

3. 防火涂料厚度的确定

防火保护材料选定之后，防火保护层厚度的确定就十分重要。对钢结构防火涂料的涂层厚度，可根据建筑构件耐火极限要求选用。当选用其他防火板材保护时，可直接采用实际构件的耐火试验数据计算确定。

4. 防火保护层的构造要求

钢结构防火涂料涂装施工前，应完成除锈和防腐蚀处理，钢材表面除锈和防锈底漆的涂装应符合设计要求和《钢结构工程施工质量验收标准》(GB 50205—2020)的规定。钢结构防火保护材料应有消防部门认可的、国家技术监督检测机构耐火极限和理化性能检测报告，必须有消防监督部门核发的生产许可证和生产厂方的产品合格证。防火涂料中的底层和面层涂料应相互配套，底层涂料不得腐蚀钢材。

（1）钢柱的防火保护措施。钢柱应采用厚涂型钢结构防火涂料保护，涂层厚度应满足构件的耐火极限要求。当采用黏结强度小于 0.05 MPa 的钢结构防火涂料时，涂层内应设置钢丝网与钢构件相连。喷涂施工时，节点部位应加厚处理。喷涂遍数、质量控制与验收等，均应符合《钢结构防火涂料》（GB 14907—2018）的规定；当采用石膏板、水泥蛭石板、硅酸钙板和岩棉板等硬质防火板材保护时，板材用黏结剂或紧固铁件与钢柱固定，黏结剂应在预计的耐火时间内受热而不失去黏结作用。若柱为开口截面（如工字形截面），则在板的接缝部位，在两翼缘间嵌入一块厚板作为横隔板。当包覆层数等于或大于两层时，各层板应分别固定，板缝应相互错开，接缝的错开距离应不小于 400 mm；当钢柱包覆有密度较小的软质防火材料时（如硅酸铝棉毡、岩棉毡、玻璃棉毡等），应采用钢丝网将棉毡固定于钢柱上，并用金属板或其他装饰性板材包裹起来。

（2）钢梁的防火保护措施。当采用喷涂防火涂料保护时，遇到下列情况时应在涂层内设置与钢梁相连的钢丝网：受冲击振动荷载的梁；涂层厚度等于或大于 40 mm 的梁；腹板高度超过 1.5 m 的梁；黏结强度小于 0.05 MPa 的钢结构防火涂料。设置钢丝网时，钢丝网的固定间距以 400 mm 为宜，可固定于焊在梁上的抓钉上。钢丝网的接口应至少有 400 mm 宽的重叠部分，且重叠不得超过三层，并保持钢丝网与构件表面的净距离在 6 mm 以上；当用硬质防火板材包覆钢梁时，在固定前先用防火厚板做成龙骨，将其卡在梁翼缘之间，并用耐高温的黏结剂固定，然后将防火板材用钉子固定。图 9-4 所示为某施工现场工人正在为钢梁和钢柱喷涂防火涂料。

图 9-4　某施工现场工人正在为钢梁和钢柱喷涂防火涂料

（3）当采用压型钢板与混凝土组合楼板时，应视上部混凝土厚度确定是否需要进行防火保护。若压型钢板仅作为模板使用，下部可不作防火保护。吊顶对梁和楼板的防火起到一定的屏蔽作用，当楼板下的空间用不燃烧板材封闭时，次梁可不再作防火保护，此时，吊顶的接缝应严密，孔洞处应封闭，防止蹿火。

（4）屋盖和中庭采用钢结构承重时，其吊顶、望板、保温材料均应采用不燃烧材料，以减少火灾对屋顶结构安全的威胁。屋盖的结构和其他楼盖结构一样，应采用厚涂型钢结构防火涂料保护。中庭桁架的耐火极限要求较低（但应不低于 0.5 h），应采用薄涂型钢结构防火涂料或设置喷水灭火系统保护。

5. 防火涂料涂装质量要求

防火涂料涂装前钢材表面除锈及防锈底漆的涂装应符合设计要求和国家现行有关标准的规定。检查数量：按同类构件数抽查 10%，且不应少于 3 件。检验方法：表面除锈用铲刀检查和用现行国家标准《涂覆涂料前钢材表面处理　表面清洁度的目视评定　第 1 部分：未涂覆过的钢材表面和全面清除原有涂层后的钢材表面的锈蚀等级和处理等级》(GB/T 8923.1—2011)规定的图片对照观察检查。底漆涂装用干漆膜测厚仪检查，每个构件检测 5 处，每处的数值为 3 个相距 50 mm 的测点涂层干漆膜厚度的平均值。

钢结构防火涂料的黏结强度、抗压强度应符合国家现行标准《钢结构防火涂料》(GB 14907—2018)的规定。检验方法应符合现行国家标准《建筑构件用防火保护材料通用要求》(XF/T 110—2013)的规定。检查数量：每使用 100 t 或不足 100 t 薄涂型防火涂料应抽检一次黏结强度和抗压强度。厚型防火涂料每使用 500 t 或不足 500 t，应抽检一次黏结强度和抗压强度。检验方法：检查复检报告。

薄涂型防火涂料的涂层厚度应符合有关耐火极限的设计要求。厚涂型防火涂料涂层的厚度，80% 及以上面积应符合有关耐火极限的设计要求，且最薄处不应低于设计要求的85%。检查数量：按同类构件数抽查10%，且应不少于 3 件。检验方法：用涂层厚度测量仪、测针和钢尺检查。测量方法应符合国家现行标准《钢结构防火涂料》(GB 14907—2018)的规定。薄涂型防火涂料层表面裂痕宽度应不大于 0.5 mm，厚涂型防火涂料涂层表面裂纹宽度应不大于 1 mm。检查数量：按同类构件数抽查 10%，且应不少于 3 件。检验方法：观察和用尺量检查。

此外，防火涂料涂装基层不得有油污、灰尘和泥沙等污垢。防火涂料不得有误涂、漏涂，涂层应闭合无脱层、空鼓、明显凹陷、粉化松散和浮浆等外观缺陷，乳突应已剔除。

9.3.3　钢结构的隔热

钢结构通常在 450～650℃ 温度中就会失去承载能力，发生形变从而导致钢柱、钢梁弯曲，一般不加保护的钢结构的耐火极限为15 min 左右。因此处于高温工作环境中的钢结构，应考虑高温作用对结构的影响。图 9-5 所示为美国纽约世界贸易中心大厦失火状态下的钢结构。

当钢结构的温度超过100℃时，设计阶段进行钢结构的承载力和变形验算时，应该考虑长期高温作用对钢材和钢结构连接性能的影响。

钢结构的隔热保护措施在相应的工作环境下应具有耐久性，并与钢结构的防腐、防火保护措施相容。当高温环境下的钢结构温度超过 100℃ 时，应根据不同情况采取防护措施：

图 9-5　美国纽约世界贸易中心大厦失火

（1）涂耐热涂料时，应采用耐火钢和有效的隔热降温措施。

（2）当高温环境下钢结构的承载力不满足要求时，应采取增大构件截面、采用耐火钢和采取有效的隔热降温措施（如加隔热层、热辐射屏蔽或水套等）。

（3）当钢结构短时间内可能受到火焰直接作用时，应采用有效的隔热降温措施（如加隔热层、热辐射屏蔽或水套等）。

（4）当钢结构可能受到炽热熔化金属的侵害时，应采用砌块或耐热固体材料做成的隔热层加以保护。

（5）当高强度螺栓连接长期受辐射热（环境温度）达 150℃ 以上，或短时间受火焰作用时，应采取隔热降温措施予以保护。

本 章 小 结

随着建筑钢结构的发展，钢结构的耐久性问题越来越受到国内外工程界的关注和重视。因此，本章除了阐述钢结构的制造工艺外，还对钢结构的防护，包括钢结构的防腐及防火问题进行了介绍。

学习本章时，应重点了解钢结构的加工制作工艺，建筑钢结构的各种防腐方法及其防腐机理、防腐特点和适用情况等。

理解防火涂料的重要性，国内外钢结构防火涂料的种类以及防火涂料的选用技术和应用过程中可能产生的一些问题。

习　　题

9-1　钢结构制作加工时，放样是否完全按照设计图的尺寸进行？

9-2　如何加工焊接边的 V 形坡口？有几种方法？

9-3　钢结构开始安装之前，安装单位应作哪几方面的检查、准备工作？

9-4　钢结构的长效防腐蚀方法有哪几种？各自的优缺点是什么？

9-5　钢结构的防火保护措施主要是什么？在使用中有哪些注意事项？

9-6　请搜集生活中见到的钢结构防护措施，并加以分析解释。

本章拓展知识见二维码

钢结构的制造及防护

附　　录

附录 1　钢材和连接的强度设计值

附表 1-1　钢材的强度设计值

钢材牌号		厚度或直径/mm	强度设计值/(N/mm²)			屈服强度 f_y	抗拉强度 f_u
			抗拉、抗压和抗弯 f	抗剪 f_v	端面承压（刨平顶紧）f_{ce}		
碳素结构钢	Q235	≤16	215	125	320	235	370
		>16，≤40	205	120		225	
		>40，≤100	200	115		215	
低合金高强度结构钢	Q345	≤16	305	175	400	345	470
		>16，≤40	295	170		335	
		>40，≤63	290	165		325	
		>63，≤80	280	160		315	
		>80，≤100	270	155		305	
	Q390	≤16	345	200	415	390	490
		>16，≤40	330	190		370	
		>40，≤63	310	180		350	
		>63，≤100	295	170		330	
	Q420	≤16	375	215	440	420	520
		>16，≤40	355	205		400	
		>40，≤63	320	185		380	
		>63，≤100	305	175		360	
	Q460	≤16	410	235	470	460	550
		>16，≤40	390	225		440	
		>40，≤63	355	205		420	
		>63，≤100	340	195		400	
建筑结构用钢板	Q345GJ	>16，≤50	325	190	415	345	490
		>50，≤50	300	175		335	

注：1. 表中直径是指实心棒材直径，厚度系指计算点的钢材或钢管壁厚度，对轴心受拉和轴心受压构件系指截面中较厚板件的厚度。

2. 冷弯型材和冷弯钢管，其强度设计值应按国家现行有关标准的规定采用。

附表 1 - 2　焊缝的强度设计值（N/mm²）

焊接方法和焊条型号	构件钢材		对接焊缝				角焊缝
	牌号	厚度或直径/mm	抗压 f_c^w	焊缝质量为下列等级时，抗拉 f_t^w		抗剪 f_v^w	抗拉、抗压和抗剪 f_f^w
				一级、二级	三级		
自动焊、半自动焊和 E43 型焊条手工焊	Q235	≤16	215	215	185	125	160
		>16，≤40	205	205	175	120	
		>40，≤100	200	200	170	115	
自动焊、半自动焊和 E50、E55 型焊条手工焊	Q345	≤16	305	305	260	175	200
		>16，≤40	295	295	250	170	
		>40，≤63	290	290	245	165	
		>63，≤80	280	280	240	160	
		>80，≤100	270	270	230	155	
	Q390	≤16	345	345	298	200	200 (E50) 220 (E55)
		>16，≤40	330	330	280	190	
		>40，≤63	310	310	265	180	
		>63，≤100	295	295	250	170	
自动焊、半自动焊和 E55、E60 型焊条手工焊	Q420	≤16	375	375	320	215	220 (E55) 240 (E60)
		>16，≤40	355	355	300	205	
		>40，≤63	320	320	270	185	
		>63，≤100	305	305	260	175	
自动焊、半自动焊和 E55、E60 型焊条手工焊	Q460	≤16	410	410	350	235	220 (E55) 240 (E60)
		>16，≤40	390	390	330	225	
		>40，≤63	355	355	300	205	
		>63，≤100	340	340	290	195	
自动焊、半自动焊和 E50、E55 型焊条手工焊	Q345GJ	>16，≤35	310	310	265	180	200
		>35，≤50	290	290	245	170	
		>50，≤100	285	285	240	165	

注：1. 手工焊用焊条、自动焊和半自动焊所采用的焊丝和焊剂，应保证其熔敷金属的力学性能不低于母材的性能。

2. 焊缝质量等级应符合现行国家标准《钢结构焊接规范》(GB 50661)的规定，其检验方法应符合现行国家标准《钢结构工程施工质量验收标准》GB 50205—2020 的规定。其中厚度小于 6 mm 钢材的对接焊缝，不应采用超声波探伤确定焊缝质量等级。

3. 对接焊缝在受压区的抗弯强度设计值取 f_c^w，在受拉区的抗弯强度设计值取 f_t^w。

4. 表中厚度系指计算点的钢材厚度，对轴心受拉和轴心受压构件系指截面中较厚板件的厚度。

5. 计算下列情况的连接时，上表规定的强度设计值应乘以相应的折减系数；几种情况同时存在时，其折减系数应连乘。

① 施工条件较差的高空安装焊缝应乘以系数 0.9。

② 进行无垫板的单面施焊对接焊缝的连接计算应乘折减系数 0.85。

附表 1-3　螺栓连接的强度设计值(N/mm^2)

| 螺栓的性能等级、锚栓和构件钢材的牌号 | | 普通螺栓 | | | | | | 锚栓 | 承压型连接高强度螺栓 | | | 高强度螺栓的抗拉强度 f_u^b |
| | | C级螺栓 | | | A级、B级螺栓 | | | | | | | |
		抗拉 f_t^w	抗剪 f_v^w	承压 f_c^w	抗拉 f_t^b	抗剪 f_v^b	承压 f_c^b	抗拉 f_t^a	抗拉 f_t^b	抗剪 f_v^b	承压 f_c^b	
普通螺栓	4.6级、4.8级	170	140	—								
	5.6级	—	—	—	210	190	—					
	8.8级	—	—	—	400	320	—					
锚栓	Q235				—	—	—	140	—			—
	Q345							180				
	Q390							185				
承压型连接高强度螺栓	8.8级	—	—	—	—	—	—	—	400	250	—	830
	10.9级								500	310	—	1040
螺栓球节点用高强度螺栓	9.8级								385			
	10.9级								430			
构件	Q235			305			405				470	
	Q345			385			510				590	
	Q390			400			530				615	
	Q420			425			560				655	
	Q460			450			595				695	
	Q345GJ			400			530				615	

注：1. A级螺栓用于 $d \leqslant 24$ mm 和 $l = 10d$ 或 $l \leqslant 150$ mm(按较小值)的螺栓；B级螺栓用于 $d > 24$ mm 或 $l > 10d$ 或 $l > 150$ mm(按较小值)的螺栓。d 为公称直径，l 为螺栓公称长度。

2. A、B级螺栓孔的精度和孔壁表面粗糙度，C级螺栓孔的允许偏差和孔壁表面粗糙度，均应符合现行国家标准《钢结构工程施工质量验收标准》(GB 50205—2020)的要求。

3. 用于螺栓球节点网架的高强度螺栓，M12～M16 为 10.9级，M39～M64 为 9.8级。

附表 1-4　结构构件或连接设计强度的折减系数

项　次	情　　况	折减系数
1	单面连接的单角钢 (1) 按轴心受力计算强度和连接 (2) 按轴心受压计算稳定性 　等边角钢 　短边相连的不等边角钢 　长边相连的不等边角钢	0.85 $0.6+0.0015\lambda$，但不大于 1.0 $0.5+0.0025\lambda$，但不大于 1.0 0.70
2	无垫板的单面施焊对接焊缝	0.85
3	施工条件较差的高空安装焊缝和铆钉连接	0.90
4	沉头和半沉头铆钉连接	0.80

注：1. λ——长细比，对中间无联系的单角钢压杆，应按最小回转半径计算，当 $\lambda \leqslant 20$ 时，取 $\lambda = 20$。

2. 当几种情况同时存在时，其折减系数应连乘。

附录 2　结构和构件的变形容许值

2.1　受弯构件的挠度容许值

(1) 吊车梁、楼盖梁、屋盖梁、工作平台梁以及墙架构件的挠度不宜超过附表 2 - 1 所列容许值。

附表 2 - 1　受弯构件的挠度容许值

项次	构 件 类 型	挠度容许值	
		$[v_T]$	$[v_Q]$
1	吊车梁和吊车桁架(按自重和起重量最大的一台吊车计算挠度)： (1) 手动起重机和单梁起重机(含悬挂起重机) (2) 轻级工作制桥式起重机 (3) 中级工作制桥式起重机 (4) 重级工作制桥式起重机	$l/500$ $l/750$ $l/900$ $l/1000$	
2	手动或电动葫芦的轨道梁	$l/400$	
3	有重轨(重量等于或大于 38 kg/m)轨道的工作平台梁 有轻轨(重量等于或小于 24 kg/m)轨道的工作平台梁	$l/600$ $l/400$	
4	楼(屋)盖梁或桁架、工作平台梁(第 3 项除外)和平台板： (1) 主梁或桁架(包括设有悬挂起重设备的梁和桁架) (2) 仅支承压型金属板屋面和冷弯型钢檩条 (3) 除支承压型金属板屋面和冷弯型钢檩条外,尚有吊顶 (4) 抹灰顶棚的次梁 (5) 除第(1)至第(4)款外的其他梁(包括楼梯梁) (6) 屋盖檩条 　　支承压型金属板屋面者 　　支承其他屋面材料者 　　有吊顶 (7) 平台板	$l/400$ $l/180$ $l/240$ $l/250$ $l/250$ $l/150$ $l/200$ $l/240$ $l/150$	$l/500$ $l/350$ $l/300$
5	墙架构件(风荷载不考虑阵风系数)： (1) 支柱(水平方向) (2) 抗风桁架(作为连续支柱的支承时,水平位移) (3) 砌体墙的横梁(水平方向) (4) 支承压型金属板的横梁(水平方向) (5) 支其他墙面材料的横梁(水平方向) (6) 带有玻璃窗的横梁(竖直和水平方向)	$l/200$	$l/400$ $l/1000$ $l/300$ $l/100$ $l/200$ $l/200$

注：1. l 为受弯构件的跨度(对悬臂梁或伸臂梁为悬伸长度的 2 倍)。

2. $[v_T]$ 为永久和可变荷载标准值产生的挠度(如有起拱应减去拱度)的容许值；$[v_Q]$ 为可变荷载标准值产生的挠度的容许值。

3. 当吊车梁或吊车桁架跨度大于 12 m 时,其挠度容许值 $[v_T]$ 应乘以 0.9 的系数。

4. 当墙面采用延性材料或与结构采用柔性连接时,墙架构件的支柱水平位移容许值可采用 $l/300$,抗风桁架(作为连续支柱的支承时)水平位移容许值可采用 $l/800$。

(2) 冶金工厂或类似车间中设有工作级别为 A7、A8 级起重机的车间,其跨间每侧吊车梁或吊车桁架的制动结构,由一台最大吊车横向水平荷载(按荷载规范取值)所产生的挠度不宜超过制动结构跨度的 1/2200。

2.2 结构的位移容许值

（1）单层钢结构水平位移限值应符合下列规定：

① 在风荷载标准值作用下，单层钢结构柱顶水平位移应符合下列规定：

a. 单层钢结构柱顶水平位移应不超过附表2－2的数值。

b. 无桥式起重机时，当围护结构采用砌体墙，柱顶水平位移应不大于 $H/240$，当围护结构采用轻型钢墙板且房屋高度不超过 18 m 时，柱顶水平位移可放宽至 $H/60$。

c. 有桥式起重机时，当房屋高度不超过 18 m 时，采用轻型屋盖，吊车起重量不大于 20 t，工作级别为 A1～A5 且吊车由地面控制时，柱顶水平位移可放宽至 $H/180$。

附表2－2　风荷载作用下单层钢结构柱顶水平位移容许值

结构体系	吊车情况	柱顶水平位移
排架、框架	无桥式起重机	$H_c/150$
	有桥式起重机	$H_c/400$

注：H 为柱高度，当围护结构采用轻型钢墙板时，注定水平位移要求可适当放宽。

② 在冶金工厂或类似车间中设有 A7、A8 级吊车的厂房柱和设有中级和重级工作制吊车的露天桥架柱，在吊车梁或吊车桁架的顶面标高处，由一台最大吊车水平荷载（按荷载规范取值）所产生的计算变形值，应不超过附表2－3所列的容许值。

附表2－3　柱顶水平位移（计算值）的容许值

项次	位移的种类	按平面结构图形计算	按空间结构图形计算
1	厂房柱的横向位移	$H_c/1250$	$H_c/2000$
2	露天栈桥柱的横向位移	$H_c/2500$	—
3	厂房和露天栈桥柱的纵向位移	$H_c/4000$	

注：1. H_c 为基础顶面至吊车梁或吊车桁架顶面的高度。

2. 计算厂房或露天栈桥柱的纵向位移时，可假设吊车的纵向水平制动力分配在温度区段内所有柱间支撑或纵向框架上。

3. 在设有 A8 级吊车的厂房中，厂房柱的水平位移应减小10%。

4. 设有 A6 级吊车的厂房柱纵向位移应符合表中的要求。

（2）多层钢结构层间位移角限值应符合下列规定：

① 在风荷载标准值作用下，有桥式起重机时，多层钢结构的弹性层间位移角应不超过 1/400。

② 在风荷载标准值作用下，无桥式起重机时，多层钢结构的弹性层间位移角应不超过附表2－4的数值。

附表2－4　层间位移角容许值

结构体系			层间位移角
框架、框架－支撑			1/250
框一排架	侧向框一排架		1/250
	竖向框一排架	排架	1/150
		框架	1/250

注：1. 对室内装修要求较高的民用建筑多层框架结构，层间相对位移应适当减小。无墙壁的多层框架结构，层间相对位移可适当放宽。

2. 对轻型框架结构的柱顶水平位移和层间位移均可适当放宽。

附录 3　梁的整体稳定系数

3.1　等截面焊接工字形和轧制 H 型钢简支梁

等截面焊接工字形和轧制 H 型钢（见附图 3-1）简支梁的整体稳定系数 φ_b 应按下式计算：

$$\varphi_b = \beta_b \frac{4320}{\lambda_y^2} \cdot \frac{Ah}{W_x} \left[\sqrt{1 + \left(\frac{\lambda_y t_1}{4.4h} \right)^2} + \eta_b \right] \varepsilon_k \qquad \text{（附 3-1）}$$

式中，β_b——梁整体稳定的等效临界弯矩系数，按附表 3-1 采用；

λ_y——梁在侧向支承点间对截面弱轴 $y-y$ 的长细比，$\lambda_y = l_1/i_y$，l_1 为受压翼缘相邻两侧向支承点之间的距离，i_y 为梁毛截面对 y 轴的截面回转半径；

A——梁的毛截面面积；

h、t_1——梁截面的全高和受压翼缘的厚度；

η_b——截面不对称影响系数；对双轴对称截面：$\eta_b = 0$；对单轴对称工字形截面：加强受压翼缘：$\eta_b = 0.8(2\alpha_b - 1)$；加强受拉翼缘：$\eta_b = 2\alpha_b - 1$；$\alpha_b = \dfrac{I_1}{I_1 + I_2}$，式中 I_1 和 I_2 分别为受压翼缘和受拉翼缘对 y 轴的惯性矩。

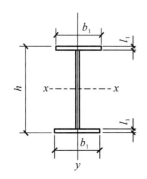

（a）双轴对称焊接工字形截面

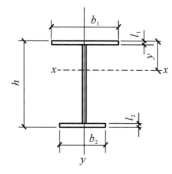

（b）加强受压翼缘的单轴对称焊接工字形截面

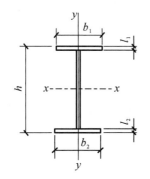

（c）加强受拉翼缘的单轴对称焊接工字形截面

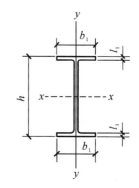

（d）轧制 H 型钢截面

附图 3-1　焊接工字形和轧制 H 型钢截面

当按式（附 3-1）算得的 φ_b 值大于 0.6 时，应用下式计算的 φ_b' 代替 φ_b 值：

$$\varphi'_b = 1.07 - \frac{0.282}{\varphi_b} \leqslant 1.0 \qquad \text{(附 3-2)}$$

注：式（附 3-1）也适用于等截面铆接（或高强度螺栓连接）简支梁，其受压翼缘厚度 t_1 包括翼缘角钢厚度在内。

附表 3-1　H 型钢和等截面工字形简支梁的系数 β_b

项次	侧向支承	荷载		$\xi \leqslant 2.0$	$\xi > 2.0$	适用范围
1	跨中无侧向支承	均布荷载作用在	上翼缘	$0.69 + 0.13\xi$	0.95	附图 3-1 (a)、(b) 和 (d) 的截面
2			下翼缘	$1.73 - 0.20\xi$	1.33	
3		集中荷载作用在	上翼缘	$0.73 + 0.18\xi$	1.09	
4			下翼缘	$2.23 - 0.28\xi$	1.67	
5	跨度中点有一个侧向支承点	均布荷载作用在	上翼缘	1.15		附图 3-1 中的所有截面
6			下翼缘	1.40		
7		集中荷载作用在截面高度上任意位置		1.75		
8	跨中有不少于两个等距离侧向支承点	任意荷载作用在	上翼缘	1.20		
9			下翼缘	1.40		
10	梁端有弯矩，但跨中无荷载作用			$1.75 - 1.05\dfrac{M_2}{M_1} + 0.3\left(\dfrac{M_2}{M_1}\right)^2$，但 $\leqslant 2.3$		

注：1. ξ 为参数，$\xi = \dfrac{l_1 t_1}{b_1 h}$。

2. M_1、M_2 为梁的端弯矩，使梁产生同向曲率时 M_1 和 M_2 取同号，产生反向曲率时取异号，$|M_1| \geqslant M_2|$。

3. 表中项次 3、4 和 7 的集中荷载是指一个或少数几个集中荷载位于跨中央附近的情况，对其他情况的集中荷载，应按表中项次 1、2、5、6 内的数值采用。

4. 表中项次 8、9 的 β_b，当集中荷载作用在侧向支承点处时，取 $\beta_b = 1.20$。

5. 荷载作用在上翼缘系指荷载作用点在翼缘表面，方向指向截面形心；荷载作用在下翼缘系指荷载作用点在翼缘表面，方向背向截面形心。

6. 对 $\alpha_b > 0.8$ 的加强受压翼缘工字形截面，下列情况的 β_b 值应乘以相应的系数：

项次 1：当 $\xi \leqslant 1.0$ 时，乘以 0.95。

项次 3：当 $\xi \leqslant 0.5$ 时，乘以 0.90；当 $0.5 < \xi \leqslant 1.0$ 时，乘以 0.95。

3.2　轧制普通工字钢简支梁

扎制普通工字钢简支梁的整体稳定系数 φ_b 应按附表 3-2 采用，当所得的 φ_b 值大于 0.6 时，应按式(附 3-2)算得相应的 φ'_b 代替 φ_b 值。

附表 3-2　轧制普通工字钢简支梁的 φ_b

项次	荷载情况		工字钢型号	自由长度 l_1/m								
				2	3	4	5	6	7	8	9	10
1	跨中无侧向支承点的梁	集中荷载作用于 上翼缘	10～20	2.00	1.30	0.99	0.80	0.68	0.58	0.53	0.48	0.43
			22～32	2.40	1.48	1.09	0.86	0.72	0.62	0.54	0.49	0.45
			36～63	2.80	1.60	1.07	0.83	0.68	0.56	0.50	0.45	0.40
2		集中荷载作用于 下翼缘	10～20	3.10	1.95	1.34	1.01	0.82	0.69	0.63	0.57	0.52
			22～40	5.50	2.80	1.84	1.37	1.07	0.86	0.73	0.64	0.56
			45～63	7.30	3.60	2.30	1.62	1.20	0.96	0.80	0.69	0.60
3		均布荷载作用于 上翼缘	10～20	1.70	1.12	0.84	0.68	0.57	0.50	0.45	0.41	0.37
			22～40	2.10	1.30	0.93	0.73	0.60	0.51	0.45	0.40	0.36
			45～63	2.60	1.45	0.97	0.73	0.59	0.50	0.44	0.38	0.35
4		均布荷载作用于 下翼缘	10～20	2.50	1.55	1.08	0.83	0.68	0.56	0.52	0.47	0.42
			22～40	4.00	2.20	1.45	1.10	0.85	0.70	0.60	0.52	0.46
			45～63	5.60	2.80	1.80	1.25	0.95	0.78	0.65	0.55	0.49
5	跨中有侧向支承点的梁(不论荷载作用点在截面高度上的位置)		10～20	2.20	1.39	1.01	0.79	0.66	0.57	0.52	0.47	0.42
			22～40	3.00	1.80	1.24	0.96	0.76	0.65	0.56	0.49	0.43
			45～63	4.00	2.20	1.38	1.01	0.80	0.66	0.56	0.49	0.43

注：1. 同附表 3-1 的注 3、5。

　　2. 表中的 φ_b 适用于 Q235 钢。对其他钢号，表中数值应乘以 $235/f_y$。

3.3　轧制槽钢简支梁

轧制槽钢简支梁的整体稳定系数，不论荷载的形式和荷载作用点在截面高度上的位置，均可按下式计算：

$$\varphi_b = \frac{570bt}{l_1 h} \cdot \frac{235}{f_y} \qquad (附3-3)$$

式中，h、b、t 分别为槽钢截面的高度、翼缘宽度和平均厚度。

按式(附 3-3)的 φ_b 大于 0.6 时，应按式(附 3-2)算得相应的 φ'_b 代替 φ_b 值。

3.4　双轴对称工字形等截面(含 H 型钢)悬臂梁

双轴对称工字形等截面(含 H 型钢)悬臂梁的整体稳定系数，可按式(附 3-1)计算，但式中系数 β_b 应按附表 3-3 查得，$\lambda_y - l_1/i_y$(l_1 为悬臂梁的悬伸长度)。当求得的 φ_b 大于 0.6 时，应按式(附 3-2)算得相应的 φ'_b 代替 φ_b 值。

附表 3-3　双轴对称工字形等截面(含 H 型钢)悬臂梁的系数

项次	荷载形式		$0.60 \leqslant \xi \leqslant 1.24$	$1.24 < \xi < 1.96$	$1.96 < \xi < 3.10$
1	自由端一个集中荷载作用在	上翼缘	$0.21 + 0.67\xi$	$0.72 + 0.26\xi$	$1.17 + 0.03\xi$
2		下翼缘	$2.94 - 0.65\xi$	$2.64 - 0.40\xi$	$2.15 - 0.15\xi$
3	均布荷载作用在上翼缘		$0.62 + 0.82\xi$	$1.25 + 0.31\xi$	$1.66 + 0.10\xi$

注:1. 本表是按支承端为固定的情况确定的,当用于由邻跨延伸出来的伸臂梁时,在构造上采取措施加强支承处的抗扭能力。

　2. 表中 ξ 见附表 3-1 注 1。

3.5　受弯构件整体稳定系数的近似计算

均匀弯曲的受弯构件,当 $\lambda_y \leqslant 120\sqrt{235/f_y}$ 时,其整体稳定系数 φ_b 可按下列近似公式计算:

(1) 工字形截面(含 H 型钢):

双轴对称时:

$$\varphi_b = 1.07 - \frac{\lambda_y^2}{44\,000} \cdot \frac{f_y}{235} \qquad (\text{附 } 3-4)$$

单轴对称时:

$$\varphi_b = 1.07 - \frac{W_x}{(2\alpha_b + 0.1)Ah} \cdot \frac{\lambda_y^2}{14000} \cdot \frac{f_y}{235} \qquad (\text{附 } 3-5)$$

(2) T 形截面(弯矩作用在对称轴平面,绕 x 轴):

① 弯矩使翼缘受压时:

双角钢 T 形截面:

$$\varphi_b = 1 - 0.0017\lambda_y\sqrt{\frac{f_y}{235}} \qquad (\text{附 } 3-6)$$

部分 T 型钢和两板组合 T 形截面:

$$\varphi_b = 1 - 0.0022\lambda_y\sqrt{\frac{f_y}{235}} \qquad (\text{附 } 3-7)$$

② 弯矩使翼缘受拉且腹板宽厚比不大于 $18\sqrt{\dfrac{235}{f_y}}$ 时:

$$\varphi_b = 1 - 0.0005\lambda_y\sqrt{\frac{f_y}{235}} \qquad (\text{附 } 3-8)$$

按式(附 3-4)和式(附 3-8)算得的 φ_b 值大于 0.6 时,不需按式(附 3-2)换算成 φ'_b 值;当按式(附 3-4)和式(附 3-5)算得的 φ_b 值大于 1.0 时,取 $\varphi_b = 1.0$。

附录 4　轴心受压构件的稳定系数

附表 4-1　a 类截面轴心受压构件的稳定系数 φ

$\lambda\sqrt{\dfrac{f_y}{235}}$	0	1	2	3	4	5	6	7	8	9
0	1.000	1.000	1.000	1.000	0.999	0.999	0.998	0.998	0.997	0.996
10	0.995	0.994	0.993	0.992	0.991	0.989	0.988	0.986	0.985	0.983
20	0.981	0.979	0.977	0.976	0.974	0.972	0.970	0.968	0.966	0.964
30	0.963	0.961	0.959	0.957	0.955	0.952	0.950	0.948	0.946	0.944
40	0.941	0.939	0.937	0.934	0.932	0.929	0.927	0.924	0.921	0.919
50	0.916	0.913	0.910	0.907	0.904	0.900	0.897	0.894	0.890	0.886
60	0.883	0.879	0.875	0.871	0.867	0.863	0.858	0.854	0.849	0.844
70	0.839	0.834	0.829	0.824	0.818	0.813	0.807	0.801	0.795	0.789
80	0.783	0.776	0.770	0.763	0.757	0.750	0.743	0.736	0.728	0.721
90	0.714	0.706	0.699	0.691	0.684	0.676	0.668	0.661	0.653	0.645
100	0.638	0.630	0.622	0.615	0.607	0.600	0.592	0.585	0.577	0.570
110	0.563	0.555	0.548	0.541	0.534	0.527	0.520	0.514	0.507	0.500
120	0.494	0.488	0.481	0.475	0.469	0.463	0.457	0.451	0.445	0.440
130	0.434	0.429	0.423	0.418	0.412	0.407	0.402	0.397	0.392	0.387
140	0.383	0.378	0.373	0.369	0.364	0.360	0.356	0.351	0.347	0.343
150	0.339	0.335	0.331	0.327	0.323	0.320	0.316	0.312	0.309	0.305
160	0.302	0.298	0.295	0.292	0.289	0.285	0.282	0.279	0.276	0.273
170	0.270	0.267	0.264	0.262	0.259	0.256	0.253	0.251	0.248	0.246
180	0.243	0.241	0.238	0.236	0.233	0.231	0.229	0.226	0.224	0.222
190	0.220	0.218	0.215	0.213	0.211	0.209	0.207	0.205	0.203	0.201
200	0.199	0.198	0.196	0.194	0.192	0.190	0.189	0.187	0.185	0.183
210	0.182	0.180	0.179	0.177	0.175	0.174	0.172	0.171	0.169	0.168
220	0.166	0.165	0.164	0.162	0.161	0.159	0.158	0.157	0.155	0.154
230	0.153	0.152	0.150	0.149	0.148	0.147	0.146	0.144	0.143	0.142
240	0.141	0.140	0.139	0.138	0.136	0.135	0.134	0.133	0.132	0.131
250	0.130									

附表 4-2　b 类截面轴心受压构件的稳定系数 φ

$\lambda\sqrt{\dfrac{f_y}{235}}$	0	1	2	3	4	5	6	7	8	9
0	1.000	1.000	1.000	0.999	0.999	0.998	0.997	0.996	0.995	0.994
10	0.992	0.991	0.989	0.987	0.985	0.983	0.981	0.978	0.976	0.973
20	0.970	0.967	0.963	0.960	0.957	0.953	0.950	0.946	0.943	0.939
30	0.936	0.932	0.929	0.925	0.922	0.918	0.914	0.910	0.906	0.903
40	0.899	0.895	0.891	0.887	0.882	0.878	0.874	0.870	0.865	0.861
50	0.856	0.852	0.847	0.842	0.838	0.833	0.828	0.823	0.818	0.813
60	0.807	0.802	0.797	0.791	0.786	0.780	0.774	0.769	0.763	0.757
70	0.751	0.745	0.739	0.732	0.726	0.720	0.714	0.707	0.701	0.694
80	0.688	0.681	0.675	0.668	0.661	0.655	0.648	0.641	0.635	0.628
90	0.621	0.614	0.608	0.601	0.594	0.588	0.581	0.575	0.568	0.561
100	0.555	0.549	0.542	0.536	0.529	0.523	0.517	0.511	0.505	0.499
110	0.493	0.487	0.481	0.475	0.470	0.464	0.458	0.453	0.447	0.442
120	0.437	0.432	0.426	0.421	0.416	0.411	0.406	0.402	0.397	0.392
130	0.387	0.383	0.378	0.374	0.370	0.365	0.361	0.357	0.353	0.349
140	0.345	0.341	0.337	0.333	0.329	0.326	0.322	0.318	0.315	0.311
150	0.308	0.304	0.301	0.298	0.295	0.291	0.288	0.285	0.282	0.279
160	0.276	0.273	0.270	0.267	0.265	0.262	0.259	0.256	0.254	0.251
170	0.249	0.246	0.244	0.241	0.239	0.236	0.234	0.232	0.229	0.227
180	0.225	0.223	0.220	0.218	0.216	0.214	0.212	0.210	0.208	0.206
190	0.204	0.202	0.200	0.198	0.197	0.195	0.193	0.191	0.190	0.188
200	0.186	0.184	0.183	0.181	0.180	0.178	0.176	0.175	0.173	0.172
210	0.170	0.169	0.167	0.166	0.165	0.163	0.162	0.160	0.159	0.158
220	0.156	0.155	0.154	0.153	0.151	0.150	0.149	0.148	0.146	0.145
230	0.144	0.143	0.142	0.141	0.140	0.138	0.137	0.136	0.135	0.134
240	0.133	0.132	0.131	0.130	0.129	0.128	0.127	0.126	0.125	0.124
250	0.123	—	—	—	—	—	—	—	—	—

附表 4-3　c 类截面轴心受压构件的稳定系数 φ

$\lambda\sqrt{\dfrac{f_y}{235}}$	0	1	2	3	4	5	6	7	8	9
0	1.000	1.000	1.000	0.999	0.999	0.998	0.997	0.996	0.995	0.993
10	0.992	0.990	0.988	0.986	0.983	0.981	0.978	0.976	0.973	0.970
20	0.966	0.959	0.953	0.947	0.940	0.934	0.928	0.921	0.915	0.909
30	0.902	0.896	0.890	0.884	0.877	0.871	0.865	0.858	0.852	0.845
40	0.839	0.833	0.826	0.820	0.814	0.807	0.801	0.794	0.787	0.781
50	0.774	0.768	0.761	0.755	0.748	0.742	0.735	0.729	0.722	0.715
60	0.709	0.702	0.695	0.689	0.682	0.676	0.669	0.662	0.656	0.649
70	0.642	0.636	0.629	0.623	0.616	0.610	0.604	0.597	0.591	0.584
80	0.578	0.572	0.566	0.559	0.553	0.547	0.541	0.535	0.529	0.523
90	0.517	0.511	0.505	0.500	0.494	0.488	0.483	0.477	0.471	0.467
100	0.463	0.458	0.454	0.449	0.445	0.441	0.436	0.432	0.427	0.423
110	0.419	0.415	0.411	0.407	0.403	0.399	0.395	0.390	0.387	0.383
120	0.379	0.375	0.371	0.367	0.364	0.360	0.356	0.352	0.349	0.345
130	0.342	0.339	0.335	0.332	0.328	0.325	0.322	0.319	0.315	0.312
140	0.309	0.306	0.303	0.300	0.297	0.294	0.291	0.288	0.285	0.282
150	0.279	0.277	0.274	0.271	0.269	0.266	0.264	0.261	0.258	0.256
160	0.253	0.251	0.249	0.246	0.244	0.242	0.239	0.237	0.235	0.233
170	0.230	0.228	0.226	0.224	0.222	0.220	0.218	0.216	0.214	0.212
180	0.210	0.208	0.206	0.205	0.203	0.201	0.199	0.197	0.196	0.194
190	0.192	0.190	0.189	0.187	0.186	0.184	0.182	0.181	0.179	0.178
200	0.176	0.175	0.173	0.172	0.170	0.169	0.167	0.166	0.165	0.163
210	0.162	0.161	0.159	0.158	0.157	0.156	0.154	0.153	0.152	0.151
220	0.150	0.148	0.147	0.146	0.145	0.144	0.143	0.141	0.140	0.130
230	0.138	0.137	0.136	0.135	0.134	0.133	0.132	0.131	0.130	0.129
240	0.128	0.127	0.126	0.125	0.124	0.124	0.123	0.122	0.121	0.120
250	0.119	—	—	—	—	—	—	—	—	—

附表 4-4　d 类截面轴心受压构件的稳定系数 φ

$\lambda\sqrt{\dfrac{f_y}{235}}$	0	1	2	3	4	5	6	7	8	9
0	1.000	1.000	0.999	0.999	0.998	0.996	0.994	0.992	0.990	0.987
10	0.984	0.981	0.978	0.974	0.969	0.965	0.960	0.955	0.949	0.944
20	0.937	0.927	0.918	0.909	0.900	0.891	0.883	0.874	0.865	0.857
30	0.848	0.840	0.831	0.823	0.815	0.807	0.799	0.790	0.782	0.774
40	0.766	0.759	0.751	0.743	0.735	0.728	0.720	0.712	0.705	0.697
50	0.690	0.683	0.675	0.668	0.661	0.654	0.646	0.639	0.632	0.625
60	0.618	0.612	0.605	0.598	0.591	0.585	0.578	0.572	0.565	0.559
70	0.552	0.546	0.540	0.534	0.528	0.522	0.516	0.510	0.504	0.498
80	0.493	0.487	0.481	0.476	0.470	0.465	0.460	0.454	0.449	0.444
90	0.439	0.434	0.429	0.424	0.419	0.414	0.410	0.405	0.401	0.397
100	0.394	0.390	0.387	0.383	0.380	0.376	0.373	0.370	0.366	0.363
110	0.359	0.356	0.353	0.350	0.346	0.343	0.340	0.337	0.334	0.331
120	0.328	0.325	0.322	0.319	0.316	0.313	0.310	0.307	0.304	0.301
130	0.299	0.296	0.293	0.290	0.288	0.285	0.282	0.280	0.277	0.275
140	0.272	0.270	0.267	0.265	0.262	0.260	0.257	0.255	0.253	0.251
150	0.248	0.246	0.244	0.242	0.240	0.237	0.235	0.233	0.231	0.229
160	0.227	0.225	0.223	0.221	0.219	0.217	0.215	0.213	0.212	0.210
170	0.208	0.206	0.204	0.203	0.201	0.199	0.197	0.196	0.194	0.192
180	0.191	0.189	0.188	0.186	0.184	0.183	0.181	0.180	0.178	0.177
190	0.176	0.174	0.173	0.171	0.170	0.168	0.167	0.166	0.164	0.163
200	0.162	—	—	—	—	—	—	—	—	—

附录 5　各种截面回转半径的近似值

$i_x=0.30h$ $i_y=0.30b$ $i_z=0.195h$	$i_x=0.40h$ $i_y=0.21b$	$i_x=0.38h$ $i_y=0.60b$	$i_x=0.41h$ $i_y=0.22b$
$i_x=0.32h$ $i_y=0.28b$	$i_x=0.45h$ $i_y=0.235b$	$i_x=0.38h$ $i_y=0.44b$	$i_x=0.32h$ $i_y=0.49b$
$i_x=0.30h$ $i_y=0.215b$	$i_x=0.44h$ $i_y=0.28b$	$i_x=0.32h$ $i_y=0.58b$	$i_x=0.29h$ $i_y=0.50b$
$i_x=0.32h$ $i_y=0.20b$	$i_x=0.43h$ $i_y=0.43b$	$i_x=0.32h$ $i_y=0.40b$	$i_x=0.29h$ $i_y=0.45b$
$i_x=0.28h$ $i_y=0.24b$	$i_x=0.39h$ $i_y=0.20b$	$i_x=0.32h$ $i_y=0.12b$	$i_x=0.29h$ $i_y=0.29b$
$i_x=0.30h$ $i_y=0.17b$	$i_x=0.42h$ $i_y=0.22b$	$i_x=0.44h$ $i_y=0.32b$	$i_x=0.40h_平$ $i_y=0.40b_平$
$i_x=0.28h$	$i_x=0.43h$ $i_y=0.24b$	$i_x=0.44h$ $i_y=0.38b$	$i=0.25d$
$i_x=0.21h$ $i_y=0.21b$ $i_z=0.185h$	$i_x=0.365h$ $i_y=0.275b$	$i_x=0.37h$ $i_y=0.54b$	$i=0.35d_平$
$i_x=0.21h$ $i_y=0.21b$	$i_x=0.35h$ $i_y=0.56b$	$i_x=0.37h$ $i_y=0.54b$	$i_x=0.39h$ $i_y=0.53b$
$i_x=0.45h$ $i_y=0.24b$	$i_x=0.39h$ $i_y=0.29b$	$i_x=0.40h$ $i_y=0.24b$	$i_x=0.40h$ $i_y=0.50b$

附录 6　柱的计算长度系数

附表 6－1　无侧移框架柱的计算长度系数 μ

K_2	$K_1=0$	$K_1=0.05$	$K_1=0.1$	$K_1=0.2$	$K_1=0.3$	$K_1=0.4$	$K_1=0.5$	$K_1=1$	$K_1=2$	$K_1=3$	$K_1=4$	$K_1=5$	$K_1=\geqslant 10$
0	1.000	0.990	0.981	0.964	0.949	0.935	0.922	0.875	0.820	0.791	0.773	0.760	0.732
0.05	0.990	0.981	0.971	0.955	0.940	0.926	0.914	0.867	0.814	0.784	0.766	0.754	0.726
0.1	0.981	0.971	0.962	0.946	0.931	0.918	0.906	0.860	0.807	0.778	0.760	0.748	0.721
0.2	0.964	0.955	0.946	0.930	0.916	0.903	0.891	0.846	0.795	0.767	0.749	0.737	0.711
0.3	0.949	0.940	0.931	0.916	0.902	0.889	0.878	0.834	0.784	0.756	0.739	0.728	0.701
0.4	0.935	0.926	0.918	0.903	0.889	0.877	0.866	0.823	0.774	0.747	0.730	0.719	0.693
0.5	0.922	0.914	0.906	0.891	0.878	0.866	0.855	0.813	0.765	0.738	0.721	0.710	0.685
1	0.875	0.867	0.860	0.846	0.834	0.823	0.813	0.774	0.729	0.704	0.688	0.677	0.654
2	0.820	0.814	0.807	0.795	0.784	0.774	0.765	0.729	0.686	0.663	0.648	0.638	0.615
3	0.791	0.784	0.778	0.767	0.756	0.747	0.738	0.704	0.663	0.640	0.625	0.616	0.593
4	0.773	0.766	0.760	0.749	0.739	0.730	0.721	0.688	0.648	0.625	0.611	0.601	0.580
5	0.760	0.754	0.748	0.737	0.728	0.719	0.710	0.677	0.638	0.616	0.601	0.592	0.570
≥10	0.732	0.726	0.721	0.711	0.701	0.693	0.685	0.654	0.615	0.593	0.580	0.570	0.549

注:1. 表中的计算长度系数 μ 值按下式算得:

$$\left[\left(\frac{\pi}{\mu}\right)^2 + 2(K_1+K_2) - 4K_1K_2\right]\frac{\pi}{\mu}\cdot\sin\frac{\pi}{\mu} - 2\left[(K_1+K_2)\left(\frac{\pi}{\mu}\right)^2 + 4K_1K_2\right]\cos\frac{\pi}{\mu} + 8K_1K_2 = 0$$

式中,K_1、K_2 分别为相交于柱上端、柱下端的横梁线刚度之和与柱线刚度之和的比值。当梁远端为铰接时,应将横梁线刚度乘以 1.5;当横梁远端为嵌固时,则将横梁线刚度乘以 2。

2. 当横梁与柱铰接时,取横梁线刚度为零。

3. 底层框架柱:当柱与基础铰接时,取 $K_2=0$;当柱与基础刚接时,取 $K_2=10$,对平板支座可取 $K_2=0.1$。

4. 当与柱刚性连接的横梁所受轴心压力 $N_b\neq 0$ 时,横梁线刚度应乘以折减系数 α_N:

横梁远端与柱刚接和横梁远端铰支时: $\alpha_N=1-N_b/N_{Eb}$;

横梁远端嵌固时: $\alpha_N=1-N_b/(2N_{Eb})$;

式中,$N_{Eb}=\pi^2 EI_b/l^2$,I_b 为横梁截面惯性矩,l 为横梁长度。

附表 6-2　有侧移框架柱的计算度度系数 μ

μ

K_2	$K_1=0$	$K_1=0.05$	$K_1=0.1$	$K_1=0.2$	$K_1=0.3$	$K_1=0.4$	$K_1=0.5$	$K_1=1$	$K_1=2$	$K_1=3$	$K_1=4$	$K_1=5$	$K_1=\geqslant10$
0	∞	6.02	4.46	3.42	3.01	2.78	2.64	2.33	2.17	2.11	2.08	2.07	2.03
0.05	6.02	4.16	3.47	2.86	2.58	2.42	2.31	2.07	1.94	1.90	1.87	1.86	1.83
0.1	4.46	3.47	3.01	2.56	2.33	2.20	2.11	1.90	1.79	1.75	1.73	1.72	1.70
0.2	3.42	2.86	2.56	2.23	2.05	1.94	1.87	1.70	1.60	1.57	1.55	1.54	1.52
0.3	3.01	2.58	2.33	2.05	1.90	1.80	1.74	1.58	1.49	1.46	1.45	1.44	1.42
0.4	2.78	2.42	2.20	1.94	1.80	1.71	1.65	1.50	1.42	1.39	1.37	1.37	1.35
0.5	2.64	2.31	2.11	1.87	1.74	1.65	1.59	1.45	1.37	1.34	1.32	1.32	1.30
1	2.33	2.07	1.90	1.70	1.58	1.50	1.45	1.32	1.24	1.21	1.20	1.19	1.17
2	2.17	1.94	1.79	1.60	1.49	1.42	1.37	1.24	1.16	1.14	1.12	1.12	1.10
3	2.11	1.90	1.75	1.57	1.46	1.39	1.34	1.21	1.14	1.11	1.10	1.09	1.07
4	2.08	1.87	1.73	1.55	1.45	1.37	1.32	1.20	1.12	1.10	1.08	1.08	1.06
5	2.07	1.86	1.72	1.54	1.44	1.37	1.32	1.19	1.12	1.09	1.08	1.07	1.05
$\geqslant10$	2.03	1.83	1.70	1.52	1.42	1.35	1.30	1.17	1.10	1.07	1.06	1.05	1.03

注：1. 表中的计算度度系数 μ 值系按下式算得：

$$\left[36K_1K_2 - \left(\frac{\pi}{\mu}\right)^2\right]\sin\frac{\pi}{\mu} + 6(K_1+K_2)\frac{\pi}{\mu}\cdot\cos\frac{\pi}{\mu} = 0$$

式中，K_1、K_2 分别为相交于柱上端、柱下端的横梁线刚度之和与柱线刚度之和的比值。当梁远端为铰接时，应将横梁线刚度乘以 0.5；当横梁远端为嵌固时，则应乘以 $2/3$。

2. 当横梁与柱铰接时，取横梁线刚度为零。

3. 对底层框架柱：当柱与基础铰接时，取 $K_2=0$；当柱与基础刚接时，取 $K_2=10$，平板支座可取 $K_2=0.1$。

4. 当与柱刚性连接的横梁所受轴心压力 N_b 较大时，横梁线刚度应乘以折减系数 α_N：
横梁远端与柱刚接时：$\alpha_N=1-N_b/(4N_{Eb})$；
横梁远端铰接时：$\alpha_N=1-N_b/N_{Eb}$；
横梁远端嵌固时：$\alpha_N=1-N_b/(2N_{Eb})$。

附表 6-3　柱上端为自由的单阶柱下段的计算长度系数 μ_2

简图	η	K_1 取为																	
		0.06	0.08	0.10	0.12	0.14	0.16	0.18	0.20	0.22	0.24	0.26	0.28	0.3	0.4	0.5	0.6	0.7	0.8
	0.2	2.00	2.01	2.01	2.01	2.01	2.01	2.01	2.02	2.02	2.02	2.02	2.02	2.02	2.03	2.04	2.05	2.06	2.07
	0.3	2.01	2.02	2.02	2.02	2.03	2.03	2.03	2.04	2.04	2.05	2.05	2.05	2.06	2.08	2.10	2.12	2.13	2.15
	0.4	2.02	2.03	2.04	2.04	2.05	2.06	2.07	2.07	2.08	2.09	2.09	2.10	2.11	2.14	2.18	2.21	2.25	2.28
	0.5	2.04	2.05	2.06	2.07	2.09	2.10	2.11	2.12	2.13	2.15	2.16	2.17	2.18	2.24	2.29	2.35	2.40	2.45
	0.6	2.06	2.08	2.10	2.12	2.14	2.16	2.18	2.19	2.21	2.23	2.25	2.26	2.28	2.36	2.44	2.52	2.59	2.66
	0.7	2.10	2.13	2.16	2.18	2.21	2.24	2.26	2.29	2.31	2.34	2.36	2.38	2.41	2.52	2.62	2.72	2.81	2.90
	0.8	2.15	2.20	2.24	2.27	2.31	2.34	2.38	2.41	2.44	2.47	2.50	2.53	2.56	2.70	2.82	2.94	3.06	3.16
	0.9	2.24	2.29	2.35	2.39	2.44	2.48	2.52	2.56	2.60	2.63	2.67	2.71	2.74	2.90	3.05	3.19	3.32	3.44
	1.0	2.36	2.43	2.48	2.54	2.59	2.64	2.69	2.73	2.77	2.82	2.86	2.90	2.94	3.12	3.29	3.45	3.59	3.74
	1.2	2.69	2.76	2.83	2.89	2.95	3.01	3.07	3.12	3.17	3.22	3.27	3.32	3.37	3.59	3.80	3.99	4.17	4.34
	1.4	3.07	3.14	3.22	3.29	3.36	3.42	3.48	3.55	3.61	3.66	3.72	3.78	3.83	4.09	4.33	4.56	4.77	4.97
	1.6	3.47	3.55	3.63	3.71	3.78	3.85	3.92	3.99	4.07	4.12	4.18	4.25	4.31	4.61	4.88	5.14	5.38	5.62
	1.8	3.88	3.97	4.05	4.13	4.21	4.29	4.37	4.44	4.52	4.59	4.66	4.73	4.80	5.13	5.44	5.73	6.00	6.26
	2.0	4.29	4.39	4.48	4.57	4.65	4.74	4.82	4.90	4.99	5.07	5.14	5.22	5.30	5.66	6.00	6.32	6.63	6.92
	2.2	4.71	4.81	4.91	5.00	5.10	5.19	5.28	5.37	5.46	5.54	5.63	5.71	5.80	6.19	6.57	6.92	7.26	7.58
	2.4	5.13	5.24	5.34	5.44	5.54	5.64	5.74	5.84	5.93	6.03	6.12	6.21	6.30	6.73	7.14	7.52	7.89	8.24
	2.6	5.55	5.66	5.77	5.88	5.99	6.10	6.20	6.31	6.41	6.51	6.61	6.71	6.80	7.27	7.71	8.13	8.52	8.90
	2.8	5.97	6.09	6.21	6.33	6.44	6.55	6.67	6.78	6.89	6.99	7.10	7.21	7.31	7.81	8.28	8.73	9.16	9.57
	3.0	6.39	6.52	6.64	6.77	6.89	7.01	7.13	7.25	7.37	7.48	7.59	7.71	7.82	8.35	8.86	9.34	9.80	10.24

$K_1 = \dfrac{I_1}{I_2} \cdot \dfrac{H_2}{H_1}$

$\eta = \dfrac{H_1}{H_2} \sqrt{\dfrac{N_1}{N_2} \cdot \dfrac{I_2}{I_1}}$

N_1—上段柱的轴心力；

N_2—下段柱轴心力

注：表中的计算长度系数 μ_2 值系按下式计算得出：$\mu_1 K_1 \cdot \lg \dfrac{\pi}{\mu_2} \cdot \lg \dfrac{\pi\eta}{\mu_2} - 1 = 0$

附表 6-4　柱上端可移动不能转动的单阶柱下段的计算长度系数 μ_2

简图：

$$K_1 = \frac{I_1}{I_2} \cdot \frac{H_2}{H_1}$$

$$\eta_1 = \frac{H_1}{H_2}\sqrt{\frac{N_1}{N_2} \cdot \frac{I_2}{I_1}}$$

N_1—上段柱的轴心力；
N_2—下段柱的轴心力

η	K_1 取为																	
	0.06	0.08	0.10	0.12	0.14	0.16	0.18	0.20	0.22	0.24	0.26	0.28	0.3	0.4	0.5	0.6	0.7	0.8
0.2	1.96	1.94	1.93	1.91	1.90	1.89	1.88	1.86	1.85	1.84	1.83	1.82	1.81	1.76	1.72	1.68	1.65	1.62
0.3	1.96	1.94	1.93	1.92	1.91	1.89	1.88	1.87	1.86	1.85	1.84	1.83	1.82	1.77	1.73	1.70	1.66	1.63
0.4	1.96	1.95	1.94	1.92	1.91	1.90	1.89	1.88	1.87	1.86	1.85	1.84	1.83	1.79	1.75	1.72	1.68	1.66
0.5	1.96	1.95	1.94	1.93	1.92	1.91	1.90	1.89	1.88	1.87	1.86	1.85	1.85	1.81	1.77	1.74	1.71	1.69
0.6	1.97	1.96	1.95	1.94	1.93	1.92	1.91	1.90	1.90	1.89	1.88	1.87	1.87	1.83	1.80	1.78	1.75	1.73
0.7	1.97	1.97	1.96	1.95	1.94	1.94	1.93	1.92	1.92	1.91	1.90	1.90	1.89	1.86	1.84	1.82	1.80	1.78
0.8	1.98	1.98	1.97	1.96	1.96	1.95	1.95	1.94	1.94	1.93	1.93	1.93	1.92	1.90	1.88	1.87	1.86	1.84
0.9	1.99	1.99	1.98	1.98	1.98	1.97	1.97	1.97	1.97	1.96	1.96	1.96	1.96	1.95	1.94	1.93	1.92	1.92
1.0	2.00	2.00	2.00	2.00	2.00	2.00	2.00	2.00	2.00	2.00	2.00	2.00	2.00	2.00	2.00	2.00	2.00	2.00
1.2	2.03	2.04	2.04	2.05	2.06	2.07	2.07	2.08	2.08	2.09	2.10	2.10	2.11	2.13	2.15	2.17	2.18	2.20
1.4	2.07	2.09	2.11	2.12	2.14	2.16	2.17	2.18	2.20	2.21	2.22	2.23	2.24	2.29	2.33	2.37	2.40	2.42
1.6	2.13	2.16	2.19	2.22	2.25	2.27	2.30	2.32	2.34	2.36	2.37	2.39	2.41	2.48	2.54	2.59	2.63	2.67
1.8	2.22	2.27	2.31	2.35	2.39	2.42	2.45	2.48	2.50	2.53	2.55	2.57	2.59	2.69	2.76	2.83	2.88	2.93
2.0	2.35	2.41	2.46	2.50	2.55	2.59	2.62	2.66	2.69	2.72	2.75	2.77	2.80	2.91	3.00	3.08	3.14	3.20
2.2	2.51	2.57	2.63	2.68	2.73	2.77	2.81	2.85	2.89	2.92	2.95	2.98	3.01	3.14	3.25	3.33	3.41	3.47
2.4	2.68	2.75	2.81	2.87	2.92	2.97	3.01	3.05	3.09	3.13	3.17	3.20	3.24	3.38	3.50	3.59	3.68	3.75
2.6	2.87	2.94	3.00	3.06	3.12	3.17	3.22	3.27	3.31	3.35	3.39	3.43	3.46	3.62	3.75	3.86	3.95	4.03
2.8	3.06	3.14	3.20	3.27	3.33	3.38	3.43	3.48	3.53	3.58	3.62	3.66	3.70	3.87	4.01	4.13	4.23	4.32
3.0	3.26	3.34	3.41	3.47	3.54	3.60	3.65	3.70	3.75	3.80	3.85	3.89	3.93	4.12	4.27	4.40	4.51	4.61

注：表中的计算长度系数 μ_2 值系按下式计算得出：$\lg\dfrac{\pi}{\mu_2} + \eta_1 \cdot K_1 \cdot \lg\dfrac{\pi}{\mu_2} = 0$

附录 7 常用型钢规格及截面特性

附表 7 - 1 热轧等边角钢的规格及截面特性(按 GB/T 706—2016 计算)

1. 表中双线的左侧为一个角钢的截面特性;
2. 趾尖圆弧半径 $r_1 = t/3$;
3. $I_u = Ai_u^2$, $I_v = Ai_v^2$。

规格	尺寸/mm b	尺寸/mm t	尺寸/mm r	截面积 A/cm²	质量/(kg/m)	重心距 y₀/cm	惯性距 I_x/cm⁴	抵抗矩/cm³ $W_{x\max}$	$W_{x\min}$	W_u	回转半径/cm i_x	i_u	i_v	双角钢回转半径 i_y/cm 当间距 a(mm)为 6	8	10	12	14	16
∠20×3	20	3	3.5	1.132	0.889	0.60	0.40	0.67	0.29	0.45	0.59	0.75	0.39	1.08	1.16	1.25	1.34	1.43	1.52
∠20×4	20	4	3.5	1.459	1.145	0.64	0.50	0.78	0.36	0.55	0.58	0.73	0.38	1.10	1.19	1.28	1.37	1.46	1.55
∠25×3	25	3	3.5	1.432	1.124	0.73	0.82	1.12	0.46	0.73	0.76	0.95	0.49	1.28	1.36	1.45	1.53	1.62	1.71
∠25×4	25	4	3.5	1.859	1.459	0.76	1.03	1.36	0.59	0.92	0.74	0.93	0.48	1.29	1.38	1.46	1.55	1.64	1.73
∠30×3	30	3	4.5	1.749	1.373	0.85	1.46	1.72	0.68	1.09	0.91	1.15	0.59	1.47	1.55	1.63	1.71	1.80	1.88
∠30×4	30	4	4.5	2.276	1.786	0.89	1.84	2.07	0.87	1.37	0.90	1.13	0.58	1.49	1.57	1.66	1.74	1.83	1.91
∠36×4	36	3	4.5	2.109	1.656	1.00	2.58	2.58	0.99	1.61	1.11	1.39	0.71	1.71	1.79	1.87	1.95	2.03	2.11
	36	4	4.5	2.756	2.163	1.04	3.29	3.16	1.28	2.05	1.09	1.38	0.70	1.73	1.81	1.89	1.97	2.05	2.14
	36	5	4.5	3.382	2.654	1.07	3.95	3.69	1.56	2.45	1.08	1.36	0.70	1.74	1.82	1.91	1.99	2.07	2.16
∠40×4	40	3	5	2.359	1.852	1.09	3.59	3.29	1.23	2.01	1.23	1.55	0.79	1.86	1.93	2.01	2.09	2.17	2.25
	40	4	5	3.086	2.422	1.13	4.60	4.07	1.60	2.58	1.22	1.54	0.79	1.88	1.96	2.04	2.12	2.20	2.28
	40	5	5	3.791	2.976	1.17	5.53	4.73	1.96	3.10	1.21	1.52	0.78	1.90	1.98	2.06	2.14	2.23	2.31
∠45×5	45	3	5	2.659	2.088	1.22	5.17	4.23	1.58	2.58	1.40	1.76	0.89	2.07	2.14	2.22	2.30	2.38	2.46
	45	4	5	3.486	2.736	1.26	6.65	5.28	2.05	3.32	1.38	1.74	0.89	2.08	2.16	2.24	2.32	2.40	2.48
	45	5	5	4.292	3.369	1.30	8.04	6.18	2.51	4.00	1.37	1.72	0.88	2.11	2.18	2.26	2.34	2.42	2.51
	45	6	5	5.077	3.985	1.33	9.33	7.02	2.95	4.64	1.36	1.70	0.88	2.12	2.20	2.28	2.36	2.44	2.53

续表一

规格	尺寸/mm b	尺寸/mm t	尺寸/mm r	截面积 A/cm²	质量/(kg/m)	重心距 y₀/cm	惯性距 I_x/cm⁴	抵抗矩/cm³ $W_{x\max}$	$W_{x\min}$	W_u	回转半径/cm i_x	i_u	i_v	双角钢回转半径 i_y/cm 当间距 a(mm)为 6	8	10	12	14	16
∠50×3	50	3	5.5	2.971	2.332	1.34	7.18	5.36	1.96	3.22	1.55	1.96	1.00	2.26	2.33	2.41	2.48	2.56	2.64
4		4		3.897	3.059	1.38	9.26	6.71	2.56	4.16	1.54	1.94	0.99	2.28	2.35	2.43	2.51	2.59	2.67
5		5		4.803	3.770	1.42	11.21	7.89	3.13	5.03	1.53	1.92	0.98	2.30	2.38	2.46	2.53	2.61	2.70
6		6		5.688	4.465	1.46	13.05	8.94	3.68	5.85	1.52	1.91	0.98	2.33	2.40	2.48	2.56	2.64	2.72
∠56×3	56	3	6	3.343	2.624	1.48	10.19	6.89	2.48	4.08	1.75	2.20	1.13	2.50	2.57	2.64	2.72	2.80	2.87
4		4		4.390	3.446	1.53	13.18	8.61	3.24	5.28	1.73	2.18	1.11	2.52	2.59	2.67	2.74	2.82	2.90
5		5		5.415	4.251	1.57	16.02	10.20	3.97	6.42	1.72	2.17	1.10	2.54	2.62	2.69	2.77	2.85	2.93
8		8		8.367	6.568	1.68	23.63	14.07	6.03	9.44	1.68	2.11	1.09	2.60	2.67	2.75	2.83	2.91	3.00
∠63×6 4	63	4	7	4.978	3.907	1.70	19.03	11.19	4.13	6.78	1.96	2.46	1.26	2.80	2.87	2.95	3.02	3.10	3.18
5		5		6.143	4.822	1.74	23.17	13.32	5.08	8.25	1.94	2.45	1.25	2.82	2.89	2.96	3.04	3.12	3.20
6		6		7.288	5.721	1.78	27.12	15.24	6.00	9.66	1.93	2.43	1.24	2.84	2.91	2.99	3.06	3.14	3.22
8		8		9.515	7.469	1.85	34.46	18.63	7.75	12.25	1.90	2.40	1.23	2.87	2.94	3.02	3.10	3.18	3.26
10		10		11.657	9.151	1.93	41.09	21.29	9.39	14.56	1.88	2.36	1.22	2.92	2.99	3.07	3.15	3.23	3.31
∠70×6 4	70	4	8	5.570	4.372	1.86	26.39	14.19	5.14	8.44	2.18	2.74	1.40	3.07	3.14	3.21	3.29	3.36	3.44
5		5		6.875	5.397	1.91	32.21	16.86	6.32	10.32	2.16	2.73	1.39	3.09	3.16	3.24	3.31	3.39	3.47
6		6		8.160	6.406	1.95	37.77	19.37	7.48	12.11	2.15	2.71	1.38	3.11	3.19	3.26	3.34	3.41	3.49
7		7		9.424	7.398	1.99	43.09	21.65	8.59	13.81	2.14	2.69	1.38	3.13	3.21	3.28	3.36	3.44	3.52
8		8		10.667	8.373	2.03	48.17	23.73	9.68	15.43	2.12	2.68	1.37	3.15	3.22	3.30	3.38	3.46	3.54
∠75×7 5	75	5	9	7.412	5.818	2.04	39.97	19.59	7.32	11.94	2.33	2.92	1.50	3.30	3.37	3.45	3.52	3.60	3.67
6		6		8.797	6.905	2.07	46.95	22.68	8.64	14.02	2.31	2.90	1.49	3.31	3.38	3.46	3.53	3.61	3.68
7		7		10.160	7.976	2.11	53.57	25.39	9.93	16.02	2.30	2.89	1.48	3.33	3.40	3.48	3.55	3.63	3.71
8		8		11.503	9.030	2.15	59.96	27.89	11.20	17.93	2.28	2.88	1.47	3.35	3.42	3.50	3.57	3.65	3.73
10		10		14.126	11.089	2.22	71.98	32.42	13.64	21.48	2.26	2.84	1.46	3.38	3.46	3.54	3.61	3.69	3.77

续表二

规格	尺寸/mm b	尺寸/mm t	尺寸/mm r	截面积 A/cm²	质量/(kg/m)	重心距 y₀/cm	惯性距 I_x/cm⁴	抵抗矩/cm³ W_{xmax}	抵抗矩/cm³ W_{xmin}	抵抗矩/cm³ W_u	回转半径/cm i_x	回转半径/cm i_w	回转半径/cm i_v	双角钢回转半径 i_y/cm 当间距 a(mm)为 6	8	10	12	14	16
5	80	5	9	7.912	6.211	2.15	48.79	22.69	8.34	13.67	2.48	3.13	1.60	3.49	3.56	3.63	3.70	3.78	3.85
6		6		9.397	7.376	2.19	57.35	26.19	9.87	16.08	2.47	3.11	1.59	3.51	3.58	3.65	3.73	3.80	3.88
∠80×7		7		10.860	8.525	2.23	65.58	29.41	11.37	18.40	2.46	3.10	1.58	3.53	3.60	3.67	3.75	3.83	3.90
8		8		12.303	9.658	2.27	73.49	32.37	12.83	20.61	2.44	3.08	1.57	3.54	3.62	3.69	3.77	3.84	3.92
10		10		15.126	11.874	2.35	88.43	37.63	15.64	24.76	2.42	3.04	1.56	3.59	3.66	3.74	3.82	3.89	3.97
6	90	6	10	10.637	8.350	2.44	82.77	33.92	12.61	20.63	2.79	3.51	1.80	3.91	3.98	4.05	4.13	4.20	4.28
7		7		12.301	9.656	2.48	94.83	38.24	14.54	23.64	2.78	3.50	1.78	3.93	4.00	4.08	4.15	4.22	4.30
∠90×8		8		13.944	10.946	2.52	106.47	42.25	16.42	26.55	2.76	3.48	1.78	3.95	4.02	4.09	4.17	4.24	4.32
10		10		17.167	13.476	2.59	128.58	49.64	20.07	32.04	2.74	3.45	1.76	3.98	4.06	4.13	4.21	4.28	4.36
12		12		20.306	15.940	2.67	149.22	55.89	23.57	37.12	2.71	3.41	1.75	4.02	4.09	4.17	4.25	4.32	4.40
6	100	6	12	11.932	9.366	2.67	114.95	43.05	15.68	25.74	3.10	3.90	2.00	4.29	4.36	4.43	4.51	4.58	4.65
7		7		13.796	10.830	2.71	131.86	48.66	18.10	29.55	3.09	3.89	1.99	4.31	4.38	4.46	4.53	4.60	4.68
8		8		15.638	12.276	2.76	148.24	53.71	20.47	33.24	3.08	3.88	1.98	4.34	4.41	4.48	4.56	4.63	4.71
∠100×10		10		19.261	15.120	2.84	179.51	63.21	25.06	40.26	3.05	3.84	1.96	4.38	4.45	4.52	4.60	4.67	4.75
12		12		22.800	17.898	2.91	208.90	71.79	29.48	46.80	3.03	3.81	1.95	4.41	4.49	4.56	4.64	4.71	4.79
14		14		26.256	20.611	2.99	236.53	79.11	33.73	52.90	3.00	3.77	1.94	4.45	4.53	4.60	4.68	4.76	4.83
16		16		29.627	23.257	3.06	262.53	85.79	37.82	58.57	2.98	3.74	1.94	4.49	4.57	4.64	4.72	4.80	4.88
7	110	7	12	15.196	11.928	2.96	177.16	59.85	22.05	36.12	3.41	4.30	2.20	4.72	4.79	4.86	4.93	5.00	5.08
8		8		17.238	13.532	3.01	199.46	66.27	24.95	40.69	3.40	4.28	2.19	4.75	4.82	4.89	4.96	5.03	5.11
∠110×10		10		21.261	16.690	309	242.19	78.38	30.60	49.42	3.38	4.25	2.17	4.79	4.86	4.93	5.00	5.08	5.15
12		12		25.200	19.782	3.16	282.55	89.41	36.05	57.62	3.35	4.22	2.15	4.82	4.89	4.96	5.04	5.11	5.19
14		14		29.056	22.809	3.24	320.71	98.98	41.31	65.31	3.32	4.18	2.14	4.85	4.93	5.00	5.08	5.15	5.23

续表三

规格	尺寸/mm b	尺寸/mm t	尺寸/mm r	截面积 A/cm²	质量 /(kg/m)	重心距 y₀/cm	惯性矩 I_x/cm⁴	抵抗矩/cm³ W_xmax	抵抗矩/cm³ W_xmin	抵抗矩/cm³ W_u	回转半径/cm i_x	回转半径/cm i_u	回转半径/cm i_v	双角钢回转半径 i_y/cm 当间距 a(mm)为 6	8	10	12	14	16
∠125×125	125	8	14	19.750	15.504	3.37	297.03	88.14	32.52	53.28	3.88	4.88	2.50	5.34	5.41	5.48	5.55	5.62	5.70
		10		24.373	19.133	3.45	361.67	104.83	39.97	64.93	3.85	4.85	2.48	5.37	5.44	5.52	5.59	5.66	5.73
		12		28.912	22.696	3.53	423.16	119.88	47.1①	75.96	3.83	4.82	2.46	5.42	5.49	5.56	5.63	5.71	5.78
		14		33.367	26.193	3.61	481.65	133.42	54.16	86.41	3.80	4.78	2.45	5.45	5.52	5.60	5.67	5.75	5.82
∠140×140	140	10	14	27.373	21.488	3.82	514.65	134.73	50.58	82.56	4.34	5.46	2.78	5.98	6.05	6.12	6.19	6.27	6.34
		12		32.512	25.522	3.90	603.68	154.79	59.80	96.85	4.31	5.43	2.77	6.02	6.09	6.16	6.23	6.30	6.38
		14		37.567	29.490	3.98	688.81	173.07	68.75	110.47	4.28	5.40	2.75	6.05	6.12	6.20	6.27	6.34	6.42
		16		42.539	33.393	4.06	770.24	189.71	77.46	123.42	4.26	5.36	2.74	6.10	6.17	6.24	6.31	6.39	6.46
∠160×	160	10	16	31.502	24.729	4.31	779.53	180.87	66.70	109.36	4.98	6.27	3.20	6.79	6.85	6.92	6.99	7.06	7.14
		12		37.441	29.391	4.39	916.58	208.79	78.98	128.67	4.95	6.24	3.18	6.82	6.89	6.96	7.03	7.10	7.17
		14		43.296	33.987	4.47	1048.36	234.53	90.95	147.17	4.92	6.20	3.16	6.85	6.92	6.99	7.06	7.14	7.21
		16		49.067	38.518	4.55	1175.08	258.26	102.63	164.89	4.89	6.17	3.14	6.89	6.96	7.03	7.10	7.17	7.25
∠180×	180	12	16	42.241	33.159	4.89	1321.35	270.21	100.82	165.00	5.59	7.05	3.58	7.63	7.70	7.77	7.84	7.91	7.98
		14		48.896	38.383	4.97	1514.48	304.72	116.25	189.14	5.56	7.02	3.56	7.66	7.73	7.80	7.87	7.94	8.01
		16		55.467	43.542	5.05	1700.99	336.83	131.35①	212.40	5.54	6.98	3.55	7.70	7.77	7.84	7.91	7.98	8.06
		18		61.955	48.635	5.13	1875.12	365.52	145.64	234.78	5.50	6.94	3.51	7.73	7.80	7.87	7.94	8.01	8.09
∠200×18	200	14	18	54.642	42.894	5.46	2103.55	385.27	144.70	236.40	6.20	7.82	3.98	8.46	8.53	8.60	8.67	8.74	8.81
		16		62.013	48.680	5.54	2366.15	427.10	163.65	265.93	6.18	7.79	3.96	8.50	8.57	8.64	8.71	8.78	8.85
		18		69.301	54.401	5.62	2620.64	466.31	182.22	294.48	6.15	7.75	3.94	8.54	8.61	8.68	8.75	8.82	8.89
		20		76.505	60.056	5.69	2867.30	503.92	200.42	322.06	6.12	7.72	3.93	8.56	8.63	8.70	8.78	8.85	8.92
		24		90.661	71.168	5.87	3338.25	568.70	236.17	374.41	6.07	7.64	3.90	8.66	8.73	8.80	8.87	8.94	9.02

注：等边角钢的通常长度：∠20～∠90，为 4～12 m；∠100～∠140，为 4～19 m；∠160～∠200，为 6～19 m。

附表 7－2 热轧不等边角钢的规格及截面特性（按 GB/T 706—2016 计算）

1. 趾尖圆弧半径 $r_1=t/3$；
2. $I_u=I_x+I_y-I_v$

规格	B	b	t	r	截面积 A/cm²	质量/(kg/m)	重心距/cm x_0	重心距/cm y_0	惯性距/cm⁴ I_x	I_y	I_v	抵抗矩/cm³ $W_{x\max}$	$W_{x\min}$	$W_{y\max}$	$W_{y\min}$	回转半径/cm i_x	i_y	i_v	$\tan\theta$（θ为y轴与v轴夹角）
∠25×16×3	25	16	3	3.5	1.162	0.912	0.42	0.86	0.70	0.22	0.14	0.81	0.43	0.52	0.19	0.78	0.44	0.34	0.392
×4			4		1.499	1.176	0.46	0.90	0.88	0.27	0.17	0.98	0.55	0.59	0.24	0.77	0.43	0.34	0.381
∠32×20×3	32	20	3	3.5	1.492	1.171	0.49	1.08	1.53	0.46	0.28	1.42	0.72	0.94	0.30	1.01	0.55	0.43	0.382
×4			4		1.939	1.522	0.53	1.12	1.93	0.57	0.35	1.72	0.93	1.08	0.39	1.00	0.54	0.42	0.374
∠40×25×3	40	25	3	5	1.890	1.484	0.59	1.32	3.08	0.93	0.56	2.33	1.15	1.58	0.49	1.28	0.70	0.54	0.385
×4			4		2.467	1.936	0.63	1.37	3.93	1.18	0.71	2.87	1.49	1.87	0.63	1.26①	0.69	0.54	0.381
∠45×28×3	45	28	3	5	2.149	1.687	0.64	1.47	4.45	1.34	0.80	3.03	1.47	2.09	0.62	1.44	0.79	0.61	0.383
×4			4		2.806	2.203	0.68	1.51	5.69	1.70	1.02	3.77	1.91	2.50	0.80	1.42	0.78	0.60	0.380
∠45×32×3	50	32	3	5.5	2.431	1.908	0.73	1.60	6.24	2.02	1.20	3.90	1.84	2.77	0.82	1.60	0.91	0.70	0.404
×4			4		3.177	2.494	0.77	1.65	8.02	2.58	1.53	4.86	2.39	3.35	1.06	1.59	0.90	0.69	0.402
∠56×36×3	56	36	3	6	2.743	2.153	0.80	1.78	8.88	2.92	1.73	4.99	2.32	3.65	1.05	1.80	1.03	0.79	0.408
×4			4		3.590	2.818	0.85	1.82	11.45	3.76	2.23	6.29	3.03	4.42	1.37	1.79	1.02	0.79	0.408
×5			5		4.415	3.466	0.88	1.87	13.86	4.49	2.67	7.41	3.71	5.10	1.65	1.77	1.01	0.78	0.404
∠63×40×4	63	40	4	7	4.058	3.185	0.92	2.04	16.49	5.23	3.12	8.08	3.87	5.68	1.70	2.02	1.14	0.88	0.398
×5			5		4.993	3.920	0.95	2.08	20.02	6.31	3.76	9.62	4.74	6.64	2.07②	2.00	1.12	0.87	0.396
×6			6		5.908	4.638	0.99	2.12	23.36	7.29	4.34	11.02	5.59	7.36	2.43	1.99③	1.11	0.86	0.393
×7			7		6.802	5.339	1.03	2.15	26.53	8.24	4.97	12.34	6.40	8.00	2.78	1.98	1.10	0.86	0.389

续表一

规格	B	b	t	r	截面积 A/cm²	质量/(kg/m)	重心距/cm x₀	y₀	惯性距/cm⁴ Iₓ	Iy	Iv	抵抗矩/cm³ Wxmax	Wxmin	Wymax	Wymin	回转半径/cm iₓ	iy	iv	tanθ (θ为y轴与v轴夹角)
∠70×45×4	70	45	4	7.5	4.547	3.570	1.02	2.24	23.17	7.55	4.40	10.34	4.86	7.40	2.17	2.26	1.29	0.98	0.410
5			5		5.609	4.403	1.06	2.28	27.95	9.13	5.40	12.26	5.92	8.61	2.65	2.23	1.28	0.98	0.407
6			6		6.647	5.218	1.09	2.32	32.54	10.62	6.35	14.03	6.95	9.74	3.12	2.21	1.26	0.98	0.404
7			7		7.657	6.011	1.13	2.36	37.22	12.01	7.16	15.77	8.03	10.63	3.57	2.20	1.25	0.97	0.402
∠75×50×5	75	50	5	8	6.125	4.808	1.17	2.40	34.86	12.61	7.41	14.53	6.83	10.78	3.30	2.39	1.44	1.10	0.435
6			6		7.260	5.699	1.21	2.44	41.12	14.70	8.54	16.85	8.12	12.15	3.88	2.38	1.42	1.08	0.435
8			8		9.467	7.431	1.29	2.52	52.39	18.53	10.87	20.79	10.52	14.36	4.99	2.35	1.40	1.07	0.429
10			10		11.590	9.098	1.36	2.60	62.71	21.96	13.10	24.12	12.79	16.15	6.04	2.33	1.38	1.06	0.423
∠80×50×5	80	50	5	8	6.375	5.005	1.14	2.60	41.96	12.82	7.66	16.14	7.78	11.25	3.32	2.56	1.42	1.10	0.388
6			6		7.560	5.935	1.18	2.65	49.49	14.95	8.85	18.68	9.25	12.67	3.91	2.56	1.41	1.08	0.387
7			7		8.724	6.848	1.21	2.69	56.16	16.96	10.18	20.88	10.58	14.02	4.48	2.54	1.39	1.08	0.384
8			8		9.867	7.745	1.25	2.73	62.83	18.85	11.38	23.01	11.92	15.08	5.03	2.52	1.38	1.07	0.381
∠90×56×5	90	56	5	9	7.212	5.661	1.25	2.91	60.45	18.33	10.98	20.77	9.92	14.66	4.21	2.90	1.59	1.23	0.385
6			6		8.557	6.717	1.29	2.95	71.03	21.42	12.90	24.08	11.74	16.60	4.96	2.88	1.58	1.23	0.384
7			7		9.880	7.756	1.33	3.00	81.01	24.36	14.67	27.00	13.49	18.32	5.70	2.86	1.57	1.22	0.382
8			8		11.183	8.779	1.36	3.04	91.03	27.15	16.34	29.94	15.27	19.96	6.41	2.85	1.56	1.21	0.380
∠100×63×6	100	63	6	10	9.617	7.550	1.43	3.24	99.06	30.94	18.42	30.57	14.64	21.64	6.35	3.21	1.79	1.38	0.394
7			7		11.111	8.722	1.47	3.28	113.45	35.26	21.00	34.59	16.88	23.99	7.29	3.20	1.78	1.38	0.394
8			8		12.584	9.878	1.50	3.32	127.37	39.39	23.50	38.36	19.08	26.26	8.21	3.18	1.77	1.37	0.391
10			10		15.467	12.142	1.58	3.40	153.81	47.12	28.33	45.24	23.32	29.82	9.98	3.15	1.74	1.35	0.387
∠100×80×6	100	80	6	10	10.637	8.350	1.97	2.95	107.04	61.24	31.65	36.28	15.19	31.09	10.16	3.17	2.40	1.72	0.627
7			7		12.301	9.656	2.01	3.00	122.73	70.08	36.17	40.91	17.52	34.87	11.71	3.16	2.39	1.72	0.626
8			8		13.944	10.946	2.05	3.04	137.92	78.58	40.58	45.37	19.81	38.33	13.21	3.14	2.37	1.71	0.625
10			10		17.167	13.476	2.13	3.12	166.87	94.65	49.10	53.48	24.24	44.44	16.12	3.12	2.35	1.69	0.622

续表二

规格	尺寸/mm				截面积 A/cm²	质量 (kg/m)	重心距/cm		惯性矩/cm⁴			抵抗矩/cm³				回转半径/cm			tanθ (θ为y轴与v轴夹角)
	B	b	t	r			x_0	y_0	I_x	I_y	I_v	W_{xmax}	W_{xmin}	W_{ymax}	W_{ymin}	i_x	i_y	i_v	
∠110×70×6	110	70	6	10	10.637	8.350	1.57	3.53	133.37	42.92	25.36	37.78	17.85	27.34	7.90	3.54	2.01	1.54	0.403
7			7		12.301	9.656	1.61	3.57	153.00	49.01	28.95	42.86	20.60	30.44	9.09	3.53	2.00	1.53	0.402
8			8		13.944	10.946	1.65	3.62	172.04	54.87	32.45	47.52	23.30	33.25	10.25	3.51	1.98	1.53	0.401
10			10		17.167	13.476	1.72	3.70	208.39	65.88	39.20	56.32	28.54	38.30	12.48	3.48	1.96	1.51	0.397
∠125×80×7	125	80	7	11	14.096	11.066	1.80	4.01	227.98	74.42	43.81	56.85	26.86	41.34	12.01	4.02	2.30	1.76	0.408
8			8		15.989	12.551	1.84	4.06	256.77	83.49	49.15	63.24	30.41	45.38	13.56	4.01	2.28	1.75	0.407
10			10		19.712	15.474	1.92	4.14	312.04	100.67	59.45	75.37	37.33	52.43	16.56	3.98	2.26	1.74	0.404
12			12		23.351	18.330	2.00	4.22	364.41	116.67	69.35	86.35	44.01	58.34	19.43	3.95	2.24	1.72	0.400
∠140×90×8	140	90	8	12	18.038	14.160	2.04	4.50	365.64	120.69	70.83	81.25	38.48	59.16	17.34	4.50	2.59	1.98	0.411
10			10		22.261	17.475	2.12	4.58	445.50	146.03	85.82	97.27	47.31	68.88	21.22	4.47	2.56	1.96	0.409
12			12		26.400	20.724	2.19	4.66	521.59	169.79	100.21	111.93	55.87	77.53	24.95	4.44	2.54	1.95	0.406
14			14		30.456	23.908	2.27	4.74	594.10	192.10	114.13	125.34	64.18	84.63	28.54	4.42	2.51	1.94	0.403
∠160×100×10	160	100	10	13	25.315	19.872	2.28	5.24	668.69	205.03	121.74	127.61	62.13	89.93	26.56	5.14	2.85	2.19	0.390
12			12		30.054	23.592	2.36	5.32	784.91	239.06	142.33	147.54	73.49	101.30	31.28	5.11	2.82	2.17	0.388
14			14		34.709	27.247	2.43	5.40	896.30	271.20	162.23	165.98	84.56	111.60	35.83	5.08	2.80	2.16	0.385
16			16		39.281	30.835	2.51	5.48	1003.04	301.60	182.57	183.04	95.33	120.16	40.24	5.05	2.77	2.16	0.382
∠180×110×10	180	110	10	14	28.373	22.273	2.44	5.89	956.25	278.11	166.50	162.35	78.96	113.98	32.49	5.80	3.13	2.42	0.376
12			12		33.712	26.464	2.52	5.98	1124.72	325.03	194.87	188.08	93.53	128.98	38.32	5.78	3.10	2.40	0.374
14			14		38.967	30.589	2.59	6.06	1286.91	369.55	222.30	212.36	107.76	142.68	43.97	5.75	3.08	2.39	0.372
16			16		44.139	34.649	2.67	6.14	1443.06	411.85	248.94	235.03	121.64	154.25	49.44	5.72	3.06	2.38	0.369
∠200×125×12	200	125	12	14	37.912	29.761	2.83	6.54	1570.90	483.16	285.79	240.20	116.73	170.73	49.99	6.44	3.57	2.74	0.392
14			14		43.867	34.436	2.91	6.62	1800.97	550.83	326.58	272.05	134.65	189.29	57.44	6.41	3.54	2.73	0.390
16			16		49.739	39.045	2.99	6.70	2023.35	615.44	366.21	301.99	152.18	205.83	64.69	6.38	3.52	2.71	0.388
18			18		55.526	43.588	3.06	6.78	2238.30	677.19	404.83	330.13	169.33	221.30	71.74	6.35	3.49	2.70	0.385

注：W_{ymin} 和 i_x 值为改正值，供参考。

不等边角钢的通常长度：∠25×16～∠90×56，为 4～12 m，∠100×63～∠140×90，为 4～19 m，∠160×100～∠200×125，为 6～19 m。

附录 8　螺栓和锚栓规格

附表 8-1　螺栓螺纹处的有效截面面积

公称直径	12	14	16	18	20	22	24	27	30
螺栓有效直径 d_e/mm	10.36	12.12	14.12	15.65	17.65	19.65	21.19	24.19	26.72
螺栓有效截面积 A_e/cm²	0.84	1.15	1.57	1.92	2.45	3.03	3.53	4.59	5.61
公称直径	33	36	39	42	45	48	52	56	60
螺栓有效直径 d_e/mm	29.72	32.25	35.25	37.78	40.78	43.31	47.31	50.84	54.84
螺栓有效截面积 A_e/cm²	6.94	8.17	9.76	11.2	13.1	14.7	17.6	20.3	23.6
公称直径	64	68	72	76	80	85	90	95	100
螺栓有效直径 d_e/mm	58.37	62.37	66.37	70.37	74.37	79.37	84.37	89.37	94.37
螺栓有效截面积 A_e/cm²	26.8	30.6	34.6	38.9	43.4	49.5	55.9	62.7	70.0

附表 8-2　锚栓规格

型式	I			II			III				
锚栓直径 d/mm	20	24	30	36	42	48	56	64	72	80	90
锚栓有效截面积/cm²	2.45	3.53	5.61	8.17	11.20	14.70	20.30	26.80	34.60	43.44	55.91
锚栓设计拉力（Q235钢）/kN	34.3	49.4	78.5	114.1	156.9	206.2	284.2	375.2	484.4	608.2	782.7
III 型锚栓　锚板宽度 c/mm					140	200	200	240	280	350	400
锚板厚度 t/mm					20	20	20	25	30	40	40

附表 8 - 3 热轧普通工字钢的规格及截面特性(按 GB/T 706 - 2016 计算)

I—截面惯性矩
W—截面抵抗矩
S—半截面面积矩
i—截面回转半径

通常长度:
型号 10~18,为 5~19m;
型号 20~63,为 6~19m。

斜度1:6

型号		h	b	t_w	t	r	r_1	截面面积 A/cm²	质量 /(kg/m)	I_x/cm⁴	W_x/cm³	S_x/cm³	i_x/cm	I_y/cm⁴	W_y/cm³	i_y/cm
				尺寸/mm						x—x轴				y—y轴		
10		100	68	4.5	7.6	6.5	3.3	14.345	11.261	245	49.0	28.5	4.14	33.0	9.72	1.52
12.6		126	74	5.0	8.4	7.0	3.5	18.118	14.223	488	77.5	45.2	5.20	46.9	12.7	1.61
14		140	80	5.5	9.1	7.5	3.8	21.510	16.890	712	102	59.3	5.76	64.4	16.1	1.73
16		160	88	6.0	9.9	8.0	4.0	26.131	20.513	1130	141	81.9	6.58	93.1	21.2	1.89
18		180	94	6.5	10.7	8.5	4.3	30.756	24.113	1660	185	108	7.36	122	26.0	2.00
20	a	200	100	7.0	11.4	9.0	4.5	35.578	27.929	2370	237	138	8.15	158	31.5	2.12
	b		102	9.0				39.578	31.069	2500	250	148	7.96	169	33.1	2.06
22	a	220	110	7.5	12.3	9.5	4.8	42.128	33.070	3400	309	180	8.99	225	40.9	2.31
	b		112	9.5				46.528	36.524	3570	325	191	8.78	239	42.7	2.27
25	a	250	116	8.0	13.0	10.0	5.0	48.541	38.105	5020	402	232	10.2	280	48.3	2.40
	b		118	10.0				53.541	42.030	5280	423	248	9.94	309	52.4	2.40
28	a	280	122	8.5	13.7	10.5	5.3	55.404	43.492	7110	508	289	11.3	345	56.6	2.50
	b		124	10.5				61.004	47.888	7480	534	309	11.1	379	61.2	2.49

续表

型号		h	b	t_w	t	r	r_1	截面面积 A/cm²	质量 /(kg/m)	I_x/cm⁴	W_x/cm³	S_x/cm³	i_z/cm	I_y/cm⁴	W_y/cm³	i_y/cm
										x—x 轴				y—y 轴		
32	a	320	130	9.5	15.0	11.5	5.8	67.156	52.717	11 100	692	404	12.8	460	70.8	2.62
	b		132	11.5				73.556	57.741	11 600	726	428	12.6	502	76.0	2.61
	c		134	13.5				79.956	62.765	12 200	760	455	12.3	544	81.2	2.61
36	a	360	136	10.0	15.8	12.0	6.0	76.480	60.037	15 800	875	515	14.4	552	81.2	2.69
	b		138	12.0				83.680	65.689	16 500	919	545	14.1	582	84.3	2.64
	c		140	14.0				90.880	71.341	17 300	962	579	13.8	612	87.4	2.60
40	a	400	142	10.5	16.5	12.5	6.3	86.112	67.598	21 700	1090	636	15.9	660	93.2	2.77
	b		144	12.5				94.112	73.878	22 800	1140	679	15.6	692	96.2	2.71
	c		146	14.5				102.112	80.158	23 900	1190	720	15.2	727	99.6	2.65
45	a	450	150	11.5	18.0	13.5	6.8	102.446	80.420	32 200	1430	834	17.7	855	114	2.89
	b		152	13.5				111.446	87.485	33 800	1500	889	17.4	894	118	2.84
	c		154	15.5				120.446	94.550	35 300	1570	939	17.1	938	122	2.79
50	a	500	158	12.0	20.0	14.0	7.0	119.304	93.654	46 500	1860	1086	19.7	1120	142	3.07
	b		160	14.0				129.304	101.504	48 600	1940	1146	19.4	1170	146	3.01
	c		162	16.0				139.304	109.354	50 600	2020	1211	19.0	1220	151	2.96
56	a	560	166	12.5	21.0	14.5	7.3	135.435	106.316	65 600	2340	1375	22.0	1370	165	3.18
	b		168	14.5				146.635	115.108	68 500	2450	1451	21.6	1490	174	3.16
	c		170	16.5				157.835	123.900	71 400	2550	1529	21.3	1560	183	3.16
63	a	630	176	13.0	22.0	15.0	7.5	154.658	121.407	93 900	2980	1732	24.6	1700	193	3.31
	b		178	15.0				167.258	131.298	98 100	3110	1834	24.2	1810	204	3.29
	c		180	17.0				179.858	141.189	102 000	3240	1928	23.8	1920	214	3.27

参 考 文 献

[1]　中华人民共和国住房和城乡建设部. 钢结构设计标准：GB 50017－2017[S]. 北京：中国建筑工业出版社，2018.

[2]　中华人民共和国住房和城乡建设部. 建筑结构可靠性设计统一标准：GB 50068－2018[S]. 北京：中国建筑工业出版社，2019.

[3]　中华人民共和国住房和城乡建设部. 建筑结构荷载规范：GB 50009－2012[S]. 北京：中国建筑工业出版社，2012.

[4]　中华人民共和国住房和城乡建设部. 门式刚架轻型房屋钢结构技术规范：GB 51022－2015[S]. 北京：中国建筑工业出版社，2016.

[5]　中华人民共和国住房和城乡建设部. 建筑抗震设计规范：GB 50011－2010[S]. 北京：中国建筑工业出版社，2016.

[6]　中华人民共和国住房和城乡建设部. 建筑地基基础设计规范：GB 50007－2011[S]. 北京：中国建筑工业出版社，2012.

[7]　中华人民共和国住房和城乡建设部. 空间网格结构技术规程：JGJ 7－2010[S]. 北京：中国建筑工业出版社，2010.

[8]　中华人民共和国住房和城乡建设部. 膜结构技术规程：CECS 158：2015[S]. 北京：中国计划出版社，2001.

[9]　中华人民共和国住房和城乡建设部. 碳素结构钢：GB/T 700－2006[S]. 北京：中国标准出版社，2006.

[10]　中华人民共和国住房和城乡建设部. 低合金高强度结构钢：GB/T 1591－2018[S]. 中国质检出版社，2018.

[11]　中华人民共和国住房和城乡建设部. 热轧型钢：GB/T 706－2016[S]. 中国标准出版社，2016.

[12]　中华人民共和国住房和城乡建设部. 钢结构工程施工质量验收标准：GB 50205－2020[S]. 北京：中国计划出版社，2020.

[13]　中华人民共和国住房和城乡建设部. 冷弯薄壁型钢结构技术规范：GB 50018－2016[S]. 北京：中国标准出版社，2003.

[14]　中华人民共和国住房和城乡建设部. 工程结构设计基本术语标准：GB/T 50083－2014[S]. 北京：中国建筑工业出版社，2015.

[15]　董军. 钢结构基本原理[M]. 重庆：重庆大学出版社，2011.

[16]　李光范. 钢结构[M]. 哈尔滨：哈尔滨工业大学出版社，2015.

[17]　《新钢结构设计手册》编委会. 新钢结构设计手册[M]. 北京：中国计划出版社，2018.

[18]　陈绍蕃. 钢结构设计原理[M]. 4版. 北京：科学出版社，2016.

[19]　陈绍蕃，顾强. 钢结构(上册)：钢结构基础[M]. 北京：中国建筑工业出版社，2003.

[20]　陈绍蕃，顾强. 钢结构(下册)：房屋建筑钢结构设计[M]. 北京：中国建筑工业出版社，2007.

[21]　赵风华，王新武. 钢结构原理与设计(下册)[M]. 重庆：重庆大学出版社，2010.

[22]　戴国欣. 钢结构[M]. 武汉：武汉理工大学出版社，2012.

[23]　唐敢，王法武. 建筑钢结构设计[M]. 北京：国防工业出版社，2015.